새 출제 기준에 따른 핵심요약

양장기능사 필기

이승아 편저

Craftsman
Dress Making

일진사

머리말

패션 산업은 우리의 일상생활과 밀접한 분야로, 오랜 기간 축적된 경험에서 우러난 창조성을 기초로 한다. 오늘날 패션이 도시나 국가 등의 이미지 제고에 큰 영향력을 발휘함에 따라 영국을 포함한 일부 선진국에서는 패션을 창조 산업으로 분류하여 국가가 정책적으로 육성하고 있다. 우리나라의 정부와 학계에서는 전문 지식을 갖춘 인재 발굴을 위한 일환으로 국가자격증 취득을 장려하고 있는데, 이는 개인뿐만 아니라 국가적으로도 경쟁력을 높이는 밑거름이 될 수 있다.

현행 양장기능사시험은 필기와 실기로 나누어져 있다. 필기시험은 양장 구성, 섬유 재료, 의복 디자인, 의복 일반의 4영역이 총 60문항으로 구성된다.
본 교재는 양장기능사 필기 수험서로, 양장기능사를 꿈꾸는 수험생들에게 도움을 주고자 최근의 출제 경향에 맞추어 제작되었다. 특히 이론 부분은 저자의 십여 년 간 실무 경험과 교육 경력을 바탕으로 학습자가 최대한 이해하기 쉽도록 요점만 간추려 정리하였다.

2012년 이전의 기출문제는 출제 빈도가 높은 문항들을 선별해 각 이론을 학습한 후 복습할 수 있게 핵심문제로 구성하였다. 기출문제에는 해설을 달아 스스로 문제 풀이가 가능하도록 하였고, 최근 10년간의 문제를 수록하여 자격증 취득에 필요한 실력을 갖출 수 있게 하였다.

자격증 취득에 유용한 교재가 되도록 최선을 다했으나 아쉬움이 남는 것은 어쩔 수 없다. 부족한 점은 앞으로 꾸준히 보완을 해나갈 것이며 이 책이 수험생들에게 작은 보탬이 되기를 기대한다.
마지막으로 이 책을 출판할 수 있게 격려해 주신 선생님과 그동안 애써 주신 **일진사**의 모든 분들께 감사의 마음을 전한다.

저자 씀

출제 기준 (필기)

|양|장|기|능|사|

직무분야	섬유 · 의복	중직무분야	의복	자격종목	양장기능사

○직무 내용: 주어진 디자인과 제시한 치수에 맞게 패턴 제작, 마킹 및 재단하고 손바느질 및 재봉기를 이용하여 여성복을 제작하는 직무

필기 검정 방법	객관식	문제 수	60	시험시간	1시간

필기과목명	주요 항목	세부 항목	세세 항목
양장 구성, 섬유 재료, 의복 디자인, 의복 일반	1. 체형의 특징	(1) 체형의 특징	① 체형의 종류와 특징 ② 체형과 선 ③ 체형의 분할
		(2) 치수 재기	① 치수 재기에 대한 응용 방법
	2. 패턴 제작	(1) 패턴 제도	① 원형의 종류 및 제도 기호
		(2) 원형의 제도	① 길 원형　　　② 소매 ③ 스커트
		(3) 원형의 활용	① 길 원형　　　② 소매 ③ 스커트　　　④ 팬츠 ⑤ 칼라 및 네크라인
	3. 옷감의 정리와 재단	(1) 옷감의 정리	① 패턴 배치　　② 시접 ③ 심지 처리　　④ 옷감량 계산
		(2) 재단	① 재단
	4. 가봉 및 보정	(1) 가봉	① 가봉 방법
		(2) 보정	① 길 원형과 소매의 보정 ② 스커트와 팬츠의 보정
	5. 봉제	(1) 봉제의 특징	① 재봉기의 종류 및 특성 ② 옷감과 바늘, 실의 관계 ③ 박음질의 원리 ④ 솔기의 종류와 특성 ⑤ 시접 및 단처리 ⑥ 다림질 방법 ⑦ 기초봉, 부분봉, 장식봉 ⑧ 재봉기의 고장과 수리
	6. 원가 계산	(1) 원가 계산	① 원가 계산
	7. 섬유의 분류	(1) 천연 섬유와 인조 섬유	① 천연 섬유　　② 인조 섬유
	8. 섬유의 외형	(1) 섬유의 특성	① 섬유의 길이와 폭 ② 섬유의 단면과 꼬임 ③ 섬유의 감별

필기과목명	주요 항목	세부 항목	세세 항목
양장 구성, 섬유 재료, 의복 디자인, 의복 일반	9. 실	(1) 실의 특성	① 실의 꼬임과 굵기 ② 실의 강도와 신도 ③ 실의 종류
	10. 섬유의 성질	(1) 섬유의 물리적 성질과 화학적 성질	① 섬유의 물리적 성질 ② 섬유의 화학적 성질
	11. 색채의 기초	(1) 색채의 3속성	① 색상　　　　② 명도 ③ 채도　　　　④ 색입체
		(2) 색의 분류	① 무채색　　　② 유채색
		(3) 색의 혼합	① 원색　　　　② 색광 혼합 ③ 색료 혼합　　④ 중간 혼합 ⑤ 보색
		(4) 색의 표시	① 색체계　　　② 색명
	12. 색의 효과	(1) 색의 시지각적 효과	① 색의 시지각 반응 ② 색의 대비 ③ 색의 동화, 잔상 ④ 색의 진출과 후퇴 ⑤ 팽창과 수축
		(2) 색의 감정적인 효과	① 색채의 감정 ② 색채의 공감각
	13. 색채 관리	(1) 색채 관리와 생활	① 색채 관리 및 조절 ② 의생활과 색채
	14. 디자인	(1) 디자인의 요소	① 선　　　　　② 색채 ③ 재질
		(2) 디자인의 원리	① 비례　　　　② 균형 ③ 통일　　　　④ 조화 ⑤ 리듬　　　　⑥ 강조
	15. 직물의 종류	(1) 직물의 종류 및 특징	① 직물　　　　② 편성물 ③ 부직포　　　④ 기타
	16. 직물의 조직	(1) 직물의 기본 조직	① 평직　　　　② 능직 ③ 수자직　　　④ 변화조직
	17. 염색	(1) 염색의 특성	① 정련 및 표백　② 염색의 특성 ③ 염색의 분류
	18. 직물의 가공	(1) 직물의 가공 및 특성	① 일반 가공　　② 특수 가공
	19. 의복	(1) 의복의 성능	① 의복의 감각적 성능 ② 의복의 위생적 성능 ② 의복의 실용적 성능 ④ 의복의 관리적 성능
	20. 의복 관리	(1) 의복의 선택과 관리	① 사용 목적과 의복 구입 ② 세탁 방법 및 손질 ③ 해충과 예방 보관

차 례

핵심체크 1 　　　　　　　　　**양장 구성**

핵심체크 4

의복 일반

부록

핵심체크 **1**

양장 구성

양장 구성

◇ **의복 제작 과정**: 치수 설정 → 의복 설계 → 패턴 제작 → 그레이딩 → 마킹 → 연단 → 재단 → 봉제

- **그레이딩**: 각 사이즈별 패턴을 제작하는 작업이다.
- **마킹**: 원단이나 마킹 종이에 효율적으로 패턴을 배치하는 작업이다.
- **연단**: 생산량에 맞추어 원단 등을 재단할 수 있도록 연단대 위에 정리하여 쌓아올리는 작업이다.

핵심문제 의복 제작의 과정을 바르게 나열한 것은?
① 치수 재기 - 제도 - 형지 제작 - 재단 - 봉제
② 제동 - 형지 제작 - 치수 재기 - 봉제 - 재단
③ 치수 재기 - 제도 - 재단 - 봉제 - 형지 제작
④ 형지 제작 - 치수 재기 - 제도 - 재단 - 봉제

답 ①

---

1. 체형과 치수 재기

1-1 체 형

1 체형의 종류와 특징

① 체형: 형태학적 관찰에 의한 인체의 형태 및 외형을 의미한다.
② 체형은 체격과 직접적인 관계가 없다.
③ 생리적인 현상에 따라 많이 달라진다.
④ 인체 운동과 관련된 체형의 주요소: 골격, 근육, 관절

(1) 치수 측정에 의한 분류

① 측정한 인체 치수나 산출된 치수를 기준으로 분류한다.
② **우리나라 의류규격 치수**: 키, 가슴둘레, 허리둘레 기준으로 분류한다.

(2) 부분 형태에 의한 분류

① 반신체(젖힌 체형)

㈎ 표준보다 몸의 중심이 뒤로 기울어 뒤가 많이 남는 반면, 앞의 길이가 부족하기 쉬운 체형이다.

㈏ 어깨의 경사각도가 큰 체형으로, 팔둘레 위치가 아래쪽에 있다.

㈐ 옷을 입으면 앞이 벌어지며 뜨고, 길이가 부족하다.

㈑ 뒤에는 B.L보다 위에 주름이 생긴다.

㈒ 배가 나오고 가슴이 큰 체형이다.

㈓ 어린이 체형으로 후신체이다.

② 굴신체(앞으로 굽힌 체형)

㈎ 표준보다 몸이 앞으로 숙여진 체형이다.

㈏ 뒤의 길이를 늘이거나 앞의 길이를 줄이면 된다.

㈐ 앞이 남고 뒤가 부족하기 쉬운 경우이다.

㈑ 옷을 입으면 앞이 뜨고 주름이 생긴다.

㈒ 노인 체형이다.

③ 변신체

㈎ 상체가 곧고 가슴이 높게 솟아 있으며 엉덩이는 풍만하고 배가 평편한 자세의 체형이다.

㈏ 항상 바른 자세를 유지하는 이들에게서 볼 수 있다.

㈐ 10대 소녀들에게 많이 나타난다.

㈑ 체형 나이가 많은 사람도 이 체형인 경우 젊어 보인다.

핵심문제 인체 운동과 관련된 체형의 주요소라 할 수 없는 것은?

① 피부 ② 골격
③ 근육 ④ 관절   답 ①

핵심문제 팔둘레의 위치가 아래쪽에 있고, 어깨 경사각도가 큰 체형은?

① 처진 어깨 ② 솟은 어깨 ③ 반신 어깨 ④ 굴신 어깨

해설 ②는 팔둘레가 위쪽에 있고, 어깨 경사가 작다.
③은 뒤로 젖힌 체형으로 어깨가 뒤로 젖혀진다.
④는 앞으로 굽은 체형으로 어깨가 앞으로 굽는다.   답 ①

핵심문제 옷을 입으면 앞이 벌어지며 뜨고, 주름이 생기며 뒤에는 B.L보다 위에 주름이 생긴다. 그리고 길이가 부족하다. 어떤 체형에서 볼 수 있는가?

① 반신체   ② 굴신체
③ 비만체   ④ 빈약체

해설 표준보다 몸의 중심이 뒤로 기울어진 체형에 대한 설명이다.   답 ①

핵심문제 하반신이 뒤로 젖혀져서 하복부가 나온 체형으로 엉덩이 뒤에 주름이 생기고, 앞 스커트 단은 올라가며, 뒤 스커트 단은 처지는 체형은?

① 하반신 반신체   ② 상반신 반신체
③ 하반신 굴신체   ④ 상반신 굴신체   답 ①

핵심문제 10대 소녀들에게 많은 체형으로 항상 바른 자세를 유지하는 이들에게서 볼 수 있으며 나이가 많은 사람도 이런 체형일 경우에는 보다 젊어 보인다. 상체가 곧고 가슴이 높게 솟아 있으며 엉덩이는 풍만하고 배가 평편한 자세인 체형은?

① 후경체   ② 굴신체
③ 편평체   ④ 변신체   답 ④

2 체형과 선

참고 상세 정보는 산업자원부 기술표준원(2004)과 사이즈코리아(http://sizekorea.kats.go.kr)에서 확인이 가능하다.

(1) 인체 측정기준선: 체표를 구분하기 위하여 설정한 선

- 의복 구성상 인체를 나누는 기준선: 가슴둘레선, 허리둘레선, 진동 둘레선

① **가슴둘레선**: 젖가슴둘레선(B.P점을 지나는 수평의 둘레선), 가슴둘레(구 윗가슴둘레, 복장뼈 가운뎃점을 지나는 수평 둘레)

② **허리둘레선**: 허리 앞점, 허리 옆점, 허리 뒷점을 지나는 수평 둘레

③ **엉덩이 둘레선**: 엉덩이 돌출점을 지나는 수평 둘레

④ **목밑 둘레선**: 목 뒷점, 오른쪽 목 옆점, 목 앞점, 왼쪽 목 옆점을 지나는 둘레

⑤ **겨드랑 둘레선(구 진동둘레선)**: 어깨 가쪽점, 겨드랑점을 지나는 둘레(어깨 관절의 위치로 앞면에 상완골 머리의 중앙을 지나며, 후면에 있어서 어깻점을 따라서 겨드랑이로 내려오는 선)

(2) 측정 기준점

인체 부위별로 머리 부위 10개, 목 부위 4개, 몸통 부위 27개, 다리 부위 13개, 발 부위 4개, 팔 부위 9개 및 손 부위 3개로 총 70개의 기준점이 있다(사이즈코리아).

① **목 옆점**: 목둘레선과 어깨 가쪽점(어깨끝점) 선과 만나는 점으로 어깨너비의 중심부를 지나는 측정점(목 앞점과 목 뒷점을 자연스러운 곡선으로 연결하였을 때 그 곡선의 어깨선과 목 부위에서 만나는 점)

② **목 앞점**: 목밑 둘레선에서 앞 정중선과 만나는 곳

③ **목 뒷점**: 일곱째 목뼈 가시돌기의 가장 뒤로 만져지는 곳

④ **어깨 가쪽점**: 위팔 폭을 이등분하는 수직선과 겨드랑 둘레선이 만나는 곳(S.P; shoulder point – 팔의 가장 굵은 부위에 자를 수평으로 대고 목을 2등분한 수직선과 진동 둘레선의 만나는 점)

⑤ **겨드랑점**: 겨드랑 접힘선의 가장 아랫점

⑥ **허리 앞점**: 허리옆점 높이를 앞 정중선 상에 표시한 것

⑦ **엉덩이 돌출점**: 엉덩이 부위에서 가장 뒤쪽으로 돌출한 곳

⑧ **팔꿈치 가운뎃점**: 팔을 굽혀서 생긴 팔꿈치 머리 중심에서 가장 돌출한 곳

⑨ **손목 안쪽점**: 자뼈 붓돌기 가장 아래쪽

핵심문제 인체의 기준선 중 어깨 관절의 위치로 앞면에 상완골 머리의 중앙을 지나며 후면에 있어서 어깻점을 따라서 겨드랑이로 내려오는 선은?

① 진동 둘레선   ② 허리둘레선

③ 가슴둘레선   ④ 목둘레선   답 ①

---

3 체형의 분할

(1) 해부학

① 체간부: 4체부

머리, 목, 가슴, 배[복부(배, 전면), 배부(등, 후면), 요부(허리, 후면)]

② 체지부: 2체부

상지(팔), 하지(다리)

(2) 체형과 체질에 의한 분류

① 내배엽형(비만형), 중배엽형(근육형), 외배엽형(마른형)

② 정상 체형(곧은 체형), 젖힌 체형(반신체), 숙인 체형(굴신체)

(3) 크래치머(Kretschmer)의 체형 분류

세장형, 투사형, 비만형

(4) 구분선

① 목과 가슴의 구분: 목둘레선

② 팔과 몸통의 구분: 겨드랑 둘레선(구 진동둘레선)

③ 몸통과 다리의 구분: 엉덩이와 앞엉덩이 위치에 있는 부위

④ 앞과 뒤의 구분: 어깨선

◢ 체형 지수

① 베르베크(Vervaeck) 지수 = 체중(kg) + 가슴둘레(cm)/신장(cm)

② 카우프(Kaup) 지수 = 체중(kg)/신장^2(cm)

③ 롤러(Röhrer) 지수 = [체중(kg)/신장^2(cm)]$\times 10^7$

④ 리비(Livi) 지수 = [$\sqrt[3]{}$ 체중(kg)/신장(cm)]$\times 100$

(핵심문제) **의복 구성상 인체를 나누는 기준선은?**

① 가슴둘레선, 허리둘레선, 진동 둘레선

② 엉덩이 둘레선, 가슴둘레선, 허리둘레선

③ 목밑 둘레선, 진동 둘레선, 허리둘레선

④ 진동 둘레선, 가슴둘레선, 목밑 둘레선

해설 체간부: 4체부 – 머리, 목, 가슴, 배

체지부: 2체부 – 팔, 다리

목과 가슴의 구분: 목둘레선

팔과 몸통의 구분: 겨드랑 둘레선(구 진동둘레선)

몸통과 다리의 구분: 엉덩이와 앞엉덩이 위치에 있는 부위

앞과 뒤의 구분: 어깨선

답 ①

1-2 치수 재기

1 치수 재기에 대한 응용 방법

(1) **직접 측정법:** 1차원 계측법, 마틴 계측법, 실측법을 말한다.

① 굴곡진 체표면의 실측 길이를 얻을 수 있다.

② 계측 기구의 기준화가 필요하다.

③ 계측하는 데 장시간이 걸리기 때문에 피계측자의 협력이 요구된다.

④ 동일 조건으로 다시 측정했을 때 같은 치수가 나오기 어렵다.

⑤ 측정하기 위해 넓은 공간 확보와 환경의 정리가 필요하다.

(2) **2차원적 인체 계측법**

① 실루에터법, 슬라이딩 게이지법, 입체 사진법이 있다.

② 정면·옆면의 사진으로부터 높이, 너비, 두께, 둘레, 인체 각도 및 인체 실루엣에 관한 자료를 얻을 수 있다.

(3) **3차원적 측정법**

① 인체의 입체적인 형태를 포착하여 치수를 측정한다.

② 모아레측정: 사진 기록법으로 3차원 물체를 등고선 패턴으로 그리는 방법이다.

③ 석고법: 석고로 인체본을 떠서 측정한다.

④ 입체 재단법: 입체 재단으로 밀착형 옷을 만들어 측정한다.

⑤ 퓨즈법

(4) **간접 측정법:** 실루에터법, 입체 사진법, 모아레법, 입체 재단법, 타이트 피팅법이 있다.

(5) **측정 방법**

① 측정 기구

㈎ 수직자: 높이를 측정(구 신장계)하는 기구

㈏ 큰 수평자: 너비, 두께를 측정(구 간상계: 신장계를 분리했을 때 최상부로서 지주와 두 개의 가로자로 구성되어 있는 인체 측정 용구)하는 기구

㈐ 둥근 수평자: 큰 수평자를 변형(구 촉각계)한 측정 기구

㈑ 작은 수평자: 작은 부분의 짧은 길이와 투영 길이를 측정하는 기구

㈒ 줄자: 둘레나 체표면을 따라 실제 길이를 측정하는 기구

    ㉮ 인체각도계: 체표 각도를 측정하는 기구

    ㉯ 슬라이딩 게이지: 수평, 수직 단면도를 측정하는 기구

    ㉰ 망원카메라

    ㉱ 실루엣

② 측정 준비

    ㉮ 피측정자는 제작하려는 옷의 용도에 맞게 옷을 착용한다.

    ㉯ 측정 자세: 똑바로 서 있는 자세(인체 측정학적 선 자세) 또는 앉은 자세

❷ 측정 항목

참고 본 교재에서는 의복 제작의 주요 항목을 중심으로 정리하였다.

- **계측기별 측정 항목**: 신장계 – 높이 측정, 간상계 – 너비와 두께 측정, 활동계 – 간
  상계보다 짧은 길이와 투영길이 측정, 줄자 – 둘레 측정

(1) 높이 · 너비 · 두께 항목

① 높이

    ㉮ 키(신장): 바닥면에서 머리 마루점까지의 수직 거리

    ㉯ 무릎높이: 바닥면에서 정강뼈 윗점까지의 수직 거리

    ㉰ 그 밖에 눈높이, 목뒤 높이, 어깨높이 등이 있다.

② 너비

    ㉮ 가슴너비: 복장뼈 가운뎃점 수준에서의 수평 거리

    ㉯ 젖가슴너비: 오른쪽 젖꼭지점 수준에서 가슴의 수평 거리

    ㉰ 유두너비: 좌우 유두 사이 거리

    ㉱ 등 너비(back width): 좌우 등너비점 사이의 길이로, 자를 겨드랑이에 끼워 뒤
       겨드랑이 밑에 표시한 점과 어깨 가쪽점(어깨끝점)의 중간점이다.

    ㉲ 그밖에 허리 너비, 엉덩이 너비 등이 있다.

③ 두께

    ㉮ 겨드랑 두께: 겨드랑 앞점과 겨드랑 뒷점 사이의 앞뒤 수평 거리

    ㉯ 가슴 두께: 복장뼈 가운뎃점 수준에서 가슴의 앞뒤 수평 거리

    ㉰ 그 밖에 허리 두께, 엉덩이 두께 등이 있다.

(2) 둘레

① 가슴둘레: 가슴의 유두점을 지나는 수평 부위를 돌려서 재는 계측 항목이다.

② 허리둘레: 허리 앞점, 허리 옆점, 허리 뒷점을 지나는 수평 둘레이다.

③ 엉덩이 둘레: 하부 부위 중 최대 치수, 엉덩이의 가장 나온 부분을 수평으로 계측
한다.

④ 목둘레: 목 뒷점과 방패 연골 아랫점을 지나는 둘레, 줄자의 눈금 쪽이 각 기준점에
닿도록 줄자를 약간 세워서 계측한다.

⑤ 손목둘레: 손목 가쪽점을 지나는 둘레이다.

⑥ 넙다리 둘레: 볼기고랑점을 지나는 수평 둘레이다.

⑦ 그 밖에 배꼽 수준 허리둘레, 위팔 둘레 등이 있다.

(3) 길이

① **목 옆 젖꼭지 길이**: 목 옆점에서 젖꼭지점까지의 길이

② **어깨 길이**: 목 옆점에서 어깨 가쪽점까지의 길이

③ **어깨사이 길이(구 어깨너비)**: 예전에는 좌우 어깻점 사이의 체표면에 대어 너비를
측정했으나, 최근에는 양 어깻점 사이의 수평 거리를 측정한다.

④ **앞 중심 길이**: 목 앞점에서 허리 앞점까지 길이

⑤ **등 길이**: 목 뒷점부터 허리둘레선까지의 길이

⑥ **팔 길이(소매길이)**: 어깨 가쪽점에서 팔꿈치 가운뎃점을 지나 손목 안쪽점(팔꿈치
관절을 40° 정도 굽힌 상태로 선 자세에서 어깨 가쪽점에서 팔꿈치 바깥점을 지나
손목 안쪽점까지의 길이)

⑦ **밑위길이**: 피계측자가 의자에 앉았을 때 오른쪽 옆의 허리선에서부터 실루엣대로
의자 바닥의 수직 길이

⑧ **앞뒤 샅 길이**: 허리 앞점에서 샅점을 지나 허리 뒷점까지의 길이(슬랙스 제작 시에
는 이 실측 길이에 2.5cm를 더한다.)

⑨ **엉덩이 길이**: 오른쪽 옆허리둘레선에서 엉덩이 둘레선까지의 길이

⑩ **총길이**: 등 길이를 계측하여 허리선을 지나 바닥까지의 길이

⑪ 바지 및 치마 길이는 오른쪽 옆허리둘레선에서 원하는 길이까지 측정한다.

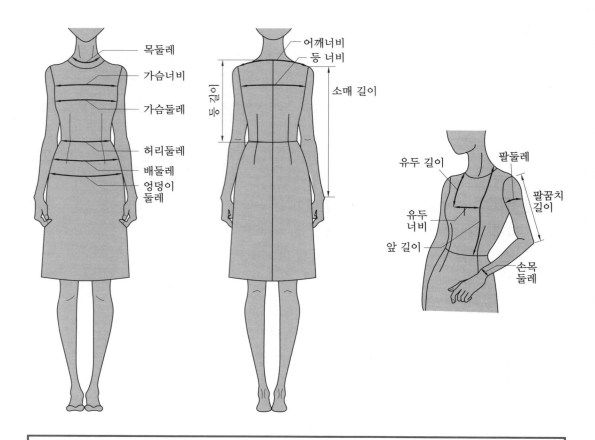

다음 중 2차원적 인체 계측법에 속하지 않는 것은?

① 실루에터법   ② 슬라이딩 게이지법
③ 입체 사진법   ④ 마틴식 인체계측법   답 ④

마틴(R. Martin)의 인체 측정법 중에서 너비와 두께를 측정하는 용구는?

① 신장계   ② 줄자
③ 간상계   ④ 인체각도계   답 ③

다음은 인체 측정 시 직접법에 대한 설명이다. 직접 측정법의 특징으로 옳지 않은 것은?

① 계측 기구가 비싸며 계측 기준의 설정이 비교적 어렵다.
② 굴곡진 체표면의 실측 길이를 얻을 수 있다.
③ 계측 기구의 기준화가 필요하다.
④ 계측하는 데 장시간이 걸리기 때문에 피계측자의 자세가 흐트러져 자세에 의한 오차 가 생기기 쉽다.   답 ①

(핵심문제) **인체 측정 시 간접법의 특징에 대한 설명으로 맞는 것은?**

① 정면·옆면의 사진으로부터 높이, 너비, 두께, 둘레, 인체 각도 및 인체 실루엣에 관한 자료를 얻을 수 있다.

② 피측정자에 직접 측정기를 대어 측정하기 때문에 피측정자의 협력이 요구된다.

③ 동일 조건으로 다시 측정했을 때 같은 치수가 나오기 어렵다.

④ 측정하기 위해 넓은 공간 확보와 환경의 정리가 필요하다. **답** ①

(핵심문제) **인체의 측정 항목과 측정 부위의 연결이 틀린 것은?**

① 높이 항목 － 신장　　　　　　　② 너비·두께 항목 － 어깨너비

③ 둘레 항목 － 허리둘레　　　　　④ 길이 항목 － 등 길이

(해설) 어깨사이 길이는 구 어깨너비로 길이 항목이다. **답** ②

(핵심문제) **채촌 시 가슴둘레를 잴 때 정확한 방법은?**

① 젖꼭지점을 지나 수평으로 줄자를 당겨 잰다.

② 젖꼭지 아랫부분을 수평으로 잰다.

③ 측정용 벨트로 젖꼭지 윗부분을 잰다.

④ 젖꼭지점을 지나 수평으로 줄자를 자연스럽게 잰다. **답** ④

(핵심문제) **목 앞점과 목 뒷점을 자연스러운 곡선으로 연결하였을 때 그 곡선의 어깨선과 목 부위에서 만나는 점은?**

① 목 앞점　　　　　　　　　　　② 목 옆점

③ 목 뒷점　　　　　　　　　　　④ 어깨끝점 **답** ②

(핵심문제) **목둘레선과 어깨 가쪽점(어깨끝점) 선과 만나는 점으로 어깨너비의 중심부를 지나는 측정점은?**

① 목 옆점　　　　　　　　　　　② 목 뒷점

③ 어깨 가쪽점　　　　　　　　　④ 등너비점 **답** ①

(핵심문제) **팔 길이를 가장 올바르게 재는 방법은?**

① 어깨 가쪽점에서 손바닥까지 잰다.

② 팔은 구부린 후 어깨 가쪽점에서 손목 안쪽점까지 잰다.

③ 어깨 가쪽점에서 팔꿈치 가운뎃점을 지나 손목 안쪽점까지 잰다.

④ 옆 목점에서 팔꿈치 가운뎃점을 지나 손목 안쪽점까지 잰다. **답** ③

핵심문제 팔 길이를 재는 데 기준점이 되지 않는 것은?

① 어깨 가쪽점
② 목 뒷점
③ 팔꿈치 가운뎃점
④ 손목 안쪽점

해설 소매길이: 어깨끝점에서 팔꿈치점을 지나 손목점까지의 길이 **답** ②

핵심문제 팔 길이를 재는 위치의 설명으로 옳은 것은?

① 팔꿈치 관절을 약 40° 정도 굽힌 상태로 선 자세에서 어깨 가쪽점에서 팔꿈치 바깥점을 지나 손목 안쪽점까지의 길이
② 팔꿈치 관절을 곧게 편 후 어깨 가쪽점에서 팔꿈치 바깥점을 지나 손목 안쪽점까지의 길이
③ 팔꿈치 관절을 약 90° 정도 굽힌 상태로 선 자세에서 어깨 가쪽점에서 팔꿈치 바깥점을 지나 손목 안쪽점까지의 길이
④ 팔꿈치 관절을 몸에 붙인 후 어깨 가쪽점에서 팔꿈치 바깥점을 지나 손목 안쪽점까지의 길이 **답** ①

핵심문제 목 옆점에서 젖꼭지점까지의 길이를 재는 측정 항목은?

① 앞 길이
② 젖꼭지 사이 수평길이
③ 목 옆 젖꼭지 길이
④ 옆 길이 **답** ③

핵심문제 어깨너비의 치수를 재는 올바른 방법은?

① 좌우 어깻점과 가슴너비점을 지나는 라인의 직선 거리를 잰다.
② 좌우 어깻점과 목 앞점을 지나는 라인을 따라 체표면을 잰다.
③ 좌우 어깻점 사이의 체표면에 대어 너비를 잰다.
④ 좌우 목 옆점을 지나며 좌우 어깻점의 너비를 잰다.

해설 ④는 어깨 길이로 목 옆점에서 어깨 가쪽점까지의 길이이다. **답** ③

핵심문제 피계측자가 의자에 앉았을 때 오른쪽 옆의 허리선에서부터 실루엣대로 의자 바닥(座面)의 수직 길이는?

① 바지 길이
② 밑위길이
③ 엉덩이 길이
④ 치마 길이 **답** ②

(핵심문제) **밑위길이(crotch length)의 측정 길이로서 옳은 것은?**

① 경부 근점으로부터 유두점을 통과하여 허리둘레선까지의 길이
② 허리둘레선의 옆 중심점에서 엉덩이 둘레선까지의 길이
③ 의자에 앉았을 때 허리둘레선의 옆 중심점부터 의자 바닥까지의 길이
④ 경부 근점으로부터 유두점까지의 길이

(해설) ①은 앞 길이, ②는 엉덩이 길이, ④는 유두 길이이다.　　　　　　　　답 ③

(핵심문제) **제도 기호 중에서 S.P(shoulder point)를 바르게 설명한 것은?**

① 목둘레선과 어깨끝점선과 만나는 점
② 자를 겨드랑이에 끼워 뒤 겨드랑이 밑에 표시한 점과 어깨끝점과의 중간점
③ 목을 앞으로 구부렸을 때 제일 큰 뼈의 중심점
④ 팔의 가장 굵은 부위에 자를 수평으로 대고 목을 2등분한 수직선과 진동 둘레선의 만나는 점　　　　　　　　답 ④

(핵심문제) **등 길이를 올바르게 재는 계측 방법은?**

① 목 뒷점부터 허리둘레선까지의 길이를 잰다.
② 목 옆점부터 허리둘레선까지의 길이를 잰다.
③ 어깨 가쪽점부터 앞 허리 중심점까지의 길이를 잰다.
④ 어깨 가쪽점부터 뒤 허리 중심점까지의 길이를 잰다.　　　　　　　　답 ①

(핵심문제) **다음 측정점 중 자를 겨드랑이에 끼워 뒤 겨드랑이 밑에 표시한 점과 어깨 가쪽점 (어깨끝점)의 중간점은?**

① 목 옆점　　　　　　　　　② 등너비점
③ 가슴너비점　　　　　　　 ④ 어깨 가쪽점　　　　　　답 ②

2. 패턴 제작

2-1　패턴 제도

1 원형의 종류

① **의복 원형의 기본 요소**: 길 · 소매 · 스커트 원형
② **평면 재단**: 인체 각 부위의 치수를 기본으로 하여 제도하는 방식의 재단 방법이다.

(1) 장촌식 제도법

① 대표적인 부위만 측정하여 제도하므로 계측이 서투른 초보자에게도 적당한 방법이다.

② 오차가 적어 비교적 정확하며 일전한 균형의 원형을 얻을 수 있다.

③ 체형의 특징에 맞게 보정 과정이 필요하다.

④ 중요 치수: 가슴둘레

(2) 단촌식 제도법

① 인체 계측에 숙련된 기술이 필요하다.

② 신체 각 부위의 치수를 세밀하게 계측하여 그 치수를 원형으로 표현한다.

③ 각자가 치수를 정확하게 계측해야만 몸에 잘 맞는 원형이 구성된다.

④ 다양한 체형 특징에 잘 맞는 원형을 얻을 수 있다.

(3) 병용식 제도법

단촌식과 장촌식 방법을 함께 이용한 제도법이다.

(핵심문제) **의복 원형의 3가지 기본 요소는?**

① 길, 소매, 스커트　　　　　　　② 길, 칼라, 슬랙스
③ 재킷, 바지, 스커트　　　　　　④ 뒤판, 스커트, 슬랙스　　　답 ①

(핵심문제) **장촌식 제도법의 특징이 아닌 것은?**

① 대표되는 부위만 재어 제도한다.
② 오차가 적어 비교적 정확하며 일전한 균형의 원형을 얻을 수 있다.
③ 체형의 특징에 맞게 하기 위해서 보정 과정이 필요하다.
④ 인체 계측에 숙련된 기술이 필요하다.

(해설) 신체의 각 부위를 세밀하게 측정하여야 하므로 숙련된 기술이 필요한 것은 단촌식이다.

답 ④

(핵심문제) **의복 원형 제도법 중 장촌식 제도 방법에서 가장 중요한 치수는?**

① 허리둘레　　　　　　　　　　② 가슴둘레
③ 신장　　　　　　　　　　　　④ 엉덩이 둘레

(해설) 장촌식: 대표적인 부위의 치수만으로도 제도가 가능하다.
필요 치수는 가슴둘레, 등 길이, 어깨너비이다.
바디스 제도 시 가슴둘레가 중요하다.

답 ②

(핵심문제) **다음 중 단촌식 제도법에 대한 설명이 아닌 것은?**

① 인체의 각 부위를 세밀하게 계측하여 제도하는 방법이다.
② 다양한 체형 특징에 잘 맞는 원형을 얻을 수 있다.
③ 대표가 되는 부위의 치수만으로도 제도가 가능하다.
④ 숙련된 기술이 필요하므로 초보자에게는 바람직하지 못한 방법이다.

(해설) 대표적인 몇 부위의 치수만으로 제도가 가능한 것은 장촌식이며, 초보자에게도 적당한 제도법이다. 답 ③

(핵심문제) **인체 각 부위의 치수를 기본으로 하여 제도하는 방식의 재단 방법은?**

① 연단 　　　　　　　　　② 평면 재단
③ 입체 재단 　　　　　　　④ 그레이딩 답 ②

(핵심문제) **블라우스를 제도할 때 가장 먼저 제도하는 것은?**

① 소매 　　　　　　　　　② 앞길
③ 뒷길 　　　　　　　　　④ 칼라 답 ③

② 제도 기호

(1) 제도 용구

① **룰렛**: 제도한 것을 다른 종이에 옮길 때 사용하는 톱니 모양의 기구로, 초크 페이퍼를 밑에 대고 그린다.

② **트레이싱 페이퍼**: 제도한 패턴을 다른 곳에 옮겨 그릴 때 사용하는 투명하고 약간 빳빳한 기름종이이다.

③ **컴퍼스**: 원이나 호를 그린다.

④ **모눈자**: 플라스틱 자로 모눈 눈금이 0.5cm 간격으로 표시되어 시접선이나 평행선 그리기에 편리하다.

⑤ **프렌치 커브자**: 진동 둘레, 목둘레, 칼라 등 곡선을 그리는 곡선자이다.

⑥ **연필 2B**: 완성선 그리기에 쓰인다.

(핵심문제) **제도 용구 중 제도한 것을 다른 종이에 옮길 때 사용하는 것은?**

① 트레이싱 페이퍼 　　　　② 컴퍼스
③ 룰렛 　　　　　　　　　④ 모눈자 답 ③

(2) 제도에 필요한 기호

기호	명칭	설 명
	맞춤	패턴에서 특정 부위가 꼭 맞아야 하는 부분에 표시
	중심선	옷감을 두 겹으로 접었을 때 중심 부분에 표시
—·—·—·—	안단선	안단 들어가는 부분
··················	되접는 선	꺾임선 표시
———————	안내선(기초선)	패턴 제도 시 기초가 되거나 안내를 해 주는 선
✕	바이어스	올 방향이 식서 방향에서 45°로 이동하여 대각선 방향
←————→	올 방향	옷감의 식서 방향
└	직각	두 개의 선이 만나는 모서리의 각도가 90°
	외주름	한 개의 주름
	늘림	옷감을 당겨서 봉제
	줄임	옷감을 줄여 봉제
~~	오그림	옷감을 오그려서 봉제
	선의 교차	패턴 제도 시 교차되는 부분 표시
	심감	심지가 들어가는 부분

(핵심문제) 그림의 제도 기호법은?

① 늘임의 표시
② 심감의 표시
③ 직각의 표시
④ 다트의 표시

답 ②

(핵심문제) 다음 제도 기호의 표시에 해당되는 것은?

① 늘림
② 줄임
③ 주름
④ 맞춤

(해설) ① ⌒ ② ⌒ ③ ▨

답 ④

(핵심문제) ↔ 부호가 의미하는 것은?

① 올 방향 　　　　② 바이어스 표시
③ 치수 보조선 　　④ 꺾임선 표시

답 ①

(핵심문제) 그림의 제도 부호가 표시하는 것은?

① 늘임
② 외주름
③ 오그림
④ 골선

(해설) ① ⌒ ② ▨ ④ -----

답 ③

(핵심문제) 의류패턴 표시 기호에서 가는 실선으로 나타내는 것은?

① 안단선 　　　　② 중심선
③ 되접는 선 　　　④ 안내선

답 ④

(핵심문제) 다음 제도 기호가 바르게 연결된 것은?

① 직각 　　　　② 늘림

③ 주름 　　　　④ 바이어스

(해설) ① 바이어스, ③ 오그림, ④ 직각

답 ②

<table>
<tr><td>핵심문제</td><td colspan="2">다음 기호 중 안단선의 기호는?</td></tr>
</table>

핵심문제 **다음 기호 중 안단선의 기호는?**

① ——————————— ② ··

③ —·—·—·—·— ④ – – – – – – – – – –

해설

완성선	———————————
안내선	———————
꺾임선	··················
골선	– – – – – – – – – – –

답 ③

2-2 원형의 제도

1 길 원형

(1) 길 원형의 제도

① **필요 치수**: 가슴둘레, 등 길이, 어깨너비

② **기초선** : 가로는 가슴둘레이고, 세로는 등 길이이다.

③ 앞길의 기초선을 그릴 때 가로선의 계산에서 B/4+4cm(여유분)

④ 뒷길 원형의 기본 다트: 숄더 다트

⑤ 옷본에 표시 사항: 앞 중심(C.F), 식서 방향, 노치(notch), 안단선, 단추 위치, 다트 등

⑥ 패턴에 표시하지 않아도 되는 부호: 시접

핵심문제 **다음 중에서 제도한 패턴에 표시하지 않아도 되는 부호는?**

① 중심선 ② 안단선

③ 시접 ④ 단추 위치 답 ③

(2) 길 원형 제도 시 사용하는 약자

① C.F.L – 앞 중심선(center front line)

② C.B.L – 뒤 중심선(center back line)

③ S.L – 옆선(side line)

④ W.L - 허리선(waist line)

⑤ A.H - 겨드랑 둘레(arm hole)

⑥ S.P - 어깨 가쪽점(어깨끝점, shoulder point)

⑦ B.P - 젖꼭지점(bust point)

⑧ B.L - 젖가슴둘레선(bust line)

⑨ N.P - 목점(neck point)

(3) 스판 니트의 원형 제도 시 고려해야 할 내용

① 옷감의 신축성을 고려한다.

② 다트는 생략하거나 다트 분량을 가능한 한 적게 한다.

③ 패턴은 디자인과 옷감의 늘어나는 방향에 따라 다르게 제도한다.

④ 니트원단은 직물보다 신축성이 좋으므로 다트량을 적게 하거나 생략한다.

(핵심문제) **길 원형 제도에서 앞 중심선을 나타내는 영어 약자는?**

① C.B.L   ② S.N.P   ③ C.F.L   ④ M.H.L

(해설) 앞 중심선: center front line   답 ③

(핵심문제) **스커트 제도에 사용되는 약자와 설명으로 바른 것은?**

① 엉덩이 둘레선: H.L (hem line)
② 앞 중심선: C.F.L (center front line)
③ 옆선: S.L (shoulder line)
④ 도련선: W.L (waist line)

(해설) 엉덩이 둘레선 H.L(hip line), 옆선 S.L(side line), 도련선 hem line   답 ②

(핵심문제) **제도 시 약자로 틀린 것은?**

① 허리둘레선 - W.P   ② 엉덩이 둘레선 - H.L
③ 중심선 - C.L   ④ 소매산 - S.C

(해설) 허리선은 W.L(waist line)이다.   답 ①

(핵심문제) **제도에 사용되는 약자와 명칭이 틀린 것은?**

① B.L - 젖가슴둘레선   ② N.P - 목점
③ A.H - 소매둘레   ④ S.P - 어깨 가쪽점

(해설) B.L(bust line), N.P(neck point), A.H(arm hole), S.P(shoulder point)   답 ③

❷ 소매

(1) 소매 원형 제도

① 소매 원형의 필요 치수: 앞뒤 겨드랑 둘레(진동 둘레), 소매길이, 소매산 길이
② 소매산이 높으면 활동에 제한을 받으며, 소매산이 낮은 경우 활동하기에 편하다.

(2) 소매 원형 제도 시의 사용 약자

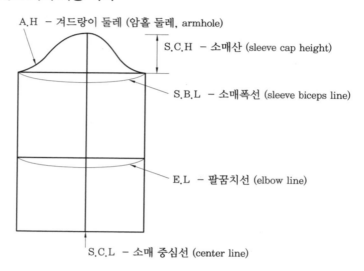

A.H – 겨드랑이 둘레 (암홀 둘레, armhole)
S.C.H – 소매산 (sleeve cap height)
S.B.L – 소매폭선 (sleeve biceps line)
E.L – 팔꿈치선 (elbow line)
S.C.L – 소매 중심선 (center line)

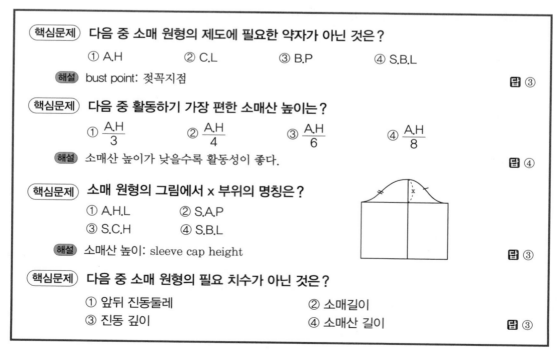

핵심문제) **다음 중 소매 원형의 제도에 필요한 약자가 아닌 것은?**

① A.H   ② C.L   ③ B.P   ④ S.B.L

해설) bust point: 젖꼭지점   답 ③

핵심문제) **다음 중 활동하기 가장 편한 소매산 높이는?**

① $\frac{A.H}{3}$ ② $\frac{A.H}{4}$ ③ $\frac{A.H}{6}$ ④ $\frac{A.H}{8}$

해설) 소매산 높이가 낮을수록 활동성이 좋다.   답 ④

핵심문제) **소매 원형의 그림에서 x 부위의 명칭은?**

① A.H.L   ② S.A.P
③ S.C.H   ④ S.B.L

해설) 소매산 높이: sleeve cap height   답 ③

핵심문제) **다음 중 소매 원형의 필요 치수가 아닌 것은?**

① 앞뒤 진동둘레   ② 소매길이
③ 진동 깊이   ④ 소매산 길이   답 ③

3 스커트

(1) 스커트 원형의 제도

① **스커트 원형의 필요 치수**: 스커트 길이, 허리둘레, 엉덩이 길이, 엉덩이 둘레

② 가장 일반적인 가로의 기초선: 엉덩이 둘레/2+2~3cm

③ 허리벨트가 달려 있는 스커트의 제도 시

스커트 길이=스커트 길이−벨트 너비

(2) 스커트 제도에 사용되는 약자

① W.L – 허리둘레선(waist line)

② H.L – 엉덩이 둘레선(hip line)

③ C.F.L – 앞 중심선(center front line)

④ S.L – 옆선(side line)

⑤ hem line – 도련선

(3) 스커트의 다트

① 다트 수는 디자인에 따라 다트의 너비를 등분하여 조절한다.

② 허리둘레와 엉덩이 둘레의 차이로 생기는 앞, 뒤의 공간을 다트로 처리한다.

③ 일반적으로 스커트 다트길이는 엉덩이 둘레선의 위치와 형태 때문에 앞보다 뒤가 길다.

④ 다트의 수는 허리둘레와 엉덩이 둘레의 차이가 클수록 늘어난다.

(핵심문제) **스커트 원형을 제도할 때 필요 치수 항목으로 가장 옳은 것은?**

① 스커트 길이, 허리둘레, 엉덩이 길이, 엉덩이 둘레
② 스커트 길이, 밑위길이, 엉덩이 둘레, 배 둘레
③ 스커트 길이, 허리둘레, 엉덩이 둘레, 무릎길이
④ 스커트 길이, 허리둘레, 배 둘레, 스커트 폭　　　　답 ①

(핵심문제) **스커트의 원형에서 가장 일반적인 가로의 기초선은?**

① 엉덩이 둘레/2+0.5~1 cm
② 엉덩이 둘레/2+2~3 cm
③ 엉덩이 길이/2+4~5 cm
④ 엉덩이 길이/2+6 cm

해설 가로 기초선: 엉덩이 둘레(가로선)에 여유분을 더한 것　　　답 ②

2-3 원형의 활용

■ 길 원형

(1) 다트의 위치와 명칭

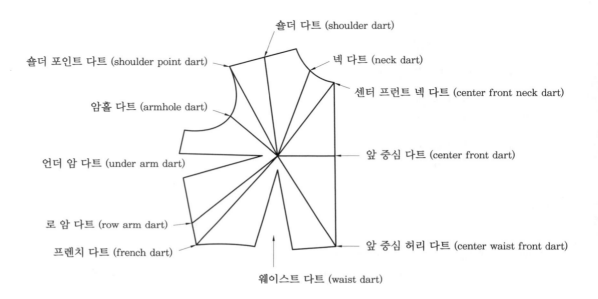

숄더 다트 (shoulder dart)

숄더 포인트 다트 (shoulder point dart)

넥 다트 (neck dart)

센터 프런트 넥 다트 (center front neck dart)

암홀 다트 (armhole dart)

앞 중심 다트 (center front dart)

언더 암 다트 (under arm dart)

로 암 다트 (row arm dart)

프렌치 다트 (french dart)

앞 중심 허리 다트 (center waist front dart)

웨이스트 다트 (waist dart)

(2) 다트 머니퓰레이션(dart manipulation)의 응용

① 다트를 활용하는 기본 방법이다.

② 기본 다트를 접어 다트를 이동한다.

③ 절개법은 한 개의 고정점을 중심으로 원형을 고정시키고 다른 부분의 원하는 위치로 돌려서 이동시키는 방법이다.

④ **프린세스 라인**: 어깨의 숄더 다트 또는 진동 둘레에서부터 절개선을 넣어 웨이스트 다트를 연결하는 선으로 이루어져 있다.

⑤ **다트 풀니스**(dart fullness), **요크**(yoke) 등으로 응용이 가능하다.

핵심문제 길 원형에서 A의 명칭은 무엇인가?

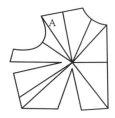

① 솔더 다트(shoulder dart)
② 넥 다트(neck dart)
③ 솔더 포인트 다트(shoulder point dart)
④ 센터 프런트 다트(center front dart)　　　　　　　　**답** ③

핵심문제 어깨의 솔더 다트와 웨이스트 다트를 연결하는 선으로 이루어지는 것은?

① 네크라인(neckline)　　　　　② 샤넬라인(chanelline)
③ 프린세스 라인(princess line)　　④ 웨이스트 라인(waist line)　**답** ③

핵심문제 다음 중 프린세스 라인(princess line)의 설명이 아닌 것은?

① 다트의 양을 풍만하게 개더로 처리하는 선
② 어깨의 솔더 다트와 웨이스트 다트를 연결하는 선
③ 암홀 다트를 연결하는 선
④ 스퀘어 라인으로 이루어진 선

해설 프린세스 라인은 다트를 절개선으로 사용하여 몸에 잘 맞도록 만드는 선이다.　　**답** ①

핵심문제 그림과 같은 길 원형 활용법은?

① 솔더 다트　　　　　② 네크라인 다트
③ 로 언더 암 다트　　④ 암홀 다트

해설 기본 다트인 언더 암 다트를 어깨 다트로 이동한다.　　**답** ①

핵심문제 다음 중 옷본에 표시할 사항이 아닌 것은?

① 앞 중심(C.F)　　　　　　② 식서 방향
③ 노치(notch)　　　　　　④ 사용 기간　　　　　답 ④

핵심문제 다트 머니퓰레이션의 응용이 아닌 것은?

① 스모킹　　　　　　　　② 프린세스 라인
③ 다트 풀니스　　　　　　④ 요크

해설 스모킹은 장식봉의 하나이다.　　　　　　답 ①

핵심문제 다트 머니퓰레이션(dart manipulation)이란?

① 다트의 명칭을 나열한 것이다.
② 다트의 기초선을 그리는 것이다.
③ 다트를 활용하는 기본 방법이다.
④ 다트를 제도하는 것이다.　　　　　　답 ③

핵심문제 다음 그림의 의복 패턴을 뜨려고 한다. 원형 활용이 바르게 된 것은?

①　　　　　　②　　　　　　③　　　　　　④　　　答 ②

핵심문제 다음 그림과 같이 선을 따라 절개시키고 기본 다트를 M.P하는 다트에 해당되는 것은?

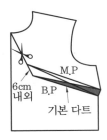

① 숄더 다트(shoulder dart)
② 언더 암 다트(under arm dart)
③ 센터 프런트 넥 다트(center front neck dart)
④ 웨이스트 다트(waist dart)

답 ③

해설

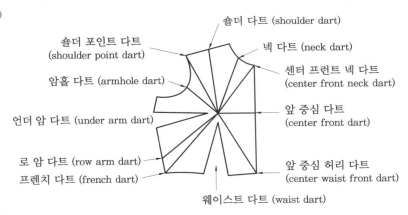

숄더 다트 (shoulder dart)
숄더 포인트 다트 (shoulder point dart)
넥 다트 (neck dart)
암홀 다트 (armhole dart)
센터 프런트 넥 다트 (center front neck dart)
언더 암 다트 (under arm dart)
앞 중심 다트 (center front dart)
로 암 다트 (row arm dart)
프렌치 다트 (french dart)
앞 중심 허리 다트 (center waist front dart)
웨이스트 다트 (waist dart)

핵심문제 완성된 다트 길이는 B.P에서 몇 cm 정도 떨어져 처리하는 것이 이상적인가?

① 1 cm
② 3 cm
③ 5 cm
④ 7 cm

답 ②

핵심문제 뒷길 원형의 기본 다트 명칭은?

① 숄더 다트
② 암홀 다트
③ 언더 암 다트
④ 센터 프런트 다트

답 ①

핵심문제 길 원형의 제도에서 앞길의 기초선을 그릴 때 가로선의 계산에서 B/4+4cm가 뜻하는 것은?

① 앞, 뒤의 차　　　　　　　　② 앞처짐분
③ 다트 폭　　　　　　　　　　④ 여유분

해설 가로선은 품을 의미하므로 가슴둘레(B)의 여유분을 포함한 식이다.　　　답 ④

핵심문제 다음 중 길 원형의 필요 치수에 해당되지 않는 것은?

① 가슴둘레　　　　　　　　　② 등 길이
③ 어깨너비　　　　　　　　　④ 소매길이　　　　　　　　답 ④

핵심문제 길 원형을 제도할 때 일반적인 가로선의 기초선 치수는?

① B/2 − (1~2cm)　　　　　　② B/2 + (4~5cm)
③ B/4 + (4~5cm)　　　　　　④ B/6 − (4~5cm)　　　　답 ③

2 소매

(1) 세트인 슬리브(set-in sleeve)

- 몸판과 소매 패턴이 분리된 형태이다.
- 몸판의 암홀에 맞게 소매산 둘레를 맞추는 형태이다.

① **퍼프 슬리브(puff sleeve)**: 소매산 중에서 가장 편한 형태로 소매산이 낮은 세트인 슬리브, 겨드랑 둘레와 소맷부리에 개더나 소프트 플리츠를 넣은 소매로서 소매를 짧게 하면서 부풀린 소매이다. 주름 잡는 위치에 따라 종류가 달라지며 주름 잡는 모양에 따라 슬리브 모양과 어깨 모양이 달라지는 슬리브이다.

② **비숍 슬리브(bishop sleeve)**: 소맷부리에 개더를 잡아 부풀린 형태의 소매 모양이다.

③ **레그오브머튼 슬리브(leg of mutton sleeve)**: 소매산 쪽은 주름을 넣어 부풀리고 소맷부리로 갈수록 좁아지는 형의 소매이다.

④ **캡 슬리브(cap sleeve)**: 소매산으로만 구성되는 것으로 귀여운 형의 소매이다.

⑤ **랜턴 슬리브(lantern sleeve)**: 소매나 어깨를 강조할 때 이용한다.

⑥ **타이트 슬리브**(tight sleeve): 소매의 여유분이 적고 딱 맞는 소매이다.

⑦ **파고다 슬리브**(pagoda sleeve): 소매산 부분은 타이트하고 소맷부리로 향할수록 넓어지는 실루엣의 소매이다.

⑧ **셔츠 슬리브**(shirt sleeve): 커프스가 있고 소매산을 낮추어 활동성을 주는 데 소매 원형과 제도 비교 시 소매산 높이를 1.5~2cm 낮추어야 가장 적합하다.

⑨ **케이프 슬리브**(cape sleeve): 슬리브 재단 시 바이어스(bias) 방향으로 마름질하고, 케이프를 덮은 듯한 느낌의 헐렁한 소매이다.

(2) 길과 소매가 연결된 형태

길과 소매 절개선이 없이 연결하여 구성한다.

① **래글런 슬리브**(raglan sleeve): 목둘레에서 겨드랑이까지 사선으로 이음선이 들어간 소매이다.

② **기모노 슬리브**(kimono sleeve): 소매와 몸판이 연결된 형태이며, 운동량을 보충하기 위해 무를 삽입한 소매이다.

③ **프렌치 슬리브**(french sleeve): 기모노 슬리브의 짧은 형태로 소매밑단 둘레가 비교적 넓어서 편안하게 착용할 수 있는 소매이다.

④ **돌먼 슬리브**(dolman sleeve): 겨드랑 부분이 매우 넓고 소맷부리는 좁은 소매이다.

(3) 소매 여유분에 따른 분류

① **타이트 슬리브**(tight sleeve)

② **루스 슬리브**(loose sleeve): 헐렁하여 여유가 있는 소매이다.

③ **플레어 슬리브**(flared sleeve): 소맷부리 쪽이 넓게 퍼지는 소매이다.

핵심문제 다음 중 세트인 슬리브(set-in sleeve)에 속하지 않는 것은?

① 퍼프 슬리브 ② 카울 슬리브
③ 기모노 슬리브 ④ 케이프 슬리브

해설 세트인 슬리브: 몸판과 소매가 분리되어 몸판 진동에 맞게 소매산 둘레를 줄여 맞추는 형태이다. 퍼프 슬리브, 카울 슬리브, 케이프 슬리브, 비숍 슬리브, 레그오브머튼 슬리브, 캡 슬리브, 랜턴 슬리브, 파고다 슬리브, 셔츠 슬리브가 있다. **답** ③

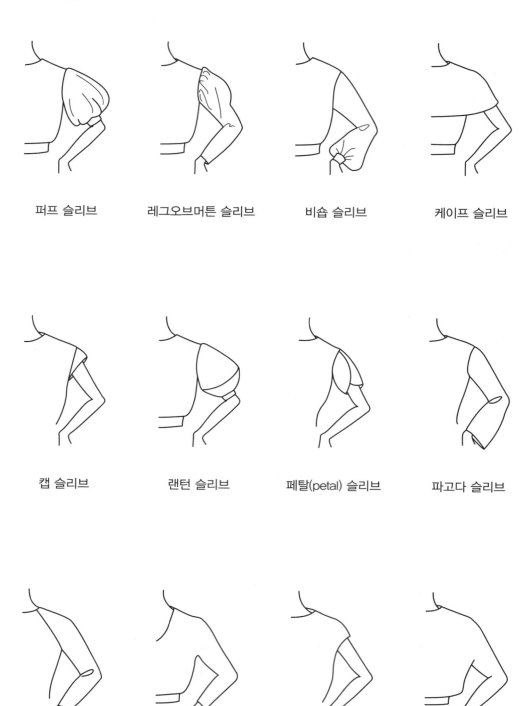

퍼프 슬리브	레그오브머튼 슬리브	비숍 슬리브	케이프 슬리브
캡 슬리브	랜턴 슬리브	페탈(petal) 슬리브	파고다 슬리브
래글런 슬리브	기모노 슬리브	프렌치 슬리브	돌먼 슬리브

(핵심문제) 다음의 소매 구성 중 길과 소매가 연결되지 않은 것은?

① 래글런 슬리브   ② 퍼프 슬리브
③ 기모노 슬리브   ④ 돌먼 슬리브   답 ②

(핵심문제) 겨드랑 둘레와 소맷부리에 개더나 소프트 플리츠를 넣은 소매로서 소매를 짧게 하면서 부풀린 소매의 명칭은?

① 세트인 소매(set-in sleeve)   ② 퍼프 소매(puff sleeve)
③ 셔츠 소매(shirt sleeve)   ④ 래글런 소매(raglan sleeve)   답 ②

(핵심문제) 다음 중 퍼프 슬리브는 어느 것인가?

①

②

③

④

답 ④

(핵심문제) 주름 잡는 위치에 따라 종류가 달라지며 주름 잡는 모양에 따라 슬리브 모양과 어깨 모양이 달라지는 슬리브는?

① 비숍 슬리브(bishop sleeve)   ② 퍼프 슬리브(puff sleeve)
③ 케이프 슬리브(cape sleeve)   ④ 타이트 슬리브(tight sleeve)

해설 ①은 소맷부리에만 주름을 넣어 부풀린 형태의 소매이고, ③은 슬리브 재단 시 바이어스 방향으로 마름질하고, 케이프를 덮은 듯한 느낌의 헐렁한 소매, ④는 소매에 여유가 거의 없이 딱 맞는 소매이다.   답 ②

핵심문제 **다음의 소매에 대한 설명 중 바르지 않은 것은?**

① 플레어 슬리브 중에서 소매 입구를 말아 올려 입는 소매는 비숍 슬리브라 한다.
② 소매산 쪽은 주름을 넣어 부풀리고 소맷부리로 갈수록 좁아지는 형태를 레그오브머
튼 슬리브라고 한다.
③ 랜턴 슬리브는 소매나 어깨를 강조할 때 이용된다.
④ 소맷부리에 개더를 잡아 부풀린 형태의 소매 모양을 비숍 슬리브라고 한다.

해설 ①은 롤업 형태에 대한 설명이다. 답 ①

핵심문제 **다음 그림에 나와 있는 슬리브의 이름은?**

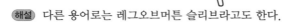

① 치킨레그 슬리브
② 웨지 슬리브
③ 엘보랭드 슬리브
④ 시드 슬리브

해설 다른 용어로는 레그오브머튼 슬리브라고도 한다. 답 ①

핵심문제 **그림과 같은 페탈(petal) 소매를 제도한 것으로 맞는 것은?**

①   ②   ③   ④   답 ①

핵심문제 **일명 플레어 슬리브라고도 하며, 슬리브 재단 시 바이어스 방향으로 마름질하는 것은?**

① 케이프 슬리브 ② 돌먼 슬리브
③ 타이트 슬리브 ④ 래글런 슬리브 답 ①

핵심문제 **다음 중 소매산으로만 구성되는 것으로 귀여운 형의 소매는?**

① 랜턴 슬리브(lantern sleeve) ② 퍼프 슬리브(puff sleeve)
③ 캡 슬리브(cap sleeve) ④ 타이트 슬리브(tight sleeve) 답 ③

핵심문제 **프렌치 슬리브(french sleeve)의 설명으로 옳은 것은?**

① 목둘레에서 겨드랑이까지 사선으로 이음선이 들어간 소매이다.
② 기모노 슬리브의 일종으로 소매밑단 둘레가 비교적 넓어서 편안하게 착용할 수 있는 소매이다.
③ 소매를 짧게 하면서 부풀린 소매이다.
④ 소매산을 낮게 하고 활동하기에 편하게 한 짧은 소매이다.

해설 ①은 래글런 슬리브, ③은 퍼프 슬리브에 대한 설명이다.   답 ②

핵심문제 **다음 중 기모노 소매에 무를 다는 이유로 옳은 것은?**

① 운동량을 보충하기 위해서
② 솔기를 자연스럽게 처리하기 위해서
③ 옷의 미적 효과를 좋게 하기 위해서
④ 재봉 시 바느질을 편하게 하기 위해서   답 ①

핵심문제 **다음 중 길과 소매 절개선이 없이 연결하여 구성되는 소매는?**

① 퍼프(puff) 소매   ② 캡(cap) 소매
③ 래글런(raglan) 소매   ④ 플리츠(pleats) 소매

해설 길과 소매가 연결된 형태로는 래글런 슬리브, 기모노 슬리브, 프렌치 슬리브, 돌먼 슬리브, 케이프 슬리브가 있다.   답 ③

③ 스커트

(1) 스커트 길이에 따른 분류

① **미니(mini)**: 무릎과 허벅지 사이의 길이, 보통 무릎 위 10~20cm 사이
② **미디(midi)**: 무릎에서 발목 사이의 길이
③ **내추럴(natural)**: 무릎선 길이 위치선
④ **맥시(maxi)**: 발목 길이 위치

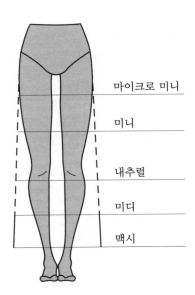

마이크로 미니

미니

내추럴

미디

맥시

(2) 실루엣 및 형태에 따른 명칭

① **타이트스커트(tight skirt)**: 스커트 원형을 그대로 이용하며, 기능성을 주기 위해 스커트 뒤 중심에 킥 플리츠(kick pleats)를 넣는 스커트

② **고어드스커트(gored skirt)**: 스커트의 실루엣을 정하여 폭으로 등분한 후 다트를 잘라 내어 이어서 만든 스커트

③ **플레어스커트(flared skirt)**: 원형에 절개선을 넣어 다트를 접어 없애줌으로써 플레어분을 벌려 주는 스커트

④ **180° 플레어스커트**: 앞뒤 판의 중심이 각각 골선 재단되어 45° 각도를 펼치면 90° 패턴이 나오는 형태이므로, 앞뒤 판을 하나로 연결하면 180° 각도로 완성되는 스커트

⑤ **서큘러스커트(circular skirt)**: 밑단을 폈을 때 완전한 원을 그리는 스커트

⑥ **주름 스커트**: 위에서 아래까지 주름을 잡은 스커트

⑦ **디바이디드 스커트[divided skirt, 퀼로트 스커트(colotte skirt)]**: 슬랙스의 구성 방법과 같은 원리로 제도하는 스커트

⑧ **티어스커트(tiered skirt)**: 층층으로 이어진 스커트로 층마다 주름이나 개더로 장식

⑨ **페그톱 스커트(peg-top skirt)**: 엉덩이 부분은 부풀고 치마 밑단 쪽으로 갈수록 가늘어지는 실루엣을 가진 스커트

⑩ **트럼펫 스커트(trumpet skirt)**: 허리선에서 무릎까지는 몸에 꼭 맞게 하고 무릎 아래를 플레어나 개더를 넣어 퍼지는 스커트

⑪ **점퍼스커트**: 블라우스, 스웨터 위에 입는 원피스 스타일의 스커트

고어드스커트   플레어스커트   서큘러스커트   주름 스커트

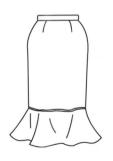
트럼펫 스커트

디바이디드 스커트

티어스커트

점퍼스커트

(핵심문제) **스커트 길이에 대한 분류 중 옳은 것은?**

① 미니 – 무릎선 길이
② 미디 – 무릎에서 발목 사이의 길이
③ 맥시 – 종아리까지의 길이
④ 내추럴 – 무릎 선보다 2.5 cm 위의 위치선

(해설) ①은 무릎선 위, ③은 발목 근처, ④는 무릎선 길이이다. 답 ②

(핵심문제) **스커트 원형을 그대로 이용하며, 기능성을 주기 위해 스커트 뒤 중심에 킥 플리츠 (kick pleats)를 넣는 스커트는?**

① 서큘러스커트 ② 타이트스커트
③ 퀼로트 스커트 ④ 트럼펫 스커트 답 ②

(핵심문제) **스커트 종류 중 가장 기본이 되는 것으로 엉덩이 둘레선에서 수직으로 내려오는 형의 스커트는?**

① 플레어스커트(flare skirt) ② 스트레이트 스커트(straight skirt)
③ 고어드스커트(gored skirt) ④ 플리츠스커트(pleats skirt) 답 ②

패턴이 나타내는 스커트는?

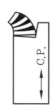

 ①   ②   ③   ④ 답 ④

다음 그림은 어떤 스커트를 만들기 위해 옷본을 변형한 것인가?

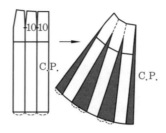

① 플레어스커트 ② 타이트스커트
③ 고어드스커트 ④ 맞주름 스커트 답 ①

45° 각도를 이루는 두 개의 선을 먼저 긋고 그 선에 맞추어 스커트의 절개선을 벌려 주는 스커트는?

① 45° 플레어스커트 ② 90° 플레어스커트
③ 180° 플레어스커트 ④ 360° 플레어스커트 답 ③

다음과 같은 스커트 제작법은?

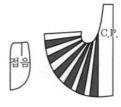

① 고어드스커트 ② 개더스커트
③ 요크를 댄 플리츠스커트 ④ 요크를 댄 플레어스커트 답 ④

핵심문제 **스커트의 명칭 중 실루엣에 따른 명칭과 형태에 따른 명칭이 동일하지 않은 것은?**

① 서큘러스커트　　　　　　　② 타이트스커트

③ 퀼로트 스커트　　　　　　　④ 트럼펫 스커트

해설 슬랙스의 구성 방법과 같은 원리로 제도하는 스커트이다.　　　　답 ③

핵심문제 **슬랙스의 구성 방법과 같은 원리로 제도하는 스커트는?**

① 티어스커트　　　　　　　　② 고젯 스커트

③ 디바이디드 스커트　　　　　④ 페그톱 스커트

해설 일명 퀼로트 스커트라고도 한다.　　　　답 ③

핵심문제 **스커트 원형을 다트가 1개인 세미 타이트로 만들고 슬랙스를 제도하는 방법으로 밑 부분을 그려 넣는 스커트는?**

① 타이트스커트　　　　　　　② 티어스커트

③ 퀼로트 스커트　　　　　　　④ 요크 스커트

해설 일명 디바이디드 스커트로, 여성용의 스커트형 팬츠이다.　　　　답 ③

핵심문제 **고어드스커트의 설명으로 옳은 것은?**

① 엉덩이 둘레선에서 수직으로 내려오는 스커트

② 스커트의 실루엣을 정하여 폭으로 등분한 후 다트를 잘라 내어 이어서 만든 스커트

③ 원형에 절개선을 넣어 다트를 접어 없애줌으로써 플레어분을 벌려 주는 스커트

④ 위에서 아래까지 주름을 잡은 스커트

해설 ①은 스트레이트 타이트스커트, ③은 플레어스커트, ④는 플리츠스커트의 설명이다.　답 ②

핵심문제 **블라우스, 스웨터 위에 입는 원피스 스타일의 스커트는?**

① 티어스커트　　　　　　　　② 점퍼스커트

③ 디바이드 스커트　　　　　　④ 개더스커트　　　　답 ②

4 팬츠

(1) 팬츠 원형의 제도

① **팬츠 원형의 필요 치수**: 허리둘레, 엉덩이 둘레, 엉덩이 길이, 밑위길이, 바지 길이

② 성인의 슬랙스 제작 시

옷본의 밑위 앞뒤 길이＝실측 치수＋2.5cm

(2) 팬츠 길이에 따른 명칭

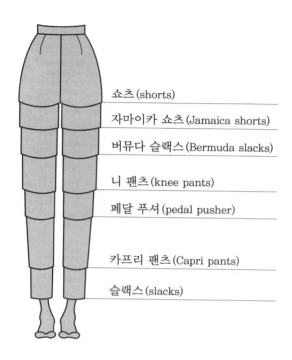

쇼츠(shorts)

자마이카 쇼츠(Jamaica shorts)

버뮤다 슬랙스(Bermuda slacks)

니 팬츠(knee pants)

페달 푸셔(pedal pusher)

카프리 팬츠(Capri pants)

슬랙스(slacks)

(3) 팬츠의 실루엣과 디자인에 따른 명칭

① 벨 보텀 슬랙스(bell bottoms slacks): 종 모양으로 바짓단 쪽으로 향할수록 퍼지는 바지이다.

② 플레어 슬랙스(flare slacks): 밑단이 넓은 플레어 형태의 바지이다.

③ 테이퍼드 팬츠(tapered pants): 밑단으로 가면서 점점 좁아져 몸에 밀착되는 실루엣의 바지이다.

④ 니커보커스 슬랙스(knickerbockers slacks): 무릎 근처에서 졸라매게 되어 있고 품이 넉넉한 활동적인 바지이다.

⑤ 하렘 팬츠(harem pants): 발목 부분을 끈으로 묶게 된 통이 넓은 여성용 바지이다.

⑥ 힙행거 팬츠(hip hanger pants): 밑위가 짧아 엉덩이 부분에 걸치는 바지이다.

⑦ 카고 팬츠(cargo pants): 양옆에 커다란 플랩이 달린 패치 포켓이 특징이다.

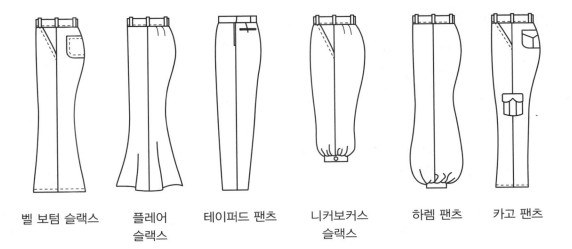

| 벨 보텀 슬랙스 | 플레어 슬랙스 | 테이퍼드 팬츠 | 니커보커스 슬랙스 | 하렘 팬츠 | 카고 팬츠 |

(핵심문제) 보통 무릎밑(발목 둘레) 부분을 부풀려 벨트로 여미도록 된 슬랙스는?

① 버뮤다 슬랙스   ② 벨 보텀 슬랙스
③ 플레어 슬랙스   ④ 니커보커스 슬랙스

(해설) ①은 무릎 위 길이로 쇼츠보다 긴 길이의 바지, ②는 바짓부리가 종 모양으로 퍼진 형태의
바지, ③은 밑단이 넓은 플레어 형태의 바지이다.   답 ④

(핵심문제) 다음 그림에 나와 있는 팬츠의 이름은?

① 하렘 팬츠(harem pants)
② 힙행거 팬츠(hip hanger)
③ 카고 팬츠(cargo pants)
④ 테이퍼드 팬츠(tapered pants)

답 ①

(핵심문제) 그림(A)에 나타난 밑위 앞뒤 길이는 실측 치수에 어느 정도의 여유분이 있어야 편안
한가?

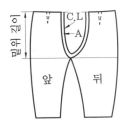

① A = 실측 치수+1cm   ② A = 실측 치수−1.5cm
③ A = 실측 치수−2cm   ④ A = 실측 치수+2.5cm

답 ④

5 칼라 및 네크라인

(1) 플랫칼라(flat collar) 그룹: 목이 짧은 체형에 가장 잘 어울리는 칼라

  ① **프릴 칼라(frill collar):** 잔잔한 주름으로 물결진 칼라

  ② **피터 팬 칼라(peter pan collar):** 칼라 끝이 둥글게 된 칼라

  ③ **세일러 칼라(sailor collar):** 뒤쪽은 네모지고, 긴 라펠이 가슴까지 이어져 있는 칼라

  ④ **케이프칼라(cape collar):** 어깨를 덮을 정도의 큰 칼라로 케이프의 느낌을 준다.

  ⑤ **러플 칼라(ruffle collar):** 스테인 칼라, 숄 칼라 등을 기본으로 절개선을 넣어 부드러운 물결 같은 주름이 잡히는 칼라

(2) 스탠드칼라(stand collar)

  ① **롤드 칼라(rolled collar):** 목을 감싸는 듯한 칼라

  ② **만다린 칼라(mandarin collar):** 높여진 깃 끝이 목둘레에서 만나 V자 형태가 되는 스탠드업 칼라

  ③ **리본 칼라(ribbon collar):** 타이 칼라(tie collar)라고 한다.

(3) 셔츠 칼라

  ① **셔츠 칼라(shirt collar):** 칼라와 스탠드분이 분리되어 스포티하면서 단정한 느낌을 주는 칼라

  ② **컨버터블 칼라(convertible collar):** 스포츠 칼라(sports collar)라고도 하며, 딱딱하고 직선적이며 스포티한 느낌을 주는 칼라

롤드 칼라   만다린 칼라   리본 칼라

셔츠 칼라   컨버터블 칼라

(4) 테일러칼라(tailored collar)

① 신사복에서 볼 수 있는 남성적인 칼라로, 오버 코트, 슈트 등에 사용한다.

② 숄 칼라(shawl collar): 뒤 칼라의 너비와 비슷한 너비로 앞으로 넘어가 약간 둥글고 유연하게 된 플랫칼라이다.

③ 윙칼라(wing collar): 칼라의 앞 모양이 새 날개처럼 보인다.

④ 오픈칼라(open collar): 자연스럽게 오픈된 모양을 연출하는 칼라

⑤ 그 밖에 피크트 라펠(peaked lapel), 노치트 라펠(notched lapel) 등이 있다.

(5) 네크라인

하이 네크라인
(high neckline)

카울 네크라인
(cowl neckline)

보트 네크라인
(boat neckline)

라운드 네크라인
(round neckline)

유 네크라인
(U neckline)

스퀘어 네크라인
(square neckline)

(핵심문제) **목이 짧은 체형에 가장 잘 어울리는 칼라는?**

① 롤드 칼라(rolled collar) ② 플랫칼라(flat collar)
③ 차이나 칼라(china collar) ④ 스카프칼라(scarf collar)

(해설) 스탠드칼라는 목을 감싸듯이 목 위로 칼라가 올라온다. 롤드 칼라, 만다린 칼라, 리본 칼라가 해당된다. 답 ②

(핵심문제) **다음 중에서 키가 크고 목이 짧은 체형이 피해야 할 네크라인(neckline)이나 칼라의 형태는?**

① V 네크라인 ② 로 라운드(low round) 칼라
③ 퓨리턴(puritan) 칼라 ④ 테일러칼라

(해설) 키가 크고 목이 짧은 체형은 목선이 드러나는 형태의 디자인을 입어야 한다. 답 ③

핵심문제 다음 그림에 나타난 패턴의 네크라인 종류는?

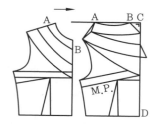

① 하이 네크라인(high neckline)　　② 보트 네크라인(boat neckline)
③ 카울 네크라인(cowl neckline)　　④ 스퀘어 네크라인(square neckline)　**답** ③

핵심문제 칼라의 종류가 다른 것은?

① 세일러 칼라　　　　　　　　② 피터 팬 칼라
③ 롤드 칼라　　　　　　　　　④ 수티앵 칼라

해설 롤드 칼라는 스탠드칼라이다.　　　　　　　　　　　　　　　**답** ③

핵심문제 스테인 칼라, 숄 칼라 등을 기본으로 절개선을 넣어 부드러운 물결 같은 주름이 잡히는 칼라는?

① 셔츠 칼라　　　　　　　　　② 케이프칼라
③ 컨버터블 칼라　　　　　　　④ 러플 칼라　　　　　　　　　**답** ④

핵심문제 칼라와 스탠드분이 분리되어 스포티하면서 단정한 느낌을 주는 칼라는?

① 플랫칼라　　　　　　　　　　② 타이 칼라
③ 리본 칼라　　　　　　　　　　④ 셔츠 칼라　　　　　　　　　**답** ④

핵심문제 스포츠 칼라(sports collar)라고도 하며, 딱딱하고 직선적이며 스포티한 느낌을 주는 칼라는?

① 롤드 칼라(rolled collar)　　　② 컨버터블 칼라(convertible collar)
③ 러플 칼라(rippled collar)　　　④ 플랫칼라(flat collar)　　　　**답** ②

핵심문제 다음 그림을 활용한 디자인의 칼라는?

① 셔츠 칼라　　　　　　　　　② 케이프칼라
③ 컨버터블 칼라　　　　　　　④ 만다린 칼라　　　　　　　　**답** ③

핵심문제 다음 중 플랫칼라 그룹에 속하지 않는 것은?

　　① 프릴 칼라(frill collar)　　　　② 카스켓 칼라(casket collar)
　　③ 테일러칼라(tailored collar)　　④ 세일러 칼라(sailor collar)

해설 칼라를 크게 분류하면 플랫칼라, 스탠드칼라, 셔츠 칼라, 테일러칼라가 있다.　　정답 ③

핵심문제 다음 중 플랫칼라의 제도는?

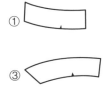　①　　　　　　　　　　②　

　　　　　　　　　　　　　　　　　　　③　　　　　　　　　　④　　　　정답 ④

핵심문제 뒤 칼라의 너비와 비슷한 너비로 앞으로 넘어가 약간 둥글고 유연하게 된 플랫칼라 형은?

　　① 롤드 칼라(rolled collar)　　　② 숄 칼라(shawl collar)
　　③ 만다린 칼라(mandarin collar)　④ 컨버터블 칼라(convertible collar)

해설 스탠드칼라로는 롤드 칼라, 만다린 칼라, 컨버터블 칼라, 리본 칼라가 있다.　　정답 ②

3. 옷감 정리와 재단

3-1 옷감 정리

옷감 정리는 재단 전에 옷감의 올을 바르게 정리하기 위해서 필요하다.

1 옷감의 패턴 배치 방법

① 패턴은 큰 것부터 배치한다.
② 패턴은 옷감 안쪽에 배치한다.
③ 옷본에 표시된 올의 방향에 맞춘다.
④ 무늬가 있는 옷감은 무늬를 맞춘다.
⑤ 체크무늬는 옆선 무늬를 맞추어 배치한다.

⑥ 긴 털이 있는 옷감은 털 결의 방향을 아래로 한다.

⑦ 짧은 털이 있는 옷감은 털 결의 방향을 위로 배치한다.

⑧ 벨벳의 패턴은 전체적으로 털 결의 방향을 같게 배치해야 한다.

⑨ 플레어스커트의 결 방향: 정바이어스 45°로 재단하기 때문에 재단 시 천의 소모량이 많은 것이 단점이지만, 플레어가 가장 바람직하게 나타난다.

핵심문제 **재단 전에 옷감을 정리해야 할 필요성으로 올바른 것은?**

① 옷감의 올을 바르게 정리하기 위해서
② 옷감의 두께를 증가시키기 위해서
③ 옷감의 수지 성분을 제거하기 위해서
④ 옷감의 강도를 높이기 위해서

답 ①

핵심문제 **옷감의 패턴 배치 방법으로 옳은 것은?**

① 줄무늬는 옷감 정리에서 줄을 사선으로 정리한다.
② 패턴이 작은 것부터 배치하고 큰 것은 작은 것 사이에 배치한다.
③ 옷감의 안쪽에 옷본을 배치한다.
④ 짧은 털이 있는 옷감은 털의 방향을 아래로 배치한다.

해설 옷감의 안쪽이 밖으로 나오게 접은 후 큰 패턴부터 배치.
짧은 털이 있는 옷감은 털의 방향을 위로 배치.

답 ③

핵심문제 **재단 시 천의 소모량이 많은 것이 흠이지만, 플레어가 가장 바람직하게 나타나는 플레어스커트의 결 방향은?**

①

②

③

④

답 ④

② 시접

(1) 부위별 기본 시접 분량

① 1cm-목둘레, 겨드랑 둘레, 칼라, 하의 허리선

② 1.5cm-절개선

③ 2cm-어깨, 옆선

④ 3~4cm-소맷단, 블라우스단, 지퍼, 파스너단

⑤ 5cm-스커트, 바짓단, 재킷의 단

(2) 시접 분량이 달라지는 요인

바느질 방법, 옷감의 재질 및 두께에 따라 시접 분량이 달라진다.

핵심문제 소맷단, 블라우스단, 파스너단의 시접은?

① 0.51 cm   ② 1~2 cm

③ 3~4 cm   ④ 4~6 cm   답 ③

핵심문제 재킷 재단 시 시접을 가장 작게 해야 할 곳은?

① 목둘레   ② 블라우스단

③ 소맷단   ④ 어깨와 옆선   답 ①

---

③ 심지 처리

(1) 심지의 사용 목적

① 겉감의 형태를 안정시킨다.

② 봉제를 다소 용이하게 한다.

③ 옷 형태가 변형되는 것을 방지한다.

(2) 심지 선택 시 주의 사항

① 두께, 강도, 색채, 관리 방법 등에서 겉감과 조화를 이루어야 한다.

② 버팀이 없는 겉감에는 적당한 버팀이 있는 심지를 사용한다.

③ 신축성이 있는 겉감에는 신축성이 있는 심지를 사용한다.

④ 주름 방지성이 있고 탄성 회복성이 좋은 심지를 사용한다.

⑤ 표면이 균일하고 평평한 것을 사용한다.

(3) 심지 종류

① 부직포 심지

㉮ 여러 종류의 섬유를 얇게 펴서 접착제를 사용하여 접착시킨 심지이다.

㉯ 가볍고 올이 풀리지 않으며 올의 방향이 없어 사용하기 간편하다.

㉰ 탄력성이 풍부하고 구김 회복성이 우수하다.

㉱ 신사복, 숙녀복 등의 심지 및 의류 부자재로 많이 사용한다.

② 모심지

㉮ 표면이 거칠고 단단하나 신축성과 유연성이 좋다.

㉯ 방추성이 우수하다.

㉰ 형태 안정성이 우수하다.

㉱ 테일러드 재킷의 심지 부착 부위: 뒤트임, 밑단, 라펠

③ 면심지

㉮ 수축성이 적고 형태의 지속성이 우수하다.

㉯ 일광이나 땀에 의해 변색되지 않는다.

㉰ 대전성이 없으므로 더러움을 잘 타지 않는다.

④ 마심감

넥타이 등에 사용한다.

⑤ 접착 심지

접착에 필요한 조건은 온도, 압력 그리고 프레스 시간이며, 옷감의 안정을 높여 주기 때문에 봉제 공정을 쉽게 하여 작업자의 능률이 향상되는 심지이다.

(4) 심지 부착 부위

① 칼라

② 블라우스: 칼라, 안단, 커프스

③ 테일러드 재킷: 뒤트임, 밑단, 라펠

④ 네크라인, 암홀: 바이어스 테이프

(5) 심지 부착 바느질

① 팔자뜨기

테일러드 재킷이나 코트 칼라 또는 라펠에 심지를 부착하여 형태를 고정시키는 데 주로 이용한다.

② 어슷시침

긴 시침보다 견고하게 시침하고자 할 때 이용하며, 주로 재킷의 앞단이나 라펠의 외곽선 형태를 고정하거나 안소매와 겉소매가 서로 밀리지 않도록 심지를 겉감에 부착할 때 이용하는 바느질이다.

(핵심문제) **심지의 선택에 관한 설명으로 틀린 것은?**

① 버팀이 없는 겉감에는 겉감과 동일한 버팀이 없는 심지를 사용한다.
② 신축성이 없는 겉감에는 신축성이 있는 심지를 사용한다.
③ 주름 방지성이 있고, 탄성 회복성이 좋은 심지를 사용한다.
④ 표면이 균일하고, 평평한 것을 사용한다.

(해설) 심지는 겉감의 형태를 안정시키고, 봉제를 다소 용이하게 하며, 옷의 형태 변형을 방지한다.

답 ①

(핵심문제) **테일러드 재킷의 칼라와 라펠의 심지를 부착할 때 이용하는 바느질은?**

① 실표뜨기   ② 팔자뜨기   ③ 어슷시침   ④ 시침질   답 ②

(핵심문제) **긴 시침보다 견고하게 시침하고자 할 때 이용하며, 주로 재킷의 앞단이나 라펠의 외곽선 형태를 고정하거나 안소매와 겉소매가 서로 밀리지 않도록 심지를 겉감에 부착할 때 이용하는 바느질은?**

① 핀 시침   ② 어슷시침   ③ 상침 시침   ④ 보통 시침   답 ②

(핵심문제) **다음 중 테일러드 재킷에서 심지가 부착되지 않는 곳은?**

① 뒤트임   ② 밑단   ③ 라펠   ④ 옆선   답 ④

(핵심문제) **모심지에 대한 설명으로 틀린 것은?**

① 신축성과 탄력성이 적다.   ② 적당한 드레이프(drape)성이 있다.
③ 방추성이 우수하다.   ④ 형태 안정이 우수하다.   답 ①

(핵심문제) **부직포 심지에 대한 옳은 설명은?**

① 접착제를 사용하여 섬유와 섬유를 얽히게 해 고정시킨 소재이다.
② 절단 부위가 약해서 올이 잘 풀린다.
③ 올의 결은 방향성을 가지고 있다.
④ 세탁에 수축하거나 늘어나기 쉽다.

(해설) 부직포 심지: 여러 종류의 섬유를 얇게 펴서 접착제를 사용하여 접착시킨 것으로, 가볍고 올이 풀리지 않으며 올의 방향이 없어 사용하기 간편하다.

답 ①

4 옷감량 계산

(단위: cm)

디자인		원단 폭	필요량	계산법
블라우스	반소매	90	140~160	(블라우스 길이×2)＋시접(10~15)
		110	100~140	(블라우스 길이×2)＋시접(7~10)
		150	80~100	블라우스 길이＋소매길이＋시접(7~10)
	긴소매	90	170~200	(블라우스 길이×2)＋소매길이＋시접(10~20)
		110	125~140	(블라우스 길이×2)＋시접(10~15)
		150	120~130	블라우스 길이＋소매길이＋시접(10~15)
스커트	타이트	90	130~150	(스커트 길이×2)＋시접(12~16)
		110	130~150	(스커트 길이×2)＋시접(12~16)
		150	60~70	스커트 길이＋시접(6~8)
	플레어 (다트 접은 디자인)	90	150~170	(스커트 길이×2.5)＋시접(10~15)
		110	140~160	(스커트 길이×2)＋시접(10~15)
		150	100~120	(스커트 길이×1.5)＋시접(10~15)
스커트	180° 플레어	90	140~160	(스커트 길이×2.5)＋시접(10~15)
		110	130~150	(스커트 길이×2.5)＋시접(5~12)
		150	90~100	(스커트 길이×1.5)＋시접(6~15)
	플리츠	90	130~150	(스커트 길이×2)＋시접(12~16)
		110	130~150	(스커트 길이×2)＋시접(12~16)
		150	130~150	(스커트 길이×2)＋시접(12~16)
팬츠		90	200~220	{슬랙스 길이＋시접(8~10)}×2
		110	150~220	{슬랙스 길이＋시접(8~10)}×2
		150	100~110	슬랙스 길이＋시접(8~10)

		90	210~230	(옷 길이×2)+시접(12~16)
원피스 드레스	반소매	110	180~230	(옷 길이×1.2)+소매길이+시접(10~15)
		150	110~170	옷 길이+소매길이+시접(10~15)
	긴소매	90	210~230	(옷 길이×2)+시접(12~16)
		110	180~230	(옷 길이×1.2)+소매길이+시접(10~15)
		150	110~170	옷 길이+소매길이+시접(10~15)
긴소매 수트		90	320~350	(재킷 길이×2)+(스커트 길이×2)+소매길이+시접(20~30)
		110	250~270	(재킷 길이×2)+스커트 길이+소매길이+시접(20~30)
		150	170~190	재킷 길이+스커트 길이+소매길이+시접(20~30)
코트	박스형	90	300~350	(코트 길이×2)+소매길이+시접(20~30)
		110	240~280	(코트 길이×2)+칼라길이+시접(20~30)
		150	200~250	코트 길이+소매길이+시접(15~30)
	플레어형	90	390~450	(코트 길이×3)+소매길이+시접(20~40)
		110	300~350	(코트 길이×2)+소매길이+시접(20~40)
		150	220~250	(코트 길이×2)+시접(20~30)
	프렌치 소매	90	330~350	(코트 길이×3)+시접(20~40)
		110	260~290	(코트 길이×2.5)+시접(10~30)
		150	220~250	(코트 길이×2)+시접(10~30)

핵심문제 110cm 폭의 옷감으로 타이트스커트를 재단할 때 옷감 계산법으로 바른 것은?

① 스커트 길이 + 시접(6~8cm)　　② (스커트 길이×2) + 시접(12~16cm)
③ (스커트 길이×1.5) + 시접(12~16cm)　　④ 스커트 길이 + 시접(2~2.5cm)

 해설

디자인	원단 폭	필요량	계산법
타이트	90	130~150	(스커트 길이×2)+시접(12~16cm)
	110	130~150	(스커트 길이×2)+시접(12~16cm)
	150	60~70	스커트 길이+시접(6~8cm)

답 ②

(핵심문제) 폭 90cm 옷감으로 스커트 길이가 70cm인 타이트스커트를 만들 때의 필요한 옷감량으로 가장 적합한 것은? (단, 시접은 15cm임)

① 85cm ② 155cm
③ 195cm ④ 225cm

(해설) 90~110cm 폭: (스커트 길이 × 2) + 시접(12~16cm)

답 ②

(핵심문제) 일반적인 옷감의 필요량 계산법에서 계산된 옷감량 중 타이트스커트에 해당되는 것은?

① 너비 110cm : 60~70cm ② 너비 110cm : 130~150cm
③ 너비 150cm : 170~190cm ④ 너비 150cm : 220~270cm

(해설) 90~110cm 폭: (스커트 길이 × 2) + 시접(12~16cm)
150cm 폭: 스커트 길이 + 시접(6~8cm)

답 ②

(핵심문제) 원단 150cm 폭으로 웨이스트 66cm, 스커트 길이 80cm인 180° 플레어스커트 재단 때 올바른 옷감량 계산법은?

① (스커트 길이 × 1.5) + 시접 ② (스커트 길이 × 2) + 시접
③ (스커트 길이 × 2.5) + 시접 ④ 스커트 길이 + 시접

(해설)

디자인	원단 폭	필요량	계산법
플레어 (다트 접은 디자인)	90	150~170	(스커트 길이 × 2.5) + 시접(10~15cm)
	110	140~160	(스커트 길이 × 2) + 시접(10~15cm)
	150	100~120	(스커트 길이 × 1.5) + 시접(10~15cm)
180° 플레어	90	140~160	(스커트 길이 × 2.5) + 시접(10~15cm)
	110	130~150	(스커트 길이 × 2.5) + 시접(5~12cm)
	150	90~100	(스커트 길이 × 1.5) + 시접(6~15cm)
플리츠	90	130~150	(스커트 길이 × 2) + 시접(12~16cm)
	110	130~150	(스커트 길이 × 2) + 시접(12~16cm)
	150	130~150	(스커트 길이 × 2) + 시접(12~16cm)

답 ①

핵심문제 110cm 너비의 옷감으로 긴소매 블라우스를 만들 때 필요한 옷감의 소요량은?

① (블라우스 길이×1.5) + 시접(5~7cm)
② (블라우스 길이×2) + 시접(10~15cm)
③ (블라우스 길이×2) + 소매길이 + 시접(10~20cm)
④ 블라우스 길이 + 소매길이 + 시접(10~15cm)

해설

디자인	원단 폭	필요량	계산법
긴소매	90	170~200	(블라우스 길이×2) + 소매길이 + 시접(10~20cm)
	110	125~140	(블라우스 길이×2) + 시접(10~15cm)
	150	120~130	블라우스 길이 + 소매길이 + 시접(10~15cm)

답 ②

핵심문제 90cm 너비의 옷감으로서 반소매 블라우스를 만들려고 할 때 옷감의 필요량 계산법은?

① (블라우스 길이×3) + 시접(7~10cm)
② (블라우스 길이×2) + 시접(10~15cm)
③ 블라우스 길이 + 소매길이 + 시접(7~10cm)
④ (블라우스 길이×2) + 소매길이 + 시접(10~20cm)

해설

디자인	원단 폭	필요량	계산법
반소매	90	140~160	(블라우스 길이×2) + 시접(10~15cm)
	110	100~140	(블라우스 길이×2) + 시접(7~10cm)
	150	80~100	블라우스 길이 + 소매길이 + 시접(7~10cm)

답 ②

핵심문제 90cm 폭의 옷감으로 긴소매 원피스를 재단할 경우 가장 적당한 옷감량의 계산법은?

① 원피스 길이 + 소매길이 + 시접 + 여유분
② (원피스 길이×2) + 소매길이 + 시접 + 여유분
③ 원피스 길이 + 소매길이 + 칼라 너비 + 시접 + 여유분
④ 원피스 길이 + (소매길이×1.5) + 시접 + 여유분

답 ②

핵심문제 150cm 폭의 옷감으로 긴소매 원피스 드레스를 만들 때 가장 적합한 옷감의 필요량은?(단, 가슴둘레 84cm, 소매길이 57cm, 옷 길이 96cm)

① 150~170cm   ② 180~200cm
③ 210~230cm   ④ 250~270cm

해설 90cm 폭: (옷 길이×2) + 시접(12~16cm)
150cm 폭: 옷 길이 + 소매길이 + 시접(10~15cm)

답 ①

핵심문제) 110cm 폭의 천으로 반소매 원피스를 만들려고 한다. 다음 중 옷감의 필요량 계산법은?

① 옷 길이 + 소매길이 + 시접(10~15cm)
② (옷 길이 × 2) + 시접(12~16cm)
③ (옷 길이 × 2) + 소매길이 + 시접(12~16cm)
④ (옷 길이 × 1.2) + 소매길이 + 시접(10~15cm)

해설) ①은 150cm 폭이다.　　　　　　　　　　　　　　　　답 ④

핵심문제) 반소매 원피스의 옷감 필요량 계산법으로 옳은 것은?

① 너비 110cm : (옷 길이 × 1.2) + 소매길이 + 시접(10~15cm)
② 너비 110cm : (옷 길이 × 3) + 시접(12~16cm)
③ 너비 150cm : (옷 길이 × 1.2) + 소매길이 + 시접(20~30cm)
④ 너비 150cm : 옷 길이 + (소매길이 × 2) + 시접(20~30cm)

해설) 옷 길이 + 소매길이 + 시접(10~15cm)　　　　　　　　　답 ①

핵심문제) 길이가 100cm인 슬랙스를 만들려고 한다. 90cm 너비의 옷감을 이용할 경우 가장 적정한 겉감의 필요 치수는?

① 100cm　　　　② 155cm　　　　③ 220cm　　　　④ 255cm

해설)

폭	필요량	계산법
90	200~220	{슬랙스 길이 + 시접(8~10cm)} × 2
110	150~220	{슬랙스 길이 + 시접(8~10cm)} × 2
150	100~110	슬랙스 길이 + 시접(8~10cm)

답 ③

3-2　재 단

1 재단대

(1) 효율적인 재단대

　　두께 3~6cm, 길이 180~200cm, 너비 90~95cm

(2) 단작업 요령

　① **연단**: 생산량에 맞추어 원단 등을 재단할 수 있도록 연단대 위에 정리하여 쌓아올리는 작업이다.

② 연단대 위에 마킹 종이가 움직이지 않도록 클립으로 고정한다.

③ 앞판을 절단할 경우에는 깃을 달아야 하는 부위부터 절단한다.

④ 앞판의 중앙 부분의 줄무늬가 틀어지지 않도록 주의해야 한다.

⑤ 기계는 무리하게 밀지 않아야 하며, 천이 얇을수록 속도를 천천히 한다.

(3) 연단 방향

① 한 방향 연단

㉮ 능직이나 주자직처럼 방향이 뚜렷한 직물이나 편성물, 벨벳, 고급 소재 등은 패턴을 한 방향으로 배치한다.

㉯ 마커의 효율성이 적고 작업 시간이 많이 소요된다.

② 양방향 연단

㉮ 원단의 결이 없거나 단색 소재에 적합하다.

㉯ 마커의 효율성이 좋고 생산성이 높다.

③ 표면대향 연단

㉮ 원단의 결이나 문양을 한 방향으로 맞추기 위해 원단을 서로 마주보도록 연단한다.

㉯ 마커의 효율이 한 방향보다는 좋고 양방향보다는 나쁘다.

(4) 연단기 종류

① 턴테이블 연단기

겉면이 파일 조직으로서 방향성이 있는 원단, 즉 냅(nap) 가공된 천의 연단이나 천면이 한쪽 방향으로만 향하게 하는 연단에 적합하다.

② 자동 연단기

컴퓨터로 작동되어 연단대가 길수록 생산성이 좋으나 문양 맞추기는 어렵다.

③ 수동 연단기

요척이 작고 직물이 자주 바뀔 때 사용하고, 고급 원단에 사용한다.

④ 적극송출 연단기

신축성 있는 원단을 연단할 시 원단에 장력에 의한 변형이 생기지 않도록 장력이 걸리지 않는 연단기를 사용한다.

❷ 재단

• 마름질 순서: 길 → 소매 → 칼라 → 주머니

(1) 재단 방법의 종류

① 평면 재단

㉮ 인체 각 부위의 치수를 기본으로 제도하고 패턴을 제작하는 공정이다.

㉯ 플랫패턴(flat pattern)에 의한 방법과 옷감 위에서 직접 드래프팅(drafting)하는 방법이다.

② 입체 재단

옷감을 인대나 인체 위에 직접 걸쳐 디자인에 따라 형태를 만들어 핀으로 고정한 후 완성선을 표시하고 재단한다.

(2) 완성선 표시

① **옷감 위에 옷본을 놓은 후 필수 표시 사항**: 완성선, 다트 위치, 단춧구멍 위치

② **트레싱 페이퍼를 대고 룰렛으로 표시**: 완성선에서 0.1cm 정도 시접쪽으로 떨어져 선명하고 가늘게 표시한다.

③ **실표뜨기(표시뜨기)**: 두 장의 직물에 굵은 백색 무명실을 사용하여 패턴의 완성선을 표시하는 손바느질이다.

㉮ 바늘땀 간격을 곡선은 좁게, 직선은 넓게 표시한다.

㉯ 옷감을 상하지 않게 하는 가장 완전한 표시 방법이다.

④ **초크**: 옷감의 색에 따라 잘 나타나는 색을 선택하여 가늘게 선을 표시한다.

⑤ **룰렛**: 천에 재단선을 표시할 때 바퀴 자국을 남겨 선을 표시한다.

⑥ **송곳**: 겉감의 완성선을 안감에 옮길 때 다트, 포켓 위치를 표시한다.

(3) 재단 시의 주의점

① 슈트, 투피스 등의 겹옷은 안단을 따로 재단한다.

② 소매, 바지 등의 단 부분이 좁아서 경사가 많으면, 밑단 시접을 접은 다음에 재단한다.

③ 다트나 주름이 있는 경우에는 다트를 접거나 주름을 접은 다음에 시접을 넣어 재단한다.

④ 칼라의 라펠(lapel) 부분이 넓은 스포츠 칼라인 경우에는 안단을 따로 재단한다.

⑤ 블라우스 등의 홑겹옷은 안단을 붙여서 재단한다.

⑥ 플레어스커트의 경우에는 45° 사선 방향(바이어스)으로 재단한다.

(4) 재단기

① 밴드나이프 재단기

㉮ 칼날이 좁고 날카롭기 때문에 예리한 것도 쉽게 재단할 수 있다.

㉯ 원단은 최대 30cm 높이까지 쌓아 재단할 수 있다.

㉰ 정확하게 재단할 수 있으므로 칼라, 커프스, 주머니 뚜껑 등 정확성이 요구되는 재단에 적합하다.

② 프레스 재단기

㉮ 금형을 원단 위에 놓고 전기나 유압으로 압축시켜 자르는 재단기이다.

㉯ 다이 커팅기 또는 클리커라고도 한다.

(핵심문제) 겉면이 파일 조직으로서 방향성이 있는, 즉 냅(nap) 가공된 천의 연단이나 천의 면이 한쪽 방향으로만 향하게 하는 연단에 적합한 연단기는?

① 턴테이블 연단기   ② 자동 연단기

③ 자동 행어 연단기   ④ 적극송출 연단기   답 ①

(핵심문제) 마름질하는 순서가 올바르게 나열된 것은?

① 길, 소매, 칼라, 주머니   ② 칼라, 소매, 주머니, 길

③ 소매, 칼라, 길, 주머니   ④ 주머니, 칼라, 길, 소매   답 ①

(핵심문제) 재단 후 실표뜨기(표시뜨기)를 할 때 사용하는 실로서 가장 적합한 것은?

① 직물의 색과 동일한 무명실   ② 백색의 굵은 무명실

③ 직물의 색과 동일한 명주실   ④ 흑색의 굵은 나일론실

(해설) 실표뜨기할 때 바늘땀 간격을 곡선은 좁게, 직선은 넓게 표시한다.   답 ②

(핵심문제) 다음 중에서 옷감 위에 옷본을 놓고 표시할 때 반드시 표시하지 않아도 되는 것은?

① 완성선   ② 다트 위치

③ 단추 크기   ④ 단춧구멍 위치   답 ③

(핵심문제) 두 장의 직물에 패턴의 완성선을 표시하기 위해 사용하는 손바느질 방법은?

① 시침질   ② 온박음질   ③ 실표뜨기   ④ 팔자뜨기   답 ③

핵심문제 옷감의 표시 방법 중 일반적으로 완성선에서 0.1cm 떨어져 표시하는 것은?

① 초크
② 트레이싱 페이퍼
③ 룰렛
④ 실표뜨기

해설 초크와 실표뜨기는 완성선에 표시한다.

답 ③

핵심문제 옷감의 완성선 표시 방법에 대한 설명으로 옳은 것은?

① 룰렛을 사용할 경우 완성선에 정확히 표시하는 것이 좋다.
② 초크를 사용할 때는 선이 지워질 우려가 있으므로 굵고 선명하게 표시한다.
③ 실표뜨기의 바늘땀은 곡선과 직선 모두 일정한 간격으로 표시한다.
④ 옷감을 상하지 않게 하는 가장 완전한 표시 방법은 실표뜨기로 하는 것이다.

해설 ① 완성선에서 0.1cm 떨어져 표시, ② 구별이 잘되는 색으로 가늘게 표시, ③ 굵은 백색 무명실로 바늘땀 간격을 곡선은 좁게, 직선은 넓게 표시한다.

답 ④

핵심문제 옷감의 완성선 표시 방법 중 옷감의 색에 따라 잘 나타나는 색을 선택하여 패턴을 옷감 위에 놓고 완성선 밑 시접선을 긋는 데 주로 사용하는 것은?

① 실표뜨기
② 룰렛
③ 송곳
④ 초크

해설 ① 바느질할 선을 따라 바늘땀을 크게 하여 시침질한다.
② 천에 재단선을 표시할 때 바퀴 자국을 남겨 선을 표시한다.
③ 겉감의 완성선을 안감에 옮길 때 다트와 포켓 위치를 표시한다.

답 ④

핵심문제 다음 중 바이어스(bias)로 재단해야 하는 스커트는?

① 고어드스커트
② 플리츠스커트
③ 플레어스커트
④ 개더스커트

답 ③

핵심문제 플레어스커트를 정바이어스로 재단하려고 할 때 알맞은 재단 방향은?

① 15° 사선 방향으로 재단
② 30° 사선 방향으로 재단
③ 45° 사선 방향으로 재단
④ 60° 사선 방향으로 재단

답 ③

(핵심문제) **다음 중 밴드나이프 재단기의 설명이 아닌 것은 어느 것인가?**

① 금형을 원단 위에 놓고 전기나 유압으로 압축시켜 자르는 재단기로 다이 커팅기 또는 클리커라고도 한다.
② 칼날이 좁고 날카롭기 때문에 예리한 것도 쉽게 재단할 수 있다.
③ 적은 장수에서부터 높이 30cm까지 쌓은 원단도 쉽게 재단할 수 있다.
④ 정확한 재단을 할 수 있으므로 칼라, 커프스, 주머니 뚜껑 등 정확성이 필요한 재단에 적합하다.

(해설) 프레스 재단기는 다이 커팅기 또는 클리커라고도 한다. 답 ①

(핵심문제) **재단할 때의 주의점으로 틀린 것은?**

① 슈트, 투피스 등의 겹옷은 안단을 붙여서 재단한다.
② 소매, 바지 등의 단 부분이 좁아서 경사가 많으면 밑단 시접을 접은 다음 재단한다.
③ 다트나 주름이 있는 경우에는 다트를 접거나 주름을 접은 다음에 시접을 넣어 재단한다.
④ 칼라의 라펠(lapel) 부분이 넓은 스포츠 칼라일 경우에는 안단을 따로 재단한다.

(해설) 블라우스 등의 홑겹옷은 안단을 붙여 재단하고 슈트, 투피스 등의 겹옷은 안단을 따로 재단한다. 답 ①

4. 가봉 및 보정

◇ **기본 바느질 도구**

• **핀**: 가봉할 때 사용한다.
• **바늘꽂이**: 쌀겨, 머리카락, 양초 가루로 채워 놓으면 윤활유 역할을 하여 바느질이 용이하다.
• **골무**: 일반적으로 두 번째, 세 번째 손가락에 끼워 사용한다.
• **족집게**: 실표나 시침실을 뽑을 때 사용한다.

4-1 가 봉

1 가봉 방법

① **가봉할 때 필요한 것**: 핀, 바늘꽂이, 목면사
② 바느질 방법은 상침질로 한다.
③ 실은 옷감에 따라 얇은 감은 한 올, 두꺼운 감은 두 올로 한다.

④ 바늘은 옷감에 직각으로 내리꽂아 오른쪽에서 왼쪽으로 시침한다.

⑤ 바이어스 감과 직선으로 재단된 옷감을 붙일 때는 바이어스 감을 위로 겹쳐 놓고 바느질한다.

⑥ 바느질을 할 때는 매듭을 지어 시작하고 끝맺을 때는 한두 번 되돌아 감쳐 놓는다.

② 테일러드 재킷의 가봉

① 솔기 바느질은 상침으로 한다.

② 가봉 후에 안단 재단을 한다.

③ 패드나 칼라는 달아 본다.

④ 가윗밥을 많이 주지 않는다.

⑤ 포켓과 단추의 모양 및 위치를 보기 위하여 심지나 광목으로 잘라 붙인다.

③ 시착한 후 관찰 방법

① 전체적인 실루엣을 관찰한 후 부분적인 곳을 본다.

② 옷 전체의 여유분 및 길이가 적당한가

③ 절개선의 위치가 적당한가

④ 옆선 · 어깨선이 중앙에 놓였는가 – 허리선 · 밑단선이 수평으로 놓였는가

⑤ 옷감의 올이 직선으로 바르게 놓였는가

⑥ 칼라의 형태와 크기가 적당한가

⑦ B.P 위치, 다트의 위치 · 길이 · 분량 등이 알맞은가 관찰한다.

핵심문제 다음 중에서 바늘꽂이 속에 넣어 두어야 할 재료로 가장 거리가 먼 것은?

① 수수   ② 머리카락

③ 쌀겨   ④ 양초 가루   답 ①

핵심문제 골무는 일반적으로 오른손을 기준으로 할 때 어느 손가락에 끼워야 하는가?

① 엄지손가락   ② 둘째 손가락

③ 셋째 손가락   ④ 새끼손가락

해설 바느질 시 바늘귀를 눌러 바늘을 밀어내는 손가락에 사용하며, 개인에 따라 위치가 다를 수 있다.

답 ②, ③

핵심문제 다음 중 실표나 시침실을 뽑을 때 사용하는 공구로서 가장 적당한 것은?

① 끌 ② 뼈인두 ③ 송곳 ④ 족집게 **답** ④

핵심문제 다음 중 가봉할 때 가장 필요한 것은?

① 핑킹가위 ② 핀 ③ 재단가위 ④ 축도자 **답** ②

핵심문제 다음 중 시착의 순서로 옳은 것은?

① 전체적인 실루엣만 본다.
② 한 번에 전체와 부분을 본다.
③ 부분을 본 후 전체 실루엣을 본다.
④ 전체적인 실루엣을 관찰한 후 부분적인 곳을 본다. **답** ④

핵심문제 가봉 시착을 위한 손바느질 방법으로 적당한 것은?

① 실은 반드시 강도가 강한 합성 섬유로 한다.
② 바느질 방법은 박음질로 한다.
③ 반드시 실은 두 올로 한다.
④ 바늘은 옷감에 직각으로 내리꽂아 시침을 한다.

해설 가봉할 때는 면사를 이용하며, 옷감에 따라 한 올이나 두 올로 상침한다. **답** ④

핵심문제 다음 중 테일러드 재킷의 가봉에 대한 설명으로 바른 것은?

① 솔기 바느질은 어슷상침을 사용한다.
② 포켓과 단추의 모양 및 위치를 보기 위하여 심지나 광목으로 잘라 붙인다.
③ 패드나 칼라는 달지 않아도 무방하다.
④ 정확한 실루엣을 보기 위하여 가윗밥을 많이 주어도 좋다.

해설 테일러드 재킷을 가봉할 때는 정확한 실루엣을 보기 위하여 패드나 칼라는 달고, 가윗밥을 적게 주며 상침바느질을 이용한다. **답** ②

핵심문제 테일러칼라의 슈트에서 가봉 후에 재단해도 되는 것은?

① 소매 ② 뒷길 ③ 앞길 ④ 안단 **답** ④

핵심문제 **시착한 후 관찰 방법으로 옳지 않은 것은?**

① 옷 전체의 여유분이 적당한가를 관찰한다.
② 옷 전체의 길이는 적당한가를 관찰한다.
③ 절개선 위치는 적당한가를 관찰한다.
④ 색상이 얼굴에 맞는가를 관찰한다.

해설 전체적인 실루엣을 관찰한 후 부분적인 곳을 본다.
옷 전체의 여유분 및 길이는 적당한가, 절개선 위치는 적당한가—옆선·어깨선이 중앙에 놓이게 되었는가, 허리선·밑단선이 수평으로 놓였는가, 옷감의 올이 직선으로 바르게 놓였는가, 칼라의 형·크기가 적당한가, B.P 위치가 맞고 다트의 위치·길이·분량 등이 알맞은가 등을 관찰한다. **답** ④

핵심문제 **가봉 시의 일반적인 유의 사항이 아닌 것은?**

① 칼라, 커프스, 포켓은 가재단한 후 치수, 크기, 모양 등을 확인 후 옷감을 재단한다.
② 바늘을 옷감에 어슷내려 꽂아 시침한다.
③ 단추는 같은 크기로 종이나 천을 잘라서 일정한 위치에 붙여 본다.
④ 시착한 다음 전체적인 실루엣을 먼저 관찰하고 부분적인 곳을 관찰한다.

해설 바늘을 옷감에 직각으로 꽂아 상침질한다. **답** ②

핵심문제 **가봉 및 보정에서 일반적인 주의 사항 중 틀린 것은?**

① 바늘은 직각으로 꽂아 옷감이 울지 않고 실이 늘어지지 않게 한다.
② 바이어스 감과 직선으로 재단된 옷감을 붙일 때는 바이어스 감은 아래로 겹쳐 놓고 바느질한다.
③ 바느질은 손바느질의 상침 시침으로 한다.
④ 작은 조각 이외에는 일반적으로 재봉대 위에 펴놓고 왼손으로 누르면서 오른쪽에서 왼쪽으로 시침한다.

해설 바이어스 감과 직선으로 재단된 옷감을 붙일 때는 바이어스 감은 위에 겹쳐 놓고 바느질한다. **답** ②

핵심문제 **가봉과 보정에서 유의해야 할 사항이 아닌 것은?**

① 가봉의 바느질 방법은 상침이 기본이다.
② 가봉에 사용되는 실은 백색의 나일론사가 주로 쓰인다.
③ 시착 시에는 각 구성 부분의 길이가 적합한지 확인한다.
④ 실루엣과 여유분을 확인하여 보정한다.

해설 가봉 시 면사를 주로 사용한다. **답** ②

핵심문제) 의복 제작 시 본봉으로 들어가기 전 가봉할 때 주의 사항으로 틀린 것은?

① 바이어스 감과 직선으로 재단된 옷감을 붙일 때는 바이어스 감을 위로 겹쳐 놓고 바느질한다.
② 바느질을 할 때에는 매듭을 지어 시작하고 끝맺을 때는 한두 번 되돌아 감쳐 놓는다.
③ 작은 조각 이외에는 반드시 재봉대 위에 펴놓고 왼손으로 누르면서 왼쪽에서 오른쪽으로 시침한다.
④ 바느질 방법은 손바느질의 상침 시침으로 한다.

해설) 반드시 재봉대 위에 펴놓고 손으로 누르면서 상침할 필요는 없으나, 바느질 방향은 오른쪽에서 왼쪽으로 한다. 답 ③

4-2 보 정

■ 길 원형과 소매의 보정

(1) 처진 어깨

① 가슴 다트 위의 진동둘레 부위와 뒤 어깨밑에 군주름이 생기는 체형이다.
② 어깨솔기를 터서 군주름 분량만큼 시침 보정하여 어깨를 내려 주고 어깨처짐만큼 진동둘레 밑부분도 내려 수정한다.
③ 처진 어깨는 B.P를 지나 다트의 중간과 어깨 부위에 선을 넣어서 늘어지는 부분이 없도록 접어 준 다음 다트를 다시 잡는다.

(2) 솟은 어깨

① 앞뒤 어깨선에 타이트한 주름이 생기는 체형이다.
② 어깨선을 올려 보정하고 그 분량만큼 겨드랑 밑부분을 올려 준다.

(3) 목둘레가 큰 경우

① 목둘레선이 들뜨는 현상이 나타난다.

② 목둘레선을 높여 앞·뒤판을 맞춘다.

(4) 목둘레가 작은 경우

① 목둘레 주변에 당기는 현상이 나타나므로 목둘레선을 더 넓혀 준다.

② 옆 목점을 어깨선 쪽으로 이동하고, 앞목 깊이를 내린다.

(5) 가슴이 큰 체형

① 가슴 부위가 당긴다.

② B.P를 지나는 가슴다트 가운데 부분과 어깨에서 허리다트 부분까지 각각 절개하여 벌린다.

(6) 가슴이 작은 체형

① 가슴 부분에 남는 여유분이 많다.

② 늘어지는 부분이 없도록 B.P를 지나는 가슴 다트를 지나는 가로 방향을 줄인다.

③ 다트 분량을 줄여 입체감이 덜하도록 한다.

(7) 굴신체

① 옷 앞이 뜨고 주름이 생기며, 뒤에는 가슴둘레선보다 위에 주름이 생긴다.

② 뒤의 길이를 늘이거나 앞의 길이를 줄이면 된다.

③ 전체적으로 앞몸판의 사이즈를 줄인다.

④ 등 길이의 부족량을 절개하여 늘려 준다.

⑤ 앞 중심의 길이가 남아 군주름이 생기므로 접어 줄여 준다.

⑥ 등의 돌출로 인해 어깨 다트를 늘려 준다.

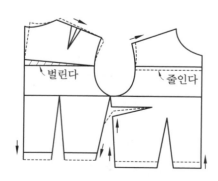

(8) 반신체

① 등이 뒤로 젖혀져서 등 부분에 주름이 생긴다.

② 앞 중심에서 사선으로 절개선을 넣어 앞 길이의 부족량을 늘려 준다.

③ 등 어깨뼈가 있는 가로 방향으로 길이를 줄이고, 목다트나 어깨다트 분량도 줄인다.

(9) 소매

① 뒤 소매산에 군주름이 생기는 경우: 소매 중심점을 뒤쪽으로 이동한다.

② 앞 소매산에 군주름이 생기는 경우: 소매 중심점을 앞쪽으로 이동한다.

③ 소매산 옆에 군주름이 생기는 경우: 소매산을 낮춘다.

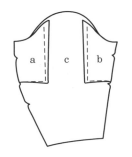
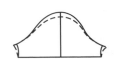

④ 소매밑 겨드랑 부분이 당기는 경우

  ㉮ 소매산을 내려 소매통을 넓힌다.

  ㉯ 겨드랑 둘레가 너무 좁은 경우 가위집을 넣은 후에 새로운 겨드랑 둘레선을 그린다.

⑤ 소매통이 큰 경우

  ㉮ 헐렁한 부위를 핀으로 집어 원형에서 없앤다.

  ㉯ 소매를 전체적으로 줄일 경우 몸판의 진동 둘레를 올린다.

⑥ 소매통이 작은 경우

  ㉮ 세로 방향으로 절개하여 벌린다.

  ㉯ 소매 진동둘레가 넓어지면 몸판의 진동선은 내려 준다.

(핵심문제) 원형을 보정할 때 뒤에서 당기고 주름이 생기는 경우는 어떤 체형에서 나타나는가?

① 복부 반신 체형 ② 엉덩이가 들어가고 복부가 나온 체형

③ 엉덩이가 나오고 복부가 들어간 체형 ④ 몸에 살이 적은 체형

(해설) 주름은 여유분 부족에 의한 현상이다. 답 ③

핵심문제 다음의 보정 방법 중 적합하지 못한 것은?

① 목둘레선이 들뜨는 것은 목둘레가 커서 생기는 현상으로 목둘레선을 높여 앞, 뒤판을 맞춘다.

② 앞뒤 어깨선에 타이트한 주름이 생길 경우(어깨가 솟은 경우)에는 어깨선을 올려 보정하고 그 분량만큼 겨드랑 밑부분을 올려 준다.

③ 어깨가 당길 때는 B.P를 지나 다트의 중간과 어깨 부위에 선을 넣어 늘어지는 부분이 없어지도록 접어준 다음 다트를 다시 잡아 준다.

④ 겨드랑 둘레가 너무 좁은 경우에는 가위집을 넣은 후 새로운 겨드랑 둘레선을 그린다.

해설 솟은 어깨로 어깨 부분이 당길 때는 어깨선과 진동을 올려 준다. **답** ③

핵심문제 길 보정에 대한 설명으로 옳은 것은?

① 목 밑에 군주름이 생긴 경우 : 목둘레선과 어깨선을 올려 준다.

② 등에 수평으로 군주름이 생긴 경우 : 군주름의 분량을 접어서 시침핀을 꽂아 보정한다.

③ 겨드랑이 밑에 군주름이 생긴 경우 : 다트의 분량을 군주름이 없어지는 분량만큼 잡아 주고, 그 분량만큼 밑단분을 올려 준다.

④ 목점에서부터 양쪽에 사선으로 군주름이 생긴 경우 : 처진 어깨선의 여유분을 군주름이 없어질 때까지 어깨선에서 잡아 보정하고 그 분량만큼 진동 둘레 밑을 올려 준다.

해설 반신체는 등이 뒤로 젖혀져 등에 수평으로 군주름이 생긴다. **답** ②

핵심문제 블라우스 보정법 중 옷을 입으면 앞이 뜨고 주름이 생기며, 뒤에는 가슴둘레선보다 위에 주름이 생긴다. 이때에는 뒤의 길이를 늘이든지 앞의 길이를 줄이면 된다. 어떤 체형의 보정법인가?

① 반신체   ② 굴신체

③ 비만체   ④ 빈약체

해설 앞으로 굽은 체형에 대한 설명이다. **답** ②

핵심문제 상반신 반신체의 보정 방법으로 옳은 것은?

① 뒤 옆선을 늘이고 그 분량만큼 양 옆선을 줄여 준다.

② 앞 중심에서 사선으로 절개선을 넣어 앞 길이의 부족량을 늘려 준다.

③ 뒤의 여유분을 접어 주름을 늘린다.

④ 뒤의 여유분을 접어 다트분을 늘린다.

해설 반신체는 뒤로 젖혀진 체형으로, 앞은 늘리고 뒤는 줄여야 한다. **답** ②

(핵심문제) **상반신 굴신체의 보정으로 옳은 것은?**

①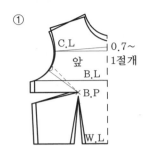

②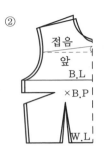

③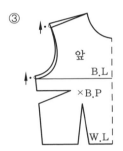

④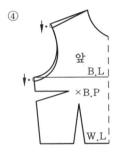

(해설) 상반신 굴신체는 등이 굽은 체형으로, 앞이 남고 뒤가 모자라 앞이 뜨고 주름이 생기므로 앞 길이와 앞 여유분을 줄여 준다.　　　　　　　　　　　　　　　　　　　　　　　답 ②

(핵심문제) **솟은 어깨의 체형은 앞, 뒤 어깨가 당겨져서 어깨를 향해 수평으로 당기는 주름이 생기므로 이에 대한 보정 방법으로 가장 옳은 것은?**

① 앞, 뒤 어깨끝점을 위로 올려 준다.
② 앞, 뒤 어깨끝점을 아래로 내려 준다.
③ 앞, 뒤 어깨끝점을 위로 올려 주고, 같은 양으로 진동둘레 밑에서도 같은 치수로 올려 준다.
④ 앞, 뒤 어깨끝점으로 아래로 내린 양과 같은 양으로 진동 둘레도 내려 준다.

(해설) 솟은 어깨는 어깨선 수정 시 동일한 분량으로 진동 높이를 고친다.　　　　　답 ③

(핵심문제) **다음 그림의 보정 형태는 옷의 착장 시 소매산의 어느 쪽에 군주름이 생길 때 하는 보정법인가?**

① 소매 앞, 뒤의 군주름
② 소매 앞의 군주름
③ 소매산의 옆에 군주름
④ 소매 뒤의 군주름

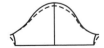

답 ③

(핵심문제) 다음의 제도는 이상 체형의 보정 방법을 보여 주고 있다. 어떤 체형의 보정 방법인 가?

① 어깨가 처진 체형   ② 새가슴 체형

③ 굴신 체형   ④ 반신 체형

(해설) 가슴 다트 위의 진동둘레 부위와 뒤 어깨밑에 군주름이 생길 때의 보정이다.
어깨를 내려 주고 어깨가 처진 만큼 진동둘레 밑부분도 내려 준다.   답 ①

(핵심문제) 가슴 다트 위의 진동둘레 부위와 뒤 어깨밑에 군주름이 생길 때의 보정으로 옳은 것 은?

① 어깨를 올려 주고 진동둘레 밑부분은 같은 치수로 내려 수정한다.

② 어깨솔기를 터서 군주름 분량만큼 시침 보정하여 어깨를 내려 주고 어깨처짐만큼 진 동둘레 밑부분도 내려 수정한다.

③ 뒷길의 어깨를 올려 주고 진동둘레 밑부분을 서로 다른 치수로 내려 준다.

④ 앞길의 어깨를 올려 주고 진동둘레 밑부분을 서로 다른 치수로 내려 준다.

(해설) 어깨가 처진 경우는 어깨선 이동량과 진동높이의 수정 분량이 동일하다.
군주름 분량만큼 어깨를 내려 주고 진동둘레 밑부분도 내린다.   답 ②

(핵심문제) 뒤 소매산에 군주름이 생기는 경우의 보정법은?

① 소매산을 높여 준다.

② 소매통을 줄여 준다.

③ 소매 중심점을 뒤쪽으로 이동한다.

④ 소매 중심점을 앞쪽으로 이동한다.

(해설) 군주름은 여유분이 많아 생기는 현상이므로 소매 군주름이 많은 쪽으로 중심점을 이동 한다.   답 ③

(핵심문제) 그림의 소매 보정법은?

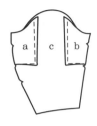

① 소매통 늘임
② 소매산 높임
③ 겨드랑 둘레의 늘임
④ 겨드랑 둘레의 줄임

(해설) 소매산 둘레를 줄이는 형태이다.   답 ④

(핵심문제) 상완의 어깨 부분이 앞으로 휘었고 팔에 살이 쪄서 앞 소매에 소매산을 향한 주름이 생길 때의 보정으로 맞는 것은?

① 소매둘레를 파 준다.
② 소매산 중심점을 뒤로 이동하고, 소매산선의 곡선은 옆으로 이동시켜 선을 정정한다.
③ 소매산 중심점을 앞으로 이동하고, 소매산선의 곡선도 앞으로 이동시켜 선을 정정한다.
④ 소매 중심선을 절개한 후 적당하게 좁혀 준다.

(해설) 몸이 앞으로 굽어서 생기는 남는 분량을 제거하는 방법이다.   답 ③

2 스커트와 팬츠의 보정

(1) 스커트의 앞단이 올라가는 경우

① 복부 반신의 경우 배가 나오면 앞 스커트 단은 올라간다.

② 허리선을 올려서 앞 중심부의 길이를 같게 한다.

(2) 하반신 반신체

① 하반신이 뒤로 젖혀져서 하복부가 나온 체형이다.

② 엉덩이 뒤에 주름이 생기며, 앞 스커트 단이 올라가고 뒤 스커트 단이 처진다.

③ 뒤 중심을 파 준다.

④ 뒤 스커트의 다트 분량을 줄인다.

⑤ 앞 중심을 올려 준다.

⑥ 앞 다트의 분량을 늘려 준다.

(3) 하반신 굴신체

① 복부 굴신의 경우이다.

② 신체가 앞으로 굽으면 앞 길이가 길어진다.

③ 앞 중심을 파 준다.

④ 뒤 다트 분량을 늘려 준다.

⑤ 뒤 스커트 허리에 보조 다트를 넣는다.

(4) 뒤에서 당기고 주름이 생기는 경우

① 엉덩이가 나오고 복부가 들어간 체형인 경우: H.L을 절개하여 뒤는 늘리고, 앞은 접어 줄인다.

② 한쪽 엉덩이가 높거나 커서 한쪽이 당기는 경우: 스커트의 허리와 옆선을 내어 수정한다.

(5) 기타

① 바지의 허벅지 부위가 너무 타이트한 경우: 옆선에서 부족한 만큼 내준다.

② 엉덩이 선이 처진 경우

  ㈎ 엉덩이 부분에 살이 많아서 뒤에 가로 주름이 생긴다.

  ㈏ 허리선을 내려 주고, 뒤 다트 길이를 길게 한다.

③ 호리호리한 허리: 허리에서 엉덩이로 이어지는 세로 주름이 생긴다.

④ 복부 돌출형: 앞허리가 끼이고 앞판이 들린다.

  ㈎ 앞 다트량과 앞판 옆솔기선을 늘린다.

  ㈏ 허리에서 H.L을 절개하여 앞은 늘리고, 다트는 길게 수정한다.

핵심문제 하반신 굴신체의 보정 방법이 아닌 것은?

① 앞 중심을 파 준다.
② 뒤다트 분량을 늘려 준다.
③ 뒤 스커트의 다트 분량을 줄여 준다.
④ 뒤 스커트 허리에 보조 다트를 넣는다.

해설 굴신체는 뒤 분량을 줄여 주는 방법으로 뒤 스커트의 다트 분량을 늘린다.　　　　答 ③

(핵심문제) **스커트의 앞단이 올라가는 경우 올바른 보정법은?**

① 옆선을 내주고 다트의 위치를 고쳐 준다.
② 옆선을 좁혀 주고 다트 넓이를 넓혀 준다.
③ 허리선을 올려서 앞 중심부의 길이를 같게 한다.
④ 군주름을 접어서 허리선을 내려 준다.

(해설) 복부 반신의 경우 배가 나와 스커트 앞단이 올라간다. 답 ③

(핵심문제) **하반신이 뒤로 젖혀져서 하복부가 나온 체형으로 엉덩이 뒤에 주름이 생기고 앞 스커트 단이 올라가고 뒤 스커트 단이 처지는 체형의 보정법이 아닌 것은?**

① 뒤 중심을 파 준다.
② 뒤 스커트 허리선을 오그려 준다.
③ 뒤 스커트의 다트 분량을 줄인다.
④ 앞 중심을 올려 준다.

(해설) 반신체에 대한 설명이다. 답 ②

(핵심문제) **바지의 허벅지 부위가 너무 타이트한 경우에 올바른 보정 방법은?**

① 옆선에서 부족한 만큼 내준다.
② 안쪽 가랑이를 남는 만큼 줄여 준다.
③ 허리선을 올리고 밑아래를 넓힌다.
④ 밑아래 시접을 줄여 준다. 답 ①

(핵심문제) **스커트의 허리와 옆선을 내어 수정해야 할 경우는?**

① 배가 나와서 배 부분이 너무 낄 경우
② 편평한 배로 인하여 앞 스커트와 옆 바지에 군주름이 생길 경우
③ 한쪽 엉덩이가 높거나 커서 한쪽이 당길 경우
④ 뒤가 끼는 경우

(해설) 여유분을 추가로 주는 경우이다. 답 ③

5. 봉제

- 스커트 봉제 순서: 다트 박기 → 옆솔기 박기 → 지퍼 달기
- 봉제 작업의 끝손질: 실밥 제거, 프레싱, 다림질

5-1 재봉기의 종류 및 특성

1 재봉기 종류

(1) 재봉 방식에 따른 분류(대분류) – 8종

C-단환봉(chain stitch), D-이중 환봉(double chain stitch), F-편평봉(flat seam stitch), L-본봉(lock stitch), M-복합봉(mixture stitch), S-특수봉(special stitch), E-주변 감침봉(over lock stitch), W-용착(welding)

① 단환봉 재봉기

㈎ 최초의 재봉기이다.

㈏ 윗부분에 암이 달려 있고, 그 끝에 상하 운동을 하는 바늘봉이 있다.

㈐ 수평 바늘판이 있다.

㈑ 땀수 조절이 가능하다.

㈒ 회전 속도가 빠르고, 가는 재봉사를 사용할 수 있다.

㈓ 표면의 땀 모양은 본봉과 같다.

㈔ 뒷면은 윗실 루프가 서로 연결된 형태이다.

㈕ 윗실 한 올만으로 만들어진다.

㈖ 신축이 본봉보다 풍부하다.

② 본봉 재봉기

㈎ 모든 재봉기의 기본이 된다.

㈏ 위와 아래의 박힌 모양이 같다.

㈐ 튼튼한 실을 사용하면 강도가 강한 땀을 만들 수 있다.

㈑ 땀이 간단하게 구성되기 때문에 가죽이나 두꺼운 천을 바느질하는 데 쓰인다.

③ 이중 환봉 재봉기

루퍼는 한쪽으로 들어간 밑실이 선단에서 자유롭게 나오도록 되어 있고, 바늘의 실은 루퍼가 걸고 다음에 바늘실이 루퍼에서 벗어지기 전에 루퍼 실을 바늘이 다시 거

는 조작을 번갈아 되풀이하여 환봉을 구성하는 재봉기이다.

④ 편평봉 재봉기

윗실 3개 중 1개는 2개의 실 사이를 건너서 박고, 밑실이 윗실을 얽혀 박는 형태이다.

⑤ 주변감침봉 재봉기

봉제물의 가장자리를 상하좌우로 움직이는 루퍼로 윗실과 상하면에서 각각 얽히는 박음질이다.

⑥ 복합봉 재봉기

종류가 다른 스티치 형식을 2가지 이상 합하여 박는 박음질이다.

⑦ 융착: 이음새를 융착시켜 연결하는 박음질이다.

⑧ 특수봉 재봉기: 대분류의 다른 항목에 속하지 않는 모든 박음질이다.

(2) 용도에 따른 분류(중분류) - 13종

① 직선봉: 피봉제물을 기계적으로 연속하여 일정한 방향으로 직진시켜 직선상으로 박는 박음 방식(되돌려박기는 직선봉에 포함)

② 장식봉: 장식을 주로 하는 박음 방식

③ 복렬봉: 직선봉이 2개 이상 병렬되어 있는 박음 방식

④ 새발뜨기: 기계적으로 연속하여 새발 모양으로 박는 방식(지그재그 박음)

⑤ 자수봉: 수동 또는 기계적으로 자유로이 임의의 모양을 그리는 박음 방식

⑥ 주변봉: 피봉제물의 가장자리 단면부의 주변 풀림 방지나 장식의 목적으로 박는 방식

⑦ 감침박음 본봉: 피봉제물의 표면에 땀이 나타나지 않게 그 두께 사이를 스쳐서 박는 방식(블라인드봉)

⑧ 안전봉: 주변 겹침 박음과 인접하고 복합 박음이 동시에 독립적으로 형성되는 박음질 방식(박음질 강화가 목적)

⑨ 끝맺음: 의복이나 기타 피봉제물의 각부에 끝맺음, 또는 이들의 피봉제물에 부속품 등을 부착하는 작업을 기계적으로 하고 자동적으로 정지하는 박음 방식

⑩ 팔방봉: 바늘봉을 원의 중심으로 하고 팔방보내기 기구에 따라 자유로운 방향으로 박아가는 방식

⑪ 포대구 박음: 포대나 자루 등을 봉합하기 위한 것으로, 박음질 끝방향으로 박음질 시작 방향을 향하여 기구를 사용하지 않고도 간단하게 풀 수 있도록 하는 방식

⑫ 단추 달기: 단추 또는 스냅 등을 적당한 위치에 다는 작업을 기계적으로 하고 자동적으로 정지하는 박음 방식

⑬ 단춧구멍: 단춧구멍의 구멍뚫기와 그 가장자리를 실로 감치는 작업을 기계적으로 하고 자동적으로 정지하는 박음 방식

(3) 재봉틀의 형틀에 따른 분류(소분류) − 6종

재봉기 외관과 베드의 형태에 따른 분류

① 단평형: 재봉기 몸체가 장방형이며 테이블면과 거의 평행하게 위치한다. 몸체가 420mm 미만이다.

② 장평형: 단평형과 형태는 같으나 길이가 420mm 이상이다.

③ 원통형: 베드가 암과 수평으로 돌출되어 있으며, 소맷부리 봉제용이다.

④ 상자형: 재봉기 내부를 상자처럼 덮은 형태로, 테이블 위에서 작업한다.

⑤ 기둥형: 베드가 수직으로 세워져 있으며, 버선이나 장갑 등의 손발가락 끝부분에 이용하는 가장자리 봉제용이다.

⑥ 보내기함형: 베드가 암과 거의 직각으로 돌출되어 있으며, 소매나 바지 등에 이용하는 원통형 봉제이다.

(4) 가정용 재봉기 − 15종

❷ 본봉 재봉기 구조

재봉기의 기구 중 박음질 기구에는 바늘대 기구, 실조절 기구, 실채기 기구가 있다.

(1) 보내기 기구

(2) 실조절 기구

여러 가지 봉제 조건에 알맞도록 윗실과 밑실에 적당한 장력을 주어 옷감과 옷감 사이에서 윗실과 밑실을 교차시켜서 좋은 박음질이 되는 역할을 한다.

(3) 실채기(take up lever) 기구

① 기구 윗실을 바늘귀로 유도하는 한편 윗실의 장력을 조절한다.

② 회전 실채기: 회전 운동을 한다.

③ 캠 실채기, 링크 실채기, 슬라이드 실채기: 상하 운동을 한다.

(4) 바늘대 기구

① 재봉기의 기구 중 박음질 기구이다.

② 바늘이 박음질할 옷감에 윗실을 통과시키는 역할을 한다.

③ 통과한 윗실을 북에 걸어 당긴다.

④ 상하 운동을 한다.

(5) 천평 크랭크

실채기에 의해 실을 위로 올리는 장치이다.

(6) 노루발(presser foot)

봉제 시 천을 눌러 윗실이 고리를 형성하도록 도와주고, 봉제될 부위를 고정해 준다.

(7) 침판(slide plate)

미끄럼판, 노루발 밑에 마찰을 줄여 옷감이 잘 밀리도록 한다. 상하 · 수평 운동을 한다.

(8) 톱니 · 송치 기구(feed dog, 피드독)

본봉 재봉기에서 주어진 땀길이에 맞게 천을 앞으로 밀어주는 역할을 하고, 상하 · 수평 운동을 한다.

(9) 북집 기구

훅, 가마는 회전 · 요동 운동을 한다.

❸ 재봉기의 부속

① 봉제 작업의 능률을 향상시키기 위해 사용한다.
② 폴더(folder): 천을 일정한 폭으로 접어주기 위한 것으로 일명 래퍼(wrapper)라고도 하며 커프스 달기, 소매 달기, 밑단 달기 등에 사용되는 부속이다.
③ 커팅(cutting)
④ 게이지(gauge)
⑤ 가이드(guide)

❹ 공업용 재봉기 사용하기

(1) 사용 방법

① 밑실감기에서 북을 실감는 축에 끼어 고정한다.
② 밑실감기에서 실을 북에 시계 방향으로 몇 번 감은 후 북누름대를 눌러 고정한다.
③ 밑실감기에서 실가이드의 구멍을 뒤에서 앞으로 통과시킨 후 실을 윗실 장력 조절 나사의 원반 사이로 통과시킨다.
④ 밑실끼우기에서 실을 북집의 밑실 장력 조절 나사가 있는 틈 사이로 끼워 홈에 잘 놓이게 한다.
⑤ 밑실을 준비할 때 실은 북토리에 80% 정도 고르게 감기도록 하는 게 가장 적당하다.

(2) 재봉틀 작업 시의 자세

① 재봉틀 테이블에서 15cm 정도 떨어져 바르게 앉는다.
② 몸의 중심(코)과 바늘대가 일치하게 위치를 정한다.
③ 어깨에 힘을 빼고 상체를 약간 굽힌다.
④ 발판에 발의 위치를 엇비껴 놓는다.

(핵심문제) **재봉기 앞에서 잘못된 자세는?**

① 재봉기 테이블에서 15cm 정도 떨어져 바르게 앉는다.
② 몸의 중심(코)이 바늘과 마주보는 자세를 취한다.
③ 어깨에 힘을 빼고 상체를 약간 굽힌다.
④ 두 발을 발판에 엇비껴서 놓지 말고 반듯하게 놓는다.

(해설) 두 발을 발판에 엇비껴서 놓는다.   답 ④

(핵심문제) **재봉기 기구 중 윗실을 바늘로 유도하며 윗실의 장력을 조절하는 기구는?**

① 북 기구   ② 실채기 기구
③ 바늘대 기구   ④ 노루발 기구   답 ②

(핵심문제) **윗실을 바늘귀로 유도하는 한편, 북 윗실을 걸어 당기면 밑실을 꿰어 줄 때 필요한 양만큼 늦추어 주는 기구는?**

① 바늘대 기구   ② 북 기구
③ 실채기 기구   ④ 실조절 기구   답 ③

(핵심문제) **실채기 운동 중 방식이 다른 하나는?**

① 캠 실채기   ② 회전 실채기
③ 링크 실채기   ④ 슬라이드 실채기   답 ②

(핵심문제) **본봉 재봉기에서 주어진 땀길이에 맞게 천을 앞으로 밀어주는 역할을 하는 것은?**

① 노루발(presser foot)   ② 침판(slide plate)
③ 송치 기구(feed dog)   ④ 실채기(take up lever)

(해설) 톱니 부분에 대한 설명이다.   답 ③

(핵심문제) **본봉 재봉기의 구조 중 실채기에 의해 실을 위로 올리는 장치는?**

① 톱니   ② 바늘대
③ 천평 크랭크   ④ 노루발   답 ③

(핵심문제) 봉제 작업의 능률을 향상시키기 위한 재봉기의 부속 중 천을 일정한 폭으로 접어주기 위한 것으로 일명 래퍼(wrapper)라고도 하며 커프스 달기, 소매 달기, 밑단 달기 등에 사용되는 부속은?

① 커팅(cutting) ② 게이지(gauge)
③ 가이드(guide) ④ 폴더(folder) **답** ④

(핵심문제) 공업용 재봉기 사용하기에서 그 설명이 틀린 것은?

① 밑실감기에서 북을 실감는 축에 끼어 고정시킨다.
② 밑실감기에서 북에 실을 시계 방향으로 몇 번 감아 준 후 북누름대를 눌러 고정시킨다.
③ 밑실감기에서 실가이드의 구멍을 앞에서 뒤로 통과시킨 후 실을 윗실 장력 조절 나사의 원반 사이로 통과시킨다.
④ 밑실끼우기에서 실을 북집의 밑실 장력 조절 나사가 있는 틈 사이로 끼워 홈에 잘 놓이게 한다.

해설 밑실감기에서 실가이드의 구멍을 뒤에서 앞으로 통과시킨다. **답** ③

(핵심문제) 단환봉의 기초적인 조건이 아닌 것은?

① 윗부분에 암이 달려 있고, 그 끝에 상하 운동을 하는 바늘봉
② 수평의 바늘판
③ 땀수 조절
④ 간헐적인 수동 보내기 **답** ④

(핵심문제) 재봉기의 발달사에서 최초로 나타난 재봉기는?

① 이중 환봉 재봉기 ② 오버로크 재봉기
③ 본봉 재봉기 ④ 단환봉 재봉기 **답** ④

(핵심문제) 단환봉의 설명과 일치하지 않는 것은?

① 동환이 풀리지 않는다. ② 표면의 땀 모양은 본봉과 같다.
③ 윗실 한 올만으로 만들어진다. ④ 신축이 본봉보다 풍부하다.

해설 윗실 한 올로 만들어져 얽힌 구조이므로 잘 풀린다. **답** ①

(핵심문제) 위와 아래의 박힌 모양이 같은 것이 특징으로 모든 재봉기의 기본이 되는 재봉기는?

① 단환봉 재봉기 ② 본봉 재봉기
③ 이중 환봉 재봉기 ④ 지그재그 재봉기 **답** ②

핵심문제 피혁을 봉제할 때 가장 적절한 재봉기는?

① 주변 감침봉 재봉기　　　　　② 본봉 재봉기
③ 이중 환봉 재봉기　　　　　　④ 단환봉 재봉기　　　　　답 ②

핵심문제 루퍼는 한쪽으로 들어간 밑실이 선단에서 자유롭게 나오도록 되어 있고, 바늘의 실은 루퍼가 걸고 다음에 바늘실이 루퍼에서 벗어지기 전에 루퍼 실을 바늘이 다시 거는 조작을 번갈아 되풀이해서 환봉을 구성하는 재봉기는?

① 단환봉 재봉기　　　　　　　② 이중 환봉 재봉기
③ 본봉 재봉기　　　　　　　　④ 주변 감침봉 재봉기　　　답 ②

핵심문제 튼튼한 실을 사용하면 강도가 강한 땀을 만들 수 있고, 땀도 간단하게 구성되기 때문에 가죽이나 두꺼운 천의 바느질에 쓰이는 땀(stitch)은?

① 단환봉　　　　　　　　　　　② 특수봉
③ 본봉　　　　　　　　　　　　④ 이중 환봉　　　　　　　答 ③

핵심문제 재봉기의 분류 중 재봉 방식에 따른 분류에 해당되지 않는 재봉기는?

① 장식봉 재봉기　　　　　　　② 단환봉 재봉기
③ 특수봉 재봉기　　　　　　　④ 본봉 재봉기

해설 대분류는 8종으로 단환봉, 본봉, 이중 환봉, 편평봉, 주변 감칠봉, 복합봉, 용착, 특수봉이 있다. 중분류(용도에 따른 분류)는 13종으로 직선봉, 장식봉, 복렬봉, 새발뜨기, 자수봉, 주변동, 감침박음 본봉, 안전봉, 끝맺음, 팔방봉, 포대구 박음, 단추 달기, 단춧구멍이 있다.
答 ①

핵심문제 직선봉이 두 개 이상 병렬되어 있는 박음 방식은?

① 공업용 재봉기의 소분류 : 장평형
② 공업용 재봉기의 대분류 : 복합봉
③ 공업용 재봉기의 중분류 : 복렬봉
④ 공업용 재봉기의 소분류 : 원통형

해설 복합봉은 종류가 다른 스티치 형식을 2가지 이상 합하여 박는 박음질이다.　答 ③

핵심문제 재봉기의 직업별 분류 중 가정용 재봉기에 해당되는 것은?

① 103종　　　　　　　　　　　② 96종
③ 31종　　　　　　　　　　　　④ 15종　　　　　　　　　答 ④

5-2 옷감과 바늘, 실의 관계

봉제할 때에는 특히 옷감, 실, 바늘의 영향을 많이 받는다.

1 바늘

(1) 바늘 굵기

　① 재봉 바늘의 호수: 바늘 굵기를 표시하며 번호가 클수록 굵다. 14호를 기본바늘로
　　많이 사용한다.

　② 손바늘은 호수가 높을수록 바늘이 가늘다.

(2) 재봉 바늘의 표면 가공에 따른 분류

　① Cr 바늘: 대부분 공업용 바늘로 사용되며, 두껍고 딱딱한 원단의 봉계용이나 고속
　　재봉기에 적합하다.

　② S 바늘: 표준 가공된 바늘로, 일반적으로 마찰이 적은 봉제용으로 사용한다.

　③ N 바늘: 니켈 도금이 이루어졌으며, 주로 9호 이하의 가는 바늘로 제작된다.

　④ Hc 바늘: 경질 도금한 바늘로 크롬, 니켈 도금보다 마찰 계수가 낮고 표면 경도는
　　높아 두껍거나 딱딱한 원단 봉제에 주로 사용한다.

(3) 재봉바늘 기호

　① DC: 오버로크 재봉바늘

　② HA: 가정용 재봉바늘

　③ DB: 공업용 재봉바늘

　④ DP: 단추용 바늘

2 옷감과 바늘

옷 감		사용 바늘
얇은 천	실크, 레이스, 오간자, 얇은 면 등	DB(DP) × #9~11 HA × #9~11
보통 천	울, 피케, 사틴, 벨벳 등	DB(DP) × #14 HA × #14
두꺼운 천	두꺼운 울, 캔버스, 데님, 코듀로이, 가죽 등	DB(DP) × #16 HA × #16

① 16호: 가죽이나 청지에 주로 사용하는 재봉기 바늘
② 11호: 얇은 면직물에 가장 적합한 재봉기 바늘
③ 천에 퍼커링 발생: 재봉할 때 봉제 천에 비해 바늘이 굵은 경우 일어나는 현상이다.

❸ 옷감과 실

① 봉제 시에는 옷감과 같은 재질의 실을 선택한다.
② 혼방 직물일 때 혼용률이 높은 재료를 선택한다.
③ 수지 가공의 옷감에는 방축 가공된 재봉사를 사용한다.
④ 실이 옷감에 비해 약하면, 봉제한 부분이 견고하지 못하여 여기저기 터지는 현상이 일어난다.

옷감	실	바늘
얇은 레이스	면봉사 80번	9호
견직물	견봉사 50번	9호
데님(denim) 천	면봉사 50번	16호
트리코트	합성봉사 60번	9호
두꺼운 모직물	견사 35 D/4×3	16호

(핵심문제) **봉제한 부분이 견고하지 못하여 여기저기 터지는 현상과 가장 상관이 있는 것은?**

① 바늘땀이 너무 촘촘하다.
② 실이 옷감에 비해 약하다.
③ 박은 실의 땀(스티치)이 크기 때문이다.
④ 실의 굵기가 굵다.
답 ②

(핵심문제) **다음 중 재봉 바늘의 호수가 나타내는 것은?**

① 바늘의 강도 표시 ② 바늘의 길이 표시
③ 바늘의 굵기 표시 ④ 바늘의 종류 표시
답 ③

(핵심문제) **다음 재봉기 바늘 중 가장 굵은 것은?**

① 9번 ② 11번 ③ 12번 ④ 14번
(해설) 재봉기 바늘은 번호가 클수록 굵다.
답 ④

(핵심문제) **바느질감과 재봉실, 바늘의 관계에 대한 설명 중 바르게 연결된 것이 아닌 것은?**

① 얇은 레이스 – 면봉사 80번 – 바늘 9호
② 견직물 – 견봉사 50번 – 바늘 9호
③ 데님(denim) 천 – 견봉사 50번 – 바늘 11호
④ 트리코트 – 합성봉사 60번 – 바늘 9호

(해설) 봉제 시에는 옷감과 같은 재질의 실을 선택해야 한다.   답 ③

(핵심문제) **다음 중에서 봉제할 때 영향을 가장 많이 끼치는 것들은?**

① 옷감 · 가위 · 초크
② 옷감 · 실 · 바늘
③ 옷감 · 실 · 치수
④ 옷감 · 바늘 · 가위   답 ②

(핵심문제) **재봉할 때 봉제 천에 비해 바늘이 굵은 경우 일어나는 현상은?**

① 땀뜀 현상이 일어난다.
② 천의 보내기 운동이 불량하다.
③ 재봉틀의 노루발이 장애를 일으킨다.
④ 천에 퍼커링이 발생한다.   답 ④

(핵심문제) **다음 설명 중 틀린 것은?**

① 면사는 실의 번수가 높을수록 실의 굵기는 가늘다.
② 재봉 바늘은 호수가 높을수록 바늘은 굵다.
③ 손바늘은 호수가 높을수록 바늘은 가늘다.
④ 나일론 실은 번수가 높을수록 실의 굵기는 가늘다.

(해설) 합성 섬유는 번수가 높을수록 실이 굵다.   답 ④

(핵심문제) **두꺼운 모직물을 재봉틀로 바느질을 할 때 알맞은 실과 바늘로서 가장 옳은 것은?**

① 면사 50'S, 9호 바늘
② 합성사 60 D/2×3번, 14호 바늘
③ 면사 80'S, 16호 바늘
④ 견사 35 D/4×3, 16호 바늘

(해설) 두꺼운 직물은 14~16호 바늘, 모직물은 견사를 사용한다.   답 ④

(핵심문제) **가죽이나 청지에 주로 사용하는 재봉기 바늘은?**

① 9호   ② 11호   ③ 14호   ④ 16호

(해설) 두꺼운 원단은 14~16호 바늘을 사용한다.   답 ④

(핵심문제) **얇은 면직물에 가장 적합한 재봉기 바늘은?**

① 9호   ② 11호   ③ 14호   ④ 16호   답 ①

5-3 박음질의 원리

1 원리

(1) 스티치(stitch)

한 가닥 또는 그 이상의 봉사가 한 가닥 또는 그 이상의 보빈 봉사들과 독립적이거나 서로 결합하여 일정한 간격을 유지하면서 이루어진 환(環, 땀)의 구조이다.

(2) 박음질

① 솔기를 튼튼하게 하기 위한 바느질 방법이다.
② 한 땀을 뜨고 난 다음 그 바늘땀 전부를 되돌아가서 다시 뜬다.
③ 재봉틀 바느질은 모두 박음질의 원리를 이용한 방식이다.

2 바느질 방법에 따른 강도

① 바느질 방법에 따라 그 강도가 달라진다.
② 의복의 바느질 강도에 있어서는 디자인보다 기능적인 면을 고려해야 한다.
③ **바느질 방법에 따른 절단 강도: 쌈솔 > 통솔 > 가름솔**
④ 바느질에서 여러 번 박을수록 옷의 실루엣이 곱게 표현되기가 어렵다.
⑤ 스커트 뒷주름의 바느질 강도 비교

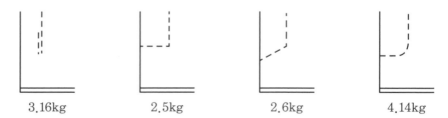

| 3.16kg | 2.5kg | 2.6kg | 4.14kg |

3 심 퍼커링(seam puckering)

① 실의 장력이 너무 약하면 스티치 형성이 엉성하여 심의 강도가 약해지고, 장력이 너무 강하면 퍼커링이 생긴다.
② 소재 방향에 따라 발생 빈도에 차이가 있으며, 경사 방향이 가장 많이 나타나고 이어서 위사 방향 순이다. 바이어스 방향은 거의 나타나지 않는다.
③ 천을 구성하는 섬유와 같은 종류의 봉사를 사용하는 것이 좋다.

핵심문제 한 가닥 또는 그 이상의 봉사가 한 가닥 또는 그 이상의 보빈 봉사들과 독립적이거나 서로 결합하여 일정한 간격을 유지하면서 이루어진 환(環, 땀)의 구조는?

① 스티치(stitch) ② 심(seam)
③ 연단(spreading) ④ 마킹(marking) 답 ①

핵심문제 바느질 방법에 따른 강도에 관한 설명으로 틀린 것은?

① 바느질 방법에 따라 그 강도가 달라진다.
② 의복의 바느질 강도에 있어서는 디자인보다 기능적인 면을 생각해야 한다.
③ 바느질 방법에 따른 절단 강도는 통솔보다는 쌈솔이 크다.
④ 바느질에서 여러 번 박을수록 옷의 실루엣이 곱게 표현되기가 쉽다.

해설 바느질은 여러 번 박을수록 튼튼하나 투박해진다. 답 ④

5-4 솔기의 종류와 특성

솔기(seam, 심)란 일정한 간격의 스티치로 옷감을 봉제했을 때 생기는 선을 말한다.

■ 일반적 분류

(1) 가름솔(평솔, plain seam)

① 가장 일반적인 솔기처리 방,법이다.
② 안에서 1번 박아서 그 시접을 가르는 방법이다.
③ 올이 풀릴 염려가 있으므로, 핑킹가위로 시접가를 자르거나 1번 얕게 접어서 박아 둔다.
④ 모직물, 무명 등 두꺼운 감의 어깨와 옆솔기에 많이 쓰이는 방법이다.
⑤ **오버로크 가름솔**: 오버로크 재봉기로 박아 시접을 가른다.
⑥ **테이프 대기 가름솔(바이어스 바인딩)**: 시접에 테이프를 대고 박아서 시접을 가른다. 여름용 홑겹 슈트의 솔기 처리법으로 적합하다.
⑦ **접어박기 가름솔(clean stitched seam)**: 시접 끝을 0.5cm 이내로 접어서 박아 시접을 가른다.
⑧ **휘감치기 가름솔(over cast seam)**: ㄷ자나 사선으로 어슷하게 땀을 만들어 위사 방향으로 올이 풀리는 것을 방지한다.

⑨ 핑크 가름솔(pinked seam): 시접의 가장자리를 잘라서 처리하는 방법으로, 올이 풀리지 않는 옷감에 이용한다.

⑩ 홈질 가름솔(self-stitching seam): 시접 끝을 접어서 홈질한 후 시접을 가른다.

⑪ 지그재그 가름솔(zigzag stitched seam): 니트, 가죽 등의 솔기 처리법이다.

(2) 통솔 (french seam)

① 올이 잘 풀리는 옷감에 쓰는 방법으로, 먼저 겉에서 0.2~0.3cm 시접을 남기고 박은 다음, 시접을 꺾어 넣고 안에서 0.3~0.5cm 시접을 두고 다시 박는다.

② 시접을 완전히 감싸는 방법으로, 얇아서 비치거나 풀리기 쉬운 옷감에 주로 이용되는 솔기이다.

(3) 쌈솔 (flat felled seam)

① 2장의 천을 포개어 놓고 땀을 유지하거나 봉합하기에 충분한 양으로 봉합한 심으로, 랩트 심(lapped seam)이라고도 한다.

② 시접 한쪽을 안으로 0.3cm~0.5cm 내어서 박은 다음 그 시접으로 접어 한 번 더 박는 바느질이다.

③ 자주 세탁해야 하는 운동복, 아동복, 와이셔츠 등에 많이 이용한다.

④ 바늘땀 두 줄이 겉으로 나오기 때문에 스포티한 느낌을 주는 바느질법이다.

(4) 뉨솔 (welt seam)

시접을 가르거나 한쪽으로 꺾어 위로 눌러 박는 바느질이다.

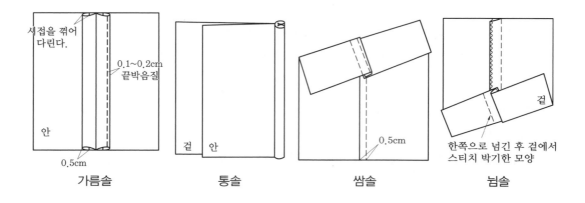

가름솔　　　통솔　　　쌈솔　　　뉨솔

2 한국 공업 규격 KS K 0030 (심 분류와 표시 기호)

참고 나라 표준 인증(https://standard.go.kr/KSCl/)

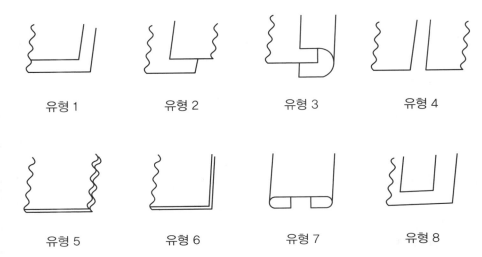

| 유형 1 | 유형 2 | 유형 3 | 유형 4 |
| 유형 5 | 유형 6 | 유형 7 | 유형 8 |

3 미연방 규격

① 바운드 심(bound seam): 테이프 대기 가름솔(바이어스 바인딩).

② 슈퍼임포즈 심(superimposed seam): 2장 이상의 천을 나란히 한 상태에서 1줄이
나 여러 줄 봉제한 솔기.

③ 플랫 심(flat seam): 1장의 천을 재봉사나 다른 천으로 연결한 솔기.

④ 랩트 심(lapped seam): 쌈솔. 2장의 천을 포개어 놓고 봉합하기에 충분한 양으로
약간 겹친 상태에서 봉제한 솔기.

핵심문제 다음 중에서 운동복 솔기로 가장 적당한 것은?

　　　① 박음질　　　　　　　　　② 쌈솔
　　　③ 가름솔　　　　　　　　　④ 접어가름솔

해설 튼튼한 솔기
쌈솔: 자주 세탁해야 하는 운동복, 아동복, 와이셔츠 등에 많이 이용되며 바늘땀 두 줄이 겉
으로 나오기 때문에 스포티한 느낌을 준다.
통솔: 시접을 완전히 감싸는 방법으로, 얇아서 비치거나 풀리기 쉬운 옷감에 주로 이용되는
솔기이다.
뉨솔: 시접을 가르거나 한쪽으로 꺾어 위로 눌러 박는 바느질이다.

답 ②

핵심문제 여름용 홑겹 슈트의 솔기 처리법으로 적합한 것은?

① 핑킹가위 자르기　　　　　　② 지그재그 박기
③ 끝접어 박기　　　　　　　　④ 바이어스 바인딩

해설 ①은 올이 잘 풀리지 않는 옷감, ②는 니트 등에 적합하다.　　　　　　**답** ④

핵심문제 다음 중 니트의 솔기 처리법으로 바른 것은?

① 성긴 직선 박기　　　　　　② 촘촘한 직선 박기
③ 인터로크 박기　　　　　　　④ 지그재그 박기

해설 지그재그 박기는 가죽, 니트, 스웨이드 등에 이용 가능하다.　　　　　　**답** ④

핵심문제 시접을 가르거나 한쪽으로 꺾어 위로 눌러 박는 바느질은?

① 쌈솔　　　　　　　　　　② 뉨솔
③ 통솔　　　　　　　　　　④ 가름솔

해설 ①은 세탁을 자주해야 하는 운동복, 아동복, 와이셔츠 등에 많이 이용된다.
③은 시접을 완전히 감싸는 방법으로, 얇아서 비치거나 풀리기 쉬운 옷감에 주로 이용되는
솔기이다.　　　　　　**답** ②

핵심문제 다음 중 솔기(seam)의 종류에 속하지 않는 것은?

① 바운드 심(bound seam)　　　　② 슈퍼임포즈 심(superimposed seam)
③ 플랫 심(flat seam)　　　　　　④ 카운트 심(count seam)　　　　**답** ④

핵심문제 2장 겹쳐진 천은 서로 포개어 겹쳐 있고, 이때 겹쳐진 양은 땀을 유지시키거나 봉합
하는 데 충분하도록 봉합시킨 심(seam, 솔기)은?

① 슈퍼임포즈 심　　② 랩트 심　　　③ 바운드 심　　　④ 플랫 심

해설 쌈솔에 대한 설명이다.　　　　　　**답** ②

핵심문제 솔기 처리 방법 중 시접을 완전히 감싸는 방법으로, 얇으면서 비치거나 풀리기 쉬운
옷감으로 옷을 만들 때 이용되는 것은?

① 통솔　　　　　　② 평솔　　　　　　③ 쌍솔　　　　　④ 뉨솔　　**답** ①

핵심문제 올이 풀리지 않는 옷감의 시접을 핑킹가위로 자른 다음 가르는 바느질은?

① 접어박기 가름솔 (clean stitched seam)
② 휘감치기 가름솔 (over cast seam)
③ 핑크 가름솔 (pinked seam)
④ 홈질 가름솔 (self-stitching seam)　　　　　　**답** ③

5-5 시접 및 단 처리

■ 시접 처리

(1) 시접 재단

① 시접은 가능한 넉넉하게 두고 재단한다.

② 목둘레의 완성선을 바이어스 테이프로 처리할 때는 시접을 두지 않는다.

③ 소매와 슬랙스 같은 단 부분은 시접을 접은 뒤 재단한다.

④ 다트는 먼저 접은 다음에 시접을 두고 재단한다.

⑤ 스커트 안감은 겉감보다 3cm 정도 짧게 한다.

(2) 시접 정리

① 피터 팬 칼라의 곡선 부분 시접처리

㉮ 마분지형을 대고 다린다.

㉯ 시접을 박아 잡아당겨서 오그린다.

㉰ 안칼라 쪽으로 0.2~0.3cm 꺾는다.

② 옷감과 변형에서 오그리기 하는 부분: 어깨, 허리, 소매산, 소매팔꿈치

③ 옷감을 다리미로 늘려서 정리하는 부분: 다리의 앞쪽 부분이 시작되는 바로 밑, 바지 뒤, 소매 안쪽

② 단 처리

(1) 단 처리 방법

① 단 시접을 접어 올려 처리

㉮ 박는 단: 두 번 접어 장식적인 스티치로 눌러박기

㉯ 크로스 스티치 단: 두꺼운 단 처리 스티치

㉰ 말아 공그르기 단: 케이프 소매 끝, 프릴 끝, 스카프 단 처리법

㉱ 휘감치기 단: 올이 풀리기 쉬운 중간 두께 옷감의 단 처리

② 안단 처리

㉮ 안으로 접어 올리는 단이 없는 경우 안단을 덧대어 단 처리를 한다.

㉯ 코트 단 및 원피스 단을 정리할 때: 겉단 끝에 안감으로 바이어스 처리 후 공그르기를 하며, 안감을 겉단보다 2~3cm 정도 짧게 한다.

③ **직접 끝처리**

㉮ 블랭킷 스티치 단: 버튼홀스티치 형태와 유사한 형태로, 가장자리에 스티치를 하는 방법이다.

㉯ 햄테이프로 감싸서 처리한다.

(2) 단 시접처리 바느질 방법

① **새발뜨기**

두꺼운 감의 단, 주로 재킷의 단 등을 접어 꿰맬 때 이용하며 왼쪽에서 오른쪽 방향으로 순서대로 바느질하는 단처리 방법이다.

② **말아감치기 · 휘감치기**

손수건이나 스카프 등과 같은 얇은 감으로 단을 말아서 좁게 접을 때 이용한다.

③ **공그르기**

단을 꿰맬 때 주로 이용하며, 겉으로는 실땀이 나타나지 않도록 잘게 뜨고 안으로는 단을 접어 속으로 길게 떠서 고정시키는 바느질이다.

④ **새발감침**

| 새발뜨기 | 휘감치기 | 공그르기 |

❸ 세미 타이트스커트의 안감 박기

① 안감은 완성선보다 0.2cm 정도 시접 쪽으로 내어서 박는다.

② 다트를 박아 시접을 겉감과 다른 쪽으로 접는다.

③ 왼쪽 옆 솔기를 박아 시접을 앞쪽으로 꺾는다.

④ 올이 풀리기 쉬운 옷감은 시접 끝을 한 번 접어 박는다.

(핵심문제) **단 처리에 이용되지 않는 바느질법은?**

① 공그르기　　　② 새발뜨기　　　③ 감치기　　　④ 실표뜨기

해설 실표뜨기는 완성선 표시 방법으로 이용되는 바느질이다.　　　답 ④

핵심문제 다음 중 케이프 소매 끝, 프릴 끝, 스카프 단 처리법으로 바른 것은?

① 블랭킷 스티치 단 　　　　　　② 말아 공그르기 단
③ 박는 단 　　　　　　　　　　④ 크로스 스티치 단

해설 공그르기는 겉으로 실땀이 나타나지 않도록 잘게 뜨고 안으로는 단을 접어 속으로 길게 떠서 고정한다. 　　　　　　　　　　　　　　　　　　　　　　**답** ②

핵심문제 손수건이나 스카프 등과 같은 얇은 감으로 단을 말아서 좁게 접을 때 이용되는 손바느질은?

① 공그르기 　　　② 실표뜨기 　　　③ 심뜨기 　　　④ 말아감치기

해설 ①은 단을 꿰맬 때, ②는 완성선 표시, ③은 심감 고정 시에 주로 이용한다. 　**답** ④

핵심문제 단을 꿰맬 때 주로 쓰이며, 겉으로는 실땀이 나타나지 않도록 잘게 뜨고 안으로는 단을 접어 속으로 길게 떠서 고정시키는 바느질은?

① 새발감침 　　　　　　　　　　② 말아감치기
③ 공그르기 　　　　　　　　　　④ 감치기 　　　　　　　　**답** ③

핵심문제 두꺼운 감의 단, 주로 재킷의 단 등을 접어 꿰맬 때 이용되며 왼쪽에서 오른쪽 방향으로 순서대로 바느질하는 단처리 방법은?

① 감치기 　　　　　　　　　　　② 새발뜨기
③ 말아감치기 　　　　　　　　　④ 시침질

해설 새발뜨기는 쉽게 뜯어지는 것을 방지하는 튼튼한 바느질법이다. 　　　　**답** ②

핵심문제 코트 단 및 원피스 단을 정리할 때의 설명으로 옳은 것은?

① 겉단을 접어 새발감침으로 고정시킨다.
② 안감은 겉단보다 5~7cm 짧게 하여 박아 준다.
③ 겉단은 안감의 길이와 똑같이 하여 양 옆 솔기 끝에 3cm 길이의 실 루프로 고정시킨다.
④ 겉단 끝에 안감으로 바이어스 처리 후 공그르기를 하며, 안감을 겉단보다 2~3cm 정도 짧게 한다. 　　　　　　　　　　　　　　　　　　　　**답** ④

핵심문제 피터 팬 칼라의 곡선 부분 시접처리가 아닌 것은?

① 마분지형을 대고 다린다.
② 시접을 박아 잡아 당겨서 오그린다.
③ 안칼라 쪽으로 0.2~0.3cm 꺾는다.
④ 겉칼라 쪽으로 0.5~0.9cm 꺾는다.

해설 안쪽칼라 쪽으로 꺾는다. 　　　　　　　　　　　　　　　　　　**답** ④

핵심문제 목둘레의 완성선을 바이어스 테이프로 처리할 때 시접의 처리법으로 가장 옳은 것은?

① 시접을 두지 않는다.　　　　　　② 1cm 정도의 시접을 둔다.

③ 2cm 정도의 시접을 둔다.　　　　④ 3cm 정도의 시접을 둔다.　　답 ①

5-6 다림질 방법

◼ 다림질 조건

(1) 온도

① 다림질 기호

80~120℃　　　　140~160℃　　　　헝겊을 덮고　　　　180~210℃
　　　　　　　　　　　　　　　　 180~210℃에서 다림질

② 섬유별 다림질 온도

㈎ 면, 마: 180~200℃

㈏ 모: 150~160℃

㈐ 레이온: 140~150℃

㈑ 견: 130~140℃

㈒ 나일론, 폴리에스테르: 120~130℃

㈓ 폴리우레탄: 130℃ 이하

㈔ 아세테이트, 트리아세테이트, 아크릴: 120℃ 이하

(2) 압력

① 다림질은 일반적으로 압력이 클수록 효과적이다.

② 옷감의 종류 및 조직에 따라 압력 조건이 다르다.

③ 다리미의 적정한 표면 온도는 사용하는 다리미의 무게와 압력, 다림질의 속도, 다리

미와 옷감의 접촉 시간 등에 따라 달라진다.

④ 압력이 작고 온도가 낮아도 다림질하는 시간이 길면 프레스(press)의 효과가 크다. 그러나 백색 직물에 있어서 다리미의 접촉 시간이 길면 백도에 변화가 생기기 쉬우므로 주의해야 한다.

(3) 수분

친수성 섬유의 다림질에는 별도의 수분을 공급한다.

② 다림질 방법

(1) 원단에 따른 다림질

① **모직물**: 단백질 섬유는 방축 가공이 되어 있는 경우가 많으므로 물을 가볍게 뿌려 헝겊을 덮고 다려야 한다.

② **벨벳**: 증기를 씌어 옷감의 올을 바로 잡는다.

③ **비닐론**: 다림질이 불가능하다.

④ **견**: 수분을 가하면 얼룩이 지기 쉽고 옷감의 외관이 상하므로 다림질하여 올 방향을 정돈한다.

(2) 다림질 시 주의 사항

① **덮개 천 사용** : 모직물은 다림질할 때 광택이 생기는 것을 피할 수 있고, 아세테이트나 아크릴 직물은 열에 약해 녹는 것을 피할 수 있다.

② 경사 방향으로 힘을 주어 다려야 옷감이 늘어나지 않고 변형되지 않는다.

③ 다리미는 사용한 후에 항상 바닥을 깨끗이 닦는다.

④ 다리미는 손잡이가 튼튼하고 편안하며 온도 조절이 정확해야 한다.

(3) 옷감 수축률에 따른 다림질

① 수축률이 4% 이상일 때는 옷감을 물에 담갔다가 약간 축축한 상태까지 말린 후 다린다.

② 수축률이 2~4%일 때는 안으로 물을 뿌려 헝겊에 싸놓았다가 물기가 골고루 스며들게 한 후, 안쪽에서 옷감의 결을 따라 다린다.

③ 수축률이 1~2%일 때는 안쪽에서 옷감의 결을 따라 구김을 펴는 정도로 다린다.

④ 기계적인 후처리로 충분히 축융시켜 만든 수축률이 낮은 옷감은 옷감의 결을 따라서 골고루 다린다.

❸ 늘리기와 오그리기

① **늘리기**: 활동적인 부분을 다림질로 옷감을 늘린 후 제봉하면 바느질이 튼튼해진다. 바지 밑위, 바지 밑아래, 소매 앞팔꿈치, 소매 안쪽 등

② **오그리기**: 약간의 입체감으로 운동량을 준다. 소매산, 팔꿈치, 어깨, 허리 부분 등

❹ 옷감의 변형

① **수축**: 물에 젖은 섬유를 다림질했을 때 가장 많이 나타날 수 있는 현상이다.

② **경화 현상**

  ㈎ 가열로 섬유가 연화되어 섬유 자체가 융착하고, 냉각 후에도 그대로 굳는 현상이다.

  ㈏ 합성 섬유를 다림질할 때 발생한다.

  ㈐ 비닐론, 아세테이트 등을 고온으로 가열했을 때 발생한다.

  ㈑ 수분이 있을 때 더 심하다.

③ **변색, 수축, 용융**: 다리미 온도를 과도하게 높이면 섬유에 나타나는 변화이다.

(핵심문제) **다음 중 옷감과 변형에서 오그리기를 하는 부분이 아닌 것은?**

① 어깨 부분　　　　　　　　　② 허리 부분

③ 바지의 밑위 부분　　　　　　④ 소매산 부분　　　　답 ③

(핵심문제) **옷감을 다리미로 늘려서 정리하는 부분이 아닌 것은?**

① 스커트 허리 부분　　　　　　② 다리 앞쪽 부분이 시작되는 바로 밑

③ 바지 뒤　　　　　　　　　　④ 소매 안쪽　　　　답 ①

(핵심문제) **일반적으로 물에 젖은 섬유를 다림질했을 때 가장 많이 나타날 수 있는 것은?**

① 경화한다.　　　　　　　　　② 변색된다.

③ 수축된다.　　　　　　　　　④ 용융한다.　　　　답 ③

(핵심문제) **다음 중 다리미의 지나친 가열로 섬유에 나타나는 변화가 아닌 것은?**

① 절단이 된다.　　　　　　　　② 변색이 된다.

③ 수축이 된다.　　　　　　　　④ 용융이 된다.　　　답 ①

(핵심문제) **합성 섬유를 다림질할 때 경화 현상과 관계가 먼 것은?**

① 가열로 섬유가 연화되어 섬유 자체가 융착하고 냉각 후에도 그대로 굳는 현상
② 비닐론, 아세테이트 등을 고온으로 가열하면 나타나는 현상
③ 수분이 있을 때 더 심하게 나타나는 현상
④ 고온으로 다리면 열에 약한 염료가 변색되는 현상

(해설) 다리미 온도를 과도하게 높이면 변색, 수축, 용융이 발생한다.　　　　답 ④

(핵심문제) **어떤 제품 공장에서 생산된 옷이 150℃로 다림질이 가능하다면 어느 표시를 하여야 하는가?**

① 　　② 　　③ 　　④

(해설) ①은 천을 덮고 80~120℃, ②는 140~160℃, ③은 180~210℃로 다림질한다.　　답 ②

(핵심문제) **보기의 다림질 방법(기호) 표시를 바르게 설명한 것은?**

① 헝겊을 덮고 온도 140~160℃ 정도에서 다림질한다.
② 일반적으로 온도 160~180℃ 정도에서 다림질한다.
③ 온도 90~120℃ 정도에서 다림질한다.
④ 헝겊을 덮고 온도 120~140℃ 정도에서 다림질한다.

(해설) 다림질 기호에서 숫자 2는 온도 140~160℃ 정도로 다림질한다는 의미이다.　　답 ①

(핵심문제) **단백질 섬유는 방축 가공이 되어 있는 경우가 많으므로 물을 가볍게 뿌려 헝겊을 덮고 다려야 하는 직물은?**

① 면직물　　　　　　　　　　② 마직물
③ 모직물　　　　　　　　　　④ 합성 직물　　　　　　　답 ③

(핵심문제) **면이나 마섬유의 적당한 다림질 온도는?**

① 100~110℃　　② 110~120℃　　③ 130~170℃　　④ 180~200℃

(해설) 섬유별 다림질 온도
면, 마: 180~200℃
모: 150~160℃
레이온: 140~150℃
견: 130~140℃
나일론, 폴리에스테르: 120~130℃
폴리우레탄: 130℃ 이하
아세테이트, 트리아세테이트, 아크릴: 120℃ 이하　　　　　　　　답 ④

핵심문제 다음 중 다림질할 때 온도가 높은 것부터 낮은 순으로 되어 있는 것은?

① 레이온 – 아세테이트 – 면, 마 – 양모
② 면, 마 – 아세테이트 – 양모 – 레이온
③ 면, 마 – 레이온 – 양모 – 아세테이트
④ 아세테이트 – 면, 마 – 양모 – 레이온

답 ③

핵심문제 다림질의 조건에 대한 설명으로 옳은 것은?

① 다리미의 적정한 표면 온도는 사용하는 다리미의 무게와 압력, 다림질의 속도, 다리미와 옷감의 접촉 시간 등에 관계없이 일정하다.
② 일반적으로 다림질할 때는 압력이 클수록 그 효과는 작으며 옷감의 종류 및 조직에 따라 압력 조건이 다르다.
③ 압력이 작고 온도가 낮아도 다림질하는 시간이 길면 프레스(press)의 효과가 크다. 그러나 백색 직물에 있어서 다리미의 접촉 시간이 길면 백도에 변화가 생기기 쉽기 때문에 주의해야 한다.
④ 친수성 섬유의 다림질에는 별도의 수분을 공급할 필요가 없다.

답 ③

핵심문제 다음 소재 중 스팀다리미 사용이 불가능한 것은 어느 것인가?

① 레이온　　　② 비닐론　　　③ 견　　　④ 면

해설 친수성 섬유에는 수분을 공급해야 효과가 있다.

답 ②

5-7 기초봉 · 부분봉 · 장식봉

- 골무: 일반적으로 오른손을 기준으로 할 때 둘째 손가락이나 셋째 손가락에 끼운다.
- 족집게: 실표나 시침실을 뽑을 때 사용하는 공구이다.

1 기초봉

(1) 박음질

① 바늘땀을 되돌아와서 뜨는 방법이다.
② 손바느질 중에서 가장 튼튼하게 처리되는 방법이다.
③ 재봉기로 박는 것과 같은 모양으로 겉면에 나타난다.
④ 온박음질과 반박음질이 있다.

(2) 홈질

① 스티치를 줍고 고르게 하는 바느질이다.

② 솔기를 잇거나 개더를 만들 때 이용하는 방법이다.

(3) 공그르기

① 스커트, 슬랙스, 소매 등의 밑단 부분에 많이 쓰이는 바느질이다.

② 단을 접어서 다린 후에 겉감으로는 바늘땀이 거의 나타나지 않게 하여야 하고 접힌 단 쪽으로 길게 떠 준다.

(4) 새발뜨기

① 두꺼운 옷감의 단 부분이나 뒤트임 부분에 많이 이용하는 바느질이다.

② 쉽게 뜯어지는 것을 방지하는 튼튼한 바느질법이며 장식적인 효과도 있다.

③ 왼쪽에서 오른쪽 방향으로 순서대로 바느질한다.

(5) 실표뜨기

① 직선일 때는 간격을 성글게, 곡선일 때는 간격을 촘촘하게 시침한다.

② 면사 2올로 겉에서는 긴 땀으로 뒤에서는 짧은 땀으로 시침한다.

③ 완성 후 실을 뽑기 쉽게 완성선에서 시침한다.

④ 옷감 한 겹을 제친 뒤 그 사이의 실을 자른다.

(6) 새발감칠

바늘땀을 한 올씩만 왼쪽에서 오른쪽으로 45° 각도로 떠 나간다.

(7) 버튼홀 스티치

손으로 실, 단춧구멍, 훅과 아이, 스냅 등을 달 때 이용하는 손바느질 방법이다.

(8) 숨은상침

뒤로 되돌아와 땀을 뜰 때 겉에서 보이지 않도록 두세 올 정도만 땀을 뜨는 바느질이다.

(9) 누름상침

이어진 두 원단 부분이 튼튼하도록 옷감을 이은 솔기를 가르거나 한쪽으로 하여 한 번 더 박는다.

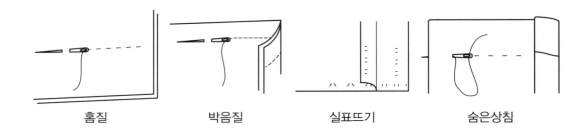

| 홈질 | 박음질 | 실표뜨기 | 숨은상침 |

② 부분봉

(1) 단춧구멍

① **단춧구멍의 크기**: 단추의 지름＋단추 두께 또는 단추의 지름＋0.3cm

② 단춧구멍 위치가 가로형인 경우 앞 중심선에서 앞단 쪽으로 0.2cm 정도 나온 위치에서 크기를 맞추어 정한다.

③ **입술 단춧구멍**: 구멍 둘레에 옷감으로 바이어스를 대는 것으로 여성복, 여아복에 이용한다.

(2) 단추

① 블라우스 단추의 위치: 길 중심선

② 실기둥을 세워 단추를 달 때 실기둥의 높이: 옷 앞단의 두께

(3) 포켓

① **인사이드 포켓**

㈎ 플랩 포켓(flap pocket): 뚜껑이 있는 포켓

㈏ 인심 포켓(in−seam pocket): 솔기선에 있는 포켓으로 코트, 원피스, 스커트 등에 이용한다.

㈐ 웰트 포켓(welt pocket)

㈑ 입술 포켓: 바이어스 결로 만든다.

② **아웃사이드 포켓**

㈎ 패치 포켓(patch pocket)

㈏ 몸판과 별도로 재단하여 몸판에 덧붙이는 포켓

③ **기타**

㈎ 하프(half) 포켓: 작은 사이즈 포켓

㈏ 프런트 힙(front hip) 포켓: 바지 앞 허리 부분에 있는 주머니

㈐ 사이드(side) 포켓: 수트재킷 허리 부분에 있는 주머니를 총칭한다.

㈑ 폴스(false) 포켓: 실제로 주머니는 달려 있지 않고 장식으로 플랩(flap)만 달아 놓은 것

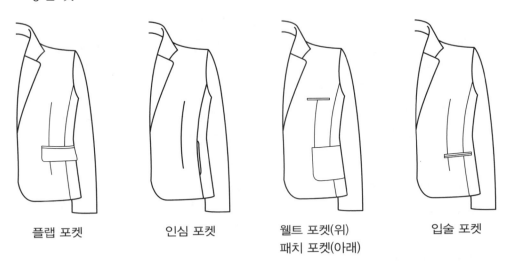

| 플랩 포켓 | 인심 포켓 | 웰트 포켓(위)
패치 포켓(아래) | 입술 포켓 |

(4) 여밈

① **콘솔지퍼, 양면 지퍼**: 재봉 시 지퍼 등솔기를 다리미로 가른 후 봉제하여 외관상 박음선이 드러나게 처리되어 깔끔하며 스커트나 원피스에 많이 사용되는 지퍼이다.

② **비스론**: 수지 파스너의 일종이다.

③ **파스너**: 분리되어 있는 것을 잠그는 데 쓰는 기구로, 지퍼라고도 한다. 파스너의 종류는 크게 금속 파스너와 수지 파스너로 나뉜다.

3 장식봉

① **셔링(shirring)**

개더를 여러 줄 만들어서 장식하는 것으로 다림질이 필요 없는 얇은 직물에 적당한 장식봉이다.

② **개더링(gathering)**

러닝 스티치(running stitch)로 잘게 홈질하거나 재봉기로 박아 실을 잡아당겨 잔주름을 만드는 방법이다.

③ **프릴(frill)**

레이스나 얇은 옷감으로 러플을 만들어 블라우스나 아동복 등의 커프스나 치맛단 장식에 이용되는 것으로, 러플보다 폭이 좁다.

④ 러플(ruffle) : 프릴보다 넓은 너비의 주름잡은 장식

⑤ 스모킹(smocking)

　㉮ 주로 얇고 부드러운 옷감에 적당하다.

　㉯ 일정한 간격으로 주름을 잡은 뒤 그 위에 장식 스티치로 주름을 고정시킨다.

　㉰ 사용 옷감량은 스모킹 종류에 따라 완성폭의 2.5~3배가 필요하다.

　㉱ 웨이브 스모킹(wave smocking)은 케이블 스티치를 응용한 것으로 파도 모양으로 자수해 나가는 장식봉이다.

　㉲ 케이블 스모킹(cable smocking), 허니콤 스모킹(honeycomb smocking), 아우트라인 스모킹(outline smocking) 등이 있다.

⑥ 핀턱(pin tuck)

주름량이 적은 것으로, 블라우스나 원피스 등에 쓰이며, 특히 아동복에 많이 사용한다.

⑦ 터킹(tucking)

가로나 세로 방향으로 일정하게 주름을 잡아 박는다.

⑧ 프린징(fringing)

모사, 견사, 금·은사 등으로 술 장식을 만들어 천에 달거나, 직물의 올을 풀어서 매듭을 지어 장식하는 것이다.

⑨ 파이핑(piping)

끝부분이나 솔기에 코드나 바이어스 원단을 끼워 박는 방법이다.

⑩ 비즈(beads)

옷감에 자수를 하여 달거나 옷감과 같이 짜거나 하여 복식에 사용한다.

⑪ 스팽글(spangle)

금속이나 기타 소재의 얇은 판을 여러 모양으로 오려낸 것으로 디자인에 따라 겹치거나 띄워 바느질해 단다.

⑫ 루싱(ruching)

재봉 기술로 천의 가운데를 박아 재봉실을 잡아당겨 주름을 잡는다.

⑬ 스캘럽(scallop)

조개껍질의 가장자리 곡선을 연결시킨 것 같은 선 모양을 단 부분에 이용한다.

⑭ 패고팅(fagoting)

천과 천 사이에 있는 올을 뽑아내 양쪽을 장식적인 스티치로 연결하는 것이다.

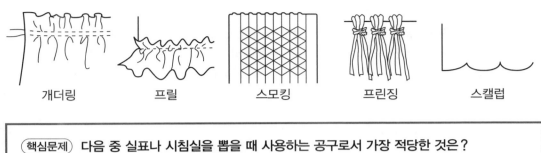

개더링　　　　프릴　　　　스모킹　　　　프린징　　　　스캘럽

핵심문제 다음 중 실표나 시침실을 뽑을 때 사용하는 공구로서 가장 적당한 것은?

① 끌　　　　　② 뼈인두　　　　③ 송곳　　　　④ 족집게　　　답 ④

핵심문제 금속 또는 합성수지 등의 얇은 판을 여러 모양으로 오려낸 것으로 옷의 색과 맞추어 붙이는 것은?

① 파이핑　　　　② 퀼팅　　　　③ 아플리케　　　④ 스팽글　　답 ④

핵심문제 옷감에 자수를 하여 달거나 옷감과 같이 짜거나 하여 복식에 이용되는 것은?

① 루싱　　　　　② 비즈　　　　③ 리그렉　　　④ 퀼팅

해설 비즈(beads)는 실에 꿰어 자수로 장식하거나 제품을 만드는 재료이다.　　　답 ②

핵심문제 개더를 여러 줄 만들어서 장식하는 것으로 다림질이 필요 없는 얇은 직물에 적당한 장식봉은?

① 턱　　　　　　② 셔링　　　　③ 러플　　　　④ 파이핑　　답 ②

핵심문제 레이스나 얇은 옷감으로 러플을 만들어 블라우스나 아동복 등의 커프스나 치맛단 장식에 이용되는 것으로 러플보다 폭이 좁은 것은?

① 프릴　　　　　② 레이스　　　　③ 플라운스　　④ 게이징　　답 ①

핵심문제 러닝 스티치(running stitch)로 잘게 홈질하거나 재봉기로 박아 실을 잡아당겨 잔주름을 만드는 방법은?

① 터킹　　　　　② 파이핑　　　　③ 프린징　　　④ 개더　　　답 ④

핵심문제 단춧구멍의 크기를 정할 때 적용 치수는?

① 단추의 지름 + 단추 두께　　　　② 단추의 지름
③ 단추의 반지름 × 3　　　　　　④ 단추의 반지름 + 0.3cm

해설 단추의 지름＋단추 두께
단추의 지름＋0.3cm　　　　　　　　　　　　　　　　　　　　答 ①

(핵심문제) 다음은 부분봉 중 단춧구멍에 관한 것이다. 단춧구멍의 위치가 가로형인 경우 앞 중심선에서 앞단 쪽으로 몇 cm 나온 위치에서 크기를 맞추어야 하는가?

① 0.2cm 정도 나온 위치에서 크기를 맞추어 정한다.
② 0.3cm 정도 나온 위치에서 크기를 맞추어 정한다.
③ 1cm 정도 나온 위치에서 크기를 맞추어 정한다.
④ 중심선에서 크기를 맞추어 정한다.

(해설) 보통 단춧구멍 크기는 단추 지름＋단추 두께 또는 단추 지름＋0.3cm이다. 답 ①

(핵심문제) 다음 중 블라우스 단추의 위치로 바른 것은?

① 안단선   ② 길 중심선
③ 여밈분과 길 중심선의 중간   ④ 여밈분 끝선   답 ②

(핵심문제) 둥근천(원형)에 바이어스를 박을 때 가장 적절하게 한 것은?

① 바이어스를 당겨서 박는다.
② 둥근 천을 당겨서 박는다.
③ 둥근 천에 여유를 주면서 박는다.
④ 바이어스에 여유를 주면서 박는다.   답 ④

(핵심문제) 입술 포켓을 만들 때 천의 결은?

① 가로결   ② 세로결
③ 바이어스 결   ④ 무늬에 따라 적당히   답 ③

(핵심문제) 다음 중 인사이드 포켓에 해당되지 않는 것은?

① flap pocket   ② in-seam pocket
③ patch pocket   ④ welt pocket

(해설) 인사이드 포켓-플립 포켓, 인심 포켓, 웰트 포켓, 입술 포켓 등   답 ③
아웃사이드 포켓-패치 포켓 등

(핵심문제) 다음의 재킷 디자인에서 ①번 포켓의 이름은?

① 플랩 포켓
② 바운드 포켓
③ 웰트 포켓
④ 인심 포켓

(해설) 그림 ②는 패치 포켓이다.   답 ③

(핵심문제) **그림의 포켓 이름은?**

① 플랩 포켓
② 웰트 포켓
③ 패치 포켓
④ 입술 포켓

(해설) 뚜껑 있는 포켓이다. 답 ①

(핵심문제) **포켓(pockets) 중 실제로 주머니는 달려 있지 않고 장식으로 플랩(flap)만 달아놓은 것은?**

① 하프(half) 포켓
② 사이드(side) 포켓
③ 폴스(false) 포켓
④ 라운드(round) 포켓

답 ③

(핵심문제) **재봉 시 지퍼 등솔기를 다리미로 가른 후 봉제하여 외관상 박음선이 드러나게 처리되어 깔끔하며 스커트나 원피스에 많이 사용되는 지퍼는?**

① 콘솔지퍼
② 양면 지퍼
③ 파스너
④ 비스론

(해설) 양면 지퍼는 겉과 안에서 열 수 있도록 양쪽에 지퍼가 있는 형태이다. 답 ①, ②

(핵심문제) **다음 중 손으로 실, 단춧구멍, 훅과 아이, 스냅 등을 달 때 사용하는 손바느질 방법은?**

① 실표뜨기
② 버튼홀 스티치
③ 새발뜨기
④ 감침질

답 ②

(핵심문제) **다음의 바느질법 중에서 새발뜨기에 대한 설명은?**

① 두꺼운 옷감의 단 부분이나 뒤트임 부분에 많이 사용되는 바느질이고, 쉽게 뜯어지는 것을 방지하는 튼튼한 바느질법이며 장식적인 효과도 있다.

② 스커트, 슬랙스, 소매 등의 밑단 부분에 많이 쓰이는 바느질이고 단을 접어서 다린 후에 겉감으로는 바늘땀이 거의 나타나지 않게 하여야 하고 접힌 단 쪽으로 길게 떠준다.

③ 밑단 부분이나 안감을 겉감에 고정시킬 때, 지퍼 부분에서 안감을 겉감 부분에 고정시킬 때 많이 사용하고 옷의 안쪽 부분에 사선의 감치기한 실이 나타나고 겉쪽으로는 실땀이 보이지 않도록 한다.

④ 올이 풀리지 않도록 시접의 끝을 꺾어 다린 후 단 분량을 접어 재봉기로 박아 주며 면이나 청바짓단 처리에 쓰인다.

(해설) ②는 공그르기, ③은 감침질, ④는 접어박기이다. 답 ①

(핵심문제) 실표뜨기할 때 주의 사항으로 틀린 내용은?

① 직선일 때는 간격을 성글게, 곡선일 때는 간격을 촘촘하게 시침한다.
② 면사 2올로 겉에서는 실 땀이 길고 뒤에서는 짧게 되도록 시침한다.
③ 완성 후 실을 뽑기 쉽게 완성선에서 0.5cm 떨어져서 한다.
④ 옷감 한 겹을 제치고 사이의 실을 자른다.

(해설) 완성 후 실을 뽑기 쉽게 완성선에서 한다.　　　　　　　　답 ③

(핵심문제) 그림은 어떤 시침 방법인가?

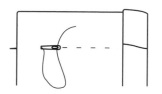

① 숨은상침　　　② 보통 시침　　　③ 반박음질　　　④ 온박음질　　답 ①

(핵심문제) 옷의 단 부분에 올을 풀고 매듭을 지어 술 장식을 하여 디테일의 효과를 나타내는 바느질법은?

① 패고팅　　　　② 코드　　　　　③ 루싱　　　　　④ 프린징　　답 ④

(핵심문제) 다음의 바느질 방법 중에서 공그르기의 설명은?

① 밑단 부분이나 안감을 겉감에 고정시킬 때, 지퍼 부분에서 안감을 겉감 부분에 고정시킬 때 많이 사용하고 옷의 안쪽 부분에 사선의 감치기한 실이 나타나고 겉쪽으로는 실땀이 보이지 않도록 한다.
② 두꺼운 옷감의 단 부분이나 뒤트임 부분에 많이 사용되는 바느질이고, 쉽게 뜯어지는 것을 방지하는 튼튼한 바느질법이며 장식적인 효과도 있다.
③ 올이 풀리지 않도록 시접의 끝을 꺾어 다린 후 단 분량을 접어 재봉틀로 박아 주며, 면이나 청바지 단 처리에 이용된다.
④ 스커트, 슬랙스, 소매 등의 밑단 부분에 많이 쓰이는 바느질이고, 단을 접어서 다린 후에 겉감으로는 바늘땀이 거의 나타나지 않게 하여야 하고 접힌 단 쪽으로 길게 떠 준다.

(해설) ①은 감침질, ②는 새발뜨기, ③은 접어박기이다.　　　　　答 ④

(핵심문제) 단을 꿰맬 때 주로 쓰이며 겉으로는 실땀이 나타나지 않게 잘게 뜨고 안으로는 단을 접어 길어 떠서 고정시키는 손바느질은?

① 휘갑치기　　　② 공그르기　　　③ 실표뜨기　　　④ 심뜨기　　답 ②

[핵심문제] 손바느질의 올바른 새발감침은?

① 바늘땀을 한 올씩만 되박아 준다.
② 바늘땀을 두 올씩만 되박아 준다.
③ 왼쪽에서 오른쪽으로 순서대로 떠 나간다.
④ 오른쪽에서 왼쪽으로 순서대로 떠 나간다.

[해설] 바늘땀을 한 올씩만 왼쪽에서 오른쪽으로 45° 각도로 떠 나간다. **답** ③

[핵심문제] 손바느질 중 바늘땀을 되돌아와서 뜨는 방법은 어느 것인가?

① 홈질   ② 박음질   ③ 섞음질   ④ 시침질   **답** ②

[핵심문제] 뒤로 되돌아와 땀을 뜰 때 겉에서 보이지 않도록 두세 올 정도만 땀을 뜨는 바느질은?

① 홈질   ② 박음질   ③ 숨은상침   ④ 시침질   **답** ③

[핵심문제] 다음 그림의 장식봉 이름은?

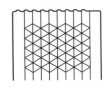

① 러플   ② 스모킹   ③ 패고팅   ④ 핀턱   **답** ②

[핵심문제] 스모킹에 대한 설명 중 틀린 것은?

① 주로 얇고 부드러운 옷감에 적당하다.
② 일정한 간격으로 주름을 잡은 뒤에 그 위에 장식 스티치로 주름을 고정시킨다.
③ 옷감을 핀턱 정도로 접어서 바느질한 다음 잡아당긴다.
④ 사용 옷감량은 스모킹 종류에 따라 완성폭의 2.5~3배가 필요하다.

[해설] 옷감을 핀턱 정도로 접어서 바느질한 다음 장식 스티치로 고정한다. **답** ③

[핵심문제] 다음 그림이 나타내는 장식 바느질의 종류는?

① 아플리케   ② 컷워크   ③ 프린징   ④ 퀼팅   **답** ③

핵심문제 모사, 견사, 금·은사 등으로 술 장식을 만들어 천에 달거나, 직물의 올을 풀어서 매듭을 지어 장식하는 것은?

① 개더링(gathering)　　　　　　② 루싱(ruching)
③ 프린징(fringing)　　　　　　　④ 스캘럽(scallop)　　　　　　**답** ③

핵심문제 다음 바느질 방법 중 장식봉이 아닌 것은?

① 셔링　　　　　② 파이핑　　　　　③ 커프스　　　　　④ 스모킹

해설 커프스는 디테일로 소매밑단 부분에 다는 장식을 말한다.　　　　　　**답** ③

핵심문제 장식 바느질법 중 핀턱(pin tuck)에 대한 설명으로 옳은 것은?

① 주름량이 적은 것으로, 블라우스나 원피스 등에 쓰이며, 특히 아동복에 사용된다.
② 불규칙한 작은 주름이 많이 모인 것으로, 천의 두께에 따라 필요량이 다르나 일반적으로 완성 폭의 2~3배로 필요량을 잡아 준다.
③ 장식적인 디테일로 쓰이며, 개더를 규칙적으로 여러 줄 잡아 주어 여유분을 부드럽게 표현한다.
④ 손바느질을 이용하여 규칙적인 바늘땀으로 주름을 잡는 방법으로, 아동복이나 여성복에 장식용으로 쓰이며 부드럽고 귀여운 느낌을 준다.

해설 ②는 개더링, ③은 셔링, ④는 프릴에 대한 설명이다.　　　　　　**답** ①

5-8　재봉기의 고장과 수리

◼ 심 퍼커링(seam puckering) 현상

(1) 원인

① 봉제 후 봉제선이 매끄럽지 않고, 원하지 않는 작은 주름이 생기는 현상
② 윗실과 밑실의 장력에 의한 현상
③ 바늘에 의해 올이 밀려 나가서 생기는 현상
④ 톱니와 노루발의 압력에 의한 현상
⑤ 실의 장력이 너무 약하면 스티치가 엉성하여 솔기의 강도가 약해지고, 반대로 장력이 너무 강하면 퍼커링이 생긴다.

⑥ 소재의 방향에 따라서 경사 방향은 퍼커링이 가장 심하게 나타나고 그 다음 위사방향이고 바이어스 방향은 일어나지 않는다.

(2) 심 퍼커링의 발생을 줄일 수 있는 방법

① 바이어스 방향의 봉제

② 윗실과 밑실 장력의 조정

③ 노루발 압력조절을 통한 조절

④ 천을 구성하는 섬유와 같은 종류의 봉사 사용

2 실이 끊어지는 경우

(1) 원인

① 밑실이 끊어지는 경우: 밑실의 장력이 너무 강할 때

② 윗실이 끊어지는 경우

㈎ 바늘과 북의 타이밍에 결함이 있을 때

㈏ 바늘에 결함이 있을 때

㈐ 실채기의 용수철이 너무 강할 때

㈑ 바늘의 부착 방향이 나쁠 때

㈒ 윗실의 장력이 너무 강할 때

(2) 밑실이나 윗실이 끊어질 때의 처리법

① 밑실이나 윗실이 바르게 끼어졌는지 확인한다.

② 옷감에 맞는 바늘과 실을 사용하였는지 확인한다.

③ 실안내걸이 노루발, 바늘판, 북집, 바늘 끝에 흠이 없는지 점검한다.

3 바늘땀이 뛰는 이유(봉비; skip)

① 바늘판의 결함

② 북집 자체의 결함

③ 실의 불량

④ 바늘의 불량이나 바늘 끝 파손

⑤ 꼬임이 강한 실의 사용

⑥ 바늘과 북 끝의 타이밍 불량

4 재봉틀로 바느질할 때 천 보내기가 나쁜 경우

① 톱니 결함
② 노루발 결함
③ 조임새 결함

5 기타

① 반달집에 실이 끼인 경우: 재봉기를 사용할 때 회전이 무겁고 소리가 많이 난다.
② 재봉된 천에 실이 끊기거나 밑실이 올라오게 되어 박음질이 불량해지고 봉축 심 퍼커링 현상이 일어난 경우: 윗실 조절장치로 조절한다.

6 수리

① 재봉기를 청소할 때 제일 먼저 바늘을 빼어 놓는다.
② 노루발을 떼어 놓는다.
③ 바늘판을 떼어 놓는다.
④ 재봉기 머리 부분을 뒤로 제쳐 놓는다.

（핵심문제） **재봉기를 청소할 때 제일 먼저 해야 하는 것은？**

① 바늘을 빼어 놓는다.
② 노루발을 떼어 놓는다.
③ 바늘판을 떼어 놓는다.
④ 재봉기 머리 부분을 뒤로 제쳐 놓는다.   답 ①

（핵심문제） **일반적으로 재봉기를 사용할 때 회전이 무겁고, 소리가 많이 나는 경우는？**

① 반달집에 실이 끼었을 경우
② 바늘의 굵기와 실의 굵기가 다를 경우
③ 땀수조절기가 조절이 안 될 경우
④ 밑실 조절나사가 너무 조여졌을 경우   답 ①

（핵심문제） **재봉된 천에 실이 끊기거나 밑실이 올라오게 되어 박음질이 불량하게 되고 봉축 심 퍼커링 현상이 일어났다. 무엇으로 조절하는가？**

① 윗실 조절장치   ② 실채기
③ 노루발의 압력   ④ 몸체실걸이

（해설） 실의 장력 조절이 필요하다.   답 ①

핵심문제 **밑실이나 윗실이 끊어질 때 처리법 중 가장 거리가 먼 것은?**

① 밑실이나 윗실이 바르게 끼어졌는지 확인한다.
② 옷감에 맞는 바늘과 실을 사용하였는지 확인한다.
③ 실안내걸이 노루발, 바늘판, 북집, 바늘 끝에 흠이 없는지 점검한다.
④ 노루발의 압력이 강한지 약한지를 점검하고 약하면 조여 준다.

해설 톱니와 노루발의 압력에 의한 현상은 재봉된 천에 실이 끊기거나 밑실이 올라오게 되어 박음질이 불량하게 되고 봉축 심 퍼커링 현상을 일으킨다. **답** ④

핵심문제 **다음 중 밑실이 끊어지는 경우는?**

① 밑실의 장력이 너무 강할 때
② 바늘이 잘못 끼워졌을 때
③ 뒤 실 걸기가 잘못 되었을 때
④ 윗실과 밑실이 같은 실이 아닐 때 **답** ①

핵심문제 **심 퍼커링의 발생을 줄일 수 있는 방법으로 옳지 않은 것은?**

① 바이어스 방향의 봉제 ② 적절한 스티치 폭의 조절
③ 윗실과 밑실 장력의 조정 ④ 노루발 압력 조절을 통한 조절

해설 심 퍼커링: 봉제 후 봉제선이 매끄럽지 않고 원하지 않는 작은 주름이 생기는 현상 **답** ②

핵심문제 **심 퍼커링(seam puckering)에 대한 설명으로 틀린 것은?**

① 땀수를 증가시키면 퍼커링 발생을 방지할 수 있으므로 가능한 범위 내에서 땀수를 크게 하는 것이 좋다.
② 실의 장력이 너무 약하면 스티치가 엉성하여 솔기의 강도가 약해지고 반대로 장력이 너무 강하면 퍼커링이 생긴다.
③ 소재의 방향에 따라서 경사 방향은 퍼커링이 가장 심하게 나타나고 그 다음 위사 방향이고 바이어스 방향은 일어나지 않는다.
④ 천을 구성하는 섬유와 같은 종류의 봉사를 사용하는 것이 좋다.

해설 심 퍼커링은 윗실과 밑실의 장력 조정, 노루발 압력 조절 등을 통해 해결하므로 땀수와는 관련이 없다. **답** ①

핵심문제 **퍼커링의 발생 요인과 가장 관계가 적은 것은?**

① 옷감의 염색 방법 ② 재봉틀의 기구적 요인
③ 봉사의 종류 ④ 옷감의 특성

해설 퍼커링은 소재 방향, 실의 장력, 노루발 압력, 봉사 등을 원인으로 발생한다. **답** ①

재봉틀로 바느질할 때 천 보내기가 나쁠 경우가 아닌 것은?

① 톱니에 결함이 있다. ② 노루발에 결함이 있다.
③ 조임새에 결함이 있다. ④ 바늘에 결함이 있다.

해설 바늘에 결함이 있으면 윗실이 끊어지는 경우가 생긴다. 답 ④

핵심문제 바늘땀이 뛰는 이유와 가장 거리가 먼 것은?

① 바늘판의 결함 ② 북집 자체의 결함
③ 실의 불량 ④ 톱니의 결함

해설 톱니의 결함으로 퍼커링 형상이나 천 보내기가 나빠지는 일이 발생할 수 있다. 답 ④

핵심문제 봉비(skip)의 원인이 아닌 것은?

① 바늘의 불량이나 바늘 끝 파손 ② 꼬임이 강한 실을 사용
③ 노루발의 압력이 강한 경우 ④ 바늘과 북 끝의 타이밍 불량

해설 노루발의 압력이 강한 경우 톱니와 균형이 안 맞으면 옷감이 잘 밀려나지 않아 퍼커링이 생길 수 있다. 답 ③

핵심문제 재봉기의 고장 원인 중 윗실이 끊어지는 경우와 가장 관계가 있는 것은?

① 톱니에 결함이 있다. ② 노루발 압력에 결함이 있다.
③ 바늘과 북의 타이밍에 결함이 있다. ④ 북 및 북집에 결함이 있다.

해설 윗실이 끊어지는 경우로는 바늘에 결함이 있을 때, 실채기의 용수철이 너무 강할 때, 바늘의 부착 방향이 나쁠 때, 윗실의 장력이 너무 강할 때 등이다. 답 ③

6. 원가 계산

❶ 원가 계산법

① 원가의 3요소: 노무비, 재료비, 제조 경비
② 판매가격 직접 원가 = 제조 원가 = 직접 재료비+직접 노무비+직접 경비
③ 총원가 = 제조 원가+판매 간접비+일반 관리비
④ 판매가 = 총원가+적정 이윤
⑤ 제조 원가 = 직접 원가+제조 간접비

(1) 재료비

① 원자재는 겉감을 말하고, 부자재는 안감, 심지, 지퍼, 단추, 봉사 등을 말한다.

② 원단 비용은 옷 가격을 계산할 때 가장 중요한 요인이다.

③ 부속품 비용은 옷을 생산하는 데 드는 직접 비용과 사업체를 운영하는 데 드는 모든 비용을 말한다.

④ 봉사의 소요량 산출

  ㉮ 직접적인 요인: 천의 두께, 스티치 길이, 봉사의 굵기와 장력, 솔기 폭 등의 요인에 따라 소요량이 달라진다.

  ㉯ 간접적인 요인: 작업자의 작업 방식, 재봉기의 자동봉사 절단기의 사용 여부

  ㉰ 스티치 수가 1cm당 4개에서 5개로 늘어날 경우에 봉사의 소모량은 10% 증가한다.

(2) 인건비

① **직접 인건비**: 실제 제조생산 공정 시간에 소용되는 비용

② **간접 인건비**: 간접 비용＋공장 관리, 종업원 등의 급료

③ 옷을 만드는 데 필요한 연단, 재단, 봉제, 프레싱, 습식 공정 등에 드는 비용을 포함한다.

④ **기본임금**: 생계비, 노동력의 수급 사정, 생산성

(3) 제조 원가

① 제조 경비는 기업 규모에 따라 다르다.

② 옷을 생산하는 데 드는 직접 비용과 사업체를 운영하는 데 드는 모든 비용이다.

③ 재료비와 인건비는 직접 원가이며 또 제조 원가의 기초가 되므로 직접 원가를 먼저 산출하고 여기에 제조 경비를 합하여 제조 원가를 결정한다.

❷ 기성복 제품의 원가 상승 또는 하락 요인

① 복잡한 옷의 경우는 인건비가 많이 들므로 가격 상승의 요인이 된다.

② 원단 값은 가격 결정에 중요한 역할을 하므로 기성복 생산의 경우에는 값싼 원단을 사용하는 경우도 있다.

③ 부속품비는 옷을 만드는 데 드는 비용 중 비교적 큰 부분을 차지하므로 비용을 절감하기 위해서는 가격이 낮은 부속품을 사용한다.

❸ 생산

(1) 목표량의 산출 근거

① 생산 제품 1매를 생산하기 위해 투입되는 작업 일수

② 투입 작업원 개별 기능도

③ 1일 작업시간

(2) 제품 품질에 영향을 주는 요소

제품의 공종별 가공기술 기준 및 방법 기준

❹ 봉제작업 지시서에 포함되어야 할 내용

① 메인 레이블

② 작업 시 주의 사항

③ 스타일 번호

(핵심문제) 판매 가격을 요약한 것 중 옳은 것은?

① 총원가 = 일반 관리비＋판매 간접비

② 제조 원가 = 직접 원가＋제조 간접비＋직접 경비

③ 직접 원가 = 직접 재료비＋직접 노무비＋직접 경비

④ 제조 간접비 = 간접 관리비＋적정 이윤　　　　　　　　　　　　　　답 ③

(핵심문제) 총원가에 속하지 않는 것은?

① 적정 이윤　　　② 제조 원가　　　③ 일반 관리비　　　④ 판매 간접비

(해설) 적정 이윤＋총원가 = 판매가　　　　　　　　　　　　　　　　답 ①

(핵심문제) 생산원가 계산에 대한 설명으로 옳지 않은 것은?

① 원단 비용은 옷 가격을 계산할 때 가장 중요한 요인이라 할 수 있다.

② 인건비는 옷을 만드는 데 필요한 연단, 재단, 봉제, 프레싱, 습식 공정 등에 드는 비용을 포함한다.

③ 간접비란 옷을 생산하는 데 드는 직접 비용과 사업체를 운영하는 데 드는 모든 비용을 말한다.

④ 부속품 비용은 옷을 생산하는 데 드는 직접 비용과 사업체를 운영하는 데 드는 모든 비용을 말한다.

(해설) 옷을 생산하는 데 드는 직접 비용은 직접비이다.　　　　　　　답 ③

(핵심문제) **다음 중 제조 원가에 대한 설명으로 맞는 것은?**

① 재료비 : 원자재와 부자재로 나누어진다. 원자재는 안감, 심지, 지퍼, 단추, 봉사 등을 말하고 부자재는 겉감을 말한다.

② 인건비 : 직접 인건비와 간접 인건비로 나누어진다. 간접 인건비는 재료 구입, 운반 작업, 준비 작업에 쓰이는 간접 비용만을 말한다.

③ 제조 원가 : 제조 경비는 기업 규모에 상관없이 일정하다고 볼 수 있다.

④ 재료비와 인건비는 직접 원가이며 또 제원가의 기초가 되므로 직접 원가를 먼저 산출하고 여기에 제조 경비를 합하여 제조 원가를 결정한다.

해설 겉감은 원자재이다.
간접 인건비는 간접 비용＋공장 관리자, 종업원 등의 급료를 포함한다.
제조 원가는 기업 규모에 따라 다르다.   답 ④

(핵심문제) **직접 원가에 제조 간접비를 합한 것은?**

① 제조 원가   ② 간접 원가   ③ 판매 원가   ④ 총원가   답 ①

(핵심문제) **원가의 3요소가 아닌 것은?**

① 노무비   ② 관리비   ③ 재료비   ④ 제조 경비   답 ②

(핵심문제) **제품 생산 요인 중 제조 경비에 포함되지 않는 것은?**

① 기기 수선료   ② 원자재비   ③ 운반비   ④ 세금   답 ②

(핵심문제) **다음 중 제품 생산 요인의 3가지 요소에 해당되지 않는 것은?**

① 재료비   ② 인건비   ③ 제조 경비   ④ 일반 관리비

해설 제조 원가＝재료비＋인건비＋제조 경비
일반 관리비는 간접비에 포함된다.   답 ④

(핵심문제) **생산비에 영향을 미치는 원가 계산법이 맞는 것은?**

① 제조 원가 ＝ 재료비＋인건비＋제조 경비

② 총원가 ＝ 제조 원가＋판매 직접비＋일반 관리비

③ 판매가 ＝ 총원가＋생산비

④ 이익 ＝ 총원가－판매가

해설 총원가＝제조 원가＋판매 간접비＋일반 관리비
판매가＝총원가＋이익   답 ①

핵심문제 다음 중 기본임금을 결정하는 3가지 요소는 어느 것인가?

① 이론 생계비, 실질 생계비, 노동력의 수급 사정
② 생계비, 생산성, 생산 경비
③ 생계비, 노동력의 수급 사정, 생산성
④ 생계비, 생산성, 재료 구입

답 ③

핵심문제 기성복 제품의 원가 상승 또는 하락 요인이 되는 설명 중 바르지 않은 것은?

① 복잡한 옷의 경우는 인건비가 많이 들므로 가격 상승의 요인이 된다.
② 원단 값은 가격 결정에 중요한 역할을 하므로 기성복 생산의 경우에는 값싼 원단을 사용하는 경우도 있다.
③ 작업 과정을 자동화하면 인건비를 줄일 수 있으므로 원가 하락에 무조건 도움이 된다.
④ 부속품비는 옷을 만드는 데 드는 비용 중 비교적 큰 부분을 차지하므로 비용을 절감하기 위해서는 가격이 낮은 부속품을 사용한다.

해설 작업 과정 전체를 자동화할 수는 없으므로 무조건 인건비가 줄어드는 것은 아니다. 답 ③

핵심문제 다음의 자재 소요량 산출 방법 중 봉사의 소요량 산출에 관한 직접적인 요인이 아닌 것은?

① 천의 두께   ② 스티치의 길이
③ 봉사의 굵기   ④ 작업자의 작업 방식   답 ④

핵심문제 봉제작업 지시서에 포함되어야 할 내용이 아닌 것은?

① 부자재 소요 명세 및 사용 여부   ② 메인 레이블
③ 작업 시 주의 사항   ④ 스타일 번호(원단, 안감)   답 ①

핵심체크

2

섬유 재료

섬유 재료

1. 섬유의 분류

1 섬유를 구성하는 화합물

(1) 셀룰로오스

① 탄소(C), 수소(H), 산소(O) 세 가지 원소로 구성되어 있다.

② 면, 마, 레이온 등은 셀룰로오스로 이루어져 있다.

③ 셀룰로오스는 천연에서 얻어지는 대표적 중합체이다.

④ 셀룰로오스를 구성하는 글루코오스의 수를 셀룰로오스의 중합도라 한다.

(2) 단백질

① 탄소(C), 수소(H), 산소(O), 질소(N) 네 가지 원소로 구성되어 있다.

② 다수의 아미노산이 펩티드 결합으로 결합하여 얻어진 중합체이다.

③ 구상 단백질과 섬유상 단백질(양모의 케라틴, 견의 피브로인 등)로 분류된다.

(3) 합성 중합체

① 간단한 분자로부터 합성한 중합체를 원료로 만드는 것이 합성 섬유이다.

② **중합 반응**: 단량체를 다수 결합시켜 중합체를 만드는 화학 반응이다.

③ **축합 중합**: 두 개의 분자 사이에 물 또는 간단한 분자가 분리 생성되면서 결합하는 반응이다.

④ **부가 중합**: 2중, 3중 결합으로 분자의 결합이 끊어지면서 다른 원자나 원자단이 결합되는 반응이다.

⑤ **축합 중합체**: 축합 반응으로 얻는 중합체로, 나일론, 폴리에스테르, 스판덱스 등이 해당된다.

⑥ **부가 중합체**: 부가 반응으로 얻는 중합체로, 아크릴, 모드아크릴, 폴리프로필렌 등이 해당된다.

② 섬유의 분류

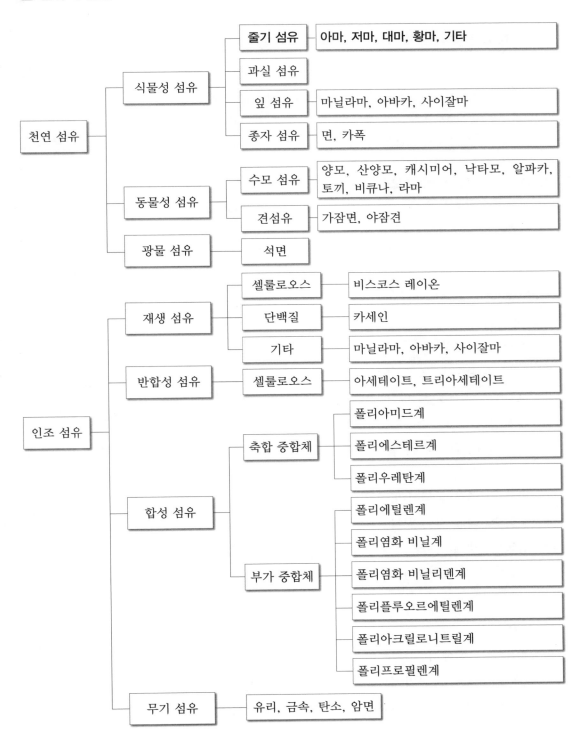

1-1 천연 섬유

천연 섬유는 셀룰로오스 섬유, 단백질 섬유, 광물성 섬유로 분류된다.

핵심문제 **면, 마, 레이온 등은 어떤 화합물로 구성되어 있는가?**

① 셀룰로오스　　　② 단백질　　　③ 피브로인　　　④ 케라틴

해설 ③은 견섬유, ④는 모섬유의 단백질 성분이다.　　　**답** ①

핵심문제 **다음 중 셀룰로오스 섬유가 아닌 것은?**

① 면　　　② 마　　　③ 양모　　　④ 케이폭

해설 동물성 섬유는 단백질 섬유이다.　　　**답** ③

■ 면(cotton)

(1) 면의 종류

① 종자 섬유이다.

② **주요 생산지**: 미국, 이집트, 브라질 등

③ **해도면**: 가장 가는 실을 뽑을 수 있는 목화이며, 미국, 인도, 브라질, 중국 등에서 생산된다.

④ **이집트면**: 주로 옅은 갈색이며, 섬유 길이가 길고 광택이 풍부하다. 해도면 다음으로 우수하다.

⑤ **미국면**: 주로 흰색이며 불순물이 적다.

⑥ **중국면**: 섬유 길이가 짧고 불순물이 많다.

⑦ **인도면**: 재배 시기는 오래되었으나 품질이 좋지 않다. 섬유가 굵고 짧으며 질기다.

⑧ **면등급 사정 사항**: 색, 외래잡물, 조면 성적

(2) 특징

① **생산**

㉮ 실면: 목화에서 씨를 분리하지 않은 상태이다.

㉯ 린트(lint) : 조면기에서 분리된 긴 면섬유이다.

㉰ 린터(linter) : 면실에 붙어 있는 짧은 섬유이며, 인조 섬유의 원료로 사용된다.

② 형태

   ⑦ 중공: 보온성을 유지하며 전기 절연성을 부여한다.

   ④ 꼬임

③ 면의 구성

   표피질, 제1막 세포막, 제2막 세포막, 중공으로 이루어져 있다.

   ⑦ 표피질: 겉 부분, 면납으로 구성되어 있다.

   ④ 제1막 세포막: 피브릴 구조이다.

   ④ 제2막 세포막: 면섬유에서 90%를 차지하며 물리적 성질을 주로 지배한다.

(3) 좋은 면섬유의 특징

① 섬유장이 길다.

② 섬유가 가늘고 길다.

③ 섬유의 색이 흰색에 가깝다.

④ 섬유의 광택이 우수하다.

(4) 용도 및 특징

① 흡습성, 내열성, 내구성, 내알칼리성 등이 좋다.

② 위생적이고, 세탁성이 좋아 모든 의복 재료로 사용된다.

③ 열가소성이 나빠 열고정이 어렵다.

④ 습윤 시 강도와 신도가 증가한다.

(핵심문제) **다음은 면섬유의 중공에 관한 설명이다. 가장 적절하게 설명한 것은?**

   ① 섬유의 탄성을 증대시키며 급격한 파괴에 대하여 견디게 한다.

   ② 보온성을 유지하며 전기 절연성을 부여한다.

   ③ 미성숙한 섬유는 중공이 매우 발달되어 있다.

   ④ 표면의 윤활성을 부여하여 방적에서 엉킴   답 ②

(핵심문제) **품질이 좋은 면섬유의 특징이 아닌 것은?**

   ① 섬유장이 길다.   ② 섬유가 굵고 강하다.

   ③ 섬유의 색이 흰색에 가깝다.   ④ 섬유의 광택이 우수하다

  해설 품질이 좋은 면섬유는 가늘고 길다.   답 ②

(핵심문제) **다음 중 면의 주요 생산지가 아닌 것은?**

① 벨기에　　　　② 미국　　　　③ 이집트　　　　④ 브라질　　　답 ①

(핵심문제) **다음 중 가장 가는 실을 뽑을 수 있는 목화는?**

① 인도면　　　　② 해도면　　　　③ 미국면　　　　④ 이집트면

해설 세계에서 가장 우수한 목화로, 서인도 제도의 바하마 섬이 원산지이므로 해도면이라 부르고 육지면과 반대된다.　　　답 ②

(핵심문제) **면섬유의 등급 사정 사항이 아닌 것은?**

① 색　　　　　　　　　　② 강도와 신도
③ 외래잡물　　　　　　　④ 조면 성적　　　　　　　답 ②

(핵심문제) **면섬유의 주성분에 해당되는 것은?**

① 셀룰로오스　　② 단백질　　③ 지방질　　④ 펙틴질　　답 ①

---

2 마

(1) 아마(linen)

① 아마의 생산

　⑺ 생경: 뿌리째 뽑아 밭에 널어 수분이 11~13%가 될 때까지 건조한 후 탈곡기로 종자와 잎을 제거해 정제된 줄기이다.

　⑷ 침지: 생경에서 섬유를 분류하기 위해 펙틴질을 발효에 의해 분해시키는 과정이다.

　⑶ 간경: 침지 후 건조된 것이다.

　⑷ 제선: 간경에서 섬유를 분리하는 과정이다.

　⑸ 정선: 분쇄된 간경에서 목질부를 제거하여 분리된 섬유이다.

　⑹ 즐소: 정선을 빗질하여 단섬유와 불순물을 제거하여 깨끗한 섬유를 얻는 과정이다.

② 아마 섬유의 특징

　⑺ 가방성을 주는 마디가 있다.

　⑷ 작은 중공이 있다.

　⑶ 펙틴(pectin): 아마 섬유 자체를 결합시키고 있는 고무질에 의해 단섬유가 다발을 이룬다.

③ 용도 및 특징

㈎ 흡수와 건조가 빨라 세탁성이 좋고 내균성이 좋아 손수건, 행주, 식탁보 등에 사용된다.

㈏ 강도가 좋아 천막, 소방용 호스 등에 사용된다.

㈐ 아마는 습윤 상태에서 강도가 20% 정도 증가한다.

(2) 저마(ramie)

① 저마의 생산

제선기로 외피와 목질부를 분쇄, 제거한 후 수산화나트륨 용액으로 정련하여 펙틴질과 고무질을 제거하여 섬유를 분리한다.

② 저마 섬유의 특징

㈎ 마섬유 중 단섬유의 길이가 가장 길다.

㈏ 강도가 식물성 섬유에서 가장 강하다.

㈐ 목질 셀룰로오스를 포함하지 않고 순수한 셀룰로오스로 되어 있는 섬유로, 일명 모시라고도 한다.

③ 용도 및 특징

㈎ 섬세하고 광택이 아름다워 여름용 한복으로 많이 사용한다.

㈏ 폴리에스테르와 혼방하여 드레스, 셔츠 등에 사용한다.

(3) 기타

① 대마(hemp)

㈎ 일명 삼베라고도 한다.

㈏ 안동포: 우리나라에서 발달된 대표적인 대마포이다.

㈐ 강도가 크고 내수성과 내구성이 좋아 로프, 융단의 기포 등에 사용한다.

② 황마

㈎ 황색 또는 갈색을 띠고 노화가 심해서 일광에 의한 강도가 현저히 떨어진다.

㈏ 황마 섬유는 포대지를 제조하는 데 가장 적합하다.

③ 케이폭(kapok)

㈎ 종자 섬유이다.

㈏ 외관은 면과 같은 원통형이나 천연 꼬임이 없다.

㈐ 구명구 충전재료(중공에 의한 부력 우수), 베개, 쿠션 등의 충전재료(가벼우며 탄력성 및 보온성 우수)로 사용된다.

(4) 용도 및 특징

① 마섬유가 의복 재료로서 가장 큰 단점은 탄성이 작다는 것이다.

② 내구성이 좋고, 열전도성이 좋아 시원한 느낌을 주며, 여름철 옷감의 원료로 사용된다.

(핵심문제) **아마 섬유가 가지고 있는 특징은?**

① 가방성을 주는 꼬임　　　　　② 가방성을 주는 마디

③ 가방성을 주는 크림프　　　　④ 가방성을 주는 겉비늘

(해설) 가방성: 실로 만들 수 있는 성질

아마 섬유에는 마디와 작은 중공이 있다. 면섬유에는 꼬임이 있고 양모 섬유에는 크림프와 겉비늘이 있다. 　　　　　　　답 ②

(핵심문제) **아마 섬유 자체를 결합시키고 있는 고무질은?**

① 리그닌(lignin)　　　　　　　② 바스틴(bastin)

③ 큐토스(cutose)　　　　　　 ④ 펙틴(pectin)　　　　답 ④

(핵심문제) **대마 섬유에 대한 설명으로 틀린 것은?**

① 일명 삼베라고도 하며 안동포가 대표적이다.

② 단면은 다각형이고 측면에는 마디와 선이 있다.

③ 폴리에스테르와 혼방하여 와이셔츠에 사용된다.

④ 강도가 강하고 내수성이 우수하다.

(해설) 저마는 폴리에스테르와 혼방하여 와이셔츠에 사용된다. 　　답 ③

(핵심문제) **황마 섬유의 용도로서 가장 적합한 것은?**

① 의료용 붕대　　② 포대지 제조　　③ 타이어 코드　　④ 어망

(해설) 아마는 손수건·소방용 호스, 저마는 여름용 한복, 대마는 상복이나 고급 여름한복으로 사용된다. 　　　　　　　답 ②

(핵심문제) **마섬유 중 단섬유의 길이가 가장 길고, 강도가 식물성 섬유에서 가장 강하며, 목질 셀룰로오스를 포함하지 않고 순수한 셀룰로오스로 되어 있는 섬유는?**

① 아마　　　　② 대마　　　　③ 저마　　　　④ 황마　　답 ③

(핵심문제) **다음 중 모시라고 불리는 섬유는?**

① 아마　　　　② 저마　　　　③ 대마　　　　④ 황마

(해설) 대마는 일명 삼베라고도 한다. 　　　　　　　답 ②

핵심문제 의복 재료로서 마섬유의 가장 큰 단점은?

① 내열성이 크다.　　　　　　　② 탄성이 작다.

③ 흡습성이 크다.　　　　　　　④ 열전도성이 작다.　　　　탭 ②

핵심문제 내구성이 좋고, 열전도성이 좋아 시원한 느낌을 주며, 여름철 옷감의 원료로 사용되는 섬유는?

① 면　　　　　② 모　　　　　③ 아마　　　　　④ 견　　　탭 ③

---

❸ 양모

(1) 양모의 생산

① 플리스: 양 한 마리에서 나온 한 장의 양모

　㈎ 램 플리스(lamb fleece): 생후 6~7개월 내에 깎은 털

　㈏ 호그 플리스(hog fleece): 생후 14~18개월 내에 깎은 털

　㈐ 램(ram): 숫양에서 깎은 털

　㈑ 유우(ewe fleece): 암양에서 깎은 털

　㈒ 웨더(wether): 거세한 숫양에서 깎은 털

　㈓ 이어링(yearing): 두 번 이상 깎은 털

　㈔ 스킨 울(skin wool): 도살한 면양의 가죽에서 화학적인 방법으로 털을 뽑은 것

　㈕ 지부양모(그리지 울; greasy wool): 세척하지 않아 라놀린이 붙어 있는 양털

② 생산 과정

　㈎ 전모, 털깎기(시어링; shearing): 보통 1년에 1회, 봄에 깎는다.

　㈏ 선모: 용도에 맞는 품질로 분리하는 과정

　㈐ 리깅(rigging): 플리스를 선모대 위에 놓고 반으로 나누는 과정

　　• 스커팅(skirting): 리깅 후 플리스에서 더럽고 품질이 나쁜 부분을 제거하고 섬유의 길이와 품질을 고르게 하는 과정

　　• 클래싱(classing): 스커팅 이후 플리스를 길이, 강력, 색, 품질 등의 기준으로 한 마리 분량으로 나누는 과정

　　• 소팅(sorting): 클래싱한 플리스를 품질별로 구분하는 과정

　㈑ 정련: 양모에 붙어 있는 라놀린과 불순물을 제거하는 과정(정련모)

    ㈐ 탄화:정련 후 남아 있는 식물성 불순물을 제거하기 위해 묽은 황산에 담갔다가 건조시키는 공정(탄화양모)

    ㈑ 재생털

- 샤디(shoddy): 축융 가공을 하지 않은 양모 제품에서 회수한 털
- 멍고(mungo): 축융 가공한 양모 제품에서 회수한 털
- 탄화양모(extract wool): 탄화법으로 식물성 섬유 따위의 불순물을 없앤 양모

    ㈒ 양털 섬유의 불순물: 울그리스(wool grease), 지방산, 스윈트(suint)

(2) 양모 섬유의 특징

  ① 주성분: 단백질(케라틴)

  ② 겉비늘(스케일; scale)

    ㈎ 세탁 시에 직물을 줄어들게 하는 요인이다.

    ㈏ 양털을 보호하며 광택과도 관계가 있다.

    ㈐ 탄성 및 수축성이 있다.

    ㈑ 섬유 간의 포합성 및 방적성에 영향을 준다.

  ③ 크림프(권축): 섬유 간의 포합력을 나타내어 탄성과 방적성을 주는 성질

  ④ 캐시미어 털의 성질

    ㈎ 강도가 약해서 방적성이 나쁘다.

    ㈏ 부드럽고 가벼우며 고상한 광택이 있다.

    ㈐ 굵은 권축을 가지고 있다.

    ㈑ 독특한 스케일이 있다.

(3) 용도 및 특징

  ① 보온성이 커서 겨울용 정장으로 많이 사용된다.

  ② 융(flannel): 날실과 씨실에 방모사를 사용하고 제직 후 축융, 털 세우기를 하여 셔츠, 의복지로 사용한다.

  ③ 색스니(saxony): 양모로 평직이나 능직으로 제직하여 축융과 기모한 것이다. 겨울철 양복감으로 많이 사용한다. 멜턴과 플란넬의 중간 정도 되는 모직으로서 가느다란 메리노 양모로 짠 멜턴을 통틀어 이른다.

  ④ 포럴(poral): 가는 심지실과 굵은 장식실을 강한 꼬임으로 하나로 만든 실을 사용하여 평직으로 짠 모직물이다.

핵심문제 다음의 양모 섬유 중 재생털에 해당되는 것은?

① 램 　　　　② 샤디 　　　　③ 웨더 　　　　④ 이어링

해설 ①은 숫양의 털, ③은 거세한 숫양의 털, ④는 두 번 이상 깎은 털을 말한다. **답** ②

핵심문제 도살한 면양의 가죽으로부터 화학적인 방법으로 털을 뽑은 것을 말하는 용어는?

① 스커팅(skirting) 　　　　② 스킨 울(skin wool)
③ 털깎기(shearing) 　　　　④ 그리지 울(greasy wool)

해설 ①은 리깅 후 플리스에서 나쁜 것들을 제거하고 섬유의 길이와 품질을 고르게 하는 과정이고, ③은 전모이고, 보통 1년에 1회 봄에 깎는다. ④는 세척하지 않아 라놀린이 붙어 있는 양모이다. **답** ②

핵심문제 다음 양털 섬유의 불순물 중 관계없는 것은?

① 울그리스(wool grease) 　　　　② 지방산
③ 방화 가공 　　　　④ 스원트(suint)

해설 방화 가공은 방염 가공으로 불에 잘 타지 않는 약제를 부착해 불에 대한 내성을 부여하는 가공이다. **답** ③

핵심문제 날실과 씨실에 방모사를 사용하고 제직 후 축융, 털 세우기를 하여 셔츠, 의복지로 사용하는 직물은?

① 알파카(alpaca) 　　　　② 융(flannel)
③ 머슬린(muslin) 　　　　④ 포럴(poral)

해설 ①은 동물성 수모 섬유, ③은 면직물, ④는 가는 심지실과 굵은 장식실을 강한 꼬임으로 하나로 만든 실을 사용하여 평직으로 짠 모직물이다. **답** ②

핵심문제 양털과 비교한 캐시미어 털의 성질 중 틀린 것은?

① 강도가 강하고 방적성이 좋다.
② 부드럽고 가벼우며 고상한 광택이 있다.
③ 굵은 권축을 가지고 있다.
④ 독특한 스케일이 있다.

해설 캐시미어 털은 강도가 약해서 방적성이 나쁘다. **답** ①

핵심문제 다음 중 동물성 섬유로서 크림프와 스케일이 잘 발달된 섬유는?

① 양모 　　　　② 면 　　　　③ 마 　　　　④ 나일론 **답** ①

핵심문제 다음 특성 중 모섬유에 해당하는 것은?

① 보온성이 커서 겨울용 정장으로 많이 사용된다.
② 물에 약하며 일광에 황변하기 쉽다.
③ 불연성이고 인체에 해롭다.
④ 풀을 빳빳하게 해야 의류로 사용하기 쉽다.　　　　답 ①

핵심문제 다음 중에서 동물성 섬유의 주성분은?

① 셀룰로오스　　　　　　② 지방질
③ 펙틴질　　　　　　　　④ 단백질

해설 셀룰로오스는 식물성 섬유의 주성분이다.　　　　답 ④

핵심문제 양모 직물 세탁 시에 직물을 줄어들게 하는 요인은?

① 케라틴　　　　　　　　② 털심
③ 겉비늘　　　　　　　　④ 안섬유

해설 양모는 스케일로 인해 축융성이 있다.　　　　답 ③

핵심문제 양모 섬유의 겉비늘(scale)과 밀접한 관계가 없는 것은?

① 광택 및 양털 보호　　　　　② 세트성 및 흡수성
③ 탄성 및 수축성　　　　　　④ 섬유 간의 포합성 및 방적성　　답 ②

---

4 견

(1) 견의 생산

① **양잠**: 나방 알을 22~25℃로 10~15일 보존하면 누에를 얻고, 4번의 탈피를 한다. 고치 속에서 번데기가 되어 10일 후 나방으로 변하기 전에 생사를 채취한다.

② **조사**: 고치에서 생사를 뽑는 과정이다.

③ **생사**: 4~16개의 고치에서 나오는 섬유를 합쳐 꼬임을 주면서 하나의 실을 뽑아 얻어진 견사이며, 세리신 함량이 많아 거칠고 광택도 나쁘다.

④ **정련**: 생사에 함유된 세리신을 제거하는 공정이다.

⑤ **정련견, 숙사**: 정련이 끝난 견사를 말한다.

⑥ **탄닌산 처리**: 견섬유의 성질을 살리고, 자외선에 취화되는 것을 막는 방법으로 처리한다.

(2) 견섬유의 형태 및 구조

① 섬유의 단면이 삼각형이고 가장자리는 약간 둥글며 측면은 투명 막대로 이루어지고, 피브로인($C_{15}H_{23}N_5O_6$)과 세리신($C_{15}H_{25}N_5O_6$)으로 구성되어 있다.

② 견섬유의 구성 단백질: 글리신, 알라닌, 티로신

③ 천연 섬유 중에서 유일한 필라멘트 섬유이다.

④ 생사는 2가닥의 피브로인 필라멘트가 단백질 성분인 세리신으로 교착되어 있다.

(3) 특징 및 용도

① 촉감이 부드럽다.

② 광택이 우아하다.

③ 흡습성과 염색성이 좋다.

④ 알칼리에는 약하나 산에 강하다.

⑤ 습윤 상태에서 강도가 줄어든다.

⑥ 염색성이 좋아서 염기성·산성·직접 염료에 의해 잘 염색되나 산성 염료와 친화력이 좋다.

⑦ 빛에 노출되면 강도가 급격히 떨어진다.

⑧ 여성 옷감, 넥타이, 스카프 등에 사용한다.

핵심문제 견섬유를 이루고 있는 단백질과 관계없는 아미노산은?

① 글리신 ② 알라닌
③ 티로신 ④ 메티오닌 답 ④

핵심문제 다음 중 섬유의 단면이 삼각형이고 가장자리는 약간 둥글며 측면은 투명 막대로 이루어지고 피브로인과 세리신으로 구성된 섬유는?

① 면 ② 마
③ 아크릴 ④ 명주 답 ④

핵심문제 다음 중 피브로인과 세리신을 구성하고 있는 원소는?

① C, H, O ② C, H, N, O
③ C, H, N, S ④ C, H, O, S

해설 피브로인 $C_{15}H_{23}N_5O_6$, 세리신 $C_{15}H_{25}N_5O_6$ 답 ②

1-2 인조 섬유

합성 섬유는 소수성이라는 큰 단점이 있다.

(핵심문제) **다음 중 합성 섬유에 속하는 것은?**

① 알긴산 섬유   ② 나일론 6

③ 셀룰로오스 레이온   ④ 카세인 섬유

(해설) ①은 해조류의 섬유질, ③은 아세테이트, ④는 우유의 단백질로 만든 섬유이다.   답 ②

(핵심문제) **합성 섬유의 가장 큰 단점은?**

① 보온성   ② 소수성   ③ 탄성   ④ 신장 회복성   답 ②

---

1 재생 인조 섬유

열가소성이 있으며, 여성용 고급 블라우스나 안감으로 가장 많이 사용하는 섬유이다.

(1) 레이온

① 비스코스 레이온

㈎ 원료는 목재 펄프이다.

㈏ 면섬유와 가장 성질이 유사하다.

㈐ 견(絹)처럼 매끄럽고 광택이 있는 유연한 특성을 갖고, 값이 싼 직물을 만들기 위해 최초로 개발되어 인조견이라고도 불리는 섬유이다.

㈑ 습식방사 방식으로 제조된다.

㈒ 비스코스 레이온을 만드는 공정 순서

침지(목재 펄프를 수산화나트륨 용액에 넣어 알칼리 셀룰로오스 상태로 만드는 공정) → 노성(압착된 알칼리 셀룰로오스를 밀폐 용기에 넣고 일정 온도에서 일정 시간 둔다) → 황화(이황화 탄소와 반응하여 셀룰로오스 크산테이트가 생성된다) → 숙성(비스코스를 일정시간 보존한다) → 물이나 묽은 수산화 나트륨에 용해된 끈끈한 용액이 비스코스이다. → 방사(숙성이 끝난 비스코스가 방사구를 통해 사출·응고되어 셀룰로오스로 재생되며, 황산 나트륨과 항산 아연은 비스코스를 응고시킨다)

㈓ 비스코스 레이온의 제조에서 숙성 공정은 점도를 감소시키기 위해 필요하다.

㈔ 흡습 시 강도와 초기 탄성률이 크게 떨어진다.

② 기타

　㈎ 폴리노직 레이온: 레이온의 강도가 물속에서 약해지는 결점을 보완한 섬유로, 면과 같은 피브릴 구조이다.

　㈏ 구리암모늄 레이온: 셀룰로오스 원료를 수산화 구리(염기성 황산구리)의 암모니아 용액에 용해시켜 방사 원액을 만들어 사출한다. 큐프라(cupra), 벰베르크 (Bemberg)라고도 부른다.

③ 용도

　㈎ 매끄럽고 광택이 좋고 표면에 정전기 발생이 없어 의복 제작 시 안감으로 적당하다.

　㈏ 습윤강도, 내구성이 좋지 못해서 물이나 약품을 자주 접하거나 세탁을 자주 해야 하는 옷으로는 부적당하다.

　㈐ 폴리에스테르와 혼방: 폴리에스테르의 단점인 낮은 흡습성과 나쁜 촉감 등을 향상시켜 일반 의복용으로 많이 사용한다.

핵심문제 레이온의 강도가 물속에서 약해지는 결점을 보완한 섬유로 옳은 것은?

　① 나일론　　　　　　　　　　② 구리암모늄 레이온
　③ 폴리노직 레이온　　　　　　④ 초산섬유소 레이온　　　　　답 ③

핵심문제 견(絹)처럼 매끄럽고 광택이 있는 유연한 특성을 갖고, 값이 싼 직물을 만들기 위해 최초로 개발되어 인조견이라고도 불리는 섬유는?

　① 아크릴　　　　　　　　　　② 폴리우레탄
　③ 폴리염화 비닐　　　　　　　④ 레이온　　　　　　　　　　답 ④

핵심문제 다음 중 면섬유와 가장 유사한 성질을 갖는 것은?

　① 폴리노직 레이온　　　　　　② 폴리에스테르
　③ 나일론　　　　　　　　　　④ 아크릴
　　해설 레이온은 면과 같은 피브릴 구조이다.　　　　　　　　답 ①

핵심문제 의복 제작 시 안감으로 선택하기에 적당한 섬유는?

　① 면직물　　　　　　　　　　② 견직물
　③ 레이온 직물　　　　　　　　④ 나일론 직물　　　　　　　답 ③

핵심문제 비스코스 레이온의 제조에 있어서 사용하지 않는 것은?

① 수산화 나트륨 　　　　　　　② 농질산

③ 황산 나트륨 　　　　　　　　④ 이황화 탄소 　　　　　**답** ②

핵심문제 비스코스 레이온을 만드는 공정의 순서가 바르게 나열된 것은?

① 황화 → 숙성 → 방사 　　　　② 숙성 → 황화 → 방사

③ 방사 → 황화 → 숙성 　　　　④ 황화 → 방사 → 숙성

해설 황화(이황화 탄소와 반응하여 셀룰로오스 크산테이크 생성) → 숙성(비스코스를 일정시간 보존: 점도 높임) → 방사의 순서로 진행된다. 　　　　**답** ①

---

(2) 아세테이트

① 생산

㉮ 주성분은 초산 셀룰로오스로이며, 건식 방사로 만들어진 섬유이다.

㉯ 주원료는 면린터나 목재 펄프이다.

㉰ 디아세테이트: 2초산셀룰로오스 플레이크를 아세톤에 용해하여 만든 방사 원액을 건식 방사 후 아세톤을 휘발시켜 얻는 섬유이다.

㉱ 트리아세테이트: 부분 가수분해 과정을 거치지 않은 3초산셀룰로오스 플레이크를 염화 메틸렌에 용해하여 건식 방사로 얻는 섬유이다.

② 특징

㉮ 물속에서 강한 하중을 받으면 영구 변형을 일으킨다.

㉯ 고온에서 연화된다.

㉰ 열가소성이 좋으므로, 염색 및 세탁 시 80℃ 이하에서 취급한다.

㉱ 드레이프성이 좋고 촉감이 부드럽다.

㉲ 탄성 회복률, 리질리언스가 좋다.

㉳ 염색이 어렵다.

㉴ 열고정이 가능하여 주름 스커트 등으로 사용한다.

③ 용도

㉮ 레이온보다 부드럽고 매끄러워 드레스 안감으로 사용한다.

㉯ 넥타이, 가운, 잠옷 등

핵심문제 열가소성이 있으며 여성용 고급 블라우스나 안감으로 가장 많이 사용하는 섬유는?

① 반합성 섬유 　　② 합성 섬유 　　③ 재생 섬유 　　④ 천연 섬유

해설 아세테이트, 트리아세테이트가 해당된다. 　　　　　　　　답 ①

핵심문제 물속에서 강한 하중을 받으면 영구 변형을 일으키고, 고온에서 연화되며 열가소성 관계로 염색과 세탁 시 80℃ 이하에서 취급해야 될 섬유는?

① 양털 　　② 무명 　　③ 아세테이트 　　④ 비스코스

해설 아세테이트는 천연 고분자인 셀룰로오스를 원료로 생산된다. 　　　　답 ③

(3) 기타

① 재생 단백질 섬유

㈎ 알칼리나 다른 시약을 사용하여 값싼 단백질 원료로부터 단백질을 용해, 추출한다.

㈏ 카세인 섬유: 우유로부터 버터를 분리하고 난 탈지유로 만든다.

㈐ 제인 섬유: 옥수수의 단백질인 제인으로 만든다.

㈑ 글리시닌 섬유: 대두에서 추출한 글리시닌으로 만든다.

② 알긴산 섬유

㈎ 미역, 다시마 등에 함유된 우론산 중합체인 알긴산으로 된 섬유이다.

㈏ 외과수술용 봉사 등 특수 목적에 사용된다.

② 축합 중합체 합성 섬유

(1) 폴리아미드 섬유

① 폴리아미드계: 나일로 6

② 나일론 66: 아디프산(adipic acid)과 헥사메틸렌디아민의 축합 중합에 의해서 이루어지는 나일론이다.

③ 아라미드 섬유: 폴리아미드 섬유 중 아미드기 2개의 벤젠환과 직접 연결된 것으로 내열성이 좋고, 고강도, 고탄성률 섬유이며 산업용으로 많이 이용된다.

④ 섬유 중 마찰 강도가 가장 좋고, 초기 탄성률이 작아 부드러우나, 옷이 처지므로 정장 옷감으로는 부적당하다.

⑤ 마찰 강도가 커서 양말, 스포츠셔츠 등에 단독으로 사용된다.

⑥ 초기 탄성률이 작아 직물보다 편성물로 스포츠웨어, 스타킹, 란제리에 많이 사용된다.

⑦ 탄성과 열가소성 등이 우수하므로, 다른 섬유와 혼방하여 사용된다.

⑧ 직사광선에 강도가 현저히 떨어진다.

⑨ 공정 수분율이 합성 섬유 중 비교적 높다.

> **핵심문제** 아디프산(adipic acid)과 헥사메틸렌디아민의 축합 중합에 의해서 이루어지는 나일론은?
>
> ① 나일론 6　② 나일론 9　③ 나일론 66　④ 나일론 610　**답** ③

(2) 폴리에스테르 섬유

① 에스테르 결합에 의해 이루어진 중합체이다.

② 폴리에스테르 섬유는 다른 합성 섬유에 비하여, 특히 내열성이 우수하다.

③ 탄성과 리질리언스가 우수하다.

④ 많이 사용되는 합성 섬유이다.

⑤ 양모, 면, 아마, 레이온 등과 혼방하여 강도, 내추성, 형체 안정성을 향상시킨 혼방 직물로 많이 사용된다.

⑥ 알칼리 감량 가공으로 실크에 가까운 섬유이다.

⑦ 혼방 직물에서 폴리에스테르의 상품명인 Tetolon(테트론), Terylene(테릴렌), Trion(트릴론) 등의 이니셜인 T를 사용하여 TR(폴리에스테르와 레이온), TC(폴리에스테르와 면) 등으로 표시한다.

⑧ 공정 수분율은 0.4%로 흡수성이 거의 없다.

> **핵심문제** 폴리에스테르 섬유가 다른 합성 섬유에 비하여 가장 좋은 특성은 다음 중 어느 것인가?
>
> ① 흡습성이 크다.　② 정전기가 많이 발생한다.
> ③ 내열성이 우수하다.　④ 내후성이 우수하다.　**답** ③
>
> **핵심문제** 알칼리 감량 가공으로 실크에 가까운 섬유를 얻을 수 있는 것은?
>
> ① 나일론　② 아크릴
> ③ 아세테이트　④ 폴리에스테르　**답** ④

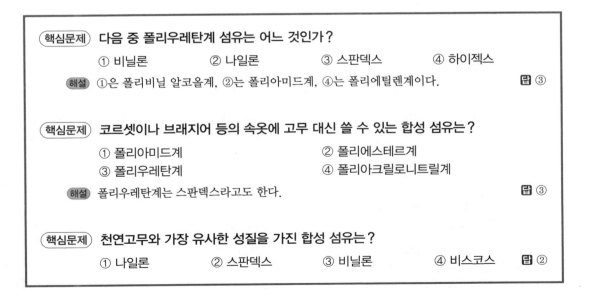

핵심문제) 다음 직물 중 세탁 후 가장 빨리 건조되는 것은 어느 것인가?

① 면직물
② 비스코스 레이온 직물
③ 견직물
④ 폴리에스테르 직물

해설) 흡습성이 낮은 합성 섬유가 빨리 건조된다.

답 ④

핵심문제) 다음 중 면섬유와의 혼방에 가장 많이 사용되는 합성 섬유는?

① 나일론
② 폴리에스테르
③ 비닐론
④ 레이온

답 ②

핵심문제) T/W는 어떤 섬유의 혼방을 나타내는가?

① 폴리에스테르와 무명
② 폴리에스테르와 양모
③ 나일론과 양모
④ 폴리아미드와 폴리우레탄

해설) 폴리에스테르의 상품명인 테트론(Tetolon), 테릴렌(Terylene), 트릴론(Trion) 등의 이니셜인 T를 의미한다.

답 ②

(3) 폴리우레탄 섬유

① 폴리우레탄을 주성분으로 하고 고무처럼 신축이 큰 섬유를 총칭하여 스판덱스라고 한다.

② 폴리우레탄계는 코르셋이나 브래지어 등의 속옷에 고무 대신 사용된다.

핵심문제) 다음 중 폴리우레탄계 섬유는 어느 것인가?

① 비닐론   ② 나일론   ③ 스판덱스   ④ 하이젝스

해설) ①은 폴리비닐 알코올계, ②는 폴리아미드계, ④는 폴리에틸렌계이다.

답 ③

핵심문제) 코르셋이나 브래지어 등의 속옷에 고무 대신 쓸 수 있는 합성 섬유는?

① 폴리아미드계
② 폴리에스테르계
③ 폴리우레탄계
④ 폴리아크릴로니트릴계

해설) 폴리우레탄계는 스판덱스라고도 한다.

답 ③

핵심문제) 천연고무와 가장 유사한 성질을 가진 합성 섬유는?

① 나일론   ② 스판덱스   ③ 비닐론   ④ 비스코스

답 ②

❸ 부가중합체 합성 섬유

(1) 아크릴 섬유

① 아크릴로니트릴 85% 이상과 15% 이하의 다른 단량체로 된 공중합체로 만들어진 섬유이다.

② 폴리아크릴로니트릴계: 엑슬란, 데이크런

③ 폴리아크릴계: 캐시미론

④ 현재 사용되고 있는 섬유 중 가장 내일광성이 좋다.

⑤ 커튼, 텐트, 차양테에 적합하다.

⑥ 가볍고 부드러우며 양모 대용으로 쓰인다.

(2) 모드아크릴 섬유

① 아크릴로니트릴이 35~85% 정도 포함되어 있다.

② 미국의 다이넬, 일본의 카네칼론 등이 있다.

③ 아크릴 섬유에 비하여 습윤 시 강도나 신장의 변화가 없고, 탄성 회복률과 리질리언스가 우수하다.

(3) 올레핀 섬유

① 올레핀

㉮ 분자 내 2중 결합을 하나 가지고 있는 탄화수소이다.

㉯ 올레핀 중 에틸렌과 프로필렌만 섬유 제조에 사용된다.

② 폴리프로필렌 섬유

㉮ 스판덱스 천연고무와 가장 유사한 성질을 가진 합성 섬유이다.

㉯ 올레핀 섬유 중 피복 재료로 사용한다.

㉰ 비중: 물보다 가벼워 섬유 중 가장 가볍다.

㉱ 특징: 비중이 가볍고, 내열성과 흡습성이 나쁘며, 강도 및 탄성이 크고, 산과 알칼리에 대한 내성이 좋다.

㉲ 용도: 산업용으로 주로 사용된다. 로프, 포장, 의자커버 등

(핵심문제) **축합 중합체로 된 섬유가 아닌 것은?**

① 나일론   ② 스판덱스
③ 폴리에스테르   ④ 폴리프로필렌

(해설) 폴리프로필렌은 부가 중합체이다.   답 ④

핵심문제 **폴리프로필렌계 섬유의 특성 중 틀린 것은?**

① 비중이 가볍다. ② 내열성이 나쁘다.
③ 흡습성이 좋다. ④ 강력 및 탄성이 크다.

해설 소수성이므로 흡습성이 낮고, 천연고무와 가장 유사한 성질 가진 섬유이다. 답 ③

---

(4) 폴리비닐 알코올 섬유

① **특징**

㈎ 포르말린, 아세틸렌, 아세트산 비닐을 합성하여 초산아세트산비닐 중합체를 만들어 부가 중합하여 폴리비닐아세테이트로 만든다. 이를 알칼리나 산으로 비누화하여 방사원액으로 사용한다.

㈏ 폴리비닐 알코올계 섬유의 내수성 증가를 위해 방사 후에 포름알데히드로 처리하여 아세탈화한다.

㈐ 염색성이 좋아 선명한 색상을 얻기 쉽다.

㈑ 마모 강도와 굴곡 강도가 면의 10배 이상 크다.

㈒ 탄성과 리질리언스가 합성 섬유 중 가장 나빠서 구김이 잘 생긴다.

㈓ 형태 안정성이 나쁘다.

㈔ 합성 섬유 중 흡습성이 가장 좋은 섬유이다.

② **화학적 처리 및 용도**

㈎ 비누화: 에스테르에 알칼리를 작용시켜 물에 녹는 성질을 갖는다.(수술용 섬유)

㈏ 열처리: 내수성이 생겨 물에 안 녹는다.(산업용 섬유)

㈐ 포말화: 끓는 물에 녹지 않는다.(일반용 섬유)

㈑ 아세틸화

핵심문제 **폴리비닐 알코올계 섬유는 방사 후에 포름알데히드로 처리하여 아세탈화시키는데 그 이유는?**

① 신도의 증가 ② 내광성의 증가
③ 흡습성의 증가 ④ 내수성의 증가

해설 아세탈화를 통해 내수성, 내열성, 탄성이 증가한다. 답 ④

(5) 기타

① **폴리염화 비닐 섬유**: 중합체의 85% 이상이 염화 비닐 단량체로 되어 있을 때는 비닐론이라는 일반명을 사용한다.

② **폴리염화 비닐리덴 섬유**: 중합체의 80% 이상이 염화 비닐리덴 단량체로 되어 있을 때는 사란이라는 일반명을 사용한다.

③ **폴리에틸렌**: 에틸렌을 원료로 만든 섬유로, 폴리프로필렌보다 가볍고, 필름이나 합성수지로 많이 사용한다.

(핵심문제) **섬유의 분류와 그 종류가 올바르게 연결된 것은?**

① 폴리아미드계 – 데이크런 ② 폴리비닐 알코올계 – 스판덱스
③ 폴리프로필렌계 – 사란 ④ 폴리아크릴로니트릴계 – 엑슬란

(해설) 폴리아미드계는 나일론, 폴리비닐 알코올계는 비닐론, 폴리프로필렌계는 스판덱스, 폴리염화 비닐리덴계는 사란이 해당된다. **답** ④

(핵심문제) **섬유의 분류가 서로 관계없는 것끼리 짝지어진 것은?**

① 폴리아크릴계 – 캐시미론 ② 폴리아미드계 – 나일로 6
③ 폴리비닐알코올계 – 비닐론 ④ 폴리우레탄계 – 사란

(해설) 폴리우레탄계는 스판덱스이고, 사란은 폴리염화 비닐계이다. **답** ④

---

4 무기 섬유

- 내열성이 우수해 산업용으로 주로 사용한다.
- 흡습성이 거의 없으며, 탄소 섬유를 제외하고 무겁다.

(1) 유리 섬유

① **베타 화이버글라스**: 매우 부드러워 담요 등에 사용한다.
② **스테이플 섬유**: 단열, 보온, 방음재 등에 사용한다.

(2) 암면: 암석을 용해해서 분무법으로 제조한 섬유

(3) 금속 섬유: 금속으로 만든 섬유

(4) 탄소 섬유: 유기 섬유를 가열·탄화하여 만든 섬유

2. 섬유의 형태 및 감별

2-1 섬유의 길이와 폭

- 실을 자아 옷을 만들 때 섬유는 길이와 폭의 비가 최소 1,000 이상 되어야 한다.
- 스테이플 섬유(방적사): 면, 마, 양모 등과 같이 한정된 길이를 가진 것으로, 함기량이 많아 따뜻하고 촉감이 부드럽다.
- 필라멘트 섬유: 견섬유처럼 무한히 긴 것으로, 치밀하고 광택이 좋고 촉감이 차다.

2-2 섬유의 단면과 꼬임

1 단면

- 섬유의 단면 형태에 따라 가장 크게 변하는 성질: 촉감, 광택, 리질리언스, 피복성

(1) 원형 단면

① 나일론, 폴리에스테르 등 용융 방사법으로 생성되는 섬유는 대부분 원형 단면이다.
② 단면이 원형에 가까울수록 부드러우나 필링이 쉽게 생겨 피복성은 나쁘다.

(2) 편평한 단면

① 측면에서 빛의 반사가 커서 밝고 피복성은 좋으나 촉감은 거칠다.
② 대표적 섬유는 면이다.

(3) 삼각형 단면

① 인조 섬유를 삼각형으로 제조하면 광택, 촉감, 리질리언스, 피복성이 좋은 섬유를 얻는다.
② 대표적 섬유는 명주이다.

| 양모 | 면 | 견 | 아마 |

비스코스

아세테이트

나일론,
폴리에스테르

삼각단면 나일론

② 꼬임

① 섬유가 길이 방향으로 파형이나 꼬임을 갖는 것을 권축이라 한다.

② 섬유가 권축을 가지고 있으면 방적성, 리질리언스, 함기성이 향상된다.

③ 의복으로 착용 시에는 보온성, 통기성, 투습성, 촉감이 증진된다.

④ 양모 섬유가 스케일과 크림프에 의해서 향상되는 성질은 방적성이다.

(핵심문제) **섬유의 단면이 삼각형인 것은?**

① 견   ② 면   ③ 모   ④ 마

(해설) 견은 단면이 삼각형이고 가장자리는 약간 둥글며 측면은 투명 막대로 이루어지고 피브로인과 세리신으로 구성된 섬유이다.   답 ①

(핵심문제) **다음 중 섬유의 단면 형태에 따라 가장 크게 변화하는 성질은?**

① 촉감   ② 강도

③ 탄성   ④ 보온성

(해설) 섬유의 단면 형태에 따라 가장 크게 변하는 성질: 촉감, 광택, 리질리언스, 피복성 등   답 ①

(핵심문제) **현미경으로 섬유의 단면을 관찰할 때 원형 모양이 나타나는 것은?**

① 면   ② 나일론

③ 아세테이트   ④ 비스코스 레이온

(해설) 나일론, 폴리에스테르 등 용융 방사법으로 생성되는 섬유는 대부분 원형 단면이다.   답 ②

(핵심문제) **양모 섬유가 스케일과 크림프에 의해서 향상되는 성질은?**

① 피복성   ② 염색성

③ 방적성   ④ 리질리언스   답 ③

2-3 섬유의 감별

- **공정 수분율**: 섬유의 거래에 있어서 표준이 되는 일정한 수분율을 국가에서 정하고 이에 따라 거래하도록 하는 것이다.
- **표준 수분율**: 흡습성의 크기를 표준 상태에서 측정한 수분율이다.
- 섬유 시험을 위한 표준 상태로 가장 적합한 조건: 온도 $20\pm2°C$, 습도 $65\pm2\%$ RH 로 유지한다.

1 연소 시험

① 적당한 크기의 섬유를 불꽃에 가까이 할 때, 불꽃 속에 있을 때, 불꽃에서 꺼냈을 때의 섬유 상태 및 재의 상태를 관찰한다.

② **연소 시험에 의한 섬유 확인 방법**

㈎ 식초 냄새: 아세테이트

㈏ 머리카락 타는 냄새: 견, 양모 등 단백질 섬유

㈐ 종이 타는 냄새: 면, 마, 레이온 등 셀룰로오스 섬유

㈑ 고무 타는 냄새: 스판덱스, 고무

㈒ 녹지 않는 섬유: 석면, 유리 섬유

㈓ 연소 후 부풀은 부드러운 검은 재가 남는 섬유: 양모

2 현미경 시험

① 섬유의 측면과 단면을 관찰한다.

② **섬유별 현미경 구조의 특징**

㈎ 양털, 캐시미어, 알파카 등 모섬유: 겉비늘(scale)이 있다.

㈏ 마: 측면 방향으로 마디(node)가 잘 발달해 있다.

㈏ 무명: 납작한 리본 모양의 천연 꼬임이 보인다.

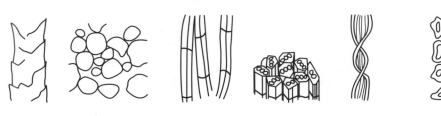

|양모|아마|면|

❸ 기타

① 각종 시약에 대한 용해성 시험
② 비중, 융점 측정
③ 착색 시험
④ 적외선 흡수에 의한 스펙트럼 시험

(핵심문제) **현미경 구조에 따른 섬유의 특징 중 겉비늘(scale)이 없는 섬유는?**

① 양털   ② 캐시미어
③ 알파카   ④ 케이폭

(해설) 스케일은 모섬유의 특징이고, 케이폭은 마섬유의 특징이다.   답 ④

(핵심문제) **섬유를 불에 태웠을 때 식초 냄새가 나는 것은?**

① 아세테이트   ② 아크릴
③ 나일론   ④ 비닐론   답 ①

(핵심문제) **현미경으로 섬유의 측면을 관찰할 때 납작한 리본 모양의 천연 꼬임이 보이는 것은?**

① 무명   ② 양털   ③ 아마   ④ 명주

(해설) 모섬유는 스케일, 마섬유는 마디(mode)가 보인다.   답 ①

(핵심문제) **연소 후 부풀은 부드러운 검은 재가 남는 섬유는?**

① 아마   ② 양모   ③ 레이온   ④ 면   답 ②

(핵심문제) **다음 그림은 현미경으로 본 섬유의 단면과 측면이다. 섬유명은?**

① 아마   ② 양모
③ 레이온   ④ 나일론

(해설) 마디와 작은 중공은 마섬유의 특징이다.   답 ①

3. 실

3-1 실의 꼬임과 굵기

1 꼬임

(1) 꼬임 방향

① 우연은 S 꼬임, 좌연은 Z 꼬임이다.

② 단사가 가지고 있는 꼬임을 하연이라 하고, 합연사를 만들 때의 꼬임을 상연이라고 한다.

③ 상연과 하연이 같은 방향이면 딱딱한 실, 반대 방향이면 부드러운 실이 된다.

(2) 꼬임의 수

① 꼬임이 많은 실은 딱딱하고 까슬하며, 광택이 줄어든다.

② 꼬임이 적은 실은 함기율이 크고 부드럽다.

③ 경사는 위사보다 꼬임이 많은 실을 사용한다.

④ 꼬임수: 면사는 1인치 간의 꼬임수를 t.p.i로 표기하고, 모사와 필라멘트사는 1m간의 꼬임수를 t.p.m으로 표시한다.

⑤ 적당한 꼬임을 주면 섬유 간의 마찰이 생겨 실의 강도가 커지나, 적정 이상의 꼬임을 주면 실의 강도는 감소한다.

2 굵기

(1) 항중식

번수로 굵기를 나타낸다.

① 면사

㉮ 영국식 면사 1번수는 실 1파운드의 길이가 한 타래(840야드)일 때를 말한다.

㉯ 면사 100번수와 50번수: 숫자가 클수록 굵기는 가늘다.

② 마사

㉮ 1번수: 1파운드의 실 길이는 300야드(274.32m)이다.

㉯ 리(lea) 번수: 1.3716m(1.5야드) 둘레에 실을 80회 감은 것이다.

③ 모사

㉮ 소모사: 영국식 소모 번수로 무게는 파운드, 길이는 560야드를 기준으로 한다.

㈏ 방모사: 무게는 파운드, 길이는 256야드를 사용한다.

④ **미터번수**

㈎ 15번수: 1g의 실 길이는 15m이다.

㈏ 무게 단위는 kg, 길이 단위는 km를 사용하며 모든 섬유에 공통으로 사용되는 번수이다.

(2) 항장식

① **텍스식(tex)**: 길이 1,000m당 무게를 g으로 나타내는 섬유의 굵기 표시이다.

② **데니어**: 1데니어는 실 9,000m의 무게를 1g 수로 표시한다.

예 5D－비스코스 레이온 실의 길이가 9km이며 무게가 5g인 실의 굵기(denier)이다.

③ 견, 나일론, 폴리에스테르와 같은 필라멘트사에 주로 사용된다.

④ 데니어 번수는 숫자가 클수록 굵다.

핵심문제 **실의 굵기를 항장식으로 나타내는 것은?**

① 면사
② 모사
③ 마사
④ 견사

해설 항장식은 길이를 기준으로 실의 굵기를 나타내는 것으로, 필라멘트사에 주로 사용된다. 답 ④

핵심문제 **다음 중 항중식 번수로 실의 굵기를 나타내는 것은?**

① 면사
② 견사
③ 나일론사
④ 폴리에스터사

해설 면 · 마 · 모섬유는 항중식 번수, 견 · 장섬유는 항장식 번수로 실의 굵기를 표시한다. 답 ①

핵심문제 **다음 중 실에 대한 설명이 틀린 것은?**

① 실의 굵기를 표시하는 방법에는 항중식 번수와 항장식 번수가 있다.
② 영국식 면사 1번수는 실 1파운드의 길이가 한 타래(840야드)일 때를 말한다.
③ 면사 번수는 숫자가 클수록 굵은 것이고, 데니어 번수는 숫자가 작을수록 가는 것이다.
④ 1데니어는 실 9,000m의 무게를 1g수로 표시한 것이다.

해설 면 번수는 항중식이므로 숫자가 클수록 굵기가 가늘다. 답 ③

핵심문제 비스코스 레이온 실의 길이가 9km이며 무게가 5g인 실의 굵기(denier)는?

　① 1D　　　　　② 5D　　　　　③ 7D　　　　　④ 10D

해설 데니어는 길이 9km의 실 무게를 그램으로 나타낸 것이다.　　　　　답 ②

핵심문제 길이 1,000m당 무게를 g으로 나타내는 섬유의 굵기 표시 단위는?

　① 데니어식(denier)　　　　　② 텍스식(tex)
　③ 메터식(Nm)　　　　　④ 영국식(Ne)　　　　　답 ②

핵심문제 길이가 9,000m이고 무게가 1g인 실의 번수는?

　① 5 denier　　　　　② 2 denier
　③ 1 denier　　　　　④ 0.5 denier　　　　　답 ③

3-2 실의 강도와 신도

(1) 강도

① 인장 강도로 표시한다.

② 섬유가 늘어나 절단될 때까지 드는 힘으로, 단위 섬유에 대한 절단 하중이다.

③ 섬유장이 길고 배향성이 좋고 꼬임수가 많을수록 실의 강도는 커진다.

④ 섬유의 강도를 나타내는 단위는 g/D이다.

⑤ **아마, 면**: 흡습하면 강도가 가장 증가하는 섬유이다.

⑥ **나일론, 폴리에스테르**: 물에 젖어도 약해지지 않고 건조 시와 거의 비슷한 강도를 가지는 섬유이다.

(2) 신도

① 절단될 때까지의 늘어난 길이의 원래 길이에 대한 백분율로 나타낸다.

② **면섬유**: 수분을 흡수하면 강도와 신도 모두 증가한다.

③ **비스코스 레이온**: 물에서 세탁할 때 강력이 현저히 저하되므로 세탁 시 주의해야 하는 섬유이다.

핵심문제 섬유의 강도를 나타내는 단위로 알맞은 것은?

① g/N · m   ② g/Ne   ③ g/올   ④ g/D

해설 강도는 단위 섬유에 대한 절단 하중이다.   **답** ④

핵심문제 다음 섬유 중 흡습하면 강도가 가장 증가하는 것은?

① 아마   ② 양털   ③ 레이온   ④ 나일론

해설 마 · 면섬유는 흡습하면 강도가 가장 증가한다.
강도는 습윤 상태에서 아마가 20%, 면은 10% 내외로 증가한다.   **답** ①

핵심문제 섬유가 물에 젖어도 약해지지 않고 건조 시와 거의 비슷한 강도를 가지는 것은?

① 면이나 마직물   ② 아세테이트 직물
③ 모직물   ④ 나일론 직물

해설 흡습성이 낮은 대부분의 합성 섬유는 물에 젖어도 강도에 큰 변화가 없다.   **답** ④

핵심문제 다음 중 물에서 세탁할 때 강력이 현저히 저하되므로 세탁 시 주의해야 하는 섬유는?

① 면   ② 아마
③ 나일론   ④ 비스코스 레이온   **답** ④

핵심문제 섬유가 습윤하였을 때 강도가 더 증가하는 섬유는?

① 비스코스 레이온   ② 양모
③ 면   ④ 아세테이트   **답** ③

핵심문제 무명 섬유의 강도에 영향을 미치는 부분은?

① 규칙적으로 배열된 결정 부분
② 불규칙하게 배열된 비결정 부분
③ 속이 비어 있는 타원형의 중공
④ 불규칙하게 변하는 천연꼬임 방향

해설 중공은 보온성을 유지하며 전기 절연성을 부여한다.   **답** ①

핵심문제 면섬유가 수분을 흡수할 때 강도와 신도의 변화로 옳은 것은?

① 강도와 신도 모두 증가한다.
② 강도와 신도 모두 저하한다.
③ 강도는 증가하나 신도는 저하된다.
④ 강도는 저하하나 신도는 증가된다.   **답** ①

3-3 실의 종류

실을 만드는 방법은 방적, 방사, 제사의 세 가지가 있다.

■ 길이에 따른 분류

① **방적사**: 길이가 짧은 단섬유(스테이플)로 만듦.

② **필라멘트사**: 길이가 긴 장섬유(필라멘트)로 만듦.

(1) 방적사

① **방적**

㈎ 카딩: 섬유를 나란히 배열한다.

㈏ 섬유를 가늘게 늘린다(슬라이버; sliver – 카딩 후 얻는 굵은 로프와 같은 상태의 섬유).

㈐ 꼬임을 준다.

② **면방적**

㈎ 개면과 타면: 면덩어리를 풀어 부드럽게 하고 불순물을 제거하는 과정(랩–시트상의 면)

㈏ 소면: 섬유를 빗질하여 평행으로 배열하고 불순물을 제거하는 과정(코머사)

㈐ 정소면: 짧은 섬유와 넵을 완전히 제거하면서 더 평행하게 배열하는 과정(카드사)

㈑ 연조: 몇 개의 슬라이버를 합쳐 잡아 늘려 하나의 슬라이버로 뽑는 과정

㈒ 조방: 최소한의 꼬임을 주어 공정을 견딜 강도를 유지하도록 하는 공정

㈓ 정방: 조사를 필요로 하는 굵기로 늘려 주고 필요한 꼬임을 주어 실로 완성하는 것

㈔ 권사: 작업과 수송이 편리하도록 적당한 길이로 다시 감은 공정(타래, 치즈, 콘)

③ **모사**

㈎ 모방적

- 선모 – 원모를 품질에 따라 분류하는 것
- 정련 – 비누와 탄산나트륨 혼합 용액으로 불순물을 제거하는 과정
- 카딩 – 빗질하여 섬유를 평행 배열하고 불순물을 제거하는 과정
- 길링 – 몇 개의 슬라이버를 합쳐 늘리면서 빗질하여 하나의 슬라이버로 만드는

공정
- 코밍 – 빗질하여 짧은 섬유와 불순물을 제거하는 과정(톱)
- 재세 – 기름과 오물을 제거하는 과정
- 톱 염색
- 전방 – 톱을 실뽑기에 적당한 굵기로 뽑는 공정
- 정방 – 필요한 굵기로 10~20배 늘리고 적당한 꼬임을 주어 실로 완성하는 것

(나) 종류
- 방모사 – 비교적 짧고 저급 양모를 가지고 일부 공정만 거쳐 제조하여 부피가 큰 실
- 소모사 – 품질이 좋은 양모로 전 과정을 다 거쳐 섬유의 평행으로 잘 배열된 실

(2) 필라멘트사

① 특징

(가) 인조 섬유와 같이 방사하여 얻는 길이가 긴 장섬유이다.

(나) 견: 천연 섬유 중 유일하게 필라멘트사이다.

(다) 흡습성이 나쁘다.

(라) 인장 강도와 신도가 강하다.

(마) 열가소성이 풍부하다.

(바) 함기량이 적다.

(사) 방적사에 비해 광택이 적다.

② 직방사

인조섬유 토우를 절단하여 스테이플화하여 방적사를 만드는 것이다.

③ 텍스처사(textured filament yarn)

(가) 필라멘트사에 여러 기계적 권축을 가하여 함기율, 신축성 등을 향상시켰다.

(나) 방적사와 성질이 비슷하여 필라멘트사의 단점을 개선한 실이다.

2 형태에 따른 분류

① **단사**: 방적이나 방사 과정에서 얻는 한 올의 실
② **합사**: 단사를 두 가닥 이상 꼬아 만든 실
③ **코드사**: 합사를 두 가닥 이상 꼬아 만든 실. 예 재봉사, 끈, 로프 등

❸ 섬유 종류에 따른 분류

① **천연 섬유**: 천연 재료로 만든 실이며, 면, 견, 마 등이 있다.

② **합성 섬유**: 인조 섬유, 나일론, 폴리에스테르, 아크릴 등이 있다.

③ **혼방사**: 두 종류 이상의 섬유로 방적한 실이다.

④ **교합사**: 서로 다른 종류의 단사를 합연한 실이다.

❹ 꼬임에 따른 분류

① **좌연사**: 꼬임의 방향이 Z 방향으로 되어 있는 실. 일반적으로 직조에 쓰인다.

② **우연사**: 꼬임의 방향이 S 방향으로 되어 있는 실

③ 합사에서 단사의 꼬임을 하연, 합사 시 꼬임을 상연이라고 한다.

❺ 용도에 따른 분류

① **편사**: 편물에 사용하는 실이다.

② **직사**: 직물의 경위(날, 씨)사로 준비된 실이다.

③ **자수사**: 자수에 사용되는 느슨하게 꼰 굵은 실이다.

④ **재봉사**: 봉제 시 사용하는 실이며, 일반적으로 손바느질에는 2합연사, 재봉사는 3합연사가 사용된다.

⑤ **장식사**: 실의 종류, 굵기, 꼬임, 색 등에 변화를 주어 만든 실이며, 중심사(기본사 · 심사), 연결사(접결사), 효과사(식사 · 장식 효과를 나타내도록 감은 실)로 구분된다.

(핵심문제) **다음 중 비교적 짧고 저급 양모를 가지고 제조하여 부피가 큰 실은?**

① 카드사   ② 코머사

③ 방모사   ④ 소모사

(해설) ①과 ②는 면섬유의 종류이다.   답 ③

(핵심문제) **다음 중 방적사에 비해 필라멘트사의 특성에 속하는 것은?**

① 흡습성이 좋다.   ② 인장 강도와 신도가 약하다.

③ 열가소성이 풍부하다.   ④ 함기량이 많아 보온성이 좋다.   답 ③

핵심문제 천연 섬유 중 유일한 필라멘트 섬유에 해당하는 것은?

① 면   ② 견   ③ 마   ④ 양모

해설 용융 방사하여 만들어지는 합성 섬유 대부분은 필라멘트사이다.
②를 제외한 천연 섬유는 스테이플 섬유에 속한다.   **답** ②

핵심문제 다음 중 실을 만드는 방법이 아닌 것은?

① 방적   ② 제직   ③ 방사   ④ 제사

해설 제직은 직물을 만드는 것이다.   **답** ②

핵심문제 다음 직물 중 필라멘트 실로 만든 것으로 볼 수 없는 것은?

① 인조섬유 스테이플 직물   ② 비스코스 직물
③ 나일론 직물   ④ 견직물

해설 스테이플 섬유는 단섬유이다.   **답** ①

---

4. 섬유의 성질

섬유의 형태(길이, 단면, 권축)는 섬유의 성질에 영향을 준다.

4-1 섬유의 물리적 성질

① 강도와 신도

(1) 강도

① 섬유가 인장에 견디는 능력, 항장력이다.

② 레이온 직물: 습윤 시 강도가 낮다(물세탁에 가장 약한 직물).

③ 라마 및 저마: 셀룰로오스계 섬유 중 중합도가 가장 높은 직물이다.

(2) 신도

끊어질 때까지 늘어난 섬유의 길이를 섬유 원래 길이의 백분율로 나타낸다.

❷ 초기 탄성률

① 섬유의 신장 초기에 최소 하중이 작용할 때의 신장률과 하중의 비이다.
   섬유의 강연성과 관계가 있다.
② 초기 탄성률이 큰 섬유는 강직하고 뻣뻣하다. 예 마, 견 등
③ 초기 탄성률이 작은 섬유는 유연하다. 예 양모, 나일론, 아세테이트 등

❸ 탄성

① 섬유가 외부에서 가해진 힘에 의해 늘어났다가 힘을 제거했을 때 본래의 길이로 돌
   아가는 능력이다.
② 섬유 제품의 구김이나 형태 안정성과 밀접하다.
③ 천연 셀룰로오스 섬유들은 탄성 회복률이 나빠 구김이 잘 생긴다.
④ 양모와 견은 구김이 덜 생긴다.
⑤ 나일론: 탄성 회복률이 가장 크다(방추성이 좋은 섬유).
⑥ 탄성 회복률＝(늘어난 길이−줄어들었다가 돌아온 길이)/(늘어난 길이−원래 길이)
   ×100

❹ 리질리언스(resilience)

① 섬유가 외부 힘의 작용으로 신장, 굴곡, 압축 등의 변형을 받았다가 외부 힘이 사라
   졌을 때 원상으로 되돌아가는 능력이다.
② 섬유의 굵기, 단면형, 권축 등 섬유의 형태와 관련이 있다.
③ 섬유의 탄성이 좋으면 리질리언스도 좋다.

❺ 마찰 강도 및 굴곡 강도

섬유의 마찰 강도와 굴곡은 섬유 내구성에 큰 영향을 준다.

❻ 비중

① 물의 비중이 1일 때 섬유의 밀도를 나타낸 수치이다.
② 섬유 제품의 무게와 관련이 있어 섬유 용도에 영향을 미친다.
③ 비중이 작으면 물에 가라앉지 않아 어망으로 부적절하다.
④ 비중이 작을수록 가볍다.

⑤ **비중이 큰 순서**: 석면의 비중이 가장 크다.

석면, 유리 > 사란 > 면 > 비스코스 레이온 > 아마 > 폴리에스테르 > 아세테이트, 양모 > 견, 모드아크릴 > 비닐론 > 아크릴 > 나일론 > 폴리프로필렌

7 내열성 및 내연성

① 열에 견디는 정도이다.

② 천연 섬유는 열에 어느 정도 안정하나 인조 섬유는 열에 민감하다.

8 열가소성

① **가소성**: 외부로부터 가해진 힘에 의해 그 물질이 형태적 변화를 일으키는 성질이다.

② 열과 힘의 작용으로 물질에 영구적 변형이 생기는 성질이다.

③ **열가소성이 좋은 섬유**: 트리아세테이트, 나일론, 폴리에스테르 등의 인조 섬유

④ **열가소성이 가장 나쁜 섬유**: 아크릴

⑤ 주름치마, 나일론 스타킹, 나일론이나 폴리에스테르의 스트레치사 등에 사용한다.

9 보온성

① 섬유의 보온성은 열전도성이 적을수록, 공기 함유량이 많을수록, 흡수성이 클수록 좋다.

② 양모는 열전도도가 가장 작은 섬유로, 보온성이 가장 크다.

10 대전성

① 섬유의 마찰에 의해 정전기가 발생하는 것이다.

② 섬유의 흡습성과 관련이 있어 흡습성이 작은 섬유일수록, 대기가 건조할수록 대전이 심하다.

③ 합성 섬유의 대부분은 소수성이고, 절연성이 좋아 대전성이 크다.

11 흡습성

① 합성 섬유로 만든 옷이 피부와 접촉하는 내의에 적합하지 못한 가장 큰 이유는 흡수성이 적기 때문이다.

② 흡습성은 대전량의 변화에 영향을 준다.

③ 모직물: 흡습량이 가장 많은 직물이다.

④ 폴리에스테르: 흡습성이 작아 세탁 후 가장 빨리 건조되는 직물이다.

⑤ 표준 수분율: 온도 20℃와 상대 습도 65%에서 측정하는 수분율이다.

⑥ 공정 수분율: 국가마다 거래에 기준이 되도록 정해놓은 수분율이다.

　　예 면섬유 8.5%.

12 축융성

① 섬유가 물, 마찰, 알칼리, 열 등에 의해 수축되는 현상이다.

② 양모 섬유는 물세탁을 하면 축융성에 의한 수축이 발생하기 때문에 드라이클리닝을
　 해야 한다.

13 방적성

① 실을 뽑을 수 있는 성능이다.

② 강도는 1.5gf/d 이상, 길이는 5mm 이상 되어야 한다.

③ 섬유 간의 포합성을 크게 하여 방적성을 증가시키는 요소: 섬유의 길이, 마찰 계수,
　 권축성, 강도 등

(핵심문제) **셀룰로오스계 섬유 중 중합도가 가장 높은 것은?**

① 라마 및 저마　　　　　　　② 린터스
③ 비스코스 레이온　　　　　　④ 면

(해설) 중합도: 고분자를 구성하는 단위체의 수　　　　　　답 ①

(핵심문제) **다음 중 면섬유의 공정 수분율은?**

① 8.5%　　　② 10.5%　　　③ 12.5%　　　④ 16.25%　　답 ①

(핵심문제) **섬유가 외부 힘의 작용으로 변형되었다가 그 힘이 사라졌을 때 원상으로 되돌아가
는 능력에 해당하는 것은?**

① 탄성　　　② 강도　　　③ 방적성　　　④ 리질리언스

(해설) ①은 섬유가 외부 힘을 받아 늘어났다가 힘이 사라지면 본래의 길이로 되돌아가려는 성질,
②는 인장 강도, ③은 섬유에서 실을 뽑아낼 수 있는 성질이다.　　　　　답 ④

핵심문제 외부로부터 가해진 힘에 의하여 그 물질이 형태적 변화를 일으키는 성질을 무엇이라고 하는가?

① 가소성 　　② 펠팅성 　　③ 방추성 　　④ 방축성 　　답 ①

핵심문제 다음 중 비중이 가장 큰 것은?

① 면 　　② 석면 　　③ 사란 　　④ 테이크론

해설 광물질은 비중이 크다. 　　답 ②

핵심문제 다음 중에서 비중이 가장 적은 섬유는?

① 목화 　　② 생명주 　　③ 폴리에스테르 　　④ 나일론

해설 비중은 물을 1이라고 했을 때 섬유의 밀도로, 비중이 작을수록 가볍다. 　　답 ④

핵심문제 합성 섬유로 만든 옷이 피부와 접촉하는 내의에 적합하지 못한 제일 큰 이유는?

① 통기성이 크기 때문에 　　② 열전도율이 크기 때문에
③ 흡수성이 적기 때문에 　　④ 정전기 발생이 적기 때문에 　　답 ③

핵심문제 다음 중 흡습성이 가장 좋은 섬유는?

① 폴리에스테르 　　② 아크릴 　　③ 아마 　　④ 나일론 　　답 ③

핵심문제 다음 직물 중 세탁 후 가장 빨리 건조되는 것은?

① 나일론 직물 　　② 비스코스 레이온 직물
③ 견직물 　　④ 폴리에스테르 직물

해설 흡습성이 작으면 빨리 건조된다. 　　답 ④

핵심문제 양장지나 양복지의 안감으로 가장 적당한 것은?

① 면 섬유 　　② 마섬유 　　③ 모섬유 　　④ 인견 섬유 　　답 ④

핵심문제 축융성 때문에 수축하는 결점이 있어 물세탁이 어렵고, 드라이클리닝을 하여야 하는 섬유는?

① 나일론 　　② 양모 　　③ 실크 　　④ 폴리에스테르

해설 축융성은 물, 알칼리, 마찰 등에 의해 섬유가 서로 엉키고 줄어드는 성질이다. 　　답 ②

핵심문제 물세탁에 가장 약한 직물은?

① 면직물　　　　　② 마직물　　　　　③ 레이온 직물　　　④ 면혼방 직물

해설 레이온 직물은 습윤 시 강도가 낮다.　　　　　　　　　　　　　　　**답** ③

핵심문제 섬유의 마찰에 의한 대전량의 변화는 주로 섬유의 어떤 성질에 지배되는가?

① 통기성　　　　　② 방추성　　　　　③ 내열성　　　　　④ 흡습성

해설 대전성: 옷감 또는 섬유가 마찰이 되어 정전기가 발생하여 달라붙는 것.
흡습성이 작은 섬유일수록, 대기가 건조할수록 대전이 심하다. 합성 섬유는 대전성이 크다.
답 ④

핵심문제 다음 중 열전도도가 가장 작은 섬유는?

① 면　　　　　　　② 아마　　　　　　③ 양모　　　　　　④ 나일론

해설 열전도도가 작으면 보온성이 크다.　　　　　　　　　　　　　　　**답** ③

핵심문제 다음 중 섬유의 보온성이 좋은 경우가 아닌 것은?

① 열전도성이 적을수록　　　　　② 공기 함유량이 많을수록
③ 초기 탄성률이 클수록　　　　　④ 흡수성이 클수록

해설 초기 탄성률은 섬유의 강도와 관련성이 있다.　　　　　　　　　　　**답** ③

핵심문제 다음 섬유 중 탄성 회복률이 가장 큰 것은?

① 나일론　　　　　② 무명　　　　　　③ 아마　　　　　　④ 명주

해설 탄성 회복률이 크면 방추성이 좋다.　　　　　　　　　　　　　　　**답** ①

핵심문제 다음 섬유 중 속옷감으로 가장 적합한 것은?

① 부드럽고 촉감이 좋은 견직물
② 땀과 지방을 잘 흡수하는 면직물
③ 보온이 잘 되고 통기성이 있는 모직물
④ 세탁하기 쉽고 건조가 빠른 합성 직물　　　　　　　　　　　　　　**답** ②

핵심문제 무명을 가열 시 갈색으로 변하는 온도는?

① 150℃　　　　　② 200℃　　　　　③ 250℃　　　　　④ 300℃

해설 무명은 180~210℃로 다림질한다.　　　　　　　　　　　　　　　**답** ③

[핵심문제] 섬유 간의 포합성을 크게 하여 방적성을 증가시키는 요소가 아닌 것은?

① 섬유의 길이   ② 마찰 계수   ③ 대전성   ④ 권축성

[해설] 방적성 증가 요소: 섬유의 길이, 마찰 계수, 권축성, 강도   **답 ③**

[핵심문제] 외부로부터 가해진 힘에 의해 형태가 변한 물체가 외력이 없어져도 원래의 형태로 돌아오지 않는 물질의 성질은?

① 신축성   ② 방추성   ③ 흡습성   ④ 가소성   **답 ④**

4-2 섬유의 화학적 성질

1 염색성

① 섬유 내에 염료와 결합할 수 있는 원자단을 가지고 있어 염색이 잘되는 성질이다.

② 섬유 내에 비결정 부분이 많으면 염색성이 좋고, 결정이 발달되고 배향이 좋을수록 염색성이 나쁘다.

2 내약품성

① **셀룰로오스 섬유**: 알칼리에 강하나 산에는 약하다.

② **단백질 섬유**: 알칼리에 약하나 산에는 강하다.

③ **면직물**: 수산화나트륨 용액으로 삶을 때 직물이 노출되어 공기와 접촉하면 산화 섬유소가 생성되어 섬유가 약해진다.

④ **질산**: 명주를 노란색으로 변화시키는 약제

⑤ **수산화 나트륨**: 견직물을 가장 쉽게 손상시키는 약품

3 내일광성

① **아크릴**: 내일광성이 가장 큰 섬유이다.

② **나일론, 견**: 일광에 대하여 취화가 가장 큰 섬유이다.

③ **취화**: 섬유가 공기 중의 산소에 의해 산화되어 강도가 떨어지고 열수분율, 일광 등에 의해 변화가 촉진되는 현상이다.

(핵심문제) **다음 중 산(acid)에 가장 약한 섬유는?**

① 식물성 섬유   ② 동물성 섬유
③ 재생 섬유   ④ 합성 섬유

(해설) 식물성 섬유는 알칼리에 강하고 산에 약하다.   답 ①

(핵심문제) **무명과 폴리에스테르 혼용 제품에서 무명을 가장 잘 용해시키는 약제는?**

① 100% 아세톤   ② 70% 황산
③ 2.5% 수산화 나트륨   ④ 20% 염산   답 ②

(핵심문제) **면직물에 있어서 산화 섬유소가 생성되어서 섬유가 약해지는 경우는?**

① 아세트산으로 처리할 때 온도가 낮은 경우이다.
② 수산화나트륨 용액으로 삶을 때 직물이 노출되어 공기와 접촉하는 경우이다.
③ 하이드로설파이트를 사용하여 표백할 때 직물이 노출되어 공기와 접촉하는 경우이다.
④ 냉액에서 알칼리 용액으로 처리할 때 농도가 진한 경우이다.

(해설) 면섬유를 삶아 빨 경우에는 공기와의 접촉을 피해야 한다.   답 ②

(핵심문제) **다음 중 명주를 노란색으로 변화시키는 약제는?**

① 질산   ② 염산
③ 탄닌산   ④ 아세트산   답 ①

(핵심문제) **다음 중 내일광성이 가장 큰 섬유는?**

① 비스코스 레이온   ② 나일론
③ 폴리에스테르   ④ 아크릴

(해설) 내일광성: 섬유가 일광, 바람, 눈이나 비 등에 오랜 시간 노출될 때 견디는 성질로, 가장 약한 섬유는 견, 나일론이다.
내일광성이 크면 일광에 대해 취화가 거의 없다.   답 ④

(핵심문제) **일광에 대하여 취화가 가장 큰 합성 섬유는?**

① 아크릴   ② 나일론
③ 폴리에스테르   ④ 스판덱스

(해설) 취화: 자외선에 섬유가 약해지는 것
취화가 크다는 것은 내일광성이 나쁘다는 의미이며, ①은 내일광성이 좋다.   답 ②

3. 의복 디자인

의복 디자인

1. 색채의 기초

1-1 색채의 3속성

- 색의 3속성: 색상, 명도, 채도
- 색상, 명도: 딱딱하고 부드럽게 느껴지는 경연감과 관계가 있다.
- 하나의 색상에 검은색의 포함량이 많아질 때 저명도, 저채도가 된다.

(핵심문제) **색의 3속성으로 옳은 것은?**

① 색상, 보색, 명도   ② 색상, 명도, 채도

③ 자주, 노랑, 청록   ④ 빨강, 녹색, 파랑   답 ②

(핵심문제) **색의 3속성 중 색에서 딱딱하고 부드럽게 느껴지는 경연감과 관계가 있는 것은?**

① 색상, 명도   ② 색상, 명도, 채도

③ 명도, 채도   ④ 색상, 채도   답 ①

◼ 색상 (hue; H)

① 서로 구별되는 색의 차이를 말한다.

② 색상은 유채색에만 있다.

③ 색상환에서 바로 옆에 위치한 색을 인근색이라고 한다.

④ 색상환에서 180° 각도에 위치한 색을 보색이라고 한다.

(핵심문제) **다음 중 색상에 대한 설명으로 잘못된 것은?**

① H로 표시한다.

② 색상은 유채색에만 있다.

③ 색상환에서 바로 옆에 위치한 색을 인근색이라고 한다.

④ 색상환에서 90° 각도에 위치한 색을 보색이라고 한다.

(해설) 보색은 색상환에서 180° 정반대에 위치한다.   답 ④

② 명도(value ; V, lightness)

① 밝기와 어둡기의 정도를 말한다.

② 명도가 높을수록 반사율이 높다.

③ 검정: 명도가 낮은 색

④ 흰색: 명도가 높은 색

⑤ 점점 밝아져서 반사율이 높아지면 고명도라고 한다.

　　예 – 연분홍색은 분홍색보다 명도가 높은 색이다.

　　　 – 주황색에 흰색을 섞으면, 명도는 높아지고 채도는 낮아진다.

핵심문제 **다음 중 반사율이 가장 높은 것은?**

　　① 저명도　　　　② 중명도　　　　③ 채도　　　　④ 고명도

　　해설 명도가 높을수록 반사율이 높다.　　　　　　　　　　　**답** ④

핵심문제 **다음 중 명도가 낮은 색은?**

　　① 흰색　　　　② 검정　　　　③ 노랑　　　　④ 초록

　　해설 명도가 높은 색은 흰색이다.　　　　　　　　　　　　**답** ②

핵심문제 **명도에 대한 설명으로 틀린 것은?**

　　① lightness 또는 hue라고 한다.
　　② 밝기와 어둡기의 정도를 말한다.
　　③ 점점 밝아져서 반사율이 높아지면 고명도라고 한다.
　　④ 연분홍색은 분홍색보다 명도가 높은 색이다.

　　해설 hue는 색상이다.　　　　　　　　　　　　　　　　**답** ①

핵심문제 **다음 중 명도가 가장 낮은 색은?**

　　① 빨강　　　　② 초록　　　　③ 보라　　　　④ 노랑

　　해설 노랑은 고명도 색이다.　　　　　　　　　　　　　　**답** ③

---

③ 채도 (chroma ; C)

① 색의 강약, 맑기, 선명도를 나타낸다.

② 화려함과 수수함의 느낌을 가장 크게 좌우하는 색의 요소이다.

③ 진한 색과 연한 색, 흐린 색과 맑은 색에 대한 구별이다.

④ **순색**: 채도가 가장 높은 색이면서 가장 맑은 색이다.

⑤ **탁색**(dull color): 채도가 낮은 색

⑥ 어떠한 색상의 순색에 무채색의 포함량이 많을수록 채도는 낮아진다.

⑦ 무채색은 시감 반사율이 높고 낮음에 따라 명도가 달라진다.

⑧ 보색인 두 색을 혼합하면 무채색이 된다.

(핵심문제) **다음 중에서 채도가 가장 높은 색은?**

　　① 다홍　　　　② 청록　　　　③ 감청　　　　④ 노랑

　(해설) 순색은 채도가 가장 높다.　　　　　　　　　　　　　　　　답 ④

(핵심문제) **다음 중 화려함과 수수함의 느낌을 가장 크게 좌우하는 색의 요소는?**

　　① 색상　　　　② 명도　　　　③ 채도　　　　④ 휘도

　(해설) 휘도: 빛이 눈에 자극을 주고 양의 많고 적음에 따른 느낌의 정도.　　답 ③

(핵심문제) **다음의 설명 중 잘못된 것은?**

　　① 어떠한 색상의 순색에 무채색의 포함량이 많을수록 채도가 높아진다.
　　② 색의 3속성을 3차원의 공간 속에 계통적으로 배열한 것을 색입체라고 한다.
　　③ 무채색은 시감 반사율이 높고 낮음에 따라 명도가 달라진다.
　　④ 보색인 두 색을 혼합하면 무채색이 된다.

　(해설) 채도가 높은 색이란 가장 맑은 색으로, 순색을 의미한다.　　　　답 ①

(핵심문제) **탁색**(dull color)에 해당되는 것은?

　　① 채도가 낮은 색　　　　　　② 채도가 높은 색
　　③ 가장 맑은 색　　　　　　　④ 순색　　　　　　　　　　　답 ①

▲ 색입체 (color solid)

(1) 색입체

① 색의 3속성을 3차원의 공간 속에 계통적으로 배열한 것이다.

② 색입체는 N5를 포함하여 수평으로 절단하면 동일한 명도면이 배열된다.

③ 색상은 원둘레의 척도이며, 무채색을 중심으로 여러 가지 색상이 배치된다.

④ 명도는 무채색 축과 일치하게 위로 올라가면서 높아진다.

⑤ 채도는 중심축에서 수평으로 멀어지는 척도이다.

⑥ 색입체의 가운데에서 바깥쪽으로 갈수록 채도가 높아진다.

(2) 색입체 수평 단면도

① 수평 절단한 단면을 의미한다.

② 등명도면이라고도 한다.

③ 중심은 무채색이고 채도 순으로 방사형을 이룬다.

④ 같은 명도에서 채도의 차이와 색상의 차이를 한눈에 알 수 있다.

핵심문제 **색입체를 N5를 포함하여 수평으로 절단하면 나타나는 면은?**

① 동일한 색상면　　　　　　　② 동일한 명도면

③ 동일한 채도면　　　　　　　④ 5의 수치를 가진 채도면

해설 채도는 중심축에서 수평으로 멀어지는 척도이고, 명도는 무채색 축과 일치하며, 색상은 원둘레의 척도이다.　　　　　　　　　　　　　　　　　답 ②

핵심문제 **색입체의 구조에 대한 설명 중 틀린 것은?**

① 색상은 원둘레의 척도이며, 무채색을 중심으로 여러 가지 색상이 배치된다.

② 명도는 무채색 축과 일치하게 위로 올라가면서 높아진다.

③ 채도는 중심축에서 수평으로 멀어지는 척도이다.

④ 채도는 가운데에서 바깥쪽으로 갈수록 낮아진다.

해설 채도는 중심축에서 수평으로 멀어지는 척도이며, 가운데에서 바깥쪽으로 갈수록 높아진다.　　　　　　　　　　　　　　　　　　　　　　　　답 ④

1-2 색의 분류

1 무채색

① 색상과 채도가 없는 색이다.

② 흰색에서부터 차츰차츰 어두워지는 회색 계통을 거쳐 검정색에 이르는 것으로 명도 차이만 나타내는 색이다.

② 유채색

① 물체의 색 중에서 순수한 무채색을 제외한 모든 색을 일컫는다.

② 색상, 명도, 채도로 분류된다.

(핵심문제) 흰색에서부터 차츰차츰 어두워지는 회색 계통을 거쳐 검정색에 이르는 것으로 명도 차이만 나타내는 색은?

① 유채색　　　　② 무채색　　　　③ 동색　　　　④ 인근색　　　**답** ②

1-3　색의 혼합

① 원색

① 원색은 혼합해서 다른 모든 색상을 만들 수 있으나 다른 색상을 혼합해서는 원색을 만들 수 없다.

② 색료 혼합의 3원색은 자주, 노랑, 청록이다.

(핵심문제) 원색을 바르게 설명한 것은?

① 가법 혼합 또는 가색 혼합에 의하여 얻어진 색상이다.
② 다른 색의 복합으로 만들 수 없는 색을 말한다.
③ 색료 혼합의 중간색을 말한다.
④ 순색에 유채색을 혼합하여 만든 색이다.　　　**답** ②

---

② 색광 혼합

① 가법 혼색(가산 혼합)이라 한다.

② 색광의 3원색은 녹색(G), 파랑(B), 빨강(R)이다.

③ 빛의 3원색을 혼합하면 백색이 된다.

(핵심문제) 다음 중 빛의 삼원색으로 맞게 짝지어진 것은?

① 빨강, 파랑, 노랑　　　　　　② 빨강, 노랑, 검정
③ 빨강, 파랑, 흰색　　　　　　④ 빨강, 파랑, 초록　　　**답** ④

3 색료 혼합

① 감법 혼색 또는 감산 혼합이라고 한다.

② 혼합하면 할수록 명도와 채도가 낮아진다.

③ 색료 혼합 3원색을 다 합치면 흑색이 된다.

(핵심문제) **색료 혼합에 대한 설명으로 틀린 것은?**

① 혼합하면 할수록 명도와 채도가 낮아진다.
② 색료 혼합의 3원색은 자주, 노랑, 청록이다.
③ 감법 혼색 또는 감산 혼합이라고 한다.
④ 3원색이 모두 합쳐지면 흰색에 가까워진다.

(해설) 빛의 3원색이 모두 합쳐지면 흰색에 가까워진다.　　　답 ④

---

4 중간 혼합

① 두 색 또는 그 이상의 색이 섞여 중간 밝기를 나타내는 것을 말한다.

② 평균 혼합으로서 명도와 채도가 평균값으로 지각된다.

③ 병치 혼합은 직물이나 모자이크에서 나타난다.

④ 회전 혼합되는 색은 명도와 채도가 색과 색 사이의 중간 정도로 보인다.

⑤ 회전판을 1초간 30회 이상의 속도로 회전시키면 보이는 색은 회색이다.

⑥ 채도는 채도가 높은 색 방향으로 기울어 보인다.

(핵심문제) **초록색과 빨간색으로 나뉘어져 있는 회전판을 1초간 30회 이상의 속도로 회전시키면 보이는 색은?**

① 어두운 빨강　　② 회색　　③ 흰색　　④ 검정

(해설) 회전 혼합은 두 색의 중간 정도의 명도와 채도를 갖는다.　　답 ②

(핵심문제) **중간 혼합의 일종인 회전 혼합의 특징으로 틀린 것은?**

① 회전 혼합되는 색은 명도와 채도가 색과 색 사이의 중간 정도의 색으로 보인다.
② 평균 혼합으로서 명도와 채도가 평균값으로 지각된다.
③ 채도는 채도가 높은 색 방향으로 기울어 보인다.
④ 명도는 혼합되는 색 중 명도가 낮은 색으로 좀 더 기울어 보인다.

(해설) 명도는 혼합되는 색 중 명도가 높은 색으로 좀 더 기울어 보인다.　　답 ④

핵심문제 여러 가지 색을 인접하여 배치할 때 조합색의 평균값으로 보이는 혼합은?

① 색광 혼합   ② 색료 혼합

③ 병치 혼합   ④ 회전 혼합

   해설 병치 혼합은 모자이크, 직물에서 나타난다.   **답** ③

---

5 보색

색상환에서 서로 마주보는 180° 각도에 있는 색이다.

예 빨강–청록, 주황–파랑, 노랑–남색, 연두–보라, 녹색–자주 등

핵심문제 다음 중 녹색 잔디 위에서 가장 눈에 잘 뜨이는 색은?

① 노랑   ② 파랑   ③ 귤색   ④ 자주   **답** ④

핵심문제 다음 중 빨간색의 보색은?

① 청록   ② 남색   ③ 연두   ④ 파랑   **답** ①

핵심문제 다음 중 노랑의 보색은?

① 남색   ② 빨강   ③ 청록   ④ 자주   **답** ①

1-4 색의 표시

1 색 체계

(1) 먼셀의 표색계

① **표기 방법**: HV/C(색상 · 명도/채도)

② 한국 산업 규격(KS A 0062)으로 제정된 표색계이다.

③ 색상의 분할은 빨강, 노랑, 초록, 파랑, 보라의 다섯 가지가 주요 색상이다.

④ **색상환**(hue circle): 스펙트럼의 색상에 자주나 연지를 더하여 시계 방향으로 둥글게 배열한 것이다.

⑤ 명도는 검정을 0, 흰색을 10으로 한다.

⑥ 채도는 무채색을 0으로 하여 순색까지의 단계이다.

(2) 오스트발트 색 체계

① 헤링의 4원색설을 기준으로 빨강(R), 노랑(Y), 파랑(UB), 녹색(SG)과 각각의 사이에 주황(O), 청록(T), 보라(P), 연두(LG)를 추가한 8색, 이를 다시 각각 3단계로 나누어 총 24색을 기본으로 한다.

② W(흰색의 양)+B(검은색의 양)+C(순색의 양)=100%, 공역에 의한 색좌표를 사용한다.

(3) CIE 색 체계

(4) 기타 NCS, PCCS 등이 있다.

핵심문제 **색상환(hue circle)을 가장 옳게 설명한 것은?**

① 스펙트럼의 색상에 자주나 연지를 더하여 시계 방향으로 둥글게 배열한 것이다.
② 색의 밝고 어두운 정도를 말한다.
③ 색의 맑기를 말한다.
④ 색채 구별을 위한 색채의 명칭을 말한다.

해설 색상은 원둘레의 척도이다.   답 ①

핵심문제 **한국 산업 규격(KS A 0062)으로 제정된 표색계는?**

① 먼셀 표색계   ② 오스트발트 표색계
③ DIN 표색계   ④ XYZ 표색계   답 ①

핵심문제 **먼셀 표색계의 표기 HV/C에서 H는 무엇을 뜻하는가?**

① 명도   ② 색상   ③ 순도   ④ 채도

해설 색상(hue), 명도(value), 채도(chroma)   답 ②

---

2 색명

(1) 기본 색명

① KS 지정 기본색(KS 계통 색명)

㉮ 유채색(12색): 빨강, 주황, 노랑, 연두, 초록, 청록, 파랑, 남색, 보라, 자주, 분홍, 갈색

㉯ 무채색(3색): 하양, 회색, 검정

(2) 관용색명

특정한 느낌을 나타내기 위해 사용되는 고유색명 중 일반적으로 많은 사람이 색을 연상할 수 있는 색명이다.

① **식물 이름에서 유래**: 밤색, 복숭아색, 올리브색, 머스타드(mustard, 약간 어두운 노랑), 페일 라일락(pale lilac, 연한 보라) 등

② **동물 이름에서 유래**: 살몬핑크, 아이보리(ivory) 등

③ **광물이나 원료의 이름에서 유래**: 에메랄드그린, 금색, 은색 등

④ **인명이나 지명에서 유래**: 보르도색 등

⑤ **음식 이름에서 유래**: 커피색, 초콜릿색 등

⑥ **자연 현상에서 유래**: 하늘색, 바다색, 황토색, 세룰리안블루(cerulean blue) 등

(3) ISCC-NBS 색명법

① 계통 색명을 먼셀 색 체계와 대응시켜 색입체를 계통 색명 범위로 분류한 것이다.

② 모든 물체색의 색 체계를 267개로 분류하여 관용색을 정하였다.

2. 색의 효과

2-1 색의 시지각적 효과

1 색의 시지각 반응

(1) 색의 인식

① 색자극 → 색 지각 → 색채 인식의 과정으로 진행된다.

② 가시광선이 우리의 눈을 통해 색으로 느껴지는 것을 말한다.

③ 외부 환경의 빛 또는 인공조명에 의해 물체 표면에서 반사되거나 투과·산란된 빛을 신체 수용기(눈)로부터 받아들여 대뇌에서 해석한다.

④ 동일한 색자극이라도 각자의 경험과 학습에 따라 구체적인 촉각·미각적 감성 의미가 더해져 다르게 인지된다.

⑤ **휘도**: 빛이 눈에 자극을 줄 때 양의 많고 적음에 따른 느낌의 정도이다.

⑥ **항상성**: 물리적 자극의 변화가 있어도 지각되는 색이 비교적 동일하게 유지되는 요인이 된다.

⑦ 주목성: 의식하지 않아도 시선을 끌어 눈에 띄는 성질을 말한다.

(2) 색채의 연상 작용

① 색채를 자극함으로써 생기는 감정의 일종이다.

② 연상의 개념은 개인적 경험과 지식의 영향을 받는다.

③ 색을 보는 사람의 민족성이나 나이, 성별에 따라 다르다.

④ 생활 환경, 교양, 직업의 성격에 의한 영향을 받는다.

⑤ 색채의 연상에는 구체적 연상과 추상적 연상이 있다.

⑥ 빨간색을 보고 불이라고 느끼는 것은 구체적인 대상을 연상하는 것이다.

(핵심문제) **색의 연상에 대한 설명 중 틀린 것은?**

① 연상의 개념은 개인적 경험과 지식의 영향을 받는다.

② 빨간색을 보고 불이라고 느끼는 것은 구체적인 대상을 연상하는 것이다.

③ 민족성에 의한 영향은 받으나 나이, 성별에 의한 영향은 받지 않는다.

④ 생활 환경, 교양, 직업의 성격에 영향을 받는다.

(해설) 연상 작용: 개인적, 심리적으로 영향을 받는다.

색의 연상: 색채를 자극함으로써 생기는 감정의 일종으로 개인의 생활 경험과 깊은 관련이 있고, 사회적 · 역사적인 선입관에 의해서도 영향을 받는다. 답 ③

(핵심문제) **다음 중 우리의 시선을 끄는 힘이 가장 강한 색은?**

① 흰색, 검정   ② 빨강, 노랑   ③ 파랑, 보라   ④ 녹색, 자주

(해설) 난색에 고명도, 고채도 색이 시선을 끄는 힘이 강하다. 답 ②

---

2 색의 대비

(1) 동시 대비와 계시대비

① 동시 대비

㈎ 명도 · 색상 · 보색 대비가 있다.

㈏ 서로 가까이 놓인 두 색 이상을 동시에 볼 때 생기는 색채 대비이다.

② 계시대비(계속대비)

어떤 하나의 색을 보고 나서 잠시 뒤에 다른 색을 보았을 때 먼저 본 색의 영향으로 나중에 본 색이 다르게 보이는 현상이다.

(2) 명도 대비

① 색의 대비에서 인간의 눈이 색의 3속성 중 가장 예민하게 반응하여 두 색 사이에 명도 · 색상 · 채도 대비가 동시에 일어났을 때 가장 강하게 나타나는 현상이다.

② 어두운 색 가운데서 대비되는 밝은 색이 한층 더 밝게 느껴지는 현상이다.

③ 대비되는 색의 명도 차이가 클수록 더욱 약하게 나타난다.

④ 색의 3속성 관계에서 특히 명도에 변화를 주는 대비 현상이다.

> 例 바탕색이 각각 흰색과 흑색인 원피스에 동일한 회색 무늬가 있는 경우 회색이 바탕색에 따라 다르게 보이는 것

(3) 색상 대비

① 두 색 사이의 색상 차이가 클 때 상대 색상의 보색 기미가 더해져 본래의 색상이 다르게 보이는 효과이다.

② 어떤 무채색 옆에 유채색을 놓으면 그 무채색은 유채색의 보색 기미가 추가되어 보인다.

> 例 파랑 바탕 위에 놓인 녹색이 연두처럼 보인다.

③ 바탕색과 도형 색의 명도가 근사하고 면적비가 클수록 효과는 강조된다.

(4) 연변 대비

① 색과 색이 근접하는 경계에서 색의 변화가 강조되어 보이는 효과를 말한다.

② 두 색이 마주할 때 명도, 채도가 높아져 보이는 대비이다.

(5) 보색 대비

보색끼리의 배색에서 각 잔상의 색이 상대 색과 같아지기 위해 서로의 채도를 높여 색상을 강조하게 되는 효과이다.

> 例 남색 의복이 노랑을 배경으로 했을 때 서로의 영향으로 각각의 채도가 더 높게 보이는 현상

(6) 채도 대비

① 유채색에서의 대비이다.

② 채도가 높은 색은 채도가 낮은 색의 중앙에 놓였을 때 채도가 더 높게 보이고, 유채색은 무채색 위에 놓였을 때 훨씬 맑은 색으로 채도가 높게 보이는 현상이다.

③ 회색에서는 선명하게, 원색에서는 탁하게 보인다.

(7) 면적 대비

① 빨강 순색 바탕에 크기가 다른 동일 명도의 노랑 색지 A와 B를 놓았더니, B의 명도
가 A 명도보다 높게 보이는 효과이다.

② 매스 **효과**(Mass effect): 같은 색이라도 큰 면적의 색이 작은 면적의 색보다 밝고
선명하게 보이는 것을 말한다.

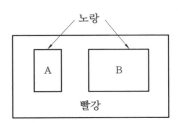

핵심문제 흰색과 흑색의 원피스에 동일한 회색 무늬가 있는 경우 회색이 바탕색에 따라 다르
게 보이는 것은 색의 대비 중 어디에 해당하는가?

① 채도 대비 ② 보색 대비
③ 명도 대비 ④ 색상 대비 답 ③

핵심문제 색상 대비에 대한 설명으로 옳은 것은?

① 똑같은 빨간 단추인데 노랑 옷보다 회색 옷에 달린 단추가 더욱 곱게 보인다.
② 청록색 잎이 우거진 속에 달린 빨간 사과가 한결 뚜렷하게 보인다.
③ 검정색 옷 위에 달린 흰 단추가 더욱 크게 보인다.
④ 파랑 위에 놓인 녹색이 연두처럼 보인다.

해설 색상 대비는 보색의 기미가 더해져서 보이는 효과이다. 답 ④

핵심문제 어떤 무채색 옆에 유채색을 놓으면 그 무채색은 어떻게 보이는가?

① 옆에 있는 유채색 기미가 보임
② 옆에 있는 유채색의 보색 기미가 보임
③ 실제보다 밝게 보임
④ 아무런 변화가 없음

해설 색상 대비: 두 색 사이의 색상 차이가 클 때 상대 색의 보색 기미가 더해져 보인다. 답 ②

핵심문제 **동시 대비에 속하지 않는 것은?**

① 명도 대비　　　　　　　　② 색상 대비
③ 보색 대비　　　　　　　　④ 계속대비

해설 동시 대비: 두 가지 색을 동시에 놓고 보았을 때 그 주위 색의 영향으로 본래 색이 다르게 보이는 현상이다.　　　답 ④

핵심문제 **색과 색이 근접하는 경계에서 색의 변화가 강하게 일어나는 대비는?**

① 보색 대비　　　　　　　　② 면적 대비
③ 한난 대비　　　　　　　　④ 연변 대비

해설 두 색이 마주할 때 명도, 채도가 높아져 보이는 대비이다.　　　답 ④

핵심문제 **서로 가까이 놓인 두 색 이상을 동시에 볼 때에 생기는 색채 대비가 동시 대비이다. 다음 중 동시 대비에 속하지 않는 것은?**

① 채도 대비　　　　　　　　② 색상 대비
③ 연속 대비　　　　　　　　④ 보색 대비　　　답 ③

핵심문제 **남색 의복이 노랑을 배경으로 했을 때 서로의 영향으로 인하여 각각의 채도가 더 높게 보이는 현상은?**

① 보색 대비　　　　　　　　② 면적 대비
③ 명도 대비　　　　　　　　④ 색상 대비

해설 보색을 옆에 두면 각각의 채도가 높아 보인다.　　　답 ①

3 색의 동화, 잔상

(1) 색의 동화 현상

① 주위 색의 영향으로 오히려 인접 색에 가깝게 느껴지는 현상이다.
② 혼색 효과라고도 한다.
③ 시야 속의 대상을 파악하는 마음가짐에 따라서 달라지기도 한다.
④ 동화를 일으키기 위해서는 색의 영역이 하나로 종합될 필요가 있다.
⑤ 하나의 색이 다른 색 위에서 확대되는 것처럼 보인다.
⑥ 무늬가 가늘수록 무늬의 색과 명도 동화가 더 잘 일어난다.
　　예 – 회색 배경에 가는 하양 선이 일정한 간격으로 반복되어 그려진 경우 명도의 동화 현상에 의해 회색이 밝아 보인다.

– 회색 배경에 가는 검정 선이 일정한 간격으로 반복되어 그려진 경우 검은색과 동화되어 어두운 회색으로 보인다.

– 같은 회색 줄무늬라도 청색 줄무늬에 섞인 것은 청색을 띠어 보이고, 황색 줄무늬에 섞인 것은 황색을 띠어 보인다.

(2) 잔상

① 색의 시각적 효과 중 처음에 보았던 색의 자극으로 인해 이후의 색이 다르게 보이는 현상이다.

② 항상 시선이 일정한 위치에 있어도 지각 상태는 시간적으로 변화한다.

③ **양성 잔상**: 강하고 짧은 자극 후에도 계속 보인다.

④ **음성 잔상**: 우리가 일반적으로 많이 느끼는 잔상으로서 보통 강도의 자극을 장시간 응시했을 때 생기는 현상이다.

⑤ **색음 현상**: 주위 색의 보색이 중심에 있는 색과 겹쳐 보이는 현상이다.

⑥ **착시 현상**: 그림과 배경이 서로 반전하여 보이는 것을 말한다.

㉑ 빨간 성냥불을 어두운 곳에서 돌리면 길고 선명한 빨간 원을 그린다.

(핵심문제) **색의 동화 현상에 관한 설명으로 틀린 것은?**

① 같은 회색 줄무늬라도 청색 줄무늬에 섞인 것은 청색을 띠어 보이고, 황색 줄무늬에 섞인 것은 황색을 띠어 보인다.
② 시야 속의 대상을 파악하는 마음가짐에 따라서 달라지기도 한다.
③ 동화를 일으키기 위해서는 색의 영역이 하나로 종합될 필요가 있다.
④ 동화를 일으키기 위해서는 색의 영역이 뚜렷이 분리됨이 필요하다.　　답 ④

(핵심문제) **빨간 성냥불을 어두운 곳에서 돌리면 길고 선명한 빨간 원을 그린다. 이것은 색채의 어떤 지각 현상 때문인가?**

① 색음 현상　　　② 색의 잔상　　　③ 동화 현상　　　④ 색채 대비　　답 ②

(핵심문제) **색의 시각적 효과 중 처음에 보았던 색의 자극에 영향을 받아 다음에 보이는 색이 다르게 보이는 것은?**

① 명도 대비　　　　　　　② 채도 대비
③ 색채 대비　　　　　　　④ 잔상　　답 ④

(3) 색의 진출과 후퇴

① **진출색**: 두 가지 색이 같은 거리에 있어도 눈에는 가깝게 보이는 색이다.

② **후퇴색**: 멀리 보이는 색이다.

③ **고명도, 고채도, 난색계의 시각적 효과**: 진출·팽창되어 보인다.

④ **명시성**: 물체의 색이 얼마나 잘보이는가를 나타내는 뚜렷한 정도이다.

　　예 교통 표지판은 색의 명시성을 이용함.

핵심문제 다음 중 고명도, 고채도, 난색계의 시각적 효과는?

① 후퇴 + 팽창　　　② 후퇴 + 수축　　　③ 진출 + 팽창　　　④ 진출 + 수축　답 ③

핵심문제 다음 중 후퇴색이 아닌 것은?

① 고명도의 색　　　　　　　　② 저명도의 색
③ 저채도의 색　　　　　　　　④ 차가운 느낌의 색

해설 고명도, 고채도, 난색계는 진출색이다.　　　　　　　　　　답 ①

핵심문제 도안색이 분홍색인 경우 배경색으로 가장 명시도를 높일 수 있는 색은?

① 흰색　　　　　② 연두　　　　　③ 검정　　　　　④ 주황

해설 팽창되어 보이므로 명시성이 높아진다.　　　　　　　　　　답 ③

핵심문제 교통 표지판은 색의 어떤 성질을 이용한 것인가?

① 실용성　　　　　② 명시성　　　　　③ 안정성　　　　　④ 조화성　답 ②

핵심문제 하늘에 어떤 색상의 애드벌룬을 띄어야 선명하게 보이겠는가?

① 파랑　　　　　② 초록　　　　　③ 주황　　　　　④ 흰색

해설 팽창색, 진출색으로 명시성이 높은 색이다.　　　　　　　　답 ③

---

5 팽창과 수축

① 물체의 형태나 크기가 같더라도 물체의 색에 따라 커 보이거나 작게 보인다.

② 저명도, 저채도, 한색계는 수축색이다.

③ 난색, 진출색은 팽창색이다.

(핵심문제) **면적을 크게 보이게 하는 설명으로 바른 것은?**

① 높은 명도의 밝고 강한 색   ② 낮은 채도의 부드러운 대비 효과

③ 무채색 계통의 채도가 낮은 색   ④ 한색 계통의 탁한 색   답 ①

(핵심문제) **다음 색 중 가장 수축해 보이는 색은?**

① 바다색   ② 빨강색   ③ 노란색   ④ 연두색

해설 저명도, 저채도, 한색계는 수축색이다.   답 ①

(핵심문제) **다음 중에서 가장 수축되고 후퇴성이 있는 색상은?**

① 빨강   ② 청록   ③ 주황   ④ 노랑

해설 한색은 수축색이며 후퇴색이다.   답 ②

(핵심문제) **마른 사람의 옷 색상으로 가장 어울리지 않는 것은?**

① 파랑   ② 흰색   ③ 노랑   ④ 검정   답 ④

2-2 색의 감정적인 효과

◼ 색채의 감정

(1) 경연감

① 따뜻한 색 계통은 부드러워 보인다.

② 차가운 색 계통은 굳어 있는 듯한 느낌을 준다.

③ 딱딱한 느낌의 색과 부드러운 느낌의 색을 표현하는 색의 감정 용어이다.

④ 명도와 채도에 의한 경연감: 채도가 낮고 명도가 높은 색은 부드러워 보이고, 채도와 명도가 낮은 색은 딱딱해 보인다.

⑤ 분홍색, 살구색, 연두색 등의 색에 흰색을 많이 섞으면 부드러운 느낌을 준다.

⑥ 연하고 부드러운 느낌을 주는 색: 분홍색, 하늘색 등

(2) 온도감

① 중성색은 함께 사용되는 색에 따라 온도감이 다른 색으로 연두, 보라 등이 있다.

② 색상에 의해 좌우되는 색의 감정이다.

③ 색상에 따른 느낌의 차이에서 가장 강하고 공통적인 것이다.

④ 가시광선 영역에서 단파장은 푸른 빛 부분이고, 장파장은 붉은 빛 부분이다.

⑤ 빨간색 계통은 따뜻한 느낌을 준다.

⑥ 난색은 전진적 · 활동적 · 충동적인 느낌을 준다.

⑦ 따뜻한 느낌의 난색 계열에는 빨강, 주황, 노랑이 있다.

⑧ 파란색 계통은 차가운 느낌을 준다.

⑨ 차가운 느낌의 한색 계열에는 초록, 파랑, 남색 등이 있다.

(3) 중량감

① 색의 중량감은 명도에 의한 느낌이다.

② 명도가 높은 색은 가볍게, 명도가 낮은 색은 무겁게 느껴진다.

③ 배색할 때 명도가 높은 것은 상부, 명도가 낮은 것은 하부에 배치하여 안정감을 준다.

④ 흰 구름, 흰 솜, 흰 종이 등의 명도가 높은색은 가벼움을 느끼게 한다.

⑤ 난색 계통은 가볍게, 한색 계통은 무겁게 느껴진다.

⑥ 저명도, 저채도는 무거운 느낌을 준다.

⑦ **저명도의 한색 계통**: 비슷한 색상의 배색일 때 서늘하고 가라앉은 느낌을 줄 수 있다.

(4) 강약감

① 주로 채도의 영향을 받는다.

② 채도가 높은 색은 자극적이고 강한 느낌을 준다.

③ 채도가 낮은 색은 약한 느낌을 준다.

(5) 컬러 이미지

① 이미지의 종류

㉮ 로맨틱(romantic): 여성다운 부드러움, 우아함, 귀엽고 사랑스런 소녀 이미지를 표현하는 대표적인 컬러 이미지이다.

㉯ 다이내믹(dynamic): 대담한, 강렬한, 역동성 등을 강조한 이미지이다.

• 보색 계열에 의한 배색, 콘트라스트가 있는 조합이다.

• 중요한 역할을 하는 색에는 빨강, 황색, 검정이 있다.

ⓓ 내추럴(natural): 자연스러운, 천연의 이미지이다.

ⓡ 엘레강스(elegance): 품위 있는, 여성스러운 우아함을 표현한 이미지이다.

ⓜ 프레쉬(fresh): 신선함, 풋풋함을 표현한 이미지이다.

ⓔ 세련되고 지적인 느낌: 한색, 3차색, 저채도 색

② 색상별 이미지

ⓖ 남색: 어둡고 침착하고 차분한 느낌이 있다.

ⓝ 녹색: 심장 기관에 도움을 주며, 신체적 균형을 유지시키고, 혈액 순환을 돕고 교감신경 계통에 영향을 준다.

ⓓ 주황: 달콤함과 부드러운 맛을 동시에 주고, 식욕을 가장 증진시킨다.

ⓡ 자주: 고귀한 느낌을 주는 반면, 음성적이며 허무와 실망감을 준다.

ⓜ 노랑: 명랑, 유쾌, 희망 등을 느끼게 한다.

ⓑ 보라: 우아함, 화려함, 풍부함, 고독, 추함 등의 다양한 느낌이 있어 왕실의 색으로 사용되었다.

ⓢ 파랑: 서늘함, 우울, 소극적, 고독, 젊음, 신뢰, 깨끗함 등을 느끼게 한다.

ⓐ 빨강: 위험, 정열, 열정, 흥분, 애정, 경고의 이미지가 있다.

ⓙ 회색: 안정감과 보수적 · 지적이며 차분한 인상, 세련된 이미지 등을 준다.

(6) 색채에 대한 심리적 측면

여러 환경적 · 개인적 요인의 영향을 받는다.

① 사회 · 문화적 배경

　　ⓔ 일반적으로 빨간색을 좋아하는 문화권의 민족은 중국, 인도, 필리핀 등이다.

② 자연환경

③ 개인적 경험 등

(핵심문제) **색의 경연감에 대한 설명이 잘못된 것은?**

　　① 채도와 명도가 낮은 색은 부드러워 보인다.
　　② 따뜻한 색 계통은 부드러워 보인다.
　　③ 차가운 색 계통은 굳어 있는 듯한 느낌을 준다.
　　④ 분홍색, 살구색, 연두색 등의 색에 흰색을 많이 섞으면 부드러운 느낌을 준다.

(해설) 채도와 명도가 낮은 색은 딱딱해 보인다.
　　채도가 낮고 명도가 높은 색은 부드러워 보인다.

답 ①

핵심문제 다음 중 딱딱한 느낌의 색과 부드러운 느낌의 색을 표현하는 색의 감정 용어는?

① 중량감　　　　② 경연감　　　　③ 시간감　　　　④ 촉감　　　**답** ②

핵심문제 겸손, 점잖음, 무기력하고, 우울한 분위기를 지닌 색은?

① 회색(gray)　　② 바이올렛(violet)　　③ 빨강(red)　　④ 청색(blue)

해설 ②는 고귀하고 신비로움, ③은 정열, ④는 희망, 진실 등을 느끼게 하는 색이다.　　**답** ①

핵심문제 유사 색상의 배색은 어떠한 느낌을 주는가?

① 대립적인 감정을 준다.　　　　② 온화한 감정을 준다.
③ 강하고 화려한 감정을 준다.　　④ 명쾌하고 가벼운 감정을 준다.

해설 비슷한 색은 강하지 않다.　　**답** ②

핵심문제 비슷한 색상의 배색일 때 서늘하고 가라앉은 느낌을 줄 수 있는 의복의 배색은?

① 고명도의 난색 계통　　　　② 저명도의 한색 계통
③ 고채도의 중성색 계통　　　　④ 중채도의 고명도색 계통　　**답** ②

핵심문제 다음 중 가장 어두우면서 침착하고 차분한 느낌의 색은?

① 녹색　　　　② 연두　　　　③ 노랑　　　　④ 남색

해설 한색 계열이 주는 느낌이다.　　**답** ④

핵심문제 다음 중 가장 무거운 느낌이 드는 색채는?

① 밝은 파랑　　　　② 밝은 보라
③ 고채도의 빨강　　④ 저명도의 회색

해설 무거운 느낌은 저명도, 저채도 색상에서 느낄 수 있다.　　**답** ④

핵심문제 옷이 젖었을 때가 말랐을 때보다 훨씬 무거워 보이는 이유는 다음 중 어느 것에 의한 영향인가?

① 채도　　　　② 명도　　　　③ 색상　　　　④ 대비

해설 옷감이 젖으면 어두워진다.　　**답** ②

(핵심문제) 색의 중량감에 대한 설명이 잘못된 것은?

① 높은 명도의 색은 가볍고, 낮은 명도의 색은 무겁게 느껴진다.
② 배색에 있어서 높은 명도의 것은 상부, 낮은 명도의 것은 하부에 배치하여 안정감을 준다.
③ 흰 구름, 흰 솜, 흰 종이 등의 명도가 낮은 색은 가벼움을 느끼게 한다.
④ 난색 계통의 색은 가볍게, 한색 계통의 색은 무겁게 느껴진다.

(해설) 명도가 높은 색은 가벼움을 느끼게 한다.   🔳 ③

(핵심문제) 색의 온도감에 대한 설명으로 틀린 것은?

① 색상보다는 채도에 의한 효과가 지배적이다.
② 빨강 계통의 색은 따뜻하게 느껴진다.
③ 파랑 계통의 색은 차갑게 느껴진다.
④ 한색은 단파장 쪽의 색이다.

(해설) 중량감: 명도에 의한 느낌
경연감: 명도와 채도에 의한 느낌   🔳 ①

(핵심문제) 난색 계통의 색상에서 갖는 느낌이 아닌 것은?

① 전진적   ② 수동적   ③ 활동적   ④ 충동적   🔳 ②

(핵심문제) 다음 중 차가운 느낌을 갖는 색으로만 나열된 것은?

① 빨강, 초록, 파랑   ② 자주, 노랑, 청록
③ 빨강, 주황, 노랑   ④ 초록, 파랑, 남색

(해설) 따뜻한 난색: 빨강, 주황, 노랑   🔳 ④

(핵심문제) 함께 사용되는 색에 따라 온도감이 다른 색상으로 중성색에 해당하는 것은?

① 주황, 보라   ② 노랑, 초록
③ 연두, 보라   ④ 주황, 초록

(해설) 따뜻한 색과 같이 있을 때는 따뜻하게, 차가운 색과 있을 때는 차갑게 느껴지는 색이다.
🔳 ③

(핵심문제) 다음 중 가장 따뜻한 색은?

① 보라색   ② 노란색   ③ 연두색   ④ 주황색   🔳 ④

핵심문제 의복의 배색에서 따뜻하고 활동적이며, 부드러운 느낌을 주는 색상 계열은?

① 난색 계통　　　　　　　　　　② 한색 계통
③ 중성색 계통　　　　　　　　　④ 보색 계통　　　　　　答 ①

핵심문제 다음 중 가장 차가운 느낌을 주는 옷감의 색상은?

① 청록　　　　② 보라　　　　③ 연두　　　　④ 검정　　答 ①

핵심문제 다음 중 고귀한 느낌을 주는 반면, 음성적이며 허무와 실망감을 주는 색은?

① 검정　　　　② 노랑　　　　③ 자주　　　　④ 파랑　　答 ③

핵심문제 다음 중 가장 연하고 부드러운 느낌을 주는 색으로만 짝지어진 것은?

① 고동색, 회색　　　　　　　　② 분홍색, 하늘색
③ 주황, 자주　　　　　　　　　④ 연두, 파랑

해설 흰색이 섞이면 부드러운 느낌이 든다.　　　　　　　　　答 ②

핵심문제 다음 중 색상에 의해 좌우되는 색의 감정과 가장 관계가 깊은 것은?

① 온도감　　　② 중량감　　　③ 강약감　　　④ 경연감

해설 ②는 명도의 영향을 받으며, 명도가 높은 색은 가볍게, 낮은 색은 무겁게 느껴진다.
③은 채도의 영향을 받으며, 채도가 높은 색은 자극적이고 강한 느낌이다.
④는 명도와 채도의 영향을 받으며, 채도가 낮고 명도가 높은 색은 부드러워 보이고, 채도
와 명도가 모두 낮은 색은 딱딱해 보인다.　　　　　　　　　答 ①

핵심문제 명랑, 유쾌, 희망의 느낌을 주는 색은?

① 노랑　　　　② 회색　　　　③ 자주　　　　④ 검정　　答 ①

핵심문제 심장 기관에 도움을 주며, 신체적 균형을 유지시키고, 혈액 순환을 돕고, 교감신경
계통에 영향을 주는 색은?

① 녹색　　　　② 파랑　　　　③ 노랑　　　　④ 빨강

해설 ②는 서늘함, 우울, 소극적, 고독, 젊음, 신뢰, 깨끗함 등, ③은 명랑, 유쾌, 희망 등을 느끼
게 한다. ④는 위험, 정열, 열정, 흥분, 애정, 경고의 이미지가 있다.　　答 ①

청색(blue) 중 매우 화려하면서도 침착한 느낌을 주며 강한 개성을 나타내 주는 색은?

① 세룰리안블루(cerulean blue) ② 코발트블루(cobalt blue)
③ 울트라마린블루(ultramarine blue) ④ 네이비블루(navy blue) 답 ①

색채의 감정으로 세룰리안블루(cerulean blue)에 대한 설명으로 옳은 것은?

① 하늘과 바다처럼 고요하고 조용한 색이다.
② 청색 중에서도 가장 젊고 화려한 색이다.
③ 침착하고 냉정하며 고독한 느낌을 주는 색이다.
④ 우울하고 쓸쓸한 느낌을 주는 색이다. 답 ②

어떤 색으로 테이블보를 만드는 것이 식욕을 돋워 주는 역할을 하는가?

① 주황색 ② 남색 ③ 흰색 ④ 연두색 답 ①

---

❷ 색채의 공감각

색채와 다른 감각이 결합된 느낌이다.

(1) 청각

① 낮은음: 어두운 색
② 높은음: 고명도, 저채도의 색
③ 탁음: 회색
④ 표준음계: 빨주노초파남보 등의 스펙트럼 순서
⑤ 마찰음: 회색 기미의 거친 색
⑥ 똑똑한 목소리: 선명하고 채도가 높은 색
⑦ 다정한 대화: 밝고 따뜻한 색
⑧ 냉랭한 대화: 푸른 계통의 색

(2) 후각

① 좋은 냄새: 순색과 고명도·고채도의 색
② 나쁜 냄새: 어둡거나 탁한 색
③ 톡쏘는 냄새: 오렌지색

④ 은은한 향기: 라일락

(3) 미각

① **단맛**: 적색, 주황색, 노란색의 배색
② **신맛**: 녹색과 노랑의 배색
③ **쓴맛**: 파랑, 밤색, 보라의 배색
④ **짠맛**: 연녹색과 회색의 배색
⑤ **달콤한 맛**: 핑크색
⑥ **매운 맛**: 저채도의 빨강, 저명도의 빨강

(4) 촉각

① **거친 느낌**: 진한 색이나 회색 기미의 색
② **부드러운 느낌**: 밝은 톤의 따뜻한 색

(5) 광택

고명도, 고채도일수록 광택감 있게 느껴진다.

3. 색채 관리와 생활

3-1 색채 관리 및 조절

■ 색채 계획

① 계획의 목적과 대상을 조사하고 아이디어에서 제품까지 디자이너가 의도하는 색을 정확히 분석한다.
② 목적에 맞는 정확한 기술과 방법을 검토하고 인쇄, 염색, 시공, 제조, 판매 등을 구체화하여 전달한다.
③ 계획의 지시, 제시 등 최종 효과에 대한 관리 방법까지 하나의 통합적인 계획이 필요하다.
④ 색채에 대한 관념은 감각적인 것에서 기능적인 것으로 방향을 바꾸고, 객관적이고 과학적인 연구 자세가 요구된다.

② 색채 조절에 의한 효과

① 눈의 피로와 긴장감을 덜어준다.

② 사고나 재해를 감소시킨다.

③ 능률이 향상되어 생산력이 높아진다.

④ 유지관리가 경제적이며 쉬워진다.

③ 배색

(1) 조화와 대비

- 조화: 두 색이 적절하게 어울리는 것을 말한다.
- 문-스펜서(P.Moon & D.E. Spencer)의 색채 조화론 중 색상, 명도, 채도별로 이루어지는 조화이다.

① 유사 조화

㈎ 같거나 비슷한 성격의 색이 배색되었을 때 나타나는 조화이다.

㈏ 동일, 협동, 온화함 등을 느끼게 한다.

② 대비 조화

㈎ 서로 다른 색이나 다른 성격의 색이 배색되었을 때 나타나는 조화이다.

㈏ 화려하고 극단적이다.

③ 동일 조화는 동일 색상에서 톤만 조절한 것이다.

④ 부조화에는 제1부조화, 제2부조화, 눈부심이 있다.

(2) 색상을 기준으로 한 배색

① 한색 배색과 난색 배색

㈎ 한색

- 서늘한 느낌, 칙칙하고 이지적, 쓸쓸하면서도 활동적이다.
- 파랑 바탕에 흰색 무늬: 한색 배색
- 부드럽고 온화하며 활동적이다.

㈏ 난색

- 강렬하고, 전진적, 활동적이다.
- 정열적인 배색: 노랑 바탕에 빨강 난색 배색

② 동색 배색

한 가지 색상으로 명도를 조절하여 사용하는 배색으로, 동일 색상에서 명도나 채도만 변화를 준다.

③ 보색 배색: 대비 조화

④ 인접색 배색

　㉮ 차분하고 안정된 효과가 있다.

　㉯ 색상환에서 30° 내에 위치한 유사 색상 간의 배색이다.

　㉰ 색상환에 이웃해 있는 세 가지 색상의 명도 차이를 이용한 배색이다.

⑤ 유사색 조화

　명도와 채도가 비슷한 인접 색상을 배색하면 안정감을 준다.

⑥ 중간색 배색

⑦ 삼각 배색: 색상환에서 120° 떨어진 위치에 있는 색상끼리의 배색이다.

⑧ 분보색 배색: 보색 양옆에 위치한 색과의 배색이다.

(3) 톤을 이용한 배색 효과: 명도가 높으면 명시도도 높다.

① 콘트라스트(contrast) 배색

　상반된 성질의 색상을 서로 조합한 것이며, 일반적으로 색상의 콘트라스트 배색
　이다.

② 톤 인 톤(tone in tone) 배색

　비슷한 톤의 조합이다.

③ 포 카마이외(faux camaieu) 배색

　카마이외 배색이 동일 색상인 것에 비해 색상과 톤에 약간의 변화를 주어 색상에서
　약간의 차이를 느끼는 배색이다.

④ 톤 온 톤(tone on tone) 배색

　동일 색상에 명도와 채도가 다른 조합이다.

⑤ 토널(tonal) 배색

　중명도, 중채도의 중간톤을 사용한 배색이다.

(4) 배색할 때 주의점

① 사용 목적과 주위 환경을 고려한다.

② 색의 배치와 면적, 비례가 중요하다.

③ 색상, 명도, 채도의 변화를 고려하여 조화가 이루어지도록 한다.

④ 사용되는 재질과 형체를 고려하여 배색을 미리 계획한다.

(핵심문제) **색채 조절에 의한 효과가 아닌 것은?**

① 눈의 피로와 긴장감을 준다.
② 사고나 재해를 감소시킨다.
③ 능률이 향상되어 생산력이 높아진다.
④ 유지관리가 경제적이며 쉬워진다.

해설 색채 조절은 눈의 피로와 긴장감을 줄여 주는 효과가 있다.　　　　답 ①

(핵심문제) **다음 중 색을 배색할 때 주의점이 아닌 것은?**

① 사용 목적과 주위 환경을 고려한다.
② 색의 배치나 면적, 비례는 중요하지 않다.
③ 색상, 명도, 채도의 변화를 고려하여 조화가 되도록 한다.
④ 사용되는 재질과 형체를 고려하여 배색을 미리 계획한다.　　　　답 ②

(핵심문제) **색채 계획의 설명이 잘못된 것은?**

① 계획의 목적과 대상을 조사하고 아이디어에서 제품까지 디자이너가 의도하는 색을 정확히 분석한다.
② 목적에 맞는 정확한 기술과 방법을 검토하고 인쇄, 염색, 시공, 제조, 판매 등을 구체화시켜 전달한다.
③ 계획의 지시, 제시 등 최종 효과에 대한 관리방법까지 하나의 통합적인 계획이 있어야 한다.
④ 색채에 대한 관념은 기능적인 것에서 감각적인 것으로 방향을 바꾸고, 주관적이고 과학적인 연구 자세를 가지도록 해야 한다.

해설 색채에 대한 관념은 기능적인 것으로 방향을 바꾸고, 객관적이고 과학적인 연구 자세가 요구된다.　　　　답 ④

(핵심문제) **색상 배색 중 난색끼리의 배색은?**

① 서늘한 느낌을 준다.
② 칙칙하고 이지적이다.
③ 부드럽고 온화하며 활동적이다.
④ 쓸쓸하면서도 활동적이고 이지적이다.　　　　답 ③

(핵심문제) **다음 중 가장 정열적인 배색은?**

① 보라 바탕에 흰색　　　　　　② 노랑 바탕에 빨강
③ 노랑 바탕에 연두　　　　　　④ 녹색 바탕에 파랑

해설 난색 배색이 정열적이다.　　　　답 ②

핵심문제 다음의 배색 중 가장 시원하게 느껴지는 것은?

① 파랑 바탕에 흰색 무늬
② 보라 바탕에 노랑 무늬
③ 회색 바탕에 녹색 무늬
④ 주황 바탕에 남색 무늬

해설 한색 배색은 시원한 느낌을 준다. 답 ①

핵심문제 한 가지 색상으로 명도를 조절하여 사용하는 배색 방법은?

① 동색 배색   ② 보색 배색
③ 인접색 배색   ④ 중간색 배색

해설 동일 색상에서 명도나 채도만 변화를 준 배색 방법이다. 답 ①

핵심문제 노란색, 연두색, 초록색 등의 명도 단계에 따라 배색된 스커트는 어떤 배색에 의한 것인가?

① 액센트 배색   ② 그러데이션 배색
③ 세퍼레이션 배색   ④ 토털 배색

해설 그러데이션: 명도 단계에 따른 변화를 말한다. 답 ②

핵심문제 다음 배색에서 가벼운 느낌이 가장 큰 것은?

①
| 흰색 |
| 빨강 |

②
| 흰색 |
| 녹색 |

③
| 흰색 |
| 청록 |

④
| 흰색 |
| 연두 |

해설 명도가 높을수록, 흰색이 많이 섞일수록 가볍다. 답 ④

핵심문제 다음 중 한 색상의 명도와 채도를 변화시킨 배색으로 하늘색, 코발트블루, 남색의 조합 등 무난한 느낌의 배색은?

① 콘트라스트(contrast) 배색
② 톤 인 톤(tone in tone) 배색
③ 포 카마이외(faux camaieu) 배색
④ 톤 온 톤(tone on tone) 배색

해설 동일 색상에 명도와 채도가 다른 배색이다. 답 ④

핵심문제 **인접 색의 조화가 받을 수 있는 효과는?**

① 활기찬 시각적인 효과　　　　　② 격조 높고 다양한 효과
③ 화려하고 원색적인 효과　　　　④ 차분하고 안정된 효과

해설 인접 색의 조화: 색상환에서 30° 내에 위치한 유사 색상 간의 조화.　　답 ④

핵심문제 **의복의 배색 조화에 관한 설명 중 틀린 것은?**

① 저채도인 색의 면적을 넓게 하고 고채도의 색을 좁게 하면 균형이 맞고 수수한 느낌이 든다.
② 고채도인 색의 면적을 넓게 하고 저채도의 색을 좁게 하면 매우 화려한 배색이 된다.
③ 고명도의 색을 좁게 하고 저명도의 색을 넓게 하면 명시도가 낮아 보인다.
④ 한색계의 색을 넓게 하고 난색계의 색을 좁게 하면 약간 침울하고 가라앉은 듯한 느낌이 든다.

해설 명도가 높으면 명시도도 높다.　　답 ③

핵심문제 **한 디자인에서 주황색과 노란색으로 조화를 이루었다면 이에 해당되는 색채 조화는?**

① 동일 색상 조화　　　　　　　　② 인접 색상 조화
③ 보색 조화　　　　　　　　　　④ 삼각 조화　　답 ②

3-2　의생활과 색채

1 의복의 배색 조화

① 저채도 색의 면적을 넓게 하고 고채도 색을 좁게 하면, 균형이 맞고 수수한 느낌이다.
② 고채도 색의 면적을 넓게 하고 저채도 색을 좁게 하면, 매우 화려한 배색이 된다.
③ 고명도 색을 좁게 하고 저명도 색을 넓게 하면, 명시도가 높아 보인다.
④ 한색계 색을 넓게 하고 난색계 색을 좁게 하면, 약간 침울하고 가라앉은 느낌이다.

2 노인층 의복색으로 어울리는 색

① 안정감이 있는 색, 저명도 · 저채도 색, 회색
② 순색, 고채도 색
③ 난색계의 고채도 색

④ 한색계의 중채도 색

❸ 뚱뚱한 체형에 어울리는 의복

① 후퇴색, 수축색, 저명도 색의 어두운 계통
② 주 색채가 엷은 계통
③ 큰 무늬 옷감

❹ 계절에 따른 조화된 의복색

(1) 봄

① 경쾌하고 밝은 색
② 밝고 생동감 있는 디자인
③ 노랑, 연두
④ 파랑과 연두의 배색
⑤ 늦은 봄 – 코발트블루

(2) 여름

① 밝고 시원한 색
② 흰색과 파랑의 배색
③ 진한 초록색

(3) 가을

① 어둡고 풍부한 느낌의 색상
② 노랑과 갈색: 낙엽과 단풍이 연상되는 색
③ 진한 코발트블루: 침착하고 냉정하며 고독한 느낌을 주는 색

(4) 겨울

① 따뜻한 색
② 탁하고 어두운 색은 휴식을 의미한다.
③ 난색계의 저명도 색
④ 어두운 자주색, 검정과 감색

(핵심문제) 노인층의 의복색으로 맞는 색은?

① 순색, 고채도 색

② 저명도 · 저채도 색, 회색

③ 난색계의 고채도 색

④ 한색계의 중채도 색

(해설) 노인층 의복색으로는 안정감 있는 색이 어울린다. **답** ②

(핵심문제) 뚱뚱한 체형의 사람에게 어울리는 의복은?

① 저명도 색으로 어두운 계통의 의복을 입는다.

② 엷은 색을 주 색채로 사용하는 것이 좋다.

③ 팽창색을 이용한다.

④ 큰 무늬 옷감을 이용한다.

(해설) 뚱뚱한 체형에는 주 색채가 엷은 계통, 후퇴색 · 수축색 · 저명도 색의 어두운 계통, 큰 무늬 옷감이 어울린다. **답** ④

(핵심문제) 뚱뚱한 사람이 입었을 때 가장 효과적인 배색은?

① 파랑 바탕에 남색

② 파랑 바탕에 노랑

③ 파랑 바탕에 빨강

④ 파랑 바탕에 흰색

(해설) 뚱뚱한 체형은 한색, 수축색으로 보완된다. **답** ①

(핵심문제) 계절에 따른 조화된 의복색으로 가장 부적절한 것은?

① 봄 – 경쾌하고 밝은 색

② 여름 – 탁하고 어두운 색

③ 가을 – 어둡고 풍부한 느낌의 색상

④ 겨울 – 따뜻한 색

(해설) 여름 의복으로는 밝고 시원한 색이 적합하다. **답** ②

(핵심문제) 다음 중 계절의 색상으로 틀린 것은?

① 늦은 봄 – 코발트블루

② 여름 – 진한 초록색

③ 가을 – 진한 코발트블루

④ 겨울 – 연한 자주색

(해설) 겨울은 저명도 난색이 어울리고, 봄은 연한 색이 어울린다. **답** ④

(핵심문제) 봄 시즌에 밝고 생동감 있는 디자인을 할 때에 의복의 색상에 적당한 것은?

① 노랑, 연두

② 진녹색, 검정

③ 검정, 갈색

④ 남색, 갈색

(해설) 봄에는 따뜻한 이미지로 선명하고 밝은 톤이 적당하다. **답** ①

(핵심문제) **의복 배색의 일반적인 경향으로 겨울의 복식 배색에 가장 효과적인 색은?**

① 검정과 감색   ② 흰색과 파랑

③ 파랑과 연두   ④ 귤색과 녹색   답 ①

(핵심문제) **겨울의 의복 배색으로 가장 효과적인 것은?**

① 저채도의 고명도 색   ② 한색계의 중명도 색

③ 난색계의 저명도 색   ④ 고채도의 저명도 색

(해설) 겨울 의복으로는 따뜻하고 안정감을 주는 색이 좋다.   답 ③

(핵심문제) **가을의 복식 배색으로 가장 효과적인 색은?**

① 검정과 녹색   ② 노랑과 갈색   ③ 파랑과 흰색   ④ 연두와 보라

(해설) 가을 복식으로는 낙엽과 단풍이 연상되는 색이 효과적이다.   답 ②

---

4. 디자인

◇ **디자인의 개념**

- 우리들 정신 속에서 시작하여 실행으로 옮기는 계획 및 설계를 의미한다.
- 미술에서의 계획(a plan on art)으로, 스케치류를 의미한다.
- 사전적 의미는 프랑스어로 dessin(데생)이다.
- 넓은 의미로는 보다 사용하기 쉽고 안전하며, 아름답고, 쾌적한 생활 환경을 계획하는 과정이다.
- **좋은 디자인**: 기능과 미가 결합되고 독창적이어야 한다.

(핵심문제) **디자인의 개념으로 틀린 것은?**

① 우리들 정식 속에서부터 시작하여 실행으로 옮기는 계획 및 설계를 의미한다.

② 미술에서 계획(a plan on art)으로 스케치류를 의미한다.

③ 사전적 의미는 프랑스어로 dessin(데생)이다.

④ 넓은 의미로는 보다 사용하기 쉽고 안전하며, 아름답고, 쾌적한 생활 환경을 창조하는 조형 행위이다.

(해설) 디자인은 넓은 의미에서 보다 사용하기 쉽고 안전하며, 아름답고, 쾌적한 생활 환경을 계획하는 과정이다.   답 ④

핵심문제 다음 중 가장 좋은 디자인은?

① 아름다움보다 실용성에 치중한 디자인
② 유행에 민감한 디자인
③ 기능보다 미적인 면을 중요시한 디자인
④ 기능과 미가 결합된 독창적인 디자인   답 ④

4-1 디자인의 요소

(1) 디자인의 기본 형태

① 디자인의 기본 형태는 점, 면, 선(입체는 선으로 이루어짐)이다.

② 점: 원이 가장 일반적인 형태로 위치만을 가지고, 점의 크기를 변화시키면 운동감이 향상된다.

③ 조형의 요소는 선 · 색 · 질감이며, 선은 형, 색은 빛으로 나타낸다.

(2) 의상의 기본 요소

① **기능미**: 의복의 기능적인 측면에서 갖게 되는 아름다움

② **형태미**: 의상의 부분 또는 전체적인 모양에 의해서 나타나는 아름다움

③ **재료미**: 의복에 사용된 소재로부터 나타나는 아름다움

④ **색채미**: 의복에 사용된 소재의 색이 가지는 아름다움으로, 복사열의 반사 또는 흡수 등의 기능과 밀접한 관계가 있다.

(3) 형태 인식을 위해 의복에 사용되는 감각

시각, 촉각, 청각

핵심문제 다음 중 디자인의 요소가 아닌 것은?

① 형(刑)   ② 색(色)   ③ 빛(光)   ④ 열(口)

해설 조형의 요소는 선 · 색 · 질감이며, 선은 형, 색은 빛으로 나타낸다.   답 ④

핵심문제 형태에 있어서 순수 형태의 기본 분류가 아닌 것은?

① 점   ② 선   ③ 면   ④ 형   답 ④

(핵심문제) 다음 중 디자인의 요소에 해당되는 것은?

① 비례   ② 리듬   ③ 균형   ④ 입체

(해설) 디자인의 요소는 점, 선, 면이며 입체는 선으로 이루진다.   답 ④

(핵심문제) 디자인의 기본 형태에 해당되지 않는 것은?

① 점   ② 면   ③ 색채   ④ 입체   답 ③

(핵심문제) 의상의 기본 요소 중 의상의 부분 또는 전체적 모양에 의해서 만들어지는 아름다움을 나타내는 것은?

① 기능미   ② 재료미   ③ 형태미   ④ 색채미   답 ③

(핵심문제) 다음 중 형태를 인식하기 위하여 의복에 사용되는 인간의 감각이 아닌 것은?

① 시각   ② 후각   ③ 촉각   ④ 청각   답 ②

1 선

선은 점보다 심리적 효과가 크다.

(1) 선의 종류

① 수직선

    ㉮ 날씬하게 보이는 효과가 있다.

    ㉯ 고결, 희망, 상승감, 긴장감 등을 준다.

② 수평선

    ㉮ 날씬한 사람에게 어울린다.

    ㉯ 안정적이고 정적인 인상을 준다.

③ 직선: 곧고, 강하고, 간결한 인상을 준다.

④ 곡선

    ㉮ 자연스러움과 발랄한 생명감이 있으며, 활동적인 느낌을 준다.

    ㉯ 부드럽고 우아한 분위기를 느끼게 한다.

    ㉰ 아르키메데스의 나사선: 가장 동적이고 발전적인 곡선으로 상징된다.

⑤ 지그재그선: 날카로운 느낌을 준다.

(2) 의복에 사용되는 선

① 실루엣선

- 의복에서 내부의 구성선이나 장식적인 요소들을 무시한 외형을 의미한다.
- 길(bodice), 소매, 스커트, 슬랙스 등의 형태에 의해 형성되며, 실루엣을 통하여 길, 소매, 스커트나 바지의 길이나 형태 등을 알 수 있다.
- 디테일의 규모를 결정하는 요소 중 의복이 주는 전체적인 느낌을 결정한다.

㈎ 스트레이트 실루엣(straight silhouette, H형): 상하가 거의 수직선에 가깝게 직선으로 내려온 스타일을 말하며, 가느다란 실루엣으로, 칼럼 실루엣, 시스 실루엣, 튜블러 실루엣(tubular silhouette)이 있다.

㈏ 아워글라스 실루엣(hourglass silhouette, X형): 모래시계 형태이다. 상부와 하부는 풍성하고 허리 부분은 몸에 꼭 끼는 형태로, 허리를 강조하여 가장 여성미를 드러내는 실루엣이다.

㈐ 배럴 실루엣(barrel silhouette, O형): 아워글라스 실루엣과 반대로 상부와 하부가 좁고 허리 부분이 밖으로 풍성하게 나온 형태이며, 타원형 실루엣, 오벌 실루엣이 있다.

㈑ 역삼각형 실루엣(inverse triangle silhouette): 위가 넓고 아래가 좁은 스타일이다.

㈒ 텐트 실루엣(tent silhouette): 위가 좁고 아래가 넓은 스타일이다. 삼각형 실루엣으로, 트라이앵귤러 실루엣(triangular silhouette), 트라페즈 실루엣(trapeze silhouette)이 있다.

② 내부선

㈎ 구성선: 평면인 옷감을 입체적 인체에 맞도록 구성하는 과정에서 만들어지는 선으로, 솔기선(옷의 형태를 완성하는 기능성이 추가된 장식선), 다트선, 네트라인 등이 해당된다.

㈏ 장식선: 의복의 구성선을 따라 장식선을 넣는 경우가 많다. 주름이나 핀턱 등에 의한 선, 트리밍 등에 의한 선(핀턱, 스모킹, 스칼럽, 브레이드, 레이스, 러플 등)이 해당된다.

㈐ 디테일선: 의복의 봉제 과정에서 만들어지는 장식적인 부분이다. ㈒ 포켓, 칼라, 커프스 등

㈑ 주름선, 핀턱선: 균일한 직선이 반복되는 선으로 주름의 폭, 깊이, 선의 위치에 따라 효과가 다르다.

㈔ 접힘선: 옷감의 여유 폭이 접히면서 음영에 의하여 만들어지는 부드러운 선으로 옷감의 유연성과 여유 폭의 양에 따라 차이가 난다. ㉘ 개더, 플레어 등

(3) 선의 종류와 느낌

① 선의 곡률: 직선, 만곡선, 로코코선

② 선의 방향: 세로선, 가로선, 사선

③ 선의 굵기

④ 선의 명확도: 재질에 따라 나타나는 명확도가 다르다.

⑤ 선의 연속성: 직접 선을 그리지 않고 착시 효과를 이용하는 경우도 있다.

(4) 성공적인 의상 디자인을 위한 의상 선의 특성

① 재단 상의 직선은 착용 시 곡선이 될 수 있다.

② 의복 선은 여러 가지 느낌을 표현한다.

③ 의복의 활동적인 이미지는 선의 특성에 크게 좌우된다.

④ 선은 재질이나 색이 중요하다.

⑤ 요소의 반복에 의한 선: 동일한 형태, 재질, 색채 등의 반복에 따른 선의 효과 이다.

(5) 선의 착시

① 키가 커 보이는 착시: 강한 수직선으로 분할하는 방법, 하이 웨이스트로 하는 방법, 벨트를 매지 않는 방법이 있다.

② 날씬하게 보이는 착시: 프린세스 라인을 이용한다.

핵심문제 다음의 곡선 중 가장 동적이고 발전적인 곡선으로 상징되는 것은?

① 기하곡선   ② 포물선
③ 쌍곡선   ④ 아르키메데스의 나사선   **답** ④

핵심문제 다음 중 날씬하게 보이는 디자인의 목적으로 응용하여 사용하는 선의 형태는?

① 수평선   ② 수직선
③ 곡선   ④ 사선   **답** ②

핵심문제 다음 중 자연스러움과 발랄한 생명감이 있으며 활동적인 느낌을 주는 선은?

① 수직선   ② 곡선
③ 수평선   ④ 지그재그선   **답** ②

핵심문제 선을 정확히 사용하기 위해서 이해할 특성이 아닌 것은?

① 보온적 특성   ② 형태적 특성
③ 정서적 특성   ④ 기능적 특성   **답** ①

핵심문제 선에 대한 인상으로 틀린 것은?

① 직선 – 곧고, 강하고, 간결한 인상   ② 수평선 – 안정적이고 정적인 인상
③ 사선 – 부드럽고 우아한 분위기   ④ 지그재그선 – 날카로운 분위기

해설 사선은 가벼운 느낌을 주고, 곡선은 부드럽고 우아한 분위기를 느끼게 한다.   **답** ③

핵심문제 다음 중 기능성이 추가되어 있는 장식선은?

① 솔기선   ② 핀턱
③ 스모킹   ④ 스캘럽

해설 솔기선은 옷의 형태를 완성하는 선이다.   **답** ①

핵심문제 키가 크고 날씬한 체형에 가장 어울리는 선은?

① 곡선   ② 수직선
③ 수평선   ④ 바이어스선

해설 수직선은 날씬해 보이는 효과가 있다.   **답** ③

핵심문제 허리를 강조하여 가장 여성미를 드러내는 실루엣은?

① 아워글라스 실루엣   ② H라인 실루엣
③ 타원형 실루엣   ④ 시스 실루엣   **답** ①

핵심문제 삼각형 실루엣이 아닌 것은?

① 튜블러 실루엣(tubular silhouette)
② 텐트 실루엣(tent silhouette)
③ 트라이앵귤러 실루엣(triangular silhouette)
④ 트라페즈 실루엣(trapeze silhouette)

해설 삼각형 실루엣은 위가 좁고 아래가 넓은 스타일이다.

핵심문제 아워글라스 실루엣이란?

① 윤곽이 원통처럼 된 것을 통틀어 하는 말이고 튜뷸러실루엣이라고도 불린다.
② 웨이스트라인은 가늘어지고 그 윗부분과 아랫부분은 불룩하게 된 실루엣이다.
③ 허리를 조이지 않는 직선적인 실루엣이다.
④ 품이 가느다란 실루엣이고 칼럼 실루엣이라고도 할 수 있다.

해설 아워글라스 실루엣: 모래시계 형태로, 허리를 강조하여 가장 여성미를 드러내는 실루엣이다.

답 ②

핵심문제 다음 중 키가 제일 커 보이는 디자인은?

① ②  ③ ④

해설 중간에 절개선이 없어야 시선을 상하로 길게 분산시켜 키를 커 보이게 한다. **답** ④

핵심문제 다음 중 키를 커 보이게 하는 데 가장 효과적인 디자인 방법은?

① 프린세스 라인을 넣는다.
② 허리에 넓은 벨트를 맨다.
③ 스커트 허리 부분에 요크를 댄다.
④ 목둘레를 스퀘어 네크라인으로 만든다.

해설 프린세스 라인은 가장 날씬해 보이는 선이다. **답** ①

핵심문제 의복에서 내부의 구성선이나 장식적인 요소들을 무시하는 외형을 무엇이라 하는가?

① 다트선   ② 힙라인선
③ 실루엣선   ④ 허리선   **답** ③

2 색채

(1) 단색의 이미지

색채 이미지와 언어 이미지의 평형을 통한 표현이다.

　　㉠ 빨간색, 주황색, 노란색, 초록색, 파란색, 보라색, 갈색, 금색, 회색, 흰색, 검은색

(2) 톤의 이미지

① 선명한(vivid), 강한(strong)

② 밝은(bright), 옅은(pale), 연한(light)

③ 짙은(deep), 어두운(dark), 어두운 회색의(dark grayish)

④ 연한 회색의(light grayish), 부드러운(soft), 회색의(grayish), 칙칙한(dull) 등

3 재질

(1) 재질의 결정 요인

① 섬유의 성질: 실과 옷감을 만드는 재료에 따라 다르다. ㉠ 천연 섬유, 인조 섬유 등

② 실의 구조

③ 옷감의 조직: 직물, 편성물, 레이스, 부직포 등

④ 가공

⑤ 의복 구성

(2) 재질감과 재질 효과

① 재질감

　㈎ 시각, 촉각, 청각, 후각 등을 통하여 감지되는 옷감의 특성이다.

　㈏ 옷감의 물리적 특성은 섬유, 실, 옷감의 조직, 가공 등으로 결정된다.

② 재질 효과

　㈎ 재질이 주는 효과에 따라 디자인의 전체적인 분위기가 결정된다.

　㈏ 가격이나 희귀성에 따라 값싼 느낌이나 고급스러운 느낌을 준다.

　㈐ 스포티한, 젊은, 세련된, 공식적인, 캐주얼한, 우아한 느낌 등 다양하다.

4-2 디자인의 원리

1 비례 (proportion)

(1) 개념

① 비례의 원리에는 비율, 비, 규모의 개념이 모두 포함된다.

② 모두 '관계'에 대한 표시이다.

(2) 비례의 방법

① 황금 분할에 따른 분할

㈎ 복식 디자인 과정에서 황금 분할의 정확한 수치를 이용하는 것이 아닌 황금 분할이 추구하는 미적 상태인 '변화 있는 통일'을 이루도록 한다.

㈏ 황금 분할: 고대로부터 내려온 가장 아름다운 비례의 미적 분할 방법이다.

3 : 5(3 : 5 : 8 : 13..., 1 : 1.618)

㈐ 황금 분할에 가까운 수치는 8 : 5 또는 5 : 3 정도이지만, 개략적으로 긴 부분이 전체의 1/2 이상, 2/3 이하가 되도록 한다.

② 가로와 세로의 관계

가로와 세로가 서로 통일감 있게 유사하면서도 충분히 차이가 나도록 하며, 정사각형은 피한다.

③ 재질

한 의복에 두 가지 이상의 재질을 사용할 경우에도 두 재질의 면적이 차이나게 하여 재질의 주와 부가 뚜렷이 나타나도록 한다.

핵심문제 고대로부터 내려온 가장 아름다운 비례의 미적 분할 방법에 근접한 것은?

① 3 : 8   ② 1 : 2

③ 1 : 1   ④ 3 : 5

해설 3 : 5 : 8 : 13..., 1 : 1.618   답 ④

핵심문제 슈트 정장에서 포켓 위치를 정할 때 재킷의 길이를 고려하는 디자인의 원리는?

① 균형   ② 비례

③ 리듬   ④ 조화   답 ②

② 균형 (balance)

(1) 개념

① 중심선 양쪽으로 힘이 균등하게 분배되어 있는 상태이다.

② 균형 상태는 평형감과 안정감이 있다.

(2) 균형의 종류

① 균형 방향

㉮ 수평적 균형: 세로선을 기준으로 좌우의 힘이 균등하다.

㉯ 수직적 균형: 가로선을 기준으로 상하의 힘이 균등하다.

하의가 무거우면 안정감을 주고, 상의가 무거우면 스포티한 느낌을 준다.

② 미적 균형

㉮ 대칭 균형: 힘 또는 양이 중심으로부터 같은 거리에 동일하게 분배되어 균형을 이루는 것으로 단순 · 명확함, 안정감을 느끼게 한다.

㉯ 변화 있는 대칭 균형: 대칭 균형에 변화를 줌으로써 대칭 균형이 주는 딱딱함을 없앤다.

㉰ 비대칭 균형: 디자인 요소의 힘, 양, 위치 등이 좌우에 다르게 존재하지만, 실제 시선을 끄는 힘이 같아 균형을 이룬다. 성숙감, 부드러움, 운동감을 준다.

(핵심문제) **디자인할 때 전후좌우로부터 동등한 평형 감각을 유지시키기 위해서 형태와 색을 조합함으로써 안정감을 주는 효과는?**

① 균형(balance)　　　　　　② 조화(harmony)

③ 강조(emphasis)　　　　　　④ 통일(unity)　　　　　　답 ①

---

③ 통일 (unity)

(1) 개념

① 디자인 요소들이 상호 균형 관계를 이루면서 보완하여 하나의 통일된 질서 속에 통합된 원리이다.

② 질서 정연한 것은 분산되지 않고 집결된 느낌을 준다.

(2) 통일의 종류

① 유기적 통일

디자인 요소의 어떤 공통적 성격을 질서 있게 정리·조절하였을 때 나타난다.

> 예 – 복식 디자인에서 느낌이 비슷한 소재 선택, 실루엣, 세부 디테일 등을 사용한 경우
>
> – 복식에서 헤어스타일, 화장, 액세서리까지 전체적으로 코디네이션한 경우

② 변화적 통일

㈎ 한 요소를 집중시켜 강조의 포인트를 부각시키고 이것을 중심으로 다른 요소를 연관시켜서 통일성을 이루어 내는 조화를 말한다.

㈏ 여러 디자인 요소(반복, 대비, 강조)가 서로 균형(디자인 요소의 조화)을 이루어야 비로소 통일감을 줄 수 있다.

(3) 통일의 방법

① 색상 조화에 있어 채도를 통일시킨다.

② 주 색상을 뚜렷한 것으로 하여 대비 색상의 이미지를 통일시킨다.

③ 서로 온도감이 유사한 색상끼리 이용하여 전체적인 분위기를 통일시킨다.

> 예 체크 문양은 단일성에 의한 통일감을 준다.

◢ 조화 (harmony)

(1) 개념

① 유사 및 대비와 관련된 디자인의 원리이다.

② 기본적 원리들의 상호 관계, 부분과 부분, 부분과 전체적 관계에서 서로 잘 어우러져 있는 경우이다.

③ 대상이 단독으로 존재할 때보다 두 가지 이상의 상호 관계에서 더 질서 있고 미적 효과가 크다. 분위기와 주제가 일치감을 보일 때 조화를 이룬다.

(2) 조화의 종류

① 유사 조화

공통성이 있기 때문에 안정적이고 균일한 분위기를 나타내는 조화이다.

> 예 원과 타원의 조화

② **대비 조화**

㉮ 성질이 다른 둘 이상의 요소가 접하여 일어나는 현상이다.

㉯ 실루엣과 디테일의 대비, 다른 질감, 보색 대비에 따른 조화 등이 있다.

㉤ 원과 삼각형의 조화, 원과 사각형의 조화

(핵심문제) **유사와 대비가 해당되는 디자인의 원리는?**

① 통일과 변화   ② 조화

③ 균형   ④ 리듬   **답** ②

(핵심문제) **선의 공통성이 있기 때문에 안정적이고 균일한 분위기를 나타내는 조화는?**

① 부조화   ② 3각조화

③ 대비 조화   ④ 유사 조화

(해설) 둘 이상의 요소가 같거나 비슷할 때 공통된 성질에서 나타난다.   **답** ④

(핵심문제) **다음 중 대비 조화가 아닌 것은?**

① 보색 대비에 따른 조화   ② 원과 타원의 조화

③ 원과 삼각형의 조화   ④ 원과 사각형의 조화

(해설) 대비 조화는 성질이 다른 둘 이상의 요소가 접하여 일어나는 현상이다.   **답** ②

---

5 리듬 (rhythm)

(1) 개념

- 동일한 것이 규칙적으로 반복되어 나타날 때 느껴지는 시간적 단위의 연속을 말한다.
- 리듬과 조화: 통일된 요소와 변화의 공존에 의한 조화이다.

① **시각적 리듬**

㉮ 조형 디자인의 리듬은 디자인의 특정 요소를 다양한 방법으로 반복함으로써 율동감을 시각적으로 느끼게 한다.

㉯ 복식 디자인에서 리듬은 선, 색채, 재질의 반복을 통해 나타난다(무늬에 의한 율동감은 색이나 형의 반복으로 나타난다).

② **이방 연속무늬**: 띠의 형태로 반복되는 것으로 한 단위가 좌·우 혹은 상·하로 연결되거나 사선 방향으로 연속된다.

③ **사방 연속무늬**: 상하좌우 네 방향으로 반복해 연속되는 무늬이다.

(2) 리듬의 종류

반복 단위의 유사성, 방향 등에 따른 분류

① **단순 반복 리듬**: 한 종류의 선, 형, 색채 또는 재질이 규칙적으로 동일하게 반복될 때에 형성되는 리듬이다.

② **교대 반복 리듬**: 특성이 다른 두 가지 요소가 번갈아 교대로 반복되어 형성되는 리듬이다.

③ **점진적 리듬**: 반복의 단위가 점차 강해지거나 약해지는 경우, 단위 사이의 거리가 점차 멀어지거나 가까워지는 경우, 또는 두 가지가 동시에 일어나는 경우에 형성되는 리듬이다.

④ **방사상 리듬**: 중심점을 기준으로 방향을 바꾸어 반복됨으로써 형성되는 리듬이다.

⑤ **변이 리듬(되울림 리듬)** : 하나의 단위가 약한 강도로 반복되어 형성되는 리듬이다.

⑥ **연속 리듬**: 같은 단위가 한 방향으로 반복되어 형성되는 리듬이다.

(핵심문제) **무늬에서 율동감을 얻으려면 어떻게 해야 하는가?**

① 색이나 형의 반복 ② 균제적인 균형
③ 일부분을 특히 강조 ④ 조화 있는 공간 설정 답 ①

(핵심문제) **그림과 같은 복식의 무늬에서 강하게 얻을 수 있는 점의 느낌은?**

① 운동감 ② 온도감
③ 면적감 ④ 평면감 답 ①

---

6 강조 (emphasis)

(1) 개념

① 디자인 요소끼리의 관계로 선, 형, 색채, 재질 중 어느 것이라도 의복의 일부분에서 특이하게 사용되거나 강한 대비 효과를 내도록 사용되면 강조점이 될 수 있다.

② 강조점의 주와 종: 여러 개의 강조점이 존재할 수 있으나, 주된 강조점은 반드시 하나다.

(2) 강조 방법

① 선이나 형, 색채, 재질을 특이하게 사용하거나, 대비 또는 반복으로 강한 리듬감을 형성함으로써 강조점을 이룰 수 있다.

② 무늬와 솔리드의 대비 효과에 의한 강조이다.

　㉠ 큰 꽃무늬 원피스를 강조할 수 있는 가장 효과적인 연출 방법은 단색 스카프를 이용하여 문양의 느낌을 강조한다.

(핵심문제) **큰 꽃무늬 원피스를 강조할 수 있는 가장 효과적인 연출 방법은?**

　① 꽃무늬와 같은 색으로 트리밍 장식을 한다.
　② 단색 스카프를 이용하여 문양의 느낌을 강조한다.
　③ 꽃 코르사주를 가슴에 단다.
　④ 반대색의 꽃무늬 숄을 걸친다.

(해설) 무늬와 솔리드의 대비 효과에 의한 강조이다.　　　　　　　답 ②

4-3 디자인과 의생활

◘ 레이스 디자인

① 투명한 느낌을 잘 살려 디자인한다.
② 비치는 감각을 살린다.
③ 절개선이 적은 것이 효과적이다.
④ 레이스 재료는 견, 면, 모, 합성 섬유 등 다양하다.

◘ 키가 크고 마른 체형에 적절한 디자인

① 넓은 벨트와 커다란 액세서리를 이용한다.
② 부풀고 광택이 있는 재질을 이용한다.
③ 스커트는 길고 풍성한 스타일을 이용한다.

❸ 키가 작고 뚱뚱한 체형에 적절한 디자인

① 수직선의 다트와 솔기를 이용한다.

② 색상은 주로 단색이나 어두운 한색 계통을 이용한다.

③ 어깨선과 이어지는 프린세스 라인을 이용한다.

❹ 키가 크고 뚱뚱한 체형에 적절한 디자인

후퇴색, 수축색, 한색, 어두운 색을 이용한다.

❺ 키가 커 보이는 디자인

① 강한 수직선으로 분할한다.

② 하이웨이스트 선을 이용한다.

(핵심문제) **레이스 디자인에 관련된 내용으로 적합하지 않은 것은?**

① 투명한 느낌을 잘 살려 디자인한다.
② 비치는 감각을 살린다.
③ 절개선이 많은 것이 효과적이다.
④ 레이스의 재료는 견, 면, 모, 합성 섬유 등 다양하다.   **답** ③

(핵심문제) **다음 중 키가 크고 마른 체형에 부적절한 디자인은?**

① 넓은 벨트와 커다란 액세서리를 이용한다.
② 부풀고 광택이 있는 재질을 이용한다.
③ 프린세스 라인을 이용한다.
④ 스커트는 길고 풍성한 스타일을 이용한다.   **답** ③

(핵심문제) **키가 작고 뚱뚱한 형이 피해야 할 의상은?**

① 수직선의 다트와 솔기
② 굵고 넓은 허리 벨트가 있는 의상
③ 색상은 주로 단색이나 어두운 한색 계통
④ 어깨선과 이어지는 프린세스 라인   **답** ②

4

의복 일반

의복 일반

1. 옷감의 종류

◇ **피륙의 구성 방법에 따른 분류**

- 실로 만들어진 피륙: 직물, 편성물, 레이스(lace), 브레이드(braid) 등
- 섬유로 만드는 피륙: 펠트, 부직포 등
- 방사 원액으로 만드는 피륙: 필름, 폼 등
- 가죽과 모피

1-1 직 물

경사와 위사를 서로 교차시켜 엮은 것이다.

1 직물의 구조

(1) 경사 (날실)

① 직물의 변, 길이 방향과 평행하게 배열되어 있는 실이다.
② 세탁 시 수축이 많이 되는 쪽이다.
③ 직물의 밀도가 큰 쪽의 실이다.

(2) 위사 (씨실)

① 직물의 폭 방향인 가로로 배열된 실이다.
② 경사보다 강도는 약하고 신축성은 크다.

2 직물의 특성

(1) 직물의 표리(겉과 안) 판별법

① 직물의 식서에 상품명이나 섬유 혼용 표시가 있는 것은 겉면이다.
② 직물의 조직과 무늬가 뚜렷하게 나타난 쪽이 겉면이다.
③ 면직물이나 모직물의 경우 광택이 많은 쪽이 겉면이다.

④ 직물 양끝에 있는 식서의 구멍이 움푹 들어간 쪽이 겉면이다.

⑤ 능직으로 제직된 모직물의 경우 오른쪽 위에서 왼쪽 아래로 능선을 그리는 쪽이 겉면이다.

⑥ 더블(double) 폭의 모직물은 안으로 들어가도록 접혀진 면이 겉면이다.

⑦ 옷감의 식서 부분이나 단 쪽에 문자나 표식이 찍혀 있는 쪽이 겉면이다.

(2) 직물의 변

① 직물의 양쪽 끝에 있는 쫀쫀한 부분이다.

② 다른 부분보다 두껍게 제직된다.

③ 직물의 제직 · 가공 · 정리 시 큰 힘을 받는 부분이다.

④ 대부분의 상호가 여기에 표시되기도 한다.

(3) 식서 (飾緒, selvage)

① 직물은 양쪽 끝에 같은 종류의 식서를 만든다.

② 신축성이 거의 없다.

❸ 직물의 종류

(1) 삼원조직 직물

① **평직물**: 광목, 깅엄, 보일, 오건디, 옥스퍼드(oxford), 타프타, 옥양목, 포플린(poplin) 등이 해당된다.

② **능직물**: 개버딘(gaberdine), 데님(denim), 버버리, 서지(serge), 진(jean), 타탄, 트위드, 하운드 투스 등이 있다.

③ **수자직물**: 공단, 도스킨(doeskin) 등이 있다.

(2) 무늬 직물

제직 기기에 따른 분류

① **도비 직물**: 간단하거나 작은 무늬를 만들 때 도비(dobby) 장치가 달린 도비직기로 제직한다.

　⑩ 피케(pique), 버즈아이(birds-eye), 히커백(huekaback) 등

② **자카드 직물**: 큰 무늬나 곡선 등 복잡한 무늬를 자카드(jacquard) 직기를 사용하여 나타내는 조직이다.

　⑩ 브로케이드(brocade), 다마스크, 양단 등

(3) 이중 직물

기본이 되는 경사나 위사 외에 다른 경사, 위사 또는 경위사가 이중으로 된 직물이다.

① 피케: 경이중직으로 두둑 무늬를 표현한 직물이다.

② 이중직: 경위사 모두 두 조로 제직된다.

(4) 파일 직물

① 루프 파일직물: 제직 파일

   ㉮ 경파일 직물(경사가 파일로 되어 있는 직물): 벨벳(velvet), 벨루어(velours), 아스트라칸 등이 있다.

   ㉯ 위파일 직물: 우단(velveteen), 코듀로이(corduroy) 등이 있다.

② 편성 파일: 타월(towel)-테리 클로스, 벨로아 등이 있다.

③ 플록 파일직물(flocked pile)

   접착제를 바른 바탕 옷감에 짧게 자른 섬유를 수직으로 붙여서 얻은 파일이다.

④ 터프트 파일직물(tufted pile)

   바탕 옷감에 바늘을 사용하여 파일을 심어서 얻은 직물이다.

⑤ 컷 파일직물: 루프 파일을 절단하여 얻는 직물로 벨로아, 위파일 직물이 포함된다.

(5) 크레이프

① 직물의 표면이 평활하지 않고 오톨도톨하여 요철 효과를 주는 직물이다.

② 경사나 위사에 꼬임이 많은 원사를 사용하거나 조직점을 불규칙하게 하여 제직한다.

③ 시어서커(seersucker): 직물의 경사를 2조로 나누어 장력 차이를 두고 경사 방향에 요철 줄무늬를 갖는 직물이다.

④ 배러시아(barathea): 날실에 견사, 씨실에 가는 고급 모사를 사용하여 이랑 무늬가 나타나도록 만든 것이다.

(6) 사직물과 여직물

① 사직물: 경사 두 가닥을 위사와 교차시켜 얽어매는 형태이다.

② 여직물: 사직에 평직을 혼합한 형태이다.

   ㉠ 갑사, 고사(생고사, 숙고사), 항라 등

(핵심문제) **직물의 표리(겉과 안) 판별법으로 틀린 것은?**

① 직물의 식서에 상품명이나 섬유 혼용 표시가 있는 것은 겉면이다.
② 직물의 조직과 무늬가 뚜렷하게 나타난 쪽이 겉면이다.
③ 면직물이나 모직물의 경우 광택이 많은 쪽이 겉면이다.
④ 잔털이 많은 면이 겉면이다.

답 ④

(핵심문제) **직물에서 경사(날실) 방향이라고 추측할 수 있는 쪽은?**

① 강도는 약하지만 신축성이 큰 쪽　　　② 실의 밀도가 적은 쪽
③ 세탁 시 수축이 많이 되는 쪽　　　　④ 제직 시 장력을 적게 받은 쪽

(해설) 경사: 제직 시 고정되어 있는 실이므로 밀도가 높고 강도는 강하며 장력을 많이 받고, 신축성이 거의 없다.

답 ③

(핵심문제) **다음 중 경사(날실)에 해당되는 것은?**

① 한쪽이 줄무늬이고 다른 쪽이 무지일 경우 대개 줄무늬가 없는 쪽의 실이다.
② 직물의 밀도가 큰 쪽의 실이다.
③ 된꼬임 직물에서는 꼬임이 많은 실이다.
④ 견본에 가장자리가 붙여 있을 때에는 가장자리와 직각으로 배열된 실이다.

(해설) 줄무늬가 있거나 꼬임이 적은 실, 가장자리와 평행한 실이다.

답 ②

(핵심문제) **직물의 변에 대한 설명 중 맞지 않는 것은?**

① 직물의 제직 · 가공 · 정리 시 이 부분이 큰 힘을 받는다.
② 다른 부분보다 얇게 제직되어 있다.
③ 대부분의 상호가 여기에 표시되기도 한다.
④ 직물의 양쪽 끝에 있는 쫀쫀한 부분이다.

(해설) 다른 부분보다 두껍게 제직되어 있다.

답 ②

(핵심문제) **식서(飾緒, selvage)에 대한 설명 중 틀린 것은?**

① 경사를 얇은 실로 사용하여 신축성이 큰 부분이다.
② 직물은 양쪽 끝에 같은 종류의 식서를 만든다.
③ 직물의 제직, 가공, 정리 시 큰 힘을 받는 부분이다.
④ 직물의 양쪽 끝에 5mm 정도로 다른 부분과 구분되는 쫀쫀한 부분이다.

(해설) 신축성이 거의 없다.

답 ①

핵심문제 경사와 위사를 서로 교차시켜 엮은 것은?

① 직물 ② 편물 ③ 네트 ④ 부직포

해설 ②는 실로 고리를 만들어 짠 피륙이고, ④는 섬유에서 축융이나 시트 상태로 접착하여 만든다. **답** ①

핵심문제 경파일 조직으로 짧고 부드러운 솜털이 있는 소재는?

① 우단(velveteen) ② 색스니(saxony)
③ 벨벳(velvet) ④ 코듀로이(corduroy) **답** ③

1-2 편성물

실로 고리를 만들고 이 고리에 실을 걸어서 새 고리를 만드는 것을 되풀이하여 만든 피륙이다.

◼ 종류

(1) 위편성물

① 한 올의 실을 코스 방향(가로 방향, 좌우)으로 고리에 고리를 걸어 형성되는 편성물이다.

② 위편성물 조직: 평편, 고무편, 펄편 등이 있다.

(2) 경편성물

① 다수의 경사 각각이 형성하는 고리가 좌우의 실을 엮어 웨일 방향(세로 방향)으로 진행되는 편성물이다.

② 경편성물 조직: 트리코(tricot), 라셀(raschel), 밀라니즈(milanese), 심플렉스(simplex) 등이 있다.

(3) 레이스

여러 올의 실을 서로 매든가, 꼬든가 또는 엮거나 얽어서 무늬를 짠 공간이 많고 비쳐 보이는 피륙이다.

❷ 편물의 특성

① 신축성이 커서 구김이 덜 생긴다.

② 직물과 비교하여 통기성이 크다.

③ 가장자리가 말리는 컬업(curl up)성이 있어 재단과 봉제가 어렵다.

④ 편성물의 보온성이 좋다.

⑤ 일반 직물보다 함기율이 높다.

⑥ 필링이 생기기 쉬우며 마찰에 의해 표면의 형태가 쉽게 변한다.

⑦ 세탁 시 모양이 변하기 쉽다.

(핵심문제) **편성물의 특성에 대한 설명으로 틀린 것은?**

① 구김이 잘 생겨 세탁 후에 다려야 한다.
② 가장자리가 휘말리는 컬업이 있다.
③ 일반 직물보다 높은 함기율을 가진다.
④ 필링이 생기기 쉬우며 마찰에 의해 표면의 형태가 변화되기 쉽다.

(해설) 편성물은 신축성이 뛰어나 구김이 거의 없다.　　　　답 ①

(핵심문제) **다음 중 편물의 특성을 바르게 나타낸 것은?**

① 신축성이 적어 잘 구겨진다.
② 직물과 비교하여 통기성이 적다.
③ 컬업(curl up)성이 있어 재단과 봉제가 어렵다.
④ 편물은 실용성이 적어 사치성이 있어 경제성이 적다.

(해설) 편물은 신축성이 커서 잘 구겨지지 않고, 직물과 비교하여 통기성이 좋다. 또 실용적이고 경제적이다.　　　　답 ③

(핵심문제) **편성물에 대한 설명 중 옳은 것은?**

① 함기량이 적다. ② 구김이 잘 생긴다.
③ 신축성이 적다. ④ 유연하다.　　　　답 ④

(핵심문제) **다음 중 편성물의 단점에 속하는 것은?**

① 신축성　　② 흡습성　　③ 필링성　　④ 다공성

(해설) 편성물은 신축성이 커서 덜 구겨지고, 직물에 비해 통기성이 좋다.　　　　답 ③

(핵심문제) **다음 중 편성물의 보온성에 가장 영향을 미치는 것은?**

① 함기성　　② 인장성　　③ 굴곡성　　④ 마찰성　　답 ①

(핵심문제) **편물로 된 의류가 바람 부는 곳에서 추위를 느끼는 주된 이유는?**

① 함기도가 높기 때문이다.
② 흡습성이 크기 때문이다.
③ 통기성이 크기 때문이다.
④ 열전도도가 적기 때문이다.

(해설) 실로 고리를 만들어가는 형태로 옷감이 만들어지므로 틈이 많이 생긴다.　　　　답 ③

(핵심문제) **실로 고리를 만들고 이 고리에 실을 걸어서 새 고리를 만드는 것을 되풀이하여 만든 피륙은?**

① 직물　　　　　② 편성물　　　　　③ 부직포　　　　　④ 조물

(해설) ①은 경사와 위사를 서로 교차시켜 엮어 만들고, ③은 섬유에서 축융이나 시트 상태로 접착하여 만든다.　　　　답 ②

1-3　부직포

1 펠트와 부직포

실을 거치지 않고 섬유에서 직접 만들어진 피륙이다.

① **펠트(felt)**: 모섬유가 축융에 의해 엉켜서 형성된 것이다.
② **부직포**: 섬유를 얇은 시트 상태로 만들어 접착시켜 만든 피륙이다.

2 부직포의 특성

① 섬유 상태에서 실을 거치지 않으므로 짧은 섬유도 이용이 가능하다.
② 제작 속도가 빠르고 비용이 다소 적게 든다.
③ 섬유의 얇은 층인 웹(web)을 이용하여 제조한다.
④ 제조 방법으로는 접착제법, 열융착법, 스펀본딩법 등이 있다.
⑤ 방향성이 없다.
⑥ 함기량이 크다.
⑦ 절단 부분이 풀리지 않는다.
⑧ 광택이 적고 촉감이 거칠다.
⑨ 마찰에 약하다.
⑩ 탄성과 리질리언스가 강한 편이다.

핵심문제 다음 중 실로 피복을 만드는 방법이 아닌 것은?

① 블레이드　　　② 편성물　　　③ 펠트　　　④ 레이스

해설 펠트는 섬유 단계에서 천으로 만든다.　　　**답** ③

핵심문제 다음 직물의 종류 중에서 실로부터 제작하지 않고 섬유로부터 화학적 결합을 시키거나 접착시켜 만든 천은?

① 직물　　　② 부직포　　　③ 편성물　　　④ 레이스　　**답** ②

핵심문제 부직포의 특성에 해당되지 않는 것은?

① 방향성이 없으므로 잘라도 올이 잘 풀리지 않는다.
② 섬유 상태에서 실을 거치지 않으므로 짧은 섬유도 이용이 가능하다.
③ 탄성과 리질리언스가 강한 편이다.
④ 제작 속도가 느리고 비용이 다소 많이 든다.

해설 부직포는 섬유를 축융하거나 시트 상태로 접착하여 만들어진다.　　**답** ④

핵심문제 부직포에 대한 설명 중 틀린 것은?

① 부직포는 섬유의 얇은 층인 웹(web)을 이용하여 제조한다.
② 제조 방법에는 접착제법, 열융착법, 스펀본딩법 등이 있다.
③ 함기량이 많으므로 가볍고, 보온성, 통기성 등은 크나 투습성은 작다.
④ 섬유 상태에서 실을 거치지 않으므로 짧은 섬유도 이용이 가능하다.

해설 섬유를 축융하거나 시트 상태로 접착하여 만들어 투습성이 크다.　　**답** ③

1-4　기 타

① **필름**: 방사 원액을 좁은 구멍 사이로 통과시켜 시트 형태로 뽑은 것이다.
② **폼**: 고무나 탄성 중합체를 공기와 혼합하여 시트 형태로 만든 다공성 물질이다.
③ **다층포**: 접합포(두 장 이상의 원단을 접착시켜 얻는 원단), 누빔포(원단과 원단 사이에 폼이나 솜을 넣어 누빈 것), 코팅포(원단이 표면에 수지로 씌운 것) 등이 있다.
④ **가죽과 모피**
⑤ **브레이드(braid)**: 세 가닥 또는 그 이상의 실 또는 천오라기로 땋은 피륙이다.

2. 직물의 조직

◇ **완전의장도 (일완전 조직)**

　조직도에서 경사와 위사의 조직점 배열이 반복되어 나타나는 구간이 있다.

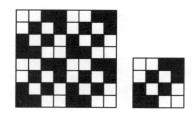

◇ **직물의 삼원 조직:** 평직, 능직, 수자직

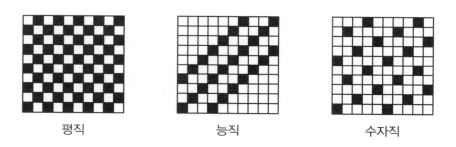

평직　　　　　　　　능직　　　　　　　　수자직

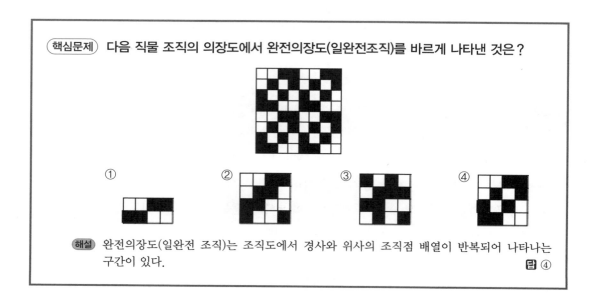

핵심문제) 다음 직물 조직의 의장도에서 완전의장도(일완전조직)를 바르게 나타낸 것은?

① ② ③ ④

해설 완전의장도(일완전 조직)는 조직도에서 경사와 위사의 조직점 배열이 반복되어 나타나는 구간이 있다.
답 ④

(핵심문제) **직물의 삼원 조직이 아닌 것은?**

① 평직   ② 능직   ③ 문직   ④ 수자직   답 ③

(핵심문제) **다음 중 직물의 삼원 조직에 해당하는 것은?**

① 주자직   ② 바스켓직   ③ 신능직   ④ 두둑직

(해설) 직물의 삼원 조직은 평직, 능직, 주자직이다.   답 ①

2-1 평직

① 직물 중 가장 간단한 조직이다.

② 제직이 간단하다.

③ 밀도를 크게 할 수 없다.

④ 비교적 바닥은 얇으나 튼튼하다.

⑤ 직물 조직 중 가장 튼튼한 조직이다.

⑥ 앞, 뒤의 구별이 없다.

⑦ 조직점이 많아 실이 자유롭게 움직이지 못해서 구김이 잘 생긴다.

⑧ 거칠고 광택이 거의 없다.

⑨ 교차점이 가장 많은 조직으로, 여러 가지 방법으로 장식을 하거나 구조(조직)에 변화를 줌으로써 성질이 다른 직물을 얻을 수 있다.

⑩ 종류로는 광목, 포플린, 옥양목, 태피터, 트로피컬 등이 있다.

(핵심문제) **다음 중 평직의 특징과 상관이 없는 것은?**

① 가장 간단한 조직이다.

② 구김이 잘 생기지 않고, 광택이 우수하다.

③ 밀도를 크게 할 수 없다.

④ 비교적 바닥이 얇으나 튼튼하다.

(해설) 평직은 구김이 잘 가고 광택이 적다.   답 ②

핵심문제 다음 중 평직물에 속하는 것은?

① 광목　　　　　② 공단　　　　　③ 벨벳(velvet)　　　　　④ 서지(serge)

해설 ②는 주자직, ③은 파일 직물, ④는 능직이다.　　　　　**답** ①

핵심문제 평직의 장 · 단점이 아닌 것은?

① 앞, 뒤의 구별이 없다.
② 제직이 간단한다.
③ 표면이 매끄럽고 광택이 많다.
④ 조직점이 많아 실이 자유롭게 움직이지 못해서 구김이 잘 생긴다.

해설 평직은 거칠고 광택이 거의 없다.　　　　　**답** ③

핵심문제 직물 조직 중에서 교차점이 가장 많은 조직으로, 여러 가지 방법으로 장식을 하거나 구조(조직)에 변화를 줌으로써 성질이 다른 직물을 얻을 수 있는 것은?

① 평직　　　　　　　　　　　② 능직
③ 주자직　　　　　　　　　　④ 다이아몬드직　　　　　**답** ①

핵심문제 직물 조직 중 가장 튼튼한 조직의 옷감은?

① 수자직　　　　　② 변화능직　　　　　③ 평직　　　　　④ 사문직　　　**답** ③

핵심문제 다음 중 평직물의 종류가 아닌 것은?

① 서지　　　　　② 포플린　　　　　③ 옥양목　　　　　④ 광목

해설 서지는 능직으로 된 모직물이다.　　　　　**답** ①

2-2 능 직

① 3올 이상으로 만들어지며 표면에 능선이 나타난다.
② 사문직이라고도 한다.
③ 평직보다 조직점이 적어서 유연하다.
④ 평직보다 밀도를 크게 할 수 있어 두꺼운 직물이 얻어진다.

⑤ 마찰은 평직보다 약하다.

⑥ 조직점이 적어 매끄럽고 광택이 있다.

⑦ 데님: 능직으로 짜인 면 또는 면 혼방 직물로서 작업복과 아동복에 많이 사용된다.

⑧ 종류로는 개버딘(gabardine), 서지, 트위드, 플란넬, 데님 등이 있다.

(핵심문제) **능직물의 특성은?**

① 삼원 조직 중 조직점이 가장 많다.

② 표면이 매끄럽고 광택이 좋다.

③ 구김이 잘 생긴다.

④ 3올 이상으로 만들어지며 표면에 능선이 나타난다.

답 ④

(핵심문제) **능직물을 평직물과 비교했을 때의 설명으로 틀린 것은?**

① 평직보다 조직점이 적어서 유연하다.

② 평직보다 밀도를 크게 할 수 있어 두꺼운 직물이 얻어진다.

③ 마찰은 평직보다 약하다.

④ 광택은 평직보다 적어 표면이 거칠다.

(해설) 조직점이 적어 매끄럽고 광택이 있다.

답 ④

(핵심문제) **다음 중 직물의 조직과 직물명을 바르게 연결한 것은?**

① 평직 – 공단　　　　　　② 능직 – 서지

③ 수자직 – 포플린　　　　④ 양면사무직

(해설) 공단은 수자직이고, 포플린은 평직이다.

능직으로는 개버딘(gabardine), 서지, 트위드, 플란넬, 데님 등이 있다.

답 ②

(핵심문제) **능직으로 짜인 면 또는 면 혼방직물로서 작업복과 아동복에 많이 쓰이는 직물은?**

① 공단　　　　② 브로드　　　　③ 폴리염화 비닐　　　④ 데님

(해설) ①은 수자직, ②는 평직이다.

답 ④

(핵심문제) **사문조직(능직)으로 제직된 직물은?**

① 서지(serge)　　② 도스킨(doeskin)　　③ 포플린(poplin)　　④ 태피터(teffeta)

(해설) ②는 수자직이고 ③과 ④는 평직이다.

답 ①

2-3 수자직

(1) 수자 조직의 특성

① 날실과 씨실이 각각 3올 이상 서로 교차하여 이루어지는 조직이다.

② 조직점이 적어서 유연하다.

③ 치밀하고 광택이 많다.

④ 표면이 매끄럽다.

⑤ 마찰 강도가 약하다.

⑥ 공단, 도스킨 등이 있다.

(2) 뜀수

① 주자 조직에서 어떠한 1올의 실의 교차점에서 바로 인접하고 있는 그 다음 실의 교차점까지의 거리인 실 올수이다.

② 수자직 뜀수는 두 개의 정수로 일완전 조직이 되도록 조를 짜서 만들되, 1과 공약수가 있는 조는 제외된다.

　예) 5매 주자직에서 뜀수로 사용되는 수: 2, 3

(핵심문제) **5매 주자직에서 뜀수로 사용되는 수는?**

① 2, 3　　　　　　　　　　　② 3, 5

③ 2, 5　　　　　　　　　　　④ 1, 2, 3

(해설) 수자직 뜀수는 두 개의 정수로 일완전 조직이 되도록 조를 짜서 만들되, 1과 공약수가 있는 조는 제외된다.　　　　　　　　　　　　답 ①

(핵심문제) **주자 조직에서 어떠한 1올의 실의 교차점에서 바로 인접하고 있는 그 다음 실의 교차점까지의 거리인 실 올수를 무엇이라 하는가?**

① 일완전 조직　　　　　　　　② 뜀수

③ 주자선　　　　　　　　　　④ 겹조직　　　　　　　답 ②

(핵심문제) **다음 직물의 조직 중 치밀하고 광택이 많은 것은?**

① 평직　　　　　　　　　　　② 능직

③ 주자직　　　　　　　　　　④ 변화 능직　　　　　　답 ③

핵심문제 다음 그림과 같은 조직도의 명칭은?

① 평직
② 사문직
③ 주자직
④ 변화 조직

답 ③

핵심문제 주자 조직의 특징을 설명한 것은?

① 날실과 씨실의 굴곡이 가장 많으며 직축률이 가장 크다.
② 구김이 잘 생기고 광택은 비교적 불량한 편이다.
③ 직물의 밀도를 크게 증가시켜 제직할 수 없다.
④ 날실과 씨실이 각각 5올 이상으로 구성되어 있고 광택이 우수하다.

답 ④

핵심문제 다음 중 날실과 씨실이 각각 3올 이상 서로 교차하여 이루어지는 조직은?

① 경편조직　　　　　　　　② 위편조직
③ 사문직　　　　　　　　　④ 주자직

답 ④

핵심문제 다음 중 수자직의 특징이 아닌 것은?

① 광택이 나쁘다.
② 마찰 강도가 약하다.
③ 조직점이 적어서 유연하다.
④ 표면이 매끄럽다.

해설 수자직은 조직점이 적어 매끄럽고 광택이 있다.

답 ①

2-4 변화 조직

1 바스켓 조직의 특성

① 평조직을 2배 이상 확대하거나 무직의 실 배열을 변경하여 얻은 조직이다.
② 변화 평직이다.
③ 평직보다 내구성이 좋지 못하다.
④ 표면 결이 곱고 평활하다.
⑤ 평직에 비해 조직점이 적어서 부드럽고 구김이 덜 생긴다.

2 기타

① **주야 수자직**: 변화 수자직이다.

② **산형 능직**: 변화 능직, 능선의 방향을 연속적으로 변화시켜 산과 같은 무늬를 나타 낸 조직이다.

③ **주야 능직**: 능직의 표면과 이면 조직을 가로, 세로 방향으로 교대로 배합하여 만든 조직이다.

④ **능형 능직**: 산형 능직을 배합하여 다이아몬드 무늬로 표현한 조직이다.

⑤ **신능직**: 위, 아래로 연장하여 능선각을 변경시킨 조직이다.

(핵심문제) 다음 그림과 같이 평조직을 2배 이상 확대하거나 무직의 실의 배열을 변경하여 얻 은 조직은?

① 슬레이유직(soleil weaves)
② 바스켓직(basket weaves)
③ 주자직(satin weaves)
④ 봉조직(honeycomb weaves)

답 ②

---

3. 염 색

◇ **염색 및 가공 준비 공정**: 풀빼기(발호) → 정련 → 표백 → 열고정 → 잔털 태우기 → 머서 화의 순서로 진행된다.

3-1 정련 및 표백

1 발호

전처리 작업으로 가호 과정에서 처리된 경사에 있는 풀을 제거하는 작업이다.

① **가호**: 제직성을 좋게 하기 위하여 경사를 풀에 통과시킨 후 건조하는 과정이다.

② **합성호료**: PVA, CMC, 아크릴 공중합체, 알긴산 나트륨 등이 있다.

③ **천연풀**: 녹말을 원료로 한 전분이다.

🄶 정련

① 천연 섬유의 불순물을 제거하는 공정이다.

② 제직이 끝난 생지 상태에서도 실시한다.

③ **정련제**: 알칼리, 유기 용매, 계면 활성제, 효소나 산화제 등이 있다.

 ㉮ 알칼리 정련제: 주로 수산화 나트륨이 사용된다.

 ㉯ 유기 용매: 주로 벤젠으로 동식물의 지방 성분과 왁스를 제거한다.

(1) 면

① 수산화 나트륨을 사용하여 침지법이나 연속법으로 정련하면 99% 이상의 셀룰로오스를 함량하게 된다.

② 폴리에스테르 혼방면의 경우 폴리에스테르는 강알칼리에 분해되므로 탄산 나트륨을 사용한다.

(2) 양모

① 면섬유에 비해 양모는 지방, 땀, 먼지 등 천연 불순물을 다량 함유한다.

② 원모 정련 후 직물 정련을 행한다.

(3) 견

① 세리신과 불순물을 제거하여 사용한다.

② 견은 알칼리에 약하므로 탄산 나트륨 같은 약알칼리와 비누를 사용한다.

(4) 모시

① 정련에 의해 주로 제거되는 불순물은 고무질이다.

② 납질, 지방질은 알칼리 용액으로 분해하여 제거한다.

🄸 표백

섬유가 가지고 있는 색소를 산화 또는 환원에 의해 분해하여 섬유를 순백으로 만드는 공정이다.

(1) 환원계 표백제

① 아황산 수소 나트륨, 아황산, 하이드로설파이트 등이 있다.

② 하이드로설파이트는 양모 섬유를 표백하는 데 사용한다.

(2) 산화계 표백제

① 표백 공정에 주로 사용되는 표백제는 산화계이다.

② **염소계 산화 표백제**: 차아염소산 나트륨(하이포아염소산 나트륨), 아염소 나트륨 등이 있다. 셀룰로오스, 나일론, 폴리에스테르, 아크릴계 섬유 등에 사용한다.

③ **산소계 산화 표백제**: 과산화 수소, 과탄산 나트륨, 과산화 나트륨, 과붕산 나트륨 등이 있다. 양모, 견, 셀룰로오스에 사용한다.

④ **섬유별 사용 표백제**

 ㈎ 모·견직물: 아염소산 소다(과산화 수소)를 사용하면 표백 효과가 크다.

 ㈏ 양모: 염소 처리를 하면 염료 및 약제의 흡수가 증가하는 효과가 있다.

 ㈐ 면직물 : 아염소 나트륨, 과산화 수소를 표백제로 주로 사용하여 표백한다.

 ㈑ 합성 섬유: 내약품성이 있으므로 60~70℃에서 아염소산 나트륨으로 표백한다.

 ㈒ 셀룰로오스: 차아염소산 나트륨으로 표백한다.

핵심문제 다음 중 모, 견직물의 표백에 효과가 큰 것은?

 ① 표백분   ② 과산화 수소
 ③ 아황산 소다   ④ 아염소산 소다   답 ④

핵심문제 모시에서 정련에 의해 주로 제거되는 불순물은?

 ① 고무질   ② 회분
 ③ 색소   ④ 셀룰로오스   답 ①

핵심문제 면직물의 표백에 주로 사용되는 표백제로만 묶인 것은?

 ① 암모니아수, 규산 나트륨   ② 아황산 가스, 사염화 탄소
 ③ 탄산수소 나트륨, 황산 나트륨   ④ 아염소 나트륨, 과산화 수소   답 ④

핵심문제 제작 후 염색 가공에 앞서 풀을 제거하는 작업은?

 ① 정련   ② 표백
 ③ 발호   ④ 가호   답 ③

핵심문제 섬유가 가지고 있는 색소를 산화 또는 환원에 의해 분해하여 섬유를 순백으로 만드는 공정은?

① 표백   ② 정련
③ 증백   ④ 순화   답 ①

핵심문제 합성 섬유에 일반적으로 많이 적용되는 표백제는 어느 것인가?

① 아염소산 나트륨   ② 표백분
③ 과탄산 나트륨   ④ 하이드로설파이트

해설 합성 섬유는 내약품성이 있으므로 60~70℃에서 아염소산 나트륨으로 표백한다.
산화 표백제 – 아염소산 나트륨, 과산화 수소, 표백분, 유기 염소 표백제, 과붕산 나트륨 등
환원계 표백제 – 아황산 수소 나트륨, 아황산, 하이드로설파이트 등   답 ①

핵심문제 다음 중 염소계 산화 표백제에 속하는 것은?

① 차아염소산 나트륨   ② 아황산 수소 나트륨
③ 하이드로설파이트   ④ 아황산

해설 염소계 산화 표백제 – 차아염소산 나트륨(하이포아염소산 나트륨), 아염소 나트륨 등   답 ①

핵심문제 하이드로설파이트는 어떤 섬유의 표백에 적당한가?

① 면   ② 양모
③ 마   ④ 비닐론

해설 하이드로설파이트는 단백질 섬유의 표백에 적당하다.   답 ②

핵심문제 천연 섬유의 불순물을 제거하는 공정은?

① 정련   ② 발호
③ 표백   ④ 가호

해설 발호: 풀 제거
표백: 탈색하여 희게 함
가호: 풀먹이는 공정   답 ①

핵심문제 다음 중 합성호료가 아닌 것은?

① PVA   ② CMC
③ 전분   ④ 알긴산 나트륨   답 ③

3-2 염색의 특성

1 섬유의 염색성에 영향을 미치는 요인

섬유의 화학적 조성, 흡수성, 염료를 잘 흡수하는 원자단 등의 영향을 받는다.

2 염색 견뢰도에 영향을 미치는 요인

섬유의 단면 및 결정성, 염료의 화학적 성질 등의 영향을 받는다.

3 염료의 종류

(1) 직접 염료

중성 또는 약알칼리성의 중성염 수용액에서는 셀룰로오스 섬유에 직접 염색되고, 산성에서는 단백질 섬유와 나일론에도 염착되는 염료이다.

(2) 반응성 염료

① 견뢰도와 색상이 좋아 면섬유에 많이 사용한다.
② 염료 분자와 섬유가 공유 결합을 한다.
③ 나일론, 양모, 셀룰로오스 섬유에 사용한다.

(3) 산성 염료

단백질 섬유, 나일론에 사용한다.

(4) 염기성 염료

① 물에 잘 녹고 중성이나 약산성에서 잘 염착된다.
② 알칼리 세탁과 일광에 대한 견뢰도가 좋지 못하여 천연 섬유의 염색에는 적합하지 않은 염료이다.
③ 아크릴, 단백질 섬유에 사용한다.

(5) 매염 염료

염료 섬유에 금속염을 흡수시킨 다음 염색하면 금속이 염료와 배위 결합을 하여 불용성 착화합물을 만드는 염료이다.

(6) 분산 염료

① 승화성 있는 전사 날염에 적합하다.
② 아세테이트, 폴리에스테르 등 합성 섬유에 사용한다.

❹ 섬유와 염료

(1) 섬유와 염료 간 결합 방법

① **화학적 결합**: 이온 결합, 공유 결합, 배위 결합, 금속 결합이다.

② **물리적 결합**: 수소 결합을 의미한다.

(2) 섬유 종류에 따른 염료

① **명주 섬유**: 산성 염료와 친화력이 가장 좋다.

② **면섬유**: 직접 염료, 반응성 염료, 배트 염료가 적합하다. 반응성 염료는 특히 견뢰도와 색상이 좋아서 많이 사용된다.

③ **폴리에스테르(흡습성이 낮은 섬유)**: 분산 염료로 잘 염색된다.

④ **식물성 섬유**: 직접 염료로 잘 염색된다.

⑤ **나일론 섬유**: 산성 염료로 잘 염색된다.

⑥ **아크릴**: 염기성 염료로 잘 염색된다.

(3) 완염제

① 염색 시 얼룩을 방지하도록 염료의 염착 속도를 늦춰 염료가 천천히 스며들도록 하는 균염제이다.

② 탄산 나트륨, 황산 나트륨, 아세트산 암모늄, 계면 활성제 등이 있다.

핵심문제) 섬유의 염색성에 영향을 미치는 요인과 가장 관계가 없는 것은?

① 섬유의 강도
② 섬유의 화학적 조성
③ 흡수성
④ 염료를 잘 흡수하는 원자단

답 ①

핵심문제) 분산 염료로 염색이 잘 되는 섬유는?

① 비닐론
② 양모
③ 나일론
④ 폴리에스테르

해설 분산 염료는 흡습성이 낮은 섬유의 염색에 사용된다.

답 ④

핵심문제) 염색에 관한 설명 중 옳지 않은 것은?

① 식물성 섬유는 직접 염료로 염색이 잘 된다.
② 동물성 섬유는 분산 염료로 염색이 잘 된다.
③ 나일론 섬유는 산성 염료로 염색이 잘 된다.
④ 아크릴은 염기성 염료로 염색이 잘 된다.

답 ②

핵심문제 다음 중 면섬유에 적합하지 않은 염료는?

　① 직접 염료　　　② 분산 염료　　　③ 반응성 염료　　　④ 배트 염료

　해설 분산 염료는 흡습성이 낮은 섬유의 염색에 사용한다.　　　　　**답** ②

핵심문제 견뢰도와 색상이 좋아 면섬유에 가장 많이 사용되는 염료는?

　① 직접 염료　　　② 산성 염료　　　③ 분산 염료　　　④ 반응성 염료　**답** ④

핵심문제 명주 섬유는 어느 염료와 친화력이 가장 좋은가?

　① 산성 염료　　　② 환원 염료　　　③ 분산 염료　　　④ 황화 염료

　해설 산성 염료는 단백질 섬유의 염색에 사용한다.　　　　　**답** ①

3-3　염색의 분류

❶ 여러 가지 염색 분류법 및 종류

① **염색 순서에 따른 분류**: 선염, 후염 등

② **염색 원리에 따른 분류**: 직접염, 매염염법, 환원염법, 발색염법, 분산염법 등

③ **염색 기술적 방법에 따른 분류**: 침염, 날염, 인염, 분부염 등

④ **염색 효과에 따른 분류**: 동색(단색) 염색, 이색 염색 등

❷ 침염 및 날염

(1) 침염

원단 등을 염색 용액에 담가 전체를 같은 빛깔로 염색하는 방법이다.

① **선염 – 원료 염색**

　㈎ 직물로 짜기 전 섬유의 단계에서 하는 염색이다.

　㈏ 사염색: 원사 상태의 염색으로, 면은 사염만 가능하다.

　㈐ 톱 염색: 원료를 솜 상태에서 염색하며, 모직물은 모염, 톱염, 사염이 모두 해당

　　된다.

　㈑ 원액 · 원료 염색: 염료를 방사 전 원료에 혼합하거나 방사 전 상태에서 염색하는

　　방법이다.

④ 선염은 후염에 비하여 균일한 염색이 가능하고, 염색 견뢰도도 높다.

② **후염(포염색):** 직물이나 편성물 상태에서 염색하는 방법이다.

③ **가먼트 염색 :** 봉제가 완료된 제품을 염색하는 방법이다.

(2) 날염

원단 위에 염료나 안료를 염착시켜 다양한 형태의 무늬를 만들어 내는 방법으로, 어떤 무늬를 찍어 부분적으로 염색하는 방법이다.

① **기법에 의한 분류**

㉮ 무늬를 형성하는 방식: 직접 날염, 방염 날염, 발염 날염 등

㉯ 기술 원리에 따른 방식: 롤러 날염, 스크린 날염, 전사 날염 등

② **종류**

㉮ **방염 날염:** 염료 용액이 피염물에 침투하거나 고착되는 것을 방지하는 약제를 날염풀에 미리 혼합하여 날인한 다음 건조하고 나서, 마지막에 바탕색을 염색하여 무늬를 나타내는 날염법이다.

㉯ **직접 날염:** 직접 섬유에 염료 등을 찍어 날염하는 방법이다.

㉰ **발염 날염:** 침염법으로 염색한 뒤 탈색제를 섞은 발염풀로 날인하여 바탕색을 빼거나 무늬 부분을 다른 색깔로 착색하여 날염하는 방법이다.

㉱ **전사 날염(분산 날염):** 분산 염료 잉크로 도안을 그린 후 원단 위에서 압력과 열을 가하면 염료가 승화하여 원단에 응축되어 무늬를 나타낸다.

㉲ **기계 날염(염료):** 필요한 견뢰도와 색상으로 착색하기에 적절한 염료를 선택하여 만든 날염풀에 다른 착색용 약제와 함께 롤러 또는 스크린을 써서 섬유물에 날인한 뒤, 건조 · 증열 · 수세한다.

❸ 염색 효과에 따른 분류

① **이색 염색(크로스 염색):** 혼방 직물이나 교직물을 염색할 때 염색성 차이를 이용하여 섬유의 종류에 따라 각각 다른 색으로 염색할 수 있는 염색 방법이다.

② **유니온 염색:** 서로 다른 종류의 염료를 사용하나 같은 색으로 염색하는 것이다.

③ **톤 온 톤 염색:** 같은 섬유이나 염착성이 다른 종류의 섬유로 된 직물을 같은 염욕으로 염색이다.

3-4 건 조

① 건조기는 직물의 종류, 형태 및 가공 방법에 따라 분류한다.

② **자연 건조**: 상온도, 상습도에서 미풍을 이용하여 건조한다.

③ **기계식 건조**: 실린더 건조, 열풍 건조, 적외선 건조 등으로 분류한다.

④ 표면 증발속도가 가장 **빠른** 건조 방법은 실린더 건조이다(가열한 건조 실린더의 표면에 물을 접촉시켜서 건조하는 것).

4. 직물의 가공

4-1 일반 가공

1 방축 가공

(1) 샌퍼라이즈 (sanforized)

면, 마, 레이온 등의 셀룰로오스 직물을 미리 강제 수축시켜 수축을 방지하는 방축 가공이다.

(2) 런던 슈렁크 (London shrunk)

양모 원단을 뜨거운 물에 적신 직물로 감싸서 롤러에 감거나 그대로 두어 자연 건조하는 방법이다.

(3) 염소화법 (chlorination)

양모가 스케일로 인해 축융하여 수축되는 것을 방지하기 위해 스케일 부분을 염소로 용해시켜 축융을 방지하는 방법이며, 염료 및 약제의 흡수가 증가한다.

(4) 염소 + 헤르코세트법 (hercosett)

염소에 의한 전처리로 스케일을 제거한 후 합성수지로 코팅하는 방법이다.

2 머서화 가공 (mercerization, 실켓 가공)

① 면사 또는 면직물이 냉온($10\sim20℃$)에서 긴장·수축되는 것을 방지하기 위해 진한 수산화나트륨($20\sim25\%$) 용액으로 처리한 다음 중화하고 충분히 씻어 처리하는 가공

방법이다.

② 흡습성 · 염색성 · 광택이 증가하는 효과가 있다.

❸ 기모 가공

① 섬유를 긁거나 뽑아 천의 표면에 보풀을 만들어서 천의 감촉을 부드럽게 하거나, 천을 두껍게 보이도록 하고, 보온력을 높이기 위한 가공법이다.

② 침으로 긁는 건식의 침포 기모법과 티젤의 가시로 긁는 습식의 티젤 기모법이다.

③ 면직물 중의 면플란넬 · 면담요, 견이나 인견 직물 중의 벨벳류, 모직물에서는 방모 직물의 일부, 합성 섬유 직물로는 방모 직물과 비슷한 직물에 이용된다.

❹ 방모 가공

① 정련 후 식물성 잡물을 제거하기 위해 탄화(炭化; carbonizing) 처리를 하는 가공법이다.

② 직포 후 마무리 공정에서 축융(縮絨; fulling), 기모(起毛; raising) 등의 가공을 실시한다.

❺ 직포 후 가공

① 노팅(knotting)

직물 표면에 나타나 있는 실매듭, 맺음코, 실끝 등을 족집게, 핀셋, 가위 등으로 제거하는 작업이다.

② 멘딩(mending): 불량 부분을 메우는 작업이다.

③ 얼룩빼기(stain removing)

④ 신징(singeing)

면직물의 표면에 있는 모우(잔털)를 태워서 광택을 부여하는 방법이다.

⑤ 유포 공정: 직물 촉감을 부드럽게 하는 공정이다.

핵심문제 다음 중 무명 섬유의 결점인 수축성을 개선하기 위한 가공법은?

① 방추 가공 　　　　　　　　② 방축 가공
③ 방모 가공 　　　　　　　　④ 방수 가공

해설 ①은 주름방지 가공, ③은 기모 가공, ④는 수분침투 방지 가공이다.　　답 ②

(핵심문제) 직물의 촉감을 부드럽게 하는 공정은?

① 유포 공정   ② 축융 공정

③ 포럴 고정 공정   ④ 방축 가공 공정   답 ①

(핵심문제) 면, 마, 레이온 등의 셀룰로오스 직물을 미리 강제 수축시켜 수축을 방지하는 방축 가공은?

① 런던 슈렁크(London shrunk)   ② 염소화법(chlorination)

③ 헤르코세트법(hercosett)   ④ 샌퍼라이즈(sanforized)

(해설) ①, ②, ③은 양모의 방축 가공이다.   답 ④

(핵심문제) 직물 표면에 나타나 있는 실매듭, 맺음코, 실끝 등을 족집게, 핀셋, 가위 등으로 제거하는 작업은?

① 노팅(knotting)   ② 멘딩(mending)

③ 얼룩빼기(stain removing)   ④ 비밍(beaming)

(해설) ②는 직포 후 가공으로 불량 부분을 메우는 작업이고, ④는 경사를 빔에 감는 과정이다.   답 ①

(핵심문제) 명주 직물에 증량 가공을 하는 목적은?

① 겉모양과 촉감을 개선한다.

② 세리신의 무게를 증가시킨다.

③ 직물에 딱딱함과 뻣뻣함을 부여한다.

④ 무게 증가와 드레이프성을 부여한다.   답 ④

(핵심문제) 머서화 가공(mercerization)으로 얻어지는 효과가 아닌 것은?

① 흡습성의 증가   ② 염색성의 증가

③ 광택의 증가   ④ 내연성의 증가

(해설) 머서화 가공: 실켓 가공으로 면직물에 광택을 주는 가공이다. 광택 외에 흡습성, 염색성이 증가하는 효과가 있다.   답 ④

(핵심문제) 견섬유의 성질을 살리고, 자외선에 취화되는 것을 막는 방법으로 처리하는 것은?

① 알칼리 처리   ② 탄닌산 처리

③ 실켓트화 처리   ④ 염소 처리

(해설) ①과 ③은 면의 머서화 가공, ④는 양모의 스케일 제거 가공이다.   답 ②

4-2 특수 가공

◼1 워시 앤드 웨어 (wash and wear, W&W) 가공

① 방추 가공으로서 방추성(직물에 구김이 덜 가게 함)을 향상시킨다.

② 열고정한 합성 섬유는 세탁 후에도 모양이 그대로 유지된다.

◼2 듀어러블 프레스 (durable press, D.P.) 가공

① 옷 상태에서도 형태 안정성을 부여하는 가공이다.

② 수지 가공은 건방추도를 향상시키는 데는 효과가 있으나 습방추도에는 효과가 없다.

◼3 시로셋 가공(siroset process)

양모 직물의 주름을 고정하는 가공이다.

◼4 방추 가공

원단에 구김이 덜 생기도록 하는 가공이다.

◼5 방수 가공

① 직물에 물이 침투할 수 없도록 폴리우레탄수지 등을 직물의 표면에 코팅한 가공으로, 실 사이의 기공을 막아 통기성을 없애는 가공이다.

② 방수 능력에 통기성·투습성이 있는 직물: 고어텍스, 초고밀도 직물, 폴리우레탄 코팅포 등

◼6 방염 가공(방화 가공)

불에 잘 타지 않는 약제를 부착시켜 불에 대한 내성을 부여하는 가공이다.

◼7 방오 가공

세탁하기 어려운 소재가 오염되지 않도록 오염물이 잘 붙지 않거나 붙은 오염물이 잘 떨어지도록 하는 가공이다.

8 대전방지 가공

의복 착용 중에 발생하는 정전기를 방지하기 위한 가공이다.

9 방충 가공

의류가 좀먹는 벌레로부터 피해를 입는 것을 방지하기 위한 가공이다.

10 캘린더 가공

① 적당한 온·습도하에 매끄러운 롤러의 강한 압력으로 직물에 광택을 주는 가공이며, 엠보싱 가공, 슈와레 가공, 글레이즈 가공 등이 있다.
② 셀룰로오스 섬유는 엠보스 가공 후 수지 가공 처리로 세탁 후에도 엠보스가 유지되도록 한다.

11 플리스 가공

면섬유가 수산화 나트륨에 수축되는 성질을 이용하여 부분적으로 수산화 나트륨을 발라 처리 안 된 부분에 주름이 생겨 크레이프 효과나 리플 효과를 줄 수 있다.

12 의마 가공

마와 같은 촉감 및 광택을 주기 위한 섬유나 직물의 마무리 가공이다.

13 알칼리 감량 가공

폴리에스테르 직물을 수산화나트륨 용액으로 처리하여 중량을 감소시킴으로써 견섬유에 가까운 특성을 지니게 하는 가공이다.

14 위생 가공

① 퍼마켐(Permachem) 가공, 바이오실(Biosil) 가공, 논스탁(Nonstac) 가공 등이 있다.
② 땀이나 분비물에 의한 균이 생성되는 것을 억제하도록 유기 주석 화합물로 처리한다.

15 감온 변색 가공

외부 온도에 따라 색상이 나타나거나 사라지는 등의 색상 변화가 생기도록 하는 가공이다.

(핵심문제) 다음의 듀어러블 프레스(durable press, D.P.) 가공에 관한 설명 중 틀린 것은?

① 수지 가공은 건방추도의 향상에는 효과가 있으나 습방추도에는 효과가 없다.
② 열고정한 합성 섬유는 세탁 후에도 모양을 그대로 유지하는데, 이 성질을 W&W성이라고 한다.
③ 옷 상태에서도 형태 안정성을 가지게 해 주는 가공을 D.P.가공이라 한다.
④ W&W 가공이란 D.P.가공 효과를 고도화한 것으로 볼 수 있다.

(해설) W&W 가공이란 wash and wear 방추 가공을 의미한다. 답 ④

(핵심문제) 의복 착용 중에 발생하는 정전기를 방지하기 위한 가공법은?

① 의마 가공   ② 대전방지 가공
③ 방화 가공   ④ 방축 가공

(해설) ①은 마섬유의 광택과 촉감을 부여하는 가공, ③은 불에 잘 타지 않도록 하는 가공, ④는 수축 방지 가공이다. 답 ②

(핵심문제) 적당한 온·습도하에 매끄러운 롤러의 강한 압력으로 직물에 광택을 주는 가공법은?

① 방추 가공   ② 의마 가공
③ 실켓 가공   ④ 캘린더 가공

(해설) ①은 주름 방지 가공, ②는 마섬유의 광택과 촉감을 부여하는 가공, ③은 면섬유의 광택 가공이다. 답 ④

(핵심문제) 직물에 물이 침투할 수 없도록 폴리우레탄수지 등을 직물의 표면에 코팅한 가공으로 실 사이의 기공이 막혀 통기성이 없는 가공은?

① 방추 가공   ② 방염 가공
③ 방오 가공   ④ 방수 가공

(해설) ①은 주름방지 가공, ②는 불에 잘 타지 않도록 하는 가공, ③은 오염이 쉽게 되지 않도록 하는 가공이다. 답 ④

5. 의복의 성능

◼1 복식의 구분

① **복장**: 의복을 입어서 나타나는 전체적인 모습

② **피복**: 모자와 신발을 포함하여 인체의 각 부를 덮는 것

③ **의복**: 모자와 신발을 제외한 인체의 각 부를 덮는 것

④ **의상**: 피복과 동일한 개념이나 주로 특수 목적을 가지고 입는 시대 의상 · 무대 의상 · 민족 의상 · 민속 의상 등

◼2 의복의 기능

(1) 신체 보호의 기능

① **체온 조절**: 방서복, 방한복 등

② **신체 안전**: 소방복, 방탄복, 방사능 차단복, 헬멧 등

③ **청결 유지**: 속옷 등

(2) 자기 표현의 기능

① **신분 표현**: 교복, 군복, 종교복, 관복 등

② **예의 표현**: 혼례복, 예복, 사교복, 상복, 정장 등

③ **개성 표현**: 다양한 장신구, 문신이나 성형 등

◼3 피복의 성능과 특성

① **감각적 성능**: 촉감, 기모, 광택, 내필링 등

② **위생적 성능**: 투습성, 통기성, 보온성, 흡습성, 흡수성, 열전도성, 함기성, 대전성 등

③ **실용성 성능**: 강도, 신도 등

④ **관리적 성능**: 충해, 방추성, 형태 안정성, 리질리언스, 내열성 등

5-1 감각적 성능

① 섬유의 유연성과 드레이프성에 관련된 성능이다.

② **강연도**: 촉감이나 유연성, 드레이프성과 관련된 성질이다.

③ 드레이프성이 가장 요구되는 피복: 외출복

④ 드레이프성이 가장 좋은 직물: 실크

⑤ 드레이프성이 가장 나쁜 직물: 모시

⑥ 드레이프계수

- 옷감이 부드럽게 늘어뜨려지는 정도를 나타내며, 수치가 작을수록 드레이프성이 우수하다.

- 부직포(건식) 0.82 > 브로드(면) 0.61 > 서지(양모) 0.5 > 드리코(나일론) 0.29 > 크레이프드신(견) 0.22

핵심문제 다음 중에서 드레이프성이 가장 나쁜 직물은?

① 실크 ② 서지 ③ 모시 ④ 나일론

해설 드레이프성: 자연스럽게 옷감이 늘어뜨려지는 성질
드레이프성이 나쁜 직물은 유연성이 나쁜 직물을 의미한다. **답** ③

핵심문제 드레이프성이 가장 좋은 직물은?

① 실크 ② 광목 ③ 모시 ④ 아마 **답** ①

핵심문제 피복류의 성능 중 일반적으로 드레이프성이 가장 요구되는 피복은?

① 양말 ② 작업복 ③ 속옷 ④ 외출복 **답** ④

5-2 위생적 성능

1 통기성

① 피복의 위생적 성능에 미치는 영향이 가장 크다.

② 실 사이의 공간을 흐르는 공기량으로 표시한다.

2 흡습성

① 의복 소재가 기체 상태의 물을 흡수하는 능력이다.

② 속옷: 흡습성이 가장 크게 요구되는 피복류

3 흡수성

① 의복 소재가 물과 접했을 때 물을 흡수하는 능력이다.

② 섬유의 종류보다는 실, 직물 구조의 영향을 크게 받는다.

③ 흡습성, 흡수성이 크면 위생적 성능은 좋지만, 형태 안정성과 내추성은 좋지 않다.

④ 면: 양말 재료로 선택 시 위생적 성능을 중시했을 때 적합한 섬유이다.

4 보온성

① 옷감의 함기율과 관계가 있다.

② **함기량**: 옷감 전체 면적에 대한 공기가 차지하고 있는 백분율로 표시된다.

③ 보온성, 통기성, 투습성, 쾌적성과 밀접한 관계가 있다.

④ 함기량이 크더라도 통기성이 클 때는 보온성이 떨어진다.

5 의복압

① 피복 착용에 의해 인체가 느끼는 구속성으로, 의복의 무게감과 압박감 정도를 의미한다.

② 인체에 대한 의복압의 허용 한계는 $40g/cm^2$이다.

핵심문제 다음은 피복의 성능을 관계되는 것끼리 짝을 맞춰 놓은 것이다. 거리가 먼 것은?

① 감각적 성능 – 촉감   ② 위생적 성능 – 형태 안정성

③ 실용성 성능 – 강도와 신도   ④ 관리적 성능 – 충해

해설 형태 안정성은 실용성, 위생성은 흡습성 · 통기성 · 보온성 · 흡수성과 관련이 있다. 답 ②

핵심문제 흡습성이 가장 크게 요구되는 피복류는?

① 겉옷   ② 속옷   ③ 작업복   ④ 양말

해설 흡습성은 위생성이 중요한 의복에 필요하다. 답 ②

핵심문제 양말 재료 선택 시 위생적 성능을 위주로 한다면 다음 중 어떤 섬유의 소재가 가장 적합한가?

① 면   ② 나일론   ③ 아세테이트   ④ 레이온

해설 면은 위생적 성능이 우수한 섬유이다. 답 ①

5-3 실용적 성능

1 하절기 의복

① 자주 빨아야 하므로 강도가 큰 직물이 좋다.

② 평직물: 옷감의 밀도가 성근 직물

③ 아마: 드레이프성이 적은 직물

④ 시원한 소재: 열전도율이 높은 직물

⑤ 섬유의 꼬임이 많은 직물 등이 적절하다.

2 안감

① 조형적인 실루엣을 살리려면 적당한 강성을 가져야 한다.

② 겉감과 잘 어울리고, 심미적인 면에서 아름다운 색으로 염색되어야 한다.

③ 마찰성이 좋고, 염색 견뢰도가 높아야 한다.

④ 내구성이 좋고, 젖었을 때 수축성이 크면 안 된다.

3 방한복

① 피복 면적을 크게 한다.

② 의복 아래에 적당한 정지 공기층을 갖도록 한다.

③ 신체 요소의 보온에 유의한다.

④ 공기층이 많고 가벼워야 한다.

핵심문제 하절기 의복으로 입기에 가장 적합한 조직과 직물명은?

① 편직물 - 저지   ② 주자직물 - 공단

③ 능직물 - 서지   ④ 평직물 - 아마

해설 하절기에는 자주 빨아야 하므로 강도가 큰 직물, 열전도율이 높은 시원한 소재가 적합하다.

답 ④

핵심문제 여름철 옷감으로 적당한 것은?

① 옷감의 밀도가 조밀한 직물   ② 드레이프성이 큰 직물

③ 열전도율이 높은 직물   ④ 섬유의 꼬임이 적은 직물   답 ③

핵심문제 옷감의 보온성과 가장 관계가 깊은 것은?

① 강도　　　　　　② 함기율　　　　　　③ 투습성　　　　　　④ 내추성

　해설 공기층이 많으면 보온성도 높다.　　　　　　　　　　　　　　**답** ②

핵심문제 다음 중에서 안감으로서 갖추어야 할 기본적인 조건이 아닌 것은?

① 조형 면에서 실루엣을 살릴 수 있도록 적당한 강성을 가져야 한다.
② 겉감과 잘 어울리고, 심미적인 면에서 아름다운 색으로 염색되어야 한다.
③ 마찰성이 좋고, 염색 견뢰도가 높아야 한다.
④ 내구성이 좋고, 젖었을 때 수축성이 커야 한다.

　해설 안감은 젖었을 때 수축성이 크면 안 된다.　　　　　　　　　**답** ④

핵심문제 방한복에 요구되는 형태에 해당되지 않는 것은 어느 것인가?

① 피복면적을 크게 한다.
② 가급적 무거운 것이 좋다.
③ 의복 아래에 적당한 정지 공기층을 갖도록 한다.
④ 신체 요소의 보온에 유의한다.

　해설 방한복은 많은 공기층을 갖고 가벼워야 한다.　　　　　　　**답** ②

5-4 관리적 성능

❶ 관리적인 성능

① 형태 안정성, 충해, 피복지의 성능 요구도는 피복지로서 갖추어야 할 성능이다.
② 피복을 오래 보관할 때에는 형태의 안정성이 중요하다.
③ 면이나 레이온은 섬유의 탄성이 작기 때문에 구김살이 잘 생기지만, 수지 가공한 직물은 구김살이 생기거나 줄어들지 않아 관리하기 쉽다.
④ 합성 섬유 제품은 흡습성이 작아 팽윤하기 어려우므로 구김살이 잘 생기지 않는다.
⑤ 대전하기 쉬운 섬유는 먼지가 잘 부착하여 관리가 어렵다.

❷ 의복 변형의 원인

(1) 수축과 신장

① 탄성이 좋으면 구김이 잘 생기지 않는다.

② 리질리언스가 좋으면 원형 보존력이 뛰어나다.

③ 형태 안정성을 나타내는 링클 프리 제품은 유연성, 방축성, 방추성이 뛰어나다.

(2) 변색과 퇴색

① **의복의 착용 과정에서 직물의 성능을 저하시키는 요인**: 자외선, 염료의 황변, 땀 또는 피지 등

② 염색물의 일광견뢰도 판정에서 가장 우수한 등급은 8급이다.

③ **마찰 견뢰도**: 염색물이 다른 섬유 제품과 마찰하여 염료가 마찰한 곳으로 오염되는 정도를 말한다.

(3) 찢어짐과 터짐

가슴 부분: 의류 착용 시에 마찰이나 일광에 의한 변·퇴색이 가장 적게 나타나는 곳 이다.

❸ 피복의 역학적 특징

(1) 인장 강도

인장 시(양쪽으로 잡아당김) 끊어지는 데 얼마나 많은 힘이 단위 면적에 가해졌는가 를 나타내는 정도이다.

(2) 인열 강도

① 원단이 찢어지는 데 얼마나 많은 힘이 단위 면적에 가해졌는가를 나타내는 정도이 다.

② 의류 상태에서 어깨나 무릎 등이 힘을 받아 찢어지는 것에 대한 수치화이다.

(3) 파열 강도

① 천의 면에 수직으로 작용하는 압력에 의해 파열될 때의 최대 저항력이다.

② 포의 방향성이 없는 펠트나 부직포 등의 강도를 시험할 때 사용된다.

(4) 마모 강도

① 물질과의 마찰에 의해 손상에 대해 견디는 힘이다.

② **필링 시험**: 천의 표면에 섬유가 서로 엉켜서 작은 보풀이 생기는 것을 측정하는 시 험이다.

핵심문제 의복 변형의 원인과 관계가 가장 적은 것은?

① 수축과 신장　　　　　　　　② 변색과 퇴색
③ 탄성과 리질리언스　　　　　④ 찢어짐과 터짐

해설 탄성이 좋으면 구김이 잘 생기지 않고, 리질리언스가 좋으면 원형 보존력이 뛰어나다. **답** ③

핵심문제 피복 재료로 요구되는 성질 중에서 역학적인 특징에 해당되는 것은?

① 내열성　　　② 인장 강도　　　③ 내필리성　　　④ 내일광성

해설 피복의 역학적 특징으로는 인장 강도, 인열 강도, 파열 강도, 마모 강도가 해당된다. **답** ②

핵심문제 의복의 착용 과정에 있어서 직물의 성능을 저하시키는 요인이 아닌 것은?

① 직물의 가격　　　　　　　　② 자외선
③ 염료의 황변　　　　　　　　④ 땀 또는 피지　　　**답** ①

핵심문제 형태 안정성, 충해, 피복지의 성능이 요구되는 피복지로서 갖추어야 할 성능 중 어느 것에 속하는가?

① 관리적인 성능　　② 감각적인 성능　　③ 실용적인 성능　　④ 위생상의 성능

해설 ②는 섬유의 유연성, 드레이프성과 관련된다.
③은 강도, 탄성, 마모성 등과 관련이 있으며, 특히 요구되는 피복류는 작업복이다.
④는 통기성, 흡습성, 흡수성, 보온성, 열전도성, 함기성, 대전성 등과 관련된다. **답** ①

핵심문제 의류 착용 시에 마찰이나 일광에 의한 변·퇴색이 가장 적게 나타나는 부분은?

① 무릎 부분　　　　　　　　　② 소매 가장자리 부분
③ 어깨 부분　　　　　　　　　④ 가슴 부분　　　**답** ④

핵심문제 의복 보관에 대한 설명 중 가장 옳은 것은?

① 여름옷은 풀을 먹이지 말고 넣어둔다.
② 소맷부리, 바짓부리 등의 때(오점)는 벤졸로 빼서는 안 된다.
③ 한 번 입었던 옷은 솔로만 털어서 보관한다.
④ 보관하는 빨래는 다리지 말고 두어야 한다.

해설 풀을 먹이면 해충이나 곰팡이 피해를 입을 수 있다. **답** ①

핵심문제 피복의 관리적 성능을 설명한 것 중 잘못된 것은?

① 피복을 오래 간직할 때에는 형태의 안정성이 중요하다.
② 면이나 레이온은 섬유의 탄성이 작기 때문에 구김살이 잘 생기지만 수지 가공한 직물은 구김살이 생기거나 줄어들지 않아 관리가 쉽다.
③ 합성 섬유 제품은 흡습성이 작아 팽윤하기 어려워 구김살이 잘 생기지 않는다.
④ 대전하기 쉬운 섬유는 먼지가 잘 부착하지 않아 관리가 쉽다.

답 ④

핵심문제 천의 표면에 섬유가 서로 엉켜서 작은 보풀이 생기는 것을 측정하는 시험은?

① 필링 시험
② 강연도 시험
③ 파열 강도 시험
④ 마찰 견뢰도 시험

답 ①

핵심문제 피복의 손상과 관계가 가장 작은 것은?

① 수축과 신장
② 변색과 퇴색
③ 탄성과 리질리언스
④ 찢어짐과 터짐

해설 탄성과 리질리언스는 옷의 신축 정도와 관계가 있다.

답 ③

핵심문제 형태 안정성을 나타내는 링클 프리 제품의 특징에 대한 설명으로 틀린 것은?

① 필링에 대한 불안정성을 유의하여야 한다.
② 우수한 유연성을 가진다.
③ 우수한 방축성을 가진다.
④ 방추성이 뛰어나다.

답 ①

6. 의복 관리

6-1 사용 목적과 의복 구입

1 용도별 소재

용도에 따라 소재가 다르다.

① 커튼용

㉮ 아크릴은 내열성과 내일광성이 좋아 커튼용으로 적합하다.

㉯ 나일론 직물은 일광 견뢰도가 불량하여 커튼용으로 가장 부적합하다.

② **방한복**: 낮은 열전도율로 보온성이 높은 소재를 사용한다.

③ **속옷**: 피부에 직접 닿는 제품으로, 흡습성이 좋고 감촉이 좋아야 한다.

④ **내구적 성능**: 작업복에 가장 요구되는 직물의 성능이다.

2 용도에 따른 구매

같은 아이템이라도 용도에 따라 다른 디자인으로 구매한다.

① 블라우스나 드레스 셔츠를 구입할 때의 유의 사항

  (가) 몸에 잘 맞아야 한다.

  (나) 칼라의 좌우가 편편하게 잘 놓여 있어야 한다.

  (다) 바느질 솔기의 너비가 알맞고, 가장자리 처리가 깨끗해야 한다.

② 용도와 디자인에 따른 블라우스 종류

  (가) 오버블라우스(overblouse): 스커트나 슬랙스 겉으로 내어놓고 착용하는 블라우스

  (나) 셔츠블라우스(shirt blouse): Y셔츠와 같은 형태의 블라우스

  (다) 페전트블라우스(peasant blouse): 자수나 스모킹 등을 부분적으로 장식한 블라우스

  (라) 언더블라우스(under blouse): 스커트나 슬래그에 넣어서 착용하는 블라우스

3 제작 방법에 따른 분류

① **맞춤복**: 개인의 체형과 취향에 맞게 제작되는 가장 이상적인 피복 제작 방법이다.

② **기성복**: 소비자가 구입하려는 시점에서 가장 빨리 구입하여 착용 가능한 의복이다.

③ **이지 오더(easy order)**: 샘플에 의해 사이즈를 선택하고 동시에 적당한 원단을 선택하여 가봉 없이 제조하는 시스템이다.

④ **가정 봉제**

⑤ **부티크(boutique)**: 개성적인 의류와 소품을 취급하는 점포이다.

(핵심문제) **커튼용으로 가장 적합한 소재는?**

  ① 면   ② 아크릴   ③ 레이온   ④ 올레핀

(해설) 커튼용 소재는 내열성과 내일광성이 좋아야 한다.   답 ②

핵심문제 다음 중 일광 견뢰도가 불량하여 커튼용으로 가장 부적합한 소재는?

① 면직물 ② 아크릴 직물
③ 폴리에스테르 직물 ④ 나일론 직물 답 ④

핵심문제 패션의 한 가지 형태라고 볼 수 있으며, 채택 인구가 급격히 상승하여 유행을 이루다가 곧 쇠퇴하는 수명이 짧은 패션은?

① 패드(fad) ② 보그(vogue)
③ 캐주얼(casual) ④ 포드(ford) 답 ①

핵심문제 다음 설명 중 트렌치코트에 해당되는 것은?

① 일명 셰이프 코트라고도 한다.
② 두꺼운 옷감으로 풍성하게 만든 짧은 코트이다.
③ 레인코트의 일종이다.
④ 벨트가 없는 코트이다. 답 ③

핵심문제 개인의 체형과 취향에 맞게 제작되는 가장 이상적인 피복제작 방법은?

① 기성복 ② 이지 오더(easy order)
③ 가정 봉제 ④ 맞춤복
해설 기성복은 소비자가 구입하려는 시점에서 가장 빨리 구입하여 착용 가능하다. 답 ④

핵심문제 부티크(Boutique)란?

① 여성 의류만 취급하는 점포 ② 개성적인 의류와 소품을 취급하는 점포
③ 남성복만 취급하는 점포 ④ 캐주얼만 취급하는 점포 답 ②

핵심문제 방한복의 선택 조건으로 적합한 것은?

① 흡습성이 높은 것 ② 열전도율이 낮은 것
③ 통기성이 높은 것 ④ 투습성이 좋은 것
해설 열전도율이 높으면 시원하여 여름 소재로 적합하다.
위생성이 필요한 의복은 흡습성, 통기성, 투습성이 좋아야 한다. 답 ②

핵심문제 블라우스나 드레스 셔츠를 구입할 때 유의할 사항 중 틀린 것은?

① 몸에 잘 맞아야 한다.
② 칼라의 좌우가 편편하게 잘 놓여 있어야 한다.
③ 바느질 솔기의 너비가 알맞고, 가장자리의 처리가 깨끗한 것이어야 한다.
④ 흡습성이 좋고, 피부에 닿아 감촉이 좋은 것이어야 한다.
해설 피부에 직접 닿는 속옷을 살 때는 감촉과 흡습성이 좋아야 한다. 답 ④

핵심문제 이지 오더(easy order)를 가장 잘 설명한 것은?

① 가정에서 본인이 취향을 살려 직접 제작한 봉제품을 일컫는다.

② 샘플에 의해 사이즈를 선택하고 동시에 적당한 원단을 선택하여 가봉 없이 제조하는 시스템이다.

③ 양복점에서 고객의 체형을 정밀하게 측정하여 그에 맞게 맞춤식 의복으로 제작한 것이다.

④ 대량 생산되는 기성복을 말한다.

답 ②

6-2 세탁 방법 및 손질

1 세탁

(1) 세탁 원리

① **침투**: 세제의 주성분인 계면 활성제의 작용으로 세제 용액이 섬유와 오염물 사이로 침투한다.

② **흡착 · 팽윤**: 섬유 표면과 오염 표면에 흡착하여 섬유와 오염의 결합력을 약화시키고, 흡수된 세제는 섬유와 오염을 팽윤시켜 쉽게 분리할 수 있는 상태가 된다.

③ **분리**: 물리적인 힘이 작용하면 오염이 세탁물로부터 작은 입자로 분리된다.

④ **유화 · 분산**: 계면 활성제에 의해 유화 · 분산된다.

(2) 세탁

① **의류 세탁**

㈎ 세탁 온도는 일반적으로 약 35~40℃가 적당하다.

㈏ 물은 세탁물의 5~10배가 필요하다.

㈐ 경수에서는 섬유의 종류와 관계없이 비누보다는 합성 세제를 사용하는 것이 좋다.

㈑ 세제는 약 0.2~0.3% 농도에서 최대의 세탁 효과를 나타낸다.

② **세척률**

두드려 빨기 > 비벼 빨기 > 주물러 빨기 > 흔들어 빨기

③ **세탁 시 레이온의 특성**

㈎ 강알칼리에 의해 손상된다.

㈏ 셀룰로오스 섬유는 내알칼리성이 좋다.

㈐ 경수 또는 철분이 함유된 세탁용수는 피한다.

㈑ 물에 젖으면 강도가 감소한다.

❷ 물과 세제

(1) 세탁수

① 전경도는 영구 경도와 일시 경도를 합하여 나타낸다.

② 경도: 물에 칼슘염과 마그네슘이 포함되어 있는 정도이다.

③ 경수를 사용한다.

(2) 세제의 분류 및 종류

① 산성 정도에 따른 분류

㈎ 중질 세제(약알칼리성 합성 세제)

- 일반적으로 사용하는 알칼리 세제이다.
- 합성 세제 중 수용액의 pH는 10.5~11 내외이다.
- 물에 잘 용해되고 계량이 편리하며 세탁기에 적합하다.
- 면, 마에 적합하고, 양모, 견, 아세테이트 등은 옷감을 약화시키고 황변을 일으킨다.

㈏ 경질 세제(중성 세제)

- pH 7~8 내외이다.
- 약알칼리성 세제에 비해 세척력이 떨어진다.
- 양모, 견, 아세테이트 등의 세탁용으로 쓰인다.
- 대부분 액체 세제, 손세탁용이다.

② 형태에 따른 분류

㈎ 액체 세제, 가루 세제

㈏ 세탁비누

- 가수 분해 되어 유리 지방산을 만든다.
- 알칼리성 용액에서 사용할 수 있다.
- 경수(센물)에 불안정하다.
- 원료의 공급에 제한을 받는다.
- 칼슘비누 찌꺼기를 생성하고 옷에 붙어 잘 제거되지 않는 단점이 있다.

③ 거품 정도에 따른 분류

  (가) 저포성 세제(드럼세탁기 전용)

    많은 거품은 세탁물 사이에서 지나친 쿠션 역할을 하여 세탁 효과를 떨어뜨린다.

  (나) 제포성 세제: 합성 세제에 소량의 비누를 배합하여 거품 생성을 억제한다.

❸ 세탁의 종류

① 드라이클리닝

  (가) 세제값이 비싸고, 설비비가 들고, 세탁 방법이 복잡하다.

  (나) 친유성 오염을 세탁하는 데 효과적이다.

  (다) 의류의 색·형태가 보존되며, 세탁 후 손질이 간편하다.

  (라) 오염물이 깨끗이 제거된다.

  (마) 양모, 견, 아세테이트 같이 물세탁으로 손상되기 쉬운 옷에 효과적이다.

  (바) 물세탁으로 많이 줄어드는 옷에 효과적이다.

② 건식세탁

  (가) 건조가 빠르고 손질이 간편하다.

  (나) 세탁물의 지질이 손상되지 않는다.

  (다) 유용성 오점을 제거하기가 용이하다.

  (라) 습식세탁보다 세척률이 나쁘다.

③ 모피 제품 세탁 시: 톱밥을 사용한다.

❹ 세탁물 건조

① 면, 마, 레이온 등의 섬유 제품은 직사광선에서 건조해도 무방하다.

② 양모, 견 등의 섬유 제품은 그늘에서 말리는 것이 좋다.

③ 풍건(風乾)의 경우 세탁물의 건조 속도는 기온, 상대 습도, 풍속 등의 영향을 받는다.

④ 편성물은 옷이 쉽게 변형되므로 뉘어서 건조한다.

물세탁 방법			
기호	뜻	기호	뜻
95	물온도 95℃ 세탁기 사용(손세탁 가능)	약 30 (중성)	물온도 30℃ 세탁기에서 약하게(손세탁 가능) 중성세제 사용
60	물온도 60℃ 세탁기 사용(손세탁 가능)	손세탁 30 중성	물온도 30℃ 손세탁 중성세제 사용
40	물온도 40℃ 세탁기 사용(손세탁 가능)		물세탁 불가
약40	물온도 40℃ 세탁기에서 약하게 (손세탁 가능)		
짜는 방법			
기호	뜻	기호	뜻
약하게	손으로 약하게 짠다		짜면 안 됨
표백			
기호	뜻	기호	뜻
염소 표백	염소계 표백제로 표백	산소 표백	산소계 표백제로 표백 불가
염소 표백	염소계 표백제로 표백 불가	염소 산소표백	염소계와 산소계 표백제로 표백
산소 표백	산소계 표백제로 표백	염소 산소표백	염소계와 산소계 표백제로 표백 불가

건조 방법			
기호	뜻	기호	뜻
옷걸이	옷걸이에 걸어서 건조	뉘어서	그늘에 뉘어서 건조
옷걸이	옷걸이에 걸어서 그늘에서 건조	(사각 원)	기계건조 가능
뉘어서	뉘어서 건조	(사각 원 X)	기계건조 불가

다림질			
기호	뜻	기호	뜻
180~210	온도 180~210℃로 다림질	80~120	온도 80~120℃로 다림질
180~210	헝겊을 덮고 온도 180~210℃로 다림질	80~120	헝겊을 덮고 온도 80~120℃로 다림질
140~160	온도 140~160℃로 다림질	(X)	다림질 불가
140~160	헝겊을 덮고 온도 140~160℃로 다림질		

드라이클리닝			
기호	뜻	기호	뜻
드라이	용제 상관없이 드라이클리닝 가능	드라이 (X)	드라이클리닝 불가
드라이 석유계	석유계 용제로 드라이클리닝		

⑤ 얼룩

(1) 얼룩제거 원리

화학 작용법: 각종 얼룩진 오점의 이물질을 무색이나 다른 색으로 변화시켜 제거한 다음 중화 또는 환원시키는 방법이다.

(2) 얼룩 제거 방법

① **계란**

　㈎ 건조시킨 후 솔로 털어낸다.

　㈏ 벤젠이나 휘발유로 지방을 씻어내고, 세제액으로 제거한다.

　㈐ 효소 처리를 한다.

　㈑ 단백질은 열에 응고되므로 찬물로 제거한다.

② **립스틱** – 립스틱에는 색소 외에 안료나 향료 등이 포함되어 있어 지우개로 고체 안료를 제거하고 유기 용제로 일차 제거 후 암모니아 용액이나 알코올로 닦는다.

③ 유성매직 – 지용성 세제

④ 땀 – 암모니아수

⑤ 먹물 – 세제액

⑥ 볼펜잉크 – 벤젠

⑦ 녹(철분) – 수산액

⑧ 혈액 · 커피 · 주스 – 물이나 일반 세제액을 사용하여 제거한다.

핵심문제 뜨거운 물로 빨래를 했을 때 가장 피해가 많은 직물은?

　① 인견 직물　　② 나일론 직물　　③ 목면 직물　　④ 모시 직물

해설 레이온은 물에 젖으면 강도가 감소한다.　　답 ①

핵심문제 다음 의류의 세탁 방법 중 잘못된 것은?

　① 아세테이트는 80℃ 정도의 세탁에서는 변형이 없다.
　② 레이온은 강알칼리에 의해 손상이 된다.
　③ 셀룰로오스 섬유는 내알칼리성이 좋다.
　④ 경수 또는 철분이 함유된 세탁용수는 피한다.

해설 아세테이트는 40℃ 이상에서 세탁하면 안 된다.　　답 ①

핵심문제 다음 중 전경도에 해당하는 것은?

① 일시 경도
② 영구 경도
③ 영구 경도 - 일시 경도
④ 영구 경도 + 일시 경도

해설 경도는 물에 칼슘염과 마그네슘이 포함되어 있는 정도이고, 전경도는 총경도를 의미한다.

답 ④

핵심문제 의류의 세탁에 대한 설명으로 알맞지 않는 것은?

① 세탁 온도는 일반적으로 약 35~40℃가 적당하다.
② 경수에서는 섬유의 종류와 관계없이 비누보다는 합성 세제를 사용하는 것이 좋다.
③ 합성 세제는 양모나 견에서는 알칼리성 세제, 면이나 마에서는 중성 세제를 사용한다.
④ 세제는 약 0.2~0.3% 농도에서 최대의 세탁 효과를 나타낸다.

해설 양모나 견에서는 중성 세제, 면이나 마에서는 알칼리성 세제를 사용한다.

답 ③

핵심문제 여러 세탁 방법에서 세척률을 바르게 나타낸 것은?

① 비벼 빨기 > 두드려 빨기 > 주물러 빨기 > 흔들어 빨기
② 비벼 빨기 > 두드려 빨기 > 흔들어 빨기 > 주물러 빨기
③ 두드려 빨기 > 비벼 빨기 > 주물러 빨기 > 흔들어 빨기
④ 두드려 빨기 > 비벼 빨기 > 흔들어 빨기 > 주물러 빨기

답 ③

핵심문제 다음 중 중성 세제로 세탁하기 가장 무난한 것은?

① 면 셔츠
② 울 스웨터
③ 폴리 블라우스
④ 나일론 스타킹

답 ②

핵심문제 수용액의 pH를 10.5~11.0 내외가 되도록 한 세제는?

① 산성 세제
② 알칼리 세제
③ 다목적 세제
④ 중성 세제

해설 알칼리 세제는 일반적으로 사용하는 세제이며 pH가 10.5~11.0 내외이다.

답 ②

핵심문제 pH 산가 측정에서 중성은?

① pH 3~5
② pH 7
③ pH 8~11
④ pH 12~14

답 ②

핵심문제 비누의 특성을 설명한 것 중 틀린 것은?

① 가수 분해 되어 유리 지방산을 만든다.
② 알칼리성 용액에서 사용할 수 있다.
③ 경수(센물)에 안정하다.
④ 원료의 공급에 제한을 받는다.

해설 경수에서 금속성 이온과 만나 불수용성 찌꺼기를 만들어 세제 역할을 못한다.

답 ③

(핵심문제) 드라이클리닝의 장점에 대해서 바르게 말한 것은?

① 세제값이 싸고, 설비비가 적게 든다.
② 친수성 오염의 세탁에 효과적이다.
③ 의류의 색, 형태가 보존되며, 세탁 후 손질이 간편하다.
④ 세탁 방법이 간단하고, 오염물이 깨끗이 제거된다.　　　　　　　답 ③

(핵심문제) 합성 세제에 소량의 비누를 배합하여 거품 생성을 억제한 세제는?

① 중질 세제　　　　　　　　　② 액체 세제
③ 저포성 세제　　　　　　　　④ 제포성 세제　　　　　　　　답 ④

(핵심문제) 합성 세제 중 수용액의 pH를 10.5~11 내외가 되도록 하는 것은?

① 경질 세제　　　　　　　　　② 중질 세제
③ 제포성 세제　　　　　　　　④ 저포성 세제　　　　　　　　답 ②

(핵심문제) 드라이클리닝의 장점이 아닌 것은?

① 세탁물의 변형이 거의 없다.
② 건조가 빠르고 손질이 간편하다.
③ 친수성 오점의 제거가 용이하다.
④ 세탁 중 염료에 의한 재오염이 없다.　　　　　　　　　　　　답 ③

(핵심문제) 건식세탁의 장점이 아닌 것은?

① 건조가 빠르고 손질이 간편하다.　　② 세탁물의 지질이 손상되지 않는다.
③ 유용성 오점을 제거하기가 용이하다.　④ 습식세탁보다 세척률이 좋다.　　답 ④

(핵심문제) 물세탁 방법의 표시 기호가 다음과 같다. 그 뜻에 해당되지 않는 것은?

① 세탁물의 온도는 60℃ 이하로 한다.
② 세제의 종류에는 제한을 받지 않는다.
③ 손세탁은 불가능하다.
④ 세탁기로 세탁할 수 있다.

60℃ 이하

(해설) 물온도 60℃ 이하로 세제 종류의 제한 없이 세탁기를 이용해 세탁할 수 있다.　　답 ③

(핵심문제) 다음 섬유제품 취급 표시의 그림을 보고 양모 제품에 표시하는 기호 중 잘못된 것은?

① 약 30 중성　　② 드라이　　③ 　　④ 뉘어서

(해설) 양모는 드라이를 하는 것이 낫다.　　　　　　　　　　　　답 ②

(핵심문제) 다음 중 모피 제품을 세탁할 때 사용하는 것은 어느 것인가?

① 톱밥
② 포말
③ 에멀전
④ 음이온 계면 활성제　　　　　**답** ①

(핵심문제) 각종 얼룩진 오점의 이물질을 무색이나 다른 색으로 변화시켜 제거한 다음 중화 또는 환원시키는 방법은?

① 용해 작용법
② 윤활 작용법
③ 화학 작용법
④ 소화 작용법　　　　　**답** ③

(핵심문제) 다음은 계란 얼룩의 제거 요령을 설명한 것이다. 잘못된 것은?

① 열탕으로 처리하고서 휘발유로 제거한다.
② 건조시킨 후 솔로 털어낸다.
③ 벤젠이나 휘발유로 지방을 씻어내고, 세제액으로 제거한다.
④ 효소 처리를 한다.

해설 단백질은 열에 응고된다.　　　　　**답** ①

(핵심문제) 다음 얼룩 중 물이나 일반 세제액으로 제거가 가장 어려운 것은?

① 혈액　　　② 매직잉크　　　③ 커피　　　④ 주스

해설 유성매직에는 지용성 세제를 사용한다.　　　　　**답** ②

(핵심문제) 다음 중 얼룩을 제거하는 방법으로 옳지 않은 것은?

① 땀 – 암모니아수
② 립스틱 – 효소액
③ 먹물 – 세제액
④ 볼펜잉크 – 벤젠

해설 립스틱은 유기 용제로 일차 제거한 후 암모니아 용액이나 알코올로 닦는다.　　　　　**답** ②

(핵심문제) 옷에 녹(철분)이 묻었을 때 제거 방법은?

① 수산액으로 뺀다.
② 벤젠으로 뺀다.
③ 알코올로 뺀다.
④ 더운물로 뺀다.　　　　　**답** ①

6-3 해충과 예방 보관

◢ 의복 보관 시 습기로 인한 피해

① 취화, 변색, 해충 등이 있다.

② 여름옷은 풀을 먹이지 말고 넣어 둔다(풀을 먹이면 해충이나 곰팡이의 피해를 입을
수 있다).

2 곰팡이

① 우리나라에서 곰팡이가 가장 잘 발육하는 시기는 5월~10월이다.

② 식물성 섬유(면, 레이온)는 곰팡이가 발생할 수 있어 깨끗하게 세탁한 후 건조하여
보관해야 한다.

③ **곰팡이에 의한 견직물 피해**

㈎ 견직물 무게가 감소한다.

㈏ 특히 신도의 저하가 심하다.

㈐ 연사보다 생사가 더 손상이 심하다.

㈑ 광택이 저하된다.

④ **곰팡이 피해를 막기 위한 방법**

㈎ 의복에 부착한 오물을 제거한다.

㈏ 보관 시 방충제와 방습제를 첨가한다.

㈐ 의복을 충분히 건조시킨다.

㈑ 풀을 먹이면 곰팡이가 쉽게 서식한다.

㈒ 곰팡이 발생 시에는 건열 80℃에서 10분간 유지하는 것이 가장 효과적이다.

3 해충

① **피해**

㈎ 모, 견, 모피 등 동물성 천연 섬유류는 장마철에 나방 등의 해충이 알을 까서 상할
수도 있다.

㈏ 섬유가 가늘거나 꼬임이 적을수록 해충의 피해가 크다.

② **보관 방법**

㈎ 방습 · 방충제를 넣어두워야 한다.

㈏ 방충제는 여러 종류를 쓰면 서로 화학 반응을 일으켜 옷감을 상하게 하므로 같은
종류를 써야 한다.

㈐ 양복은 옷걸이에 걸고 옷덮개를 사용하는 것이 바람직하다.

㈑ 정돈한 의복은 한 벌씩 따로 종이에 싼다.

㈒ 먼지를 막기 위해 옷보자기에 싸서 통풍이 되도록 한다.

핵심문제 우리나라에서 곰팡이가 가장 잘 발육하는 시기는 어느 때인가?

① 1월~2월 　　　　　　　　② 4월~5월
③ 7월~8월 　　　　　　　　④ 10월~11월

해설 곰팡이가 가장 잘 발육하는 시기는 5월에서 10월까지다. 　　　　 답 ③

핵심문제 곰팡이가 발생할 수 있어 깨끗하고 건조하게 보관해야 하는 섬유끼리 짝지어진 것은?

① 면 – 레이온 　　　　　　② 아마 – 나일론
③ 견 – 폴리에스테르 　　　④ 모 – 아세테이트

해설 곰팡이는 식물성 섬유에 쉽게 서식한다. 　　　　　　　 답 ①

핵심문제 견직물에 대한 곰팡이의 피해로서 틀린 것은?

① 견직물의 무게를 증가시킨다.
② 특히 신도의 저하가 심하다.
③ 연사에 비하여 생사는 손상이 심하다.
④ 광택이 저하된다.

해설 견직물은 곰팡이로 인해 침식되어 가벼워진다. 　　　　 답 ①

핵심문제 의복을 보관할 때 습기로 인한 피해가 아닌 것은?

① 보온성 감소 　　　　　　② 취화
③ 변색 　　　　　　　　　　④ 해충 　　　　　 답 ①

부록

- 기출문제
- CBT 실전문제

2012년 4월 8일 시행

자격종목	문제 수	수험번호	성 명
양장기능사	60문제		

1. 1cm당 스티치의 수가 4개에서 5개로 늘어날 경우 봉사의 소요량 증감으로 옳은 것은?

① 약 10% 감소한다.
② 약 10% 증가한다.
③ 약 25% 감소한다.
④ 약 25% 증가한다.

해설 봉사의 소모량은 스티치 길이, 바늘과 바늘사이의 폭, 솔기 폭, 원단 두께, 봉사의 장력·굵기 등 직접적인 요인이 있다.

2. 옷감과 재봉 바늘의 관계가 옳은 것은?

① 포플린 – 11호
② 조젯 – 14호
③ 트위드 – 9호
④ 모슬린 – 14호

해설 조젯-9호, 트위드-14, 16호, 모슬린-11호

3. 제도용으로 2B 연필이 가장 많이 사용되는 것은?

① 기초선을 제도할 때
② 완성선을 제도할 때
③ 선의 교차를 제도할 때
④ 안내선을 제도할 때

해설 연필 2B는 완성선을 그릴 때 주로 사용한다.

4. 재단할 때 주의할 사항으로 틀린 것은?

① 바이어스 테이프를 장식으로 달 때에는 시접을 넣지 않는다.
② 안단의 시접은 칼라형에 따라 다르게 잡는다.

③ 한 겹 옷은 안단을 붙여서 재단한다.
④ 칼라의 라펠을 넓게 할 경우에는 안단을 붙여서 재단한다.

해설 칼라의 라펠을 넓게 할 경우에는 안단을 따로 재단한다.

5. 제도에 필요한 약자 중 무릎선에 해당하는 것은?

① K.L
② N.L
③ E.L
④ M.H.L

해설 무릎선 knee line, 목밑 둘레선 neck base line, 팔꿈치선 elbow line

6. 길이에 따른 슬랙스의 종류 중 원형의 무릎선에서 5~10cm 정도 길게 한 것은?

① 쇼트 쇼츠 (short shorts)
② 버뮤다 (bermuda)
③ 니커스 (knickers)
④ 앵클 팬츠 (ankle pants)

해설 ㉠ 쇼트 쇼츠: 길이가 매우 짧은 바지
㉡ 버뮤다: 무릎 길이 바지
㉢ 앵클 팬츠: 발목 길이의 바지

7. 인체의 많은 부위를 계측하여 제도하기 때문에 체형 특징에 잘 맞는 원형을 얻을 수 있는 제도 방법은?

① 단촌식 제도법
② 중촌식 제도법
③ 장촌식 제도법
④ 혼합식 제도법

정답 1. ② 2. ① 3. ② 4. ④ 5. ① 6. ③ 7. ①

해설 단촌식은 인체 각 부위를 계측하여 제도하는 방법으로 치수를 정확하게 계측해야 정확한 원형 제도가 가능하다.

8. 너비 150cm의 옷감으로 긴 소매 원피스를 만들 때 옷감의 필요량 계산법으로 옳은 것은?

① (옷 길이 x 2) + 소매길이 + 시접
② (옷 길이 x 2) + 시접
③ (옷 길이 + 시접) x 2
④ 옷 길이 + 소매길이 + 시접

해설 ㉠ 150cm 폭: 옷 길이+소매길이+시접(10~15cm)
㉡ 110cm 폭: (옷 길이×1.2)+소매길이+시접(10~15cm)
㉢ 90cm 폭: (옷 길이×2)+시접(12~16cm)

9. 겉감의 경우 일반적인 각 부위의 기본 시접 분량으로 가장 옳은 것은?

① 목둘레 – 2cm
② 칼라 – 2cm
③ 어깨와 옆선 – 2cm
④ 소맷단 – 2cm

해설 부위별 기본 시접 분량
㉠ 1cm – 목둘레, 겨드랑 둘레, 칼라, 하의 허리선
㉡ 2cm – 어깨와 옆선
㉢ 3~4cm – 소맷단, 블라우스단
㉣ 4~5cm – 스커트단, 재킷단

10. 가슴 다트 위의 진동둘레 부위와 뒤 어깨밑에 군주름이 생길 경우의 보정 방법에 관한 설명으로 가장 옳은 것은?

① 어깨를 올려 주고 진동둘레 밑부분은 같은 치수로 내려 수정한다.
② 어깨솔기를 터서 군주름 분량만큼 시침 보정하여 어깨를 내려 주고 어깨처짐만큼 진동둘레 밑부분도 내려 수정한다.
③ 뒷길의 어깨를 올려 주고 진동둘레 밑부분을 서로 다른 치수로 내려 준다.
④ 앞길의 어깨를 올려 주고 진동둘레 밑부분을 서로 다른 치수로 내려 준다.

해설 어깨가 처진 경우는 군주름 분량만큼 어깨를 내려 주고 진동둘레 밑부분도 내린다.

11. 계측점에 관한 설명 중 틀린 것은?

① 목 뒷점 – 목을 앞으로 구부렸을 때 제일 큰 뼈의 중심점
② 팔꿈치점 – 팔꿈치에서 가장 뒤쪽으로 두드러진 점
③ 무릎점 – 무릎뼈의 가운데 위치한 점
④ 등너비점 – 목둘레선과 어깨끝점선과 만나는 점

해설 등너비점: 자를 겨드랑이에 끼워 뒷겨드랑이 밑에 표시한 점과 어깨끝점과의 중간점

12. 다음 중 재봉사로 가장 많이 사용하는 실은?

① 2합 연합사
② 3합 연합사
③ 4합 연합사
④ 5합 연합사

해설 재봉사는 3합 연합사를 많이 쓰고, 손바느질은 2합사를 많이 쓴다.

13. 소매가 너무 좁은 경우의 보정 방법에 관한 설명으로 옳은 것은?

① 접어서 여유분을 없앤다.
② 가위집을 넣은 후 새로운 진동선을 그리고, 길 원형의 진동 일부분을 올린다.
③ 식서 방향을 따라 절개한 후 적당하게 벌려 패턴을 수정하고, 길의 진동 둘레도 파 준다.
④ 바이어스 헝겊으로 덧대어 가봉한 후 진동 둘레선을 수정한다.

정답 8. ④ 9. ③ 10. ② 11. ④ 12. ② 13. ③

해설 소매가 너무 좁은 경우에는 식서 방향을 따라 절개한 후 적당하게 벌려 패턴을 수정하고, 길의 진동 둘레도 내린다.

14. 본봉 재봉기의 4대 주요 운동이 잘못 연결된 것은?

① 실채기 – 상하 운동
② 바늘대 – 상하 운동
③ 톱니 – 상하 · 수평 운동
④ 가마 – 왕복 운동

해설 ㉠ 실채기, 바늘대 – 상하 운동
㉡ 톱니, 바늘판 – 상하 · 수평 운동
㉢ 훅 – 회전 · 요동 운동

15. 인체 계측방법 중 직접법의 특징이 아닌 것은?

① 굴곡 있는 체표의 실측 길이를 얻을 수 있다.
② 표준화된 계측 기구가 필요하다.
③ 계측을 위한 넓은 공간 확보와 환경 정리가 필요 없다.
④ 계측 시 피계측자의 협력이 요구된다.

해설 직접법은 계측 기구를 사용하여 직접 계측하는 방법으로, 충분한 공간 확보와 환경 정리가 필요하다.

16. 장촌식 제도법의 4원형 제도 시 필요한 치수로만 나열된 것은?

① 등 길이, 가슴둘레, 소매길이
② 가슴둘레, 등 너비, 앞 길이
③ 어깨너비, 가슴둘레, 허리둘레
④ 가슴둘레, 어깨너비, 등 길이

해설 길 원형을 제도할 때 장촌식을 많이 사용하며, 필요 치수는 등 길이와 가슴둘레이다.

17. 의복 원형에 관한 설명 중 틀린 것은?

① 인간의 동적 기능을 방해하지 않는 범위 내에서 신체에 밀착되는 기본 옷을 말한다.
② 원형의 각 부위에는 동작에 대한 기본적인 여유분이 포함되어 있다.
③ 서투른 초보자에게 적당한 원형의 제도법은 단촌식 제도법이다.
④ 원형은 어떤 방법이든 누구에게나 잘 맞고 이해되는 제도 방법이 바람직한 것이다.

해설 장촌식 제도법은 인체의 각 부위 중 대표적인 항목의 계측 치수를 기준으로 제도하므로 초보자가 사용하기 좋으며, 가장 중요한 치수는 가슴둘레이다.

18. 재봉기 사용 시 실이 잘 끊어지는 원인과 가장 거리가 먼 것은?

① 실채기 용수철의 결함
③ 바늘과 북의 위치 불량
③ 바늘과 톱니 타이밍 불량
④ 전원 커넥터 접속 불량

해설 ④는 실이 끊어지는 원인과 관계가 없다.

19. 입체화된 의복의 반듯함과 실루엣을 아름답게 나타나게 하고, 의복의 형태가 변형되지 않도록 보강해 주는 것은?

① 심감 ② 겉감
③ 안감 ④ 벨트

20. 옷감의 완성선 표시 방법 중 옷감의 색에 따라 잘 나타나는 색을 선택하여, 패턴을 옷감 위에 놓고 완성선 및 시접선을 긋는 데 주로 사용하는 것은?

① 실표뜨기
② 룰렛으로 표시하기
③ 송곳 사용하기
④ 초크로 표시하기

정답 14. ④ 15. ③ 16. ④ 17. ③ 18. ④ 19. ① 20. ④

해설 ㉠ 룰렛: 천에 재단선을 표시할 때 바퀴 자
국을 남겨 선을 표시한다.
㉡ 송곳: 겉감의 완성선을 안감에 옮길 때, 다
트, 포켓 위치를 표시한다.
㉢ 실표뜨기: 바느질할 선을 따라 바늘땀을
크게 하여 시침질한다.

21. 다트 머니퓰레이션(dart manipulation)의 정
의로 옳은 것은?

① 다트의 위치를 이동시켜 새로운 원형을 만드
는 과정
② 소매산 부근을 많이 부풀려 디자인을 변화시
키는 과정
③ 이상 체형의 변화를 원형에서 수정하는 작업
④ 활동에 불편하지 않도록 원형을 변화시키는
작업

해설 다트 머니퓰레이션: 다른 기본 다트를 접고
다른 위치를 절개하거나 회전시켜 새로운 모
양을 만들어 디자인하는 것

22. 높은 어깨에 가장 적합한 소매는?

① 소매너비가 좁은 소매
② 소매산을 높인 소매
③ 소매너비가 넓은 소매
④ 소매산을 낮춘 소매

23. 제도에 사용되는 약자 중 C.F.L의 의미는?

① 앞 중심선   ② 위 중심선
③ 가슴둘레선   ④ 허리둘레선

해설 앞 중심선 center front line

24. 소매 원형의 그림 x 부위의 명칭은?

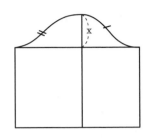

① A.H.L   ② S.A.P
③ S.C.H   ④ S.B.L

해설 소매산 S.C.H(sleeve cap height)

25. 옷감과 패턴의 배치에 관한 설명 중 틀린 것
은?

① 줄무늬는 옷감 정리에서 줄을 바르게 정리한
다음 배치한다.
② 패턴은 큰 것부터 배치하고 작은 것은 큰 것
사이에 배치한다.
③ 짧은 털이 있는 옷감은 털의 결 방향을 위로
배치한다.
④ 옷감의 표면이 밖으로 되게 반을 접어 패턴을
배치한다.

해설 옷감의 표면이 안으로 되게 접어 패턴을
배치한다.

26. 가슴둘레의 계측 방법으로 가장 옳은 것은?

① 가슴의 유두점 바로 밑부분을 수평으로 잰다. 이
때는 편안한 상태에서 당기지 말고 그대로 잰다.
② 가슴의 유두점을 지나는 수평 부위를 돌려서
잰다. 이때 편안한 상태에서 당기지 말고 그대
로 잰다.
③ 가슴의 유두점 바로 윗부분을 수평으로 재며
줄자는 당겨 꼭 맞게 잰다.
④ 가슴의 유두점을 지나는 수평 둘레를 재며 줄
자는 당겨 꼭 맞게 잰다.

해설 유두점을 지나는 수평 둘레를 재며, 줄자
를 너무 꼭 잡아당기지 않도록 주의한다.

정답 21. ①   22. ②   23. ①   24. ③   25. ④   26. ②

27. 다음 그림의 슬랙스 원형 보정에 해당하는 체형은?

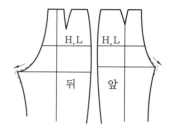

① 엉덩이가 처지고 복부가 나온 체형
② 엉덩이가 나오고 복부가 들어간 체형
③ 복부가 나온 체형
④ 밑위의 앞뒤 두께가 큰 체형

(해설) 앞, 뒤 밑아래에 당기는 주름이 생기는 경우 밑위선의 내어준 분량이 부족한 것이므로 앞뒤 밑 아래선을 부족한 분량만큼 내어준다.

28. 래글런(raglan) 소매의 설명으로 옳은 것은?

① 길과 소매가 연결된 것으로 활동적인 의복에 사용한다.
② 소맷부리를 넓게 하여 주름을 잡아 오그리고 커프스로 처리한 소매이다.
③ 어깨를 감싸는 짧은 소매로 겨드랑이에는 소매가 없는 디자인이다.
④ 소매산이나 소맷부리에 개더 및 플리츠를 넣은 것으로 주름의 위치와 분량에 따라 모양이 달라진다.

(해설) ②는 비숍 슬리브, ③은 캡 슬리브, ④는 퍼프 슬리브에 대한 설명이다.

29. 인체 계측 방법 중 자동 체형촬영 장치를 사용하여 피계측자의 정면과 측면을 촬영하고, 여기서 얻은 두 장의 사진으로 인체 치수와 인체 형태 및 자세를 파악할 수 있는 것은?

① 실루에터법   ② 모아레 · 등고선법
③ 신장계법   ④ 간상계법

(해설) 신장계법은 수직자, 간상계법은 큰수평자로 측정한다.
모아레법: 사진 기록법으로 3차원 물체를 등고선 패턴으로 그리는 방법

30. 퀼리트 스커트(culotte skirt)와 같은 명칭의 스커트는?

① 개더스커트(gathered skirt)
② 티어스커트(tired skirt)
③ 디바이디드 스커트(divided skirt)
④ 슬림 스커트(slin skirt)

(해설) 나누어진 스커트란 뜻으로 바지와 같이 가랑이가 있는 스커트이다.

31. 섬유의 거래에 있어서 표준이 되는 일정한 수분율을 국가에서 정하고 이에 따라 거래하도록 하는 것은?

① 표준 수분율   ② 공정 수분율
③ 실제 수분율   ④ 약정 수분율

(해설) 표준 수분율은 흡습성의 정도를 표준 상태에서 측정한 수분율이다.

32. 수분을 흡수하면 강도가 증가하는 섬유는?

① 면   ② 견
③ 나일론   ④ 아크릴

(해설) 습윤 상태에서 아마는 20% 정도, 면은 10% 내외로 강도가 증가한다.

33. 양모 제품의 특징 중 사용 중에 수축되는 결점의 원인이 되는 것은?

① 흡습성   ② 축융성
③ 필링성   ④ 내약품성

34. 실의 종류 중 코드(cord)에 해당되지 않는

것은?

① 합연사　　　　　② 재봉사
③ 끈　　　　　　　④ 로프

해설 코드는 합사를 두 가닥 이상 합연하여 만든 한 가닥의 실로 재봉사, 끈, 로프가 해당된다.

35. 다음 중 무기 섬유가 아닌 것은?

① 유리 섬유　　　　② 금속 섬유
③ 탄소 섬유　　　　④ 헤어 섬유

해설 헤어 섬유는 모섬유이다.

36. 섬유의 성질 중 대전성과 관계가 있는 것은?

① 흡습성　　　　　② 신도
③ 강도　　　　　　④ 열가소성

해설 대전성은 옷감 또는 섬유의 마찰로 정전기가 발생하여 달라붙는 것으로, 특히 합성 섬유가 크다.

37. 섬유의 형태에서 측면 구조는 천연 꼬임을 가지고 단면은 중공을 가지는 섬유는?

① 마　　　　　　　② 양모
③ 견　　　　　　　④ 면

38. 다음 중 산(acid)에 가장 약한 섬유는?

① 식물성 섬유　　　② 동물성 섬유
③ 재생 섬유　　　　④ 합성 섬유

해설 식물성 섬유는 알칼리에 강하고 산에 약하다.

39. 동물성 섬유로서 스케일(scale)이 가장 잘 발달된 섬유는?

① 양모　　　　　　② 면

③ 마　　　　　　　④ 나일론

40. 나일론 필라멘트사의 길이가 9km이고 무게가 5g인 실의 굵기(denier)는?

① 1 denier　　　　② 5 denier
③ 7 denier　　　　④ 45 denier

해설 길이 9,000m인 실의 무게가 1g일 때 1데니어이다.

41. 의상을 디자인할 때 뚱뚱하고 키가 큰 체형에게 가장 적합한 색은?

① 진출색, 수축색　　② 진출색, 팽창색
③ 후퇴색, 수축색　　④ 후퇴색, 팽창색

해설 키가 크고 뚱뚱한 체형에는 저명도, 저채도, 한색계의 후퇴색과 수축색이 어울린다.

42. 다음 중 난색계의 색에 해당되지 않는 것은?

① 빨강　　　　　　② 연두
③ 주황　　　　　　④ 노랑

해설 난색계(따뜻한 색) – 빨강, 주황, 노랑 등 한색계(차가운 색) – 초록, 피랑, 남색 등

43. 다음 중 가장 온화한 분위기를 표현할 수 있는 배색은?

① 밝은 녹색과 연한 자주
② 밝은 남색과 연한 연두
③ 밝은 파랑과 연한 보라
④ 밝은 노랑과 연한 주황

해설 서로 공통점이 있는 유사한 색상끼리 이루는 동일 유사 조화가 온화한 느낌을 준다.

44. 다음 중 검정 종이 위에 놓았을 때 진출성이 가장 큰 색은?

정답 35. ④　36. ①　37. ④　38. ①　39. ①　40. ②　41. ③　42. ②　43. ④　44. ②

① 파랑　　　　② 노랑
③ 녹색　　　　④ 연두

해설 검은색은 노란색과의 배색에서 명시성이 가장 좋다.

45. 점에 관한 설명으로 틀린 것은?

① 위치만을 가진다.
② 원이 가장 일반적인 형태이다.
③ 선보다 훨씬 강력한 심리적 효과가 있다.
④ 점의 크기를 변화시키면 운동감이 향상된다.

해설 선이 점보다 심리적 효과가 크다.

46. 색의 3속성에서 눈에 가장 민감하게 작용하는 것은?

① 색상　　　　② 명도
③ 채도　　　　④ 순도

해설 명도는 색의 3속성 중 인간에게 가장 민감하게 작용한다.

47. 다음 중 팽창의 느낌을 주는 색이 아닌 것은?

① 고명도의 색　　② 고채도의 색
③ 한색계의 색　　④ 난색계의 색

해설 팽창색은 고명도, 고채도, 난색계의 색상이다.

48. 다음 중 동시 대비가 아닌 것은?

① 계시대비　　　② 색상 대비
③ 명도 대비　　　④ 보색 대비

해설 동시 대비란 두 개의 색을 동시에 놓고 보았을 때 그 주위 색의 영향으로 본래의 색이 다르게 보이는 현상이다.

49. 무늬의 종류 중 일정한 폭을 가지고 일정한

단위를 좌·우 또는 상·하로 순환 연결해 나가는 무늬는?

① 기하무늬　　　② 단독 무늬
③ 이방 연속무늬　④ 사방 연속무늬

해설 이방 연속무늬: 띠의 형태로 반복되는 것으로 한 단위가 좌·우 혹은 상·하로 연결되거나 사선 방향으로 연속된다.
사방 연속무늬: 상하좌우 네 방향으로 반복해 연속되는 무늬이다.

50. 색의 연상에 관한 설명 중 틀린 것은?

① 연상의 개념은 사람의 경험과 지식에 영향을 받는다.
② 빨간색을 보고 불이라고 느끼는 것은 구체적인 대상을 연상하는 것이다.
③ 민족성에는 영향을 받으나 나이, 성별에는 영향을 받지 않는다.
④ 생활 환경, 교양, 직업 등에 영향을 받는다.

해설 색의 연상: 색채를 자극함으로써 생기는 감정의 일종으로 개인의 생활 경험과 깊은 관련이 있고, 사회적·역사적인 선입관에 의해서도 영향을 받는다.

51. 다음 중 입술연지(립스틱)로 인한 얼룩을 제거하는 방법으로 가장 옳은 것은?

① 수산으로 닦아내고 오래된 것은 암모니아수, 세제액, 물을 사용하여 씻는다.
② 세제액을 칫솔에 묻혀 가볍게 문지른다.
③ 지우개로 문질러 내거나 벤젠으로 처리하고 세제액으로 씻는다.
④ 아세톤으로 녹여낸다.

해설 립스틱에는 색소 외에 안료나 향료 등이 포함되어 지우개로 고체 안료를 제거하고 아세톤으로 처리한 후 세제를 사용해 세탁한다.

52. 다음 중 대표적인 리사이클 소재에 해당하

는 것은?

① 재활용 데님 소재　② 바이오 가공 소재

③ 뉴레이온 소재　④ 신합성 소재

해설 리사이클 소재는 재활용 소재이다.

53. 경사와 위사에 관한 설명 중 옳은 것은?

① 경사는 위사에 비해 꼬임이 적고 가늘다.

② 수축 현상은 위사 방향에서 현저하게 나타난다.

③ 경사 방향에 비해 위사 방향이 신축성이 더 크다.

④ 경사에 비해 위사는 강직하다.

해설 경사: 위사보다 꼬임이 많고 강한 실을 사용하며 강직하다.
위사: 경사 방향에 비해 강도가 약하고 신축성이 크다.

54. 다음 중 위파일 직물에 해당하는 것은?

① 벨베틴(velveteen)　② 플러시(plush)

③ 벨벳(velvet)　④ 아스트라한(astrakhan)

해설 경파일 직물로는 벨벳, 아스트라한, 플러시, 벨루어 등이 있다. 위파일 직물로는 우단(벨베틴), 코듀로이 등이 있다.

55. 직물의 건조 공정에 관한 설명 중 틀린 것은?

① 건조기는 직물의 종류, 형태 및 가공 방법에 따라 분류된다.

② 자연 건조는 상온도, 상습도에서 미풍을 이용하여 건조하는 것이다.

③ 기계식 건조는 실린더 건조, 열풍 건조, 적외선 건조 등으로 분류된다.

④ 표면 증발 속도가 가장 빠른 건조 방법은 적외선 건조이다.

해설 직물 건조에 있어 표면 증발 속도가 가장 빠른 것은 실린더 건조(가열한 건조 실린더의 표면에 물을 접촉시켜 건조하는 것)이다.

56. 다음 중 방축 가공을 행하는 직물은?

① 폴리에스테르 직물　② 아크릴 직물

③ 나일론 직물　④ 양모 직물

해설 모직물은 물세탁 과정에서 수축 변형이 일어나므로 방축 가공을 해 준다.

57. 다음 중 보온성이 가장 큰 섬유는?

① 아마　② 면

③ 양모　④ 폴리에스테르

해설 보온성: 외부로 열이 전달되는 것을 차단하여 체온이 유지되는 성질.
양모는 열전도율이 낮아서 따뜻하다.

58. 직물의 구김을 방지하기 위한 가공은?

① 방오 가공　② 방추 가공

③ 방수 가공　④ 방염 가공

59. 섬유와 염료의 결합 중 물리적인 결합에 해당하는 것은?

① 이온 결합　② 공유 결합

③ 배위 결합　④ 수소 결합

해설 화학적 결합에는 이온 결합, 공유 결합, 배위 결합, 금속 결합이 있다. 수소 결합은 물리적 결합에 해당한다.

60. 다음 중 나일론 섬유의 산화 표백제로 가장 적합한 것은?

① 차아염소 나트륨　② 아염소산 나트륨

③ 하이드로설파이트　④ 아황산 가스

해설 산화 표백제로는 아염소산 나트륨, 과산화수소, 표백분, 유기 염소 표백제, 과붕산 나트륨 등이 있다. 하이드로설파이트는 양모에 사용되는 환원계 표백제이다.

정답 53. ③　54. ①　55. ④　56. ④　57. ③　58. ②　59. ④　60. ②

2012년 10월 20일 시행

자격종목		문제 수	수험번호	성 명
양장기능사		60문제		

1. 래글런 소매의 설명으로 옳은 것은?

① 길(몸판)과 소매가 연결된 것으로 활동적인 의복에 사용된다.

② 소맷부리를 넓게 하여 주름을 잡아 오그리고 커프스로 처리한 소매이다.

③ 어깨를 감싸는 짧은 소매로 겨드랑이에는 소매가 없는 디자인이다.

④ 소매산이나 소맷부리에 개더 및 플리츠를 넣은 소매로 주름의 위치나 분량에 따라 모양이 달라진다.

해설 ②는 비숍 소매, ③은 케이프 소매, ④는 퍼프 소매에 대한 설명이다.

2. 길이에 따른 슬랙스의 종류 중 원형의 무릎선에서 5~10cm 정도 길게 한 것은?

① 쇼트 쇼츠 (short shorts)

② 버뮤다 (bermuda)

③ 니커스 (knickers)

④ 앵클 팬츠 (ankle pants)

해설 ①은 밑위+3~5cm, ②는 무릎 위, ④는 발목 길이의 바지이다.

3. 옷감과 패턴의 배치에 관한 설명 중 틀린 것은?

① 줄무늬는 옷감 정리에서 줄을 바르게 정리한 다음 배치한다.

② 패턴은 큰 것부터 배치하고 작은 것은 큰 것 사이에 배치한다.

③ 짧은 털이 있는 옷감은 털의 결 방향을 위로 배치한다.

④ 옷감의 표면이 밖으로 되게 반을 접어 패턴을 배치한다.

해설 옷감의 겉은 안으로 들어가도록 반으로 접는다.

4. 의복의 원형에 관한 설명 중 틀린 것은?

① 인간의 동적 기능을 방해하지 않는 범위 내에서 신체에 밀착되는 기본 옷을 말한다.

② 원형의 각 부위에는 동작에 대한 기본적인 여유분이 포함되어 있다.

③ 서투른 초보자에게 적당한 원형의 제도법은 단촉식 제도법이다.

④ 원형은 어떤 방법이든 누구에게나 잘 맞고 이해되는 제도 방법이 바람직한 것이다.

해설 단촌식은 인체의 각 부위를 계측하여 제도하는 방법으로 치수를 정확하게 계측해야 정확한 원형 제도가 가능하므로 기술이 필요하다.

5. 다음 중 재봉사로 가장 많이 사용하는 실은?

① 2합연사　　　　② 3합연사

③ 4합연사　　　　④ 5합연사

해설 2합연사는 손바느질용이다.

6. 재봉기 사용 시 실이 잘 끊어지는 원인과 거리가 가장 먼 것은?

① 실채기 용수철의 결함

② 바른과 북의 위치 결함

③ 바른과 톱니 타이밍 불량

정답 1. ①　2. ③　3. ④　4. ③　5. ②　6. ④

④ 전원 커넥터 접속 불량

해설 ①, ②, ③은 윗실이 끊어지는 원인에 해당한다.

7. 재단할 때의 주의 사항으로 틀린 것은?

① 바이어스 테이프를 장식으로 달 때는 시접을 넣지 않는다.
② 안단의 시접은 칼라형에 따라 다르게 잡는다.
③ 한 겹 옷일 경우에는 안단을 붙여 재단한다.
④ 칼라의 라펠을 넓게 할 경우에는 안단을 붙여서 재단한다.

해설 칼라 부분이 넓은 경우 안단을 따로 재단한다.

8. 너비 150cm의 옷감으로 긴 소매 원피스를 만들 때 옷감의 필요량 계산법으로 옳은 것은?

① (옷 길이×2)+소매길이+시접
② (옷 길이×2)+시접
③ (옷 길이+시접)×2
④ 옷 길이+소매길이+시접

해설 ㉠ 150cm 폭: 옷 길이+소매길이+시접 (10~15cm)
㉡ 110cm 폭: (옷 길이×1.2)+소매길이+시접(10~15cm)
㉢ 90cm 폭: (옷 길이×2)+시접(12~16cm)

9. 가슴 다트 위의 진동둘레 부위와 뒤 어깨 밑에 군주름이 생길 경우의 보정 방법에 관한 설명으로 가장 옳은 것은?

① 어깨를 올려 주고 진동둘레 밑부분은 같은 치수로 내려 수정한다.
② 어깨솔기를 터서 군주름 분량만큼 시침 보정하여 어깨를 내려 주고 어깨처짐만큼 진동둘레 밑부분도 내려 수정한다.
③ 뒷길의 어깨를 올려 주고 진동둘레 밑부분을

서로 다른 치수로 내려 준다.
④ 앞길의 어깨를 올려 주고 진동둘레 밑부분을 서로 다른 치수로 내려 준다.

해설 어깨가 처진 경우는 군주름 분량만큼 어깨를 내려 주고 진동둘레 밑부분도 내린다.

10. 다음 그림의 슬랙스 원형 보정에 해당하는 체형은?

① 엉덩이가 처지고 복부가 나온 체형
② 엉덩이가 나오고 복부가 들어간 체형
③ 복부가 나온 체형
④ 밑위의 앞뒤 두께가 큰 체형

해설 앞뒤의 밑위 부분을 늘려 준 것으로 이 부위 치수가 작을 때의 보정 방법이다.

11. 인체 계측 방법 중 자동 체형촬영 장치를 사용하여 피계측자의 정면과 측면을 촬영하고, 여기서 얻은 두 장의 사진으로 인체 치수와 인체 형태 및 자세를 파악할 수 있는 것은?

① 실루에터법　　　② 모아레 등고선법
③ 신장계법　　　　④ 간상계법

해설 ②는 모아레 무늬로 높낮이를 계측하고, ③은 직접 높이를 측정하며 ④는 두께나 너비를 직접 측정한다.

12. 높은 어깨에 가장 적합한 소매는?

① 소매너비가 좁은 소매
② 소매산을 높인 소매

③ 소매너비가 넓은 소매

④ 소매산을 낮춘 소매

[해설] 솟은 어깨: 어깨선은 올려 보정하고, 그 분량만큼 진동 밑은 올려 주어야 하므로 소매산을 높여 준다.

13. 다트 머니퓰레이션의 정의로 옳은 것은?

① 다트 위치를 이동시켜 새로운 원형을 만드는 과정

② 소매산 인근을 많이 부풀려 디자인을 수정하는 작업

③ 이상 체형의 변화를 원형에서 수정하는 작업

④ 활동에 불편하지 않도록 원형을 변화시키는 작업

[해설] 디자인에 따라 다트를 활용하여 다트 위치를 이동하거나 새로 만드는 것이다.

14. 퀼로트 스커트와 같은 명칭의 스커트는?

① 개더스커트　　　② 티어스커트

③ 디바이디드 스커트　④ 슬림 스커트

[해설] 퀼로트 스커트: 스커트 원형에 슬랙스를 제도하는 방법으로 밑부분을 그려 넣는 스커트

15. 소매가 너무 좁은 경우의 보정 방법에 대한 설명으로 가장 옳은 것은?

① 접어서 여유분을 없앤다.

② 가위집을 넣은 후 새로운 진동선을 그리고, 길 원형의 진동 밑부분을 올린다.

③ 식서 방향을 따라 절개한 후 적당하게 벌려 패턴을 수정하고, 길의 진동 둘레도 파 준다.

④ 바이어스 헝겊으로 덧대어 가봉한 후 진동 둘레선을 수정한다.

[해설] ①, ②, ③은 소매가 너무 큰 경우의 보정 방법이다.

16. 옷감의 완성선 표시 방법 중 옷의 색에 따라 잘 나타나는 색을 선택하여 패턴을 옷감 위에 놓고 완성선 및 시접선을 긋는 데 주로 사용하는 것은?

① 실표뜨기　　　② 룰렛으로 표시하기

③ 송곳으로 사용하기　④ 초크로 사용하기

[해설] ①은 다른 기구로 표시하기 힘든 옷감을 두 겹 겹쳐 완성선에 바느질 표시를 한다. ②는 천에 재단선을 표시할 때 완성선에서 0.1cm 시접 쪽으로 떨어져 바퀴 자국을 남겨 선을 표시한다. ③은 겉감의 완성선을 안감에 옮길 때, 다트, 포켓 위치를 표시한다.

17. 겉감의 경우 일반적인 각 부위의 기본 시접 분량으로 가장 옳은 것은?

① 목둘레 – 2cm

② 칼라 – 2cm

③ 어깨와 옆선(솔기) – 2cm

④ 소매와 단 – 2cm

[해설] 부위별 기본 시접 분량

㉠ 1cm – 목둘레, 겨드랑 둘레, 칼라, 하의 허리선

㉡ 1.5~2cm – 어깨와 옆선

㉢ 3~4cm – 소맷단, 블라우스단

18. 인체 계측 방법 중 직접법의 특징이 아닌 것은?

① 굴곡 있는 체표의 실측 길이를 얻을 수 있다.

② 표준화된 계측 기구가 필요하다.

③ 계측을 위한 넓은 공간 확보와 환경 정리가 필요 없다.

④ 계측 시 피계측자의 협력이 요구된다.

[해설] 직접법은 계측 기구를 사용하여 직접 계측하는 방법으로 충분한 공간 확보와 환경 정리가 필요하다.

19. 제도용으로 2B 연필이 가장 많이 사용되는 경우는?

① 기초선을 제도할 때
② 완성선을 제도할 때
③ 선의 교차를 제도할 때
④ 안내선을 제도할 때

20. 계측점에 관한 설명 중 틀린 것은?

① 목 뒷점 – 목을 앞으로 구부렸을 때 가장 큰 뼈의 중심점
② 팔꿈치점 – 팔꿈치 안에서 가장 뒤쪽으로 두드러진 점
③ 무릎점 – 무릎뼈의 가운데 위치한 점
④ 등너비점 – 목둘레선과 어깨끝점이 만나는 점

해설 옆 목점: 목둘레선과 어깨끝점이 만나는 점을 계측한다.
등너비점: 자를 겨드랑에 끼워 뒤 겨드랑이 밑에 표시한 점과 어깨끝점의 중간점을 계측한다.

21. 가슴둘레의 계측 방법으로 가장 옳은 것은?

① 가슴의 유두점 바로 밑부분을 수평으로 잰다. 이때에는 편안한 상태에서 당기지 말고 그대로 잰다.
② 가슴의 유두점을 지나는 수평 부위를 돌려서 잰다.
③ 가슴의 유두점 바로 윗부분을 수평으로 재며 줄자는 당겨 꼭 맞게 잰다.
④ 가슴의 유두점을 지나는 수평 둘레를 재며 줄자는 당겨 꼭 맞게 잰다.

해설 유두점을 지나는 수평 둘레를 재며, 줄자는 너무 꼭 잡아당기지 않도록 주의한다.

22. 장촌식 제도법의 길 원형 제도 시 필요한 치수로만 나열된 것은?

① 등 길이, 가슴둘레, 소매길이
② 가슴둘레, 등 너비, 앞 길이
③ 어깨너비, 가슴둘레, 허리둘레
④ 가슴둘레, 어깨너비, 등 길이

해설 장촌식은 몇 가지 큰 항목을 기준으로 다른 치수를 산출한다.

23. 1cm당 스티치 수가 4개에서 5개로 늘어날 경우 봉사의 소요량 증감으로 옳은 것은?

① 약 10% 감소한다.　② 약 10% 증가한다.
③ 약 35% 감소한다.　④ 약 25% 감소한다.

해설 1cm당 1개의 스티치가 증가하면 봉사는 10% 증가한다.

24. 본봉 재봉기의 4대 주요 운동이 잘못 연결된 것은?

① 실채기 – 상하 운동
② 바늘대 – 상하 운동
③ 톱니 – 상하 수평 운동
④ 가마 – 왕복 운동

해설 가마는 반회전식 가정용과 회전식 공업용이 있고, 회전 운동을 한다.

25. 제도에 필요한 약자 중 무릎선에 해당하는 것은?

① K. L　　　　② N. L
③ E. L　　　　④ M. H. L

해설 ①은 무릎선(knee line), ②는 목둘레선(neck line), ③은 팔꿈치선(elbow line), ④는 골반선(middle hip line)의 약자이다.

26. 인체의 많은 부위를 계측하여 제도하기 때문에 체형 특징에 잘 맞는 원형을 얻을 수 있는 제도법은?

정답 19. ② 20. ④ 21. ② 22. ④ 23. ② 24. ④ 25. ① 26. ①

① 단촌식 제도법　　② 중촌식 제도법
③ 장촌식 제도법　　④ 혼합식 제도법

해설 단촌식 제도법의 특징
　㉠ 신체 각 부위의 치수를 세밀하게 계측하여 인체 계측에 숙련된 기술이 필요하다.
　㉡ 각 치수를 정확하게 계측해야 몸에 잘 맞는 원형이 구성된다.
　㉢ 다양한 체형 특징에 잘 맞는 원형을 얻을 수 있다.

27. 입체화된 의복의 반듯함과 실루엣을 아름답게 나타나게 하고, 의복의 형태가 변형되지 않도록 보강해 주는 것은?

① 심감　　　　　② 겉감
③ 안감　　　　　④ 벨트

28. 소매 원형의 그림 X 부위의 명칭은?

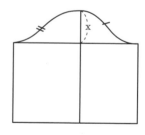

① A.H.L　　　　② S.A.P
③ S.C.H　　　　④ S.B.L

해설 소매산 높이 sleeve cap height

29. 제도에 사용되는 약자 중 C.F.L의 의미는?

① 앞 중심선　　　② 뒤 중심선
③ 가슴둘레선　　　④ 허리둘레선

해설 C.F.L(centet front line), C.B.L(center back line), B.L(bust line), W.L(waist line)

30. 옷감과 재봉 바늘의 관계가 옳은 것은?

① 포플린 – 11호　　② 조젯 – 14호
③ 트위드 – 9호　　④ 머슬린 – 14호

해설 재봉 바늘은 조젯에 9호, 트위드에 14호, 머슬린에는 11호가 적합하다.

31. 섬유의 성질 중 대전성과 관계가 있는 것은?

① 흡습성　　　　② 신도
③ 강도　　　　　④ 열가소성

해설 흡습성이 큰 섬유는 정전기 발생이 덜하다.

32. 실의 종류 중 코드에 해당되지 않는 것은?

① 합연사　　　　② 재봉사
③ 끈　　　　　　④ 로프

해설 코드사: 두 가닥 이상의 합연사를 꼬아서 만든 실
합연사: 두 가닥 이상의 단사를 꼬아서 만든 실

33. 다음 중 산에 가장 약한 섬유는?

① 식물성 섬유　　② 동물성 섬유
③ 재생 섬유　　　④ 합성 섬유

해설 셀룰로오스 섬유는 산에 약하고 알칼리에 강하다.

34. 나일론 필라멘트사의 길이가 9km이고 무게가 5kg인 실의 굵기(denier)는?

① 1denier　　　　② 5denier
③ 7denier　　　　④ 45denier

해설 1denier는 실 9,000m의 무게를 1g 수로 표시한 것이다.
D = 무게 g×9,000m/실의 길이 m

35. 동물성 섬유로서 스케일이 가장 잘 발달된

섬유는?

① 양모　　　　　　② 면
③ 마　　　　　　　④ 나일론

36. 양모 제품의 특징 중 사용 중에 수축되는 결정의 원인이 되는 것은?

① 흡습성　　　　　② 축융성
③ 필링성　　　　　④ 내약품성

해설 축융성은 물, 알칼리, 마찰 등에 의해 섬유가 서로 엉키고 줄어드는 성질이다.

37. 다음 중 무기 섬유가 아닌 것은?

① 유리 섬유　　　　② 금속 섬유
③ 탄소 섬유　　　　④ 헤어 섬유

해설 인조 섬유는 천연 고분자 섬유인 재생 섬유와 반합성 섬유, 합성 섬유, 무기 섬유로 구분한다.

38. 섬유 거래에 있어서 표준이 되는 일정한 수분율을 국가에서 정하고 이에 따라 거래하도록 하는 것은?

① 표준 수분율　　　② 공정 수분율
③ 실제 수분율　　　④ 약정 수분율

39. 섬유의 형태에서 측면 구조는 천연 꼬임을 가지고, 단면은 중공을 가지는 섬유는?

① 마　　　　　　　② 양모
③ 견　　　　　　　④ 면

해설 ①은 마디와 작은 중공, ②는 스케일, ③은 삼각 단면을 지닌 섬유이다.

40. 수분을 흡수하면 강도가 증가하는 섬유는?

① 면　　　　　　　② 견
③ 나일론　　　　　④ 아크릴

해설 합성 섬유는 수분에 변화가 거의 없다.

41. 색의 3속성에서 눈에 가장 민감하게 작용하는 것은?

① 색상　　　　　　② 명도
③ 채도　　　　　　④ 순도

해설 색의 3속성은 색상, 명도, 채도이다.

42. 다음 중 검정 종이 위에 놓았을 때 진출성이 가장 큰 색은?

① 파랑　　　　　　② 노랑
③ 녹색　　　　　　④ 연두

해설 명도 차가 크면 두드러져 보인다.
진출성과 팽창성은 난색계, 고명도, 고채도의 색이 좋다.

43. 다음 중 동시 대비가 아닌 것은?

① 계시대비
② 색상 대비
③ 명도 대비
④ 보색 대비

해설 동시 대비는 서로 가까이 놓인 두 색 이상을 동시에 볼 때에 생기는 색채 대비를 말한다.

44. 색의 연상에 관한 설명 중 틀린 것은?

① 연상의 개념은 사람의 경험과 지식에 영향을 받는다.
② 빨간색을 보고 불이라고 느끼는 것은 구체적인 대상을 연상하는 것이다.
③ 민족성에는 영향을 받으나 나이, 성별에는 영향을 받지 않는다.
④ 생활 환경, 교양, 직업 등에 영향을 받는다.

해설 색의 연상은 색채를 자극함으로써 생기는 감정의 일종으로 개인의 생활 경험과 깊은 관련이 있고, 사회적·역사적인 선입관에 의해서도 영향을 받는다. 따라서 연상 작용은 개인적이고 심리적이다.

45. 무늬의 종류 중 일정한 폭을 가지고 일정한 단위를 좌·우 또는 상·하로 순환 연결해 나가는 무늬는?

① 기하무늬
② 단독 무늬
③ 이방 연속무늬
④ 사방 연속무늬

해설 이방 연속무늬: 띠의 형태로 반복되는 것으로 한 단위가 좌·우 혹은 상·하로 연결되거나 사선 방향으로 연속된다.
사방 연속무늬: 상하좌우 네 방향으로 반복해 연속되는 무늬이다.

46. 다음 중 온화한 분위기를 표현할 수 있는 배색은?

① 밝은 녹색과 연한 자주
② 밝은 남색과 연한 연두
③ 밝은 파랑과 연한 보라
④ 밝은 노랑과 연한 주황

해설 온화한 분위기는 인접 색의 조화로 얻을 수 있는 효과로, 유사색 배색으로 표현이 가능하다.

47. 점에 관한 설명으로 틀린 것은?

① 위치만을 가진다.
② 원이 가장 일반적인 형태이다.
③ 선보다 훨씬 강력한 심리적 효과를 지닌다.
④ 점의 크기를 변화시키면 운동감이 향상된다.

해설 선이 점보다 심리적 효과가 크다.

48. 의상을 디자인할 때 뚱뚱하고 키가 큰 체형에게 가장 적합한 색은?

① 진출색, 수축색
② 진출색, 팽창색

③ 후퇴색, 수축색
④ 후퇴색, 팽창색

해설 키가 크고 뚱뚱한 체형에는 저명도, 저채도, 한색계의 후퇴색과 수축색을 사용해야 한다.

49. 다음 중 팽창의 느낌을 주는 색이 아닌 것은?

① 고명도의 색
② 고채도의 색
③ 한색계의 색
④ 난색계의 색

해설 팽창색: 고명도, 고채도, 난색계의 색상

50. 다음 중 난색계의 색에 해당되지 않는 것은?

① 빨강
② 연두
③ 주황
④ 노랑

해설 난색계(따뜻한 색) - 빨강, 주황, 노랑 등
한색계(차가운 색) - 초록, 파랑, 남색 등

51. 다음 중 방축 가공을 행하는 직물은?

① 폴리에스테르 직물
② 아크릴 직물
③ 나일론 직물
④ 양모 직물

해설 모직물은 물세탁 과정에서 수축 변형이 일어나므로 방축 가공을 해 준다.

52. 다음 중 위파일 직물에 해당하는 것은?

① 벨베틴(velveteen)
② 플러시(plush)
③ 벨벳(velvet)
④ 아스트라한(astrakhan)

해설 경파일 직물 - 벨벳, 아스트라한, 플러시, 벨루어 등
위파일 직물 - 우단(벨베틴), 코듀로이 등

53. 직물의 구김을 방지하기 위한 가공은?

① 방오 가공
② 방추 가공
③ 방수 가공
④ 방염 가공

해설 ①은 쉽게 오염되지 않도록 하는 가공, ④

정답 45. ③ 46. ④ 47. ③ 48. ③ 49. ③ 50. ② 51. ④ 52. ① 53. ②

는 불에 잘 타지 않는 약제를 부착시켜 불에 대한 내성을 부여하는 가공이다.

54. 다음 중 나일론 섬유의 산화 표백제로 가장 적합한 것은?

① 차아염소 나트륨
② 아염소산 나트륨
③ 하이드로설파이트
④ 아황산 가스

해설 산화 표백제로는 아염소산 나트륨, 과산화수소, 표백분, 유기 염소 표백제, 과붕산 나트륨 등이 있다.
하이드로설파이트: 양모에 사용되는 환원계 표백제

55. 섬유와 염료와의 결합 중 물리적인 결합에 해당하는 것은?

① 이온 결합
② 공유 결합
③ 배위 결합
④ 수소 결합

해설 화학적 결합에는 이온 결합, 공유 결합, 배위 결합, 금속 결합이 있다.

56. 경사와 위사에 관한 설명 중 옳은 것은?

① 경사는 위사에 비해 꼬임이 적고 가늘다.
② 수축 현상은 위사 방향에서 현저하게 나타난다.
③ 경사 방향에 비해 위사 방향이 신축성이 크다.
④ 경사에 비해 위사는 강직하다.

해설 경사: 위사보다 꼬임이 많고 강한 실을 사용하며 강직하다.
위사: 경사 방향에 비해 강도가 약하고 신축성이 크다.

57. 직물의 건조 공정에 관한 설명 중 틀린 것은?

① 건조기는 직물의 종류, 형태 및 가공 방법에 따라 분류된다.
② 자연 건조는 상온도, 상습도에서 미풍을 이용하여 건조하는 것이다.

③ 기계식 건조는 실린더 건조, 열풍 건조, 적외선 건조 등으로 분류된다.
④ 표면 증발 속도가 가장 빠른 건조 방법은 적외선 건조이다.

해설 직물 건조에 있어 표면 증발 속도가 가장 빠른 것은 실린더 건조(가열한 건조 실린더의 표면에 물을 접촉시켜 건조)이다.

58. 다음 중 입술연지(립스틱)로 인한 얼룩을 제거하는 방법으로 가장 옳은 것은?

① 수산으로 닦아내고 오래된 것은 암모니아수, 세제액, 물을 사용하여 씻는다.
② 세제액을 칫솔에 묻혀 가볍게 문지른다.
③ 지우개로 문질러 내거나 벤젠으로 처리하고 세제액으로 씻는다.
④ 아세톤으로 녹여낸다.

해설 립스틱에는 색소 외에 안료나 향료 등이 포함되어 있어 지우개로 고체 안료를 제거하고 아세톤으로 처리한 후 세제를 사용해 세탁한다.

59. 다음 중 보온성이 가장 큰 섬유는?

① 아마
② 면
③ 양모
④ 폴리에스테르

해설 보온성: 외부로 열이 전달되는 것을 차단하여 체온이 유지되는 성질.
양모는 열전도율이 낮아서 따뜻하다.

60. 다음 중 대표적인 리사이클 소재에 해당하는 것은?

① 재활용 데님 소재
② 바이오 가공 소재
③ 뉴레이온 소재
④ 신합성 소재

해설 리사이클 소재는 재활용 소재이다.

정답 54. ② 　 55. ④ 　 56. ③ 　 57. ④ 　 58. ③ 　 59. ③ 　 60. ①

2013년 1월 27일 시행

자격종목	문제 수	수험번호	성 명
양장기능사	60문제		

1. 의복제도 부호 중 외주름에 해당하는 것은?

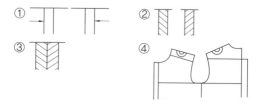

해설 ①은 턱, ③은 맞주름, ④는 맞춤 표시 부호이다.

2. 정상적인 체형보다 어깨가 처진 경우 보정 방법으로 옳은 것은?

① 어깨를 내려 주고 어깨처짐만큼 진동둘레 밑부분은 올려 준다.

② 어깨를 내려 주고 어깨처짐만큼 진동둘레 밑부분도 내려 준다.

③ 어깨선을 올려 보정하고 그 분량만큼 진동둘레 밑부분은 내려 준다.

④ 어깨선은 올려 보정하고 그 분량만큼 진동둘레 밑부분도 올려 준다.

해설 처진 어깨는 어깨 부분에 남는 분량을 없애야 하므로 어깨선과 진동을 같은 분량을 내려 준다.

3. 인체 계측 항목 중 등 길이에 대한 계측 방법의 설명으로 옳은 것은?

① 허리선을 지나 바닥까지의 길이를 잰다.

② 좌, 우 어깨끝점 사이의 길이를 잰다.

③ 목 뒷점부터 허리둘레선까지의 길이를 잰다.

④ 좌, 우 가슴너비점 사이의 길이를 잰다.

해설 ②는 어깨너비, ④는 가슴너비의 계측 방법이다.

4. 너비 110cm의 옷감으로 플레어형 코트를 제작할 때 필요한 옷감량은?

① 200~220　　② 250~270

③ 300~350　　④ 380~430

해설

종류	폭	필요량	계산법
박스형	90	300~350	(코트 길이×2)+소매길이+시접(20~30cm)
	110	240~280	(코트 길이×2)+칼라길이+시접(20~30cm)
	150	200~250	코트 길이+소매길이+시접(15~30cm)
플레어형	90	390~450	(코트 길이×3)+소매길이+시접(20~40cm)
	110	300~350	(코트 길이×2)+소매길이+시접(20~40cm)
	150	220~250	(코트 길이×2)+시접(20~30cm)
프렌치 소매	90	330~350	(코트 길이×3)+시접(20~40cm)
	110	260~290	(코트 길이×2.5)+시접(10~30cm)
	150	220~250	(코트 길이×2)+시접(10~30cm)

5. 기본 원형 제도의 구성 원리로 옳은 것은?

① 원형을 만들 때에는 인체를 계측한 치수에다 동작이 필요한 적당한 여유분을 포함시켜야

한다.

② 한 번 제작된 원형은 그 크기를 조정할 수가 없다.

③ 단촌식 제도법에만 여유분을 포함시킨다.

④ 장촌식 제도법에만 여유분을 포함시킨다.

해설 원형 제작 후 가봉과 보정의 단계에서 착용자 체형에 맞춰 변형할 수 있다.

6. 어깨솔기와 옆솔기 등에 가장 많이 사용하는 바느질은?

① 쌈솔　　　　② 통솔

③ 뉨솔　　　　④ 가름솔

해설 ①은 세탁을 자주해야 하는 운동복, 아동복, 와이셔츠 등에 많이 이용되며 겉으로 바늘땀 두 줄이 나오기 때문에 스포티한 느낌을 주는 바느질법이다. ②는 시접을 완전히 감싸는 방법으로, 얇아서 비치거나 풀리기 쉬운 옷감에 주로 이용되는 솔기이다. ③은 시접을 가르거나 한쪽으로 꺾어 위로 눌러 박는 바느질이다.

7. 앞 어깨끝점에서 부족 부분만큼 추가해서 올려 주고 진동둘레 밑에서도 같은 치수로 올려 주어 진동 둘레선의 치수가 변하지 않도록 보정해 주는 체형은?

① 솟은 어깨　　② 처진 어깨

③ 상반신 굴신체　④ 상반신 반신체

해설 ②는 어깨를 내려 주고 어깨처짐만큼 진동둘레 밑부분도 내려 준다. ③은 뒤의 길이를 늘이든지 앞의 길이를 줄이면 된다. ④는 앞 중심에서 사선으로 절개선을 넣어 앞 길이의 부족량을 늘려 준다.

8. 다음 중 장식봉이 아닌 것은?

① 셔링　　　　② 파이핑

③ 커프스　　　④ 스모킹

해설 커프스는 셔츠나 블라우스의 소맷부리에 다는 디테일이다.

9. 의복 구성에 필요한 체형을 계측하는 방법 중 직접법의 특징이 아닌 것은?

① 단시간 내에 사진 촬영을 하므로 피계측자의 자세 변화에 의한 오차가 비교적 적다.

② 굴곡 있는 체표의 실측 길이를 얻을 수 있다.

③ 표준화된 계측 기구가 필요하다.

④ 계측을 위한 넓은 공간 확보와 환경 정리가 필요하다.

해설 직접 측정법은 1차원 계측법, 마틴 계측법, 실측법을 말하며, 계측하는 데 장시간이 소요되어 피계측자의 협력이 요구된다.

10. 옷감의 겉과 안에 대한 구별 중 겉이 아닌 것은?

① 나염 옷감인 경우 프린트 문양이 선명한 쪽

② 옷감의 식서 부분에 표식이 찍혀 있는 쪽

③ 양끝의 식서 부분이 밑으로 굽어 있는 쪽

④ 첨모직물인 경우 털이 분명히 있는 쪽

해설 직물의 조직과 무늬가 뚜렷하게 나타난 쪽, 면직물이나 모직물의 경우 광택이 많은 쪽, 식서 부분에 구멍이 움푹 들어간 쪽이 겉면이다.

11. 마틴이 고안한 인체 계측 기구 중 둘레 치수와 굴곡이 있는 체표면의 길이나 넓이를 계측하는 데 가장 적합한 것은?

① 신장계　　　　② 줄자

③ 간상계　　　　④ 촉각계

해설 ①은 높이 측정, ②는 둘레, ④는 입체 두 점의 최단 거리 측정에 이용된다.

12. 기모노 슬리브의 일종이며, 일반적으로 길

이가 짧은 것으로 가련하고 경쾌한 느낌을 주는 소매는?

① 요크 슬리브　　　② 프렌치 슬리브
③ 돌먼 슬리브　　　④ 래글런 슬리브

해설 ①은 어깨 부분의 요크가 진동선 없이 소매까지 연결된 소매, ③은 진동이 없이 한 장 소매로 진동 부분이 넓고 소맷부리가 좁은 소매, ④는 목둘레선에서 겨드랑까지 사선 절개선이 들어간 소매이다.

13. 등이 편평하고 가슴이 풍만하기 때문에 가슴에 당기는 주름이 생기고 뒤로 젖혀진 체형은?

① 처진 어깨　　　② 솟은 어깨
③ 상반신 반신체　　④ 상반신 굴신체

해설 상반신 굴신체는 앞으로 굽은 체형이다.

14. 다음 그림과 같은 스커트의 이름은?

① 퀼로트 스커트　　② 개더스커트
③ 랩 스커트　　　　④ 티어스커트

15. 다음 중 길(몸판)과 소매가 절개선 없이 연결하여 구성되는 소매는?

① 퍼프 소매
② 캡 소매
③ 요크 소매
④ 플리츠 소매

해설 진동선 없이 연결된 소매로는 요크 소매, 프렌치 소매, 돌먼 소매, 래글런 소매 등이 있다.

16. 제품 생산 요인의 3가지 요소가 아닌 것은?

① 재료비　　　　② 인건비
③ 제조 경비　　　④ 일반 관리비

17. 우수한 신축성과 적당한 유연성, 드레이프성이 있으며 탄력성이 풍부하고 형태 보존성이 뛰어난 심지는?

① 면심지　　　　② 면합성 혼방 심지
③ 모심지　　　　④ 마심지

18. 등, 가슴 부분에 여유가 있어 주름이 생긴 경우 원형의 모든 치수를 줄여야 하는 체형은?

① 비만 체형　　　② 마른 체형
③ 상반신 반신체　　④ 상반신 굴신체

해설 ③은 뒤로 젖혀진 체형으로 등이 편평하고 가슴이 풍만하기 때문에 가슴에 당기는 주름이 생긴다. ④는 앞으로 굽은 체형으로 옷을 입으면 앞이 뜨고 주름이 생기며, 뒤에는 가슴둘레선보다 위에 주름이 생긴다.

19. 너비 150cm의 옷감으로 반소매 블라우스를 만들 때 필요한 옷감량의 계산법으로 옳은 것은?

① 블라우스 길이 + 시접(7~10cm)
② (블라우스 길이 ×2) + 시접(7~10cm)
③ (블라우스 길이 ×2) + 소매길이
④ 블라우스 길이 + 소매길이 + 시접(7~10cm)

해설 ②는 110cm 폭, ③은 90cm 폭의 원단으로 긴소매 원피스를 만들 때의 소요량이다.

20. 장촌식 제도법의 특징이 아닌 것은?

① 기준이 되는 큰 치수 중 몇 항목만 사용하여 그 치수를 등분하거나 고정 치수를 사용한다.
② 가슴둘레 기준 치수를 등분한 치수로 구성되므로 가슴둘레와 조화를 이루는 원형 구성법

이다.

③ 체형별 특징에 맞추기 위해서는 보정 과정이 필요하다.

④ 인체 계측 시 숙련된 기술이 필요하다.

해설 단촌식은 신체의 각 부위를 세밀하게 측정 하여야 하므로 숙련된 기술이 필요하다.

21. 체인 스티치로서 한 가닥 이상의 밑실을 가지고 있으며 북실의 교환이 필요 없는 재봉기는?

① 단환봉 재봉기　　② 오버로크 재봉기
③ 이중 환봉 재봉기　④ 복합봉 재봉기

해설 ①은 위와 아래가 같은 모양으로 박힌 것이 특징으로 모든 재봉기의 기본이다. ④는 종류가 다른 스티치 형식을 2가지 이상 합하여 박는 박음질이다.

22. 의복을 구성할 때 네크라인, 암홀 등 곡선에 대한 테이프 처리 방법으로 옳은 것은?

① 정바이어스 테이프에 개더를 잡아 사용한다.
② 정바이어스 테이프를 오그려서 사용한다.
③ 정바이어스 테이프를 그대로 사용한다.
④ 정바이어스 테이프를 늘리면서 사용한다.

해설 심지의 사용 목적은 형태를 안정시키고 봉제를 용이하게 하기 위함이다.

23. 슬랙스의 허벅지 부위가 너무 타이트할 경우에 가장 적합한 보정 방법은?

① 옆선을 넓혀 준다.
② 옆선을 좁혀 준다.
③ 다트를 넓혀 준다.
④ 허리선을 올려 준다.

해설 ②와 ③은 마른 체형의 경우, ④는 배가 나온 경우의 보정법이다.

24. 슬랙스를 만들 때 다리미로 많이 늘려야 하는 부분은?

① 밑단　　　　　　② 허리 부분
③ 밑위, 밑아래　　④ 옆선 부분

해설 다림질로 오그리는 부분－소매산, 팔꿈치, 어깨, 허리, 엉덩이 등
다리미로 늘리는 것은 형태를 입체적으로 만들기 위해서이다.

25. 제조 원가의 계산 방법으로 옳은 것은?

① 재료비 + 판매간접비 + 이익
② 총원가 + 인건비 + 일반 관리비
③ 재료비 + 인건비 + 제조 경비
④ 총원가 + 판매 간접비 + 제조 경비

해설 ㉠ 제조 원가＝재료비＋인건비＋제조 경비
㉡ 총원가＝제조 원가＋판매 간접비＋일반 관리비
㉢ 판매가＝총원가＋이익

26. 칼라 부위의 시접 분량으로 가장 적합한 것은?

① 1cm　　　　　　② 2cm
③ 3cm　　　　　　④ 5～6cm

해설 부위별 기본 시접 분량
㉠ 1cm － 목둘레, 겨드랑 둘레, 칼라
㉡ 2cm － 어깨와 옆선
㉢ 3～4cm － 소맷단, 블라우스단
㉣ 4～5cm － 스커트단, 재킷의 단

27. 옷감의 표시 방법 중 옷감을 상하지 않게 하는 가장 완전한 방법은?

① 실표뜨기
② 뼈인두 표시
③ 룰렛 표시
④ 트레이싱 페이퍼 표시

정답 21. ② 　22. ③ 　23. ① 　24. ③ 　25. ③ 　26. ① 　27. ①

해설 트레이싱 페이퍼는 패턴을 다른 곳으로 옮길 때 사용하는 방법이다.

28. 스커트 안감은 겉감과 같은 시접 분량을 넣지만, 길이의 시접 분량으로 가장 옳은 것은?

① 겉감보다 3cm 짧게 한다.
② 겉감보다 3cm 길게 한다.
③ 시접은 3cm로 한다.
④ 겉감과 같은 시접 분량을 넣는다.

해설 일반적으로 안감의 단 시접은 겉감의 단 분량의 반 정도이다.
스커트의 안감 시접은 겉감과 동일하나 길이를 3cm 짧게 한다.

29. 하체 중 최대 치수 부위로, 스커트 원형 제도 시 가장 중요한 항목은?

① 허리둘레
② 엉덩이 둘레
③ 스커트 길이
④ 엉덩이 길이

해설 스커트 원형 제도 시의 필요 치수 – 스커트 길이, 허리둘레, 엉덩이 길이, 엉덩이둘레

30. 심감의 기본 시접 분량으로 틀린 것은?

① 목둘레 – 1cm
② 앞 중심선 – 1cm
③ 어깨 – 1.5cm
④ 소맷단 – 3cm

해설 ㉠ 목둘레, 겨드랑 둘레, 칼라: 1cm
ㄴ 소맷단, 블라우스단: 3~4cm
ㄷ 스커트단, 재킷의 단: 4~5cm
ㄹ 어깨와 옆선: 2cm

31. 섬유의 형태 중 섬유의 성질에 영향을 미치지 않는 것은?

① 섬유의 중량
② 섬유의 길이
③ 섬유의 단면
④ 섬유의 권축

해설 섬유의 중량은 의복 무게에 영향을 준다.

32. 섬유의 보온성과 가장 관계가 있는 것은?

① 강도
② 함기율
③ 탄성
④ 신도

해설 섬유의 보온성은 열전도성이 적을수록, 공기 함유량이 많을수록, 흡수성이 클수록 좋다.

33. 실의 굵기에 대한 설명으로 틀린 것은?

① 일정한 무게의 실의 길이로 표현하는 항중식이 있다.
② 일정한 길이의 실의 무게를 표시하는 항장식이 있다.
③ 항중식이 번수는 1km의 실 무게를 g으로 나타낸 데니어로 표시한다.
④ 데니어는 견, 레이온, 합성 섬유 등의 실 굵기를 표시한다.

해설 1데니어는 실 9,000m의 무게를 1g 수로 표시한 것이다.

34. 안감으로 사용하기에 가장 적합한 섬유는?

① 면
② 마
③ 비스코스 레이온
④ 나일론

해설 안감용은 가볍고 마찰성, 착용감, 내구성, 염색 견뢰도가 좋아야 한다.

35. 다음 중 비중이 가장 작은 섬유는?

① 나일론
② 폴리에스테르
③ 폴리프로필렌
④ 폴리우레탄

해설 비중: 물을 1이라고 했을 때 섬유의 밀도로, 비중이 작을수록 가볍다.
섬유의 비중 크기
석면, 유리 > 사란 > 면 > 비스코스레이온 > 아마 > 폴리에스테르 > 아세테이트, 양모 > 견, 모드아크릴 > 비닐론 > 아크릴 > 나일론 > 폴리프로필렌의 순이다.

정답 28. ① 29. ② 30. ③ 31. ① 32. ② 33. ③ 34. ③ 35. ③

36. 섬유를 불꽃 가까이 가져갔을 때 녹으면서 오그라들지 않는 섬유는?

① 폴리에스테르　　② 비스코스 레이온
③ 나일론　　　　　④ 아크릴

해설 인조 합성 섬유는 녹으면서 탄다.

37. 다음 중 항장식 번수에 해당하는 것은?

① 영국식 면번수　　② 영국식 마번수
③ 미터번수　　　　④ 텍스

해설 항장식은 길이에 대한 무게로 실의 굵기를 나타내며 데니어, 텍스로 표시한다.
텍스: 실의 길이 1,000m당 무게를 g으로 섬유의 굵기 표시

38. 축합 중합체 합성 섬유가 아닌 것은?

① 나일론　　　　　② 아크릴
③ 스판덱스　　　　④ 폴리에스테르

해설 합성 섬유는 축합 중합체와 부가 중합체로 나뉜다.

39. 다음 중 면의 품종이 가장 우수한 것은?

① 미면　　　　　　② 이집트면
③ 중국면　　　　　④ 인디아면

해설 품종이 우수한 것은 이집트면, 해도면, 미국면이다.

40. 다음 중 장식사와 관계가 없는 것은?

① 재봉사　　　　　② 심사
③ 접결사　　　　　④ 식사

해설 ②는 중심사, 기본사로, ③은 연결사로, ④는 효과사로 각각 장식적 효과가 있다.

41. 주위 색의 영향으로 오히려 인접 색에 가깝

게 느껴지는 경우는?

① 잔상　　　　　　② 동화 대비
③ 계시대비　　　　④ 주목성

해설 ①은 색의 시각적 효과 중 처음에 보았던 색의 자극에 영향을 받아 다음에 보이는 색이 다르게 보이는 것이다. ③은 서로 가까이 놓인 두 색 이상을 동시에 볼 때에 생기는 색채 대비이다.

42. 전체에 대한 부분의 크기를 의미하는 것은?

① 비율(proportion)　② 리듬(rhythm)
③ 규모(scale)　　　④ 분할(section)

43. 빛이 눈에 자극을 주고 양의 많고 적음에 따른 느낌의 정도에 해당하는 것은?

① 색상　　　　　　② 명도
③ 채도　　　　　　④ 휘도

해설 ①은 색, ②는 밝기와 어둡기의 정도, ③은 화려함과 수수함의 느낌을 가장 크게 좌우하는 색의 요소이다.

44. 원색의 배색에 사용되지 않는 색상은?

① 빨강　　　　　　② 노랑
③ 파랑　　　　　　④ 흰색

해설 원색은 다른 색의 복합으로 만들 수 없는 색이다.
색광 3원색: 빨강, 초록, 파랑
색료 3원색: 자주, 노랑, 청록

45. 색입체에 대한 설명 중 틀린 것은?

① 색상은 원으로, 명도는 직선으로, 채도는 방사선으로 나타낸다.
② 무채색 축을 중심으로 수직으로 자르면 보색 관계의 두 가지 색상면이 나타난다.

정답 36. ②　37. ④　38. ②　39. ②　40. ①　41. ②　42. ①　43. ④　44. ④　45. ④

③ 색상의 명도는 위로 올라갈수록 고명도, 아래로 내려갈수록 저명도가 된다.

④ 채도는 중심축으로 들어가면 고채도, 바깥둘레로 나오면 저채도이다.

해설 색입체의 중심축에서 바깥쪽으로 갈수록 채도가 높아진다.

46. 다음 중 후퇴색에 해당하는 것은?

① 파랑 ② 빨강
③ 노랑 ④ 주황

해설 진출색 – 고명도, 고채도, 난색계
후퇴색 – 저명도, 저채도, 한색계

47. 디자인 요소 중 물체의 표면이 가지고 있는 특징을 시각과 촉각을 통하여 느낄 수 있는 것은?

① 재질감 ② 색채
③ 선 ④ 대비

48. 다음 중 리듬의 요소에 해당되지 않는 것은?

① 점증 ② 반복
③ 대칭 ④ 강조

49. 색채 관리의 효과에 대한 설명 중 틀린 것은?

① 색채 관리는 상품 색채의 통합적인 관리를 말하는 것이다.

② 사실을 정확하게 파악할 수 있는 조사나 자료의 정보가 있어야 제대로 된 색채 관리의 효과를 얻을 수 있다.

③ 색채 조절은 색이 가지고 있는 독특한 기능이 발휘되도록 조절하는 것이다.

④ 색채 조절은 단순히 개인적인 선호에 의해서 색을 거물, 설비 등에 사용하는 것이다.

해설 색채에 대한 관념은 감각적인 것에서 기능적인 것으로 방향을 바꾸고, 객관적이고 과학적인 연구 자세를 가지도록 해야 한다.

50. 색의 대비에 대한 설명으로 옳은 것은?

① 어떤 색이 주변의 영향을 받아서 실제와 다르게 보이는 것이다.

② 강하고 짧은 자극 후에도 원자극이 잠시 선명하게 보이는 것이다.

③ 사라진 원자극의 정반대 상이 잠시 지속되는 것이다.

④ 색이 우리의 시선을 끄는 힘이다.

해설 색의 대비는 동시 대비와 계시대비로 구분된다. 동시 대비에는 명도 대비, 색상 대비, 보색 대비가 해당된다.

51. 평직의 특징이 아닌 것은?

① 구김이 생기지 않는다.
② 제직이 간단하다.
③ 앞뒤의 구별이 없다.
④ 조직점이 많고 얇으면서 강직하다.

해설 평직은 조직점이 많아 구김이 잘 생긴다.

52. 직물의 경사를 2조로 나누어 장력 차이를 두고 경사 방향에 요철 무늬를 갖는 직물은?

① 트로피칼(tropical) ② 스트라이프(stripe)
③ 배러시아(barathea) ④ 시어서커(seersucker)

해설 ①은 꼬임 있는 가는 소모사로 성글게 제직하고, ②는 줄무늬이다. ③은 이랑 무늬 직물에서 유도한 조직으로, 날실에 견, 씨실에 소모사를 사용한 직물이다.

53. 샌퍼라이징 가공에 대한 설명으로 옳은 것은?

① 직물에 수지를 처리하는 것으로 듀어러블 프

정답 46. ① 47. ① 48. ④ 49. ④ 50. ① 51. ① 52. ④ 53. ③

레스라고도 불린다.

② 의복이 완성된 후 세척 등으로 외관에 변화를 주는 가공이다.

③ 직물에 수분, 열과 압력을 가하여 물리적으로 수축시켜 더 이상 수축되지 않도록 하는 가공이다.

④ 면섬유에 수산화 나트륨을 처리하는 가공이다.

해설 샌퍼라이징 가공: 셀룰로오스 직물을 미리 강제 수축시켜 수축을 방지하는 방축 가공이며, 양모 가공으로는 런던 슈렁크 가공이 있다.

54. 다음 중 능직물이 아닌 것은?

① 서지   ② 개버딘
③ 데님   ④ 도스킨

해설 수자직으로는 도스킨, 목공간, 새틴, 양단 등이 있다.

55. 섬유의 마찰에 의한 대전량을 크게 변화시키는 요인은?

① 통기성   ② 방추성
③ 내열성   ④ 흡수성

해설 대전은 섬유의 흡습성이 작을수록, 대기가 건조할수록 심하다.

56. 다음 중 기모 가공을 많이 하는 소재가 아닌 것은?

① 방모   ② 면
③ 합성 섬유   ④ 마

해설 기모 가공: 섬유를 긁거나 뽑아 천의 표면에 보풀을 만들어서 감촉을 부드럽게 하거나, 천이 두껍게 보이도록 하고, 보온력을 높이기 위한 가공법이다.

57. 다음 중 작업복에서 가장 고려해야 할 상황은?

① 흡습성   ② 흡수성
③ 내구성   ④ 통기성

58. 양모 직물의 용도로 가장 적합하지 않은 것은?

① 스웨터   ② 펠트
③ 드레스셔츠   ④ 카펫

59. 직물 가공 방법 중 퍼머넌트 프레스 가공의 효과로 옳은 것은?

① 직물의 통기성, 흡습성, 내세탁성이 좋아진다.
② 직물의 강도와 염색성이 향상된다.
③ 옷의 모양, 치수, 주름이 일시적으로 유지된다.
④ 마찰성과 인열 강도가 높아진다.

해설 듀어러블 프레스: 옷을 완성한 후 열처리로 형태를 고정하는 가공

60. 날염풀에 미리 염료 용액이 피염물에 침투하거나 고착되는 것을 방지하는 약제를 혼합하여 날인한 다음 건조시키고 나서, 최후에 바탕색을 염색하여 무늬를 나타내는 방법은?

① 발염 날염   ② 직접 날염
③ 방염 날염   ④ 블록 날염

해설 ①은 원단에 염색한 후 색을 제거하는 발염제를 프린트하는 방법, ②는 염료를 원단에 직접 찍는 방법, ④는 판화와 같이 염료를 원단에 찍는 방법이다.

정답 54. ④   55. ④   56. ④   57. ③   58. ③   59. ③   60. ③

2013년 7월 21일 시행

자격종목	문제 수	수험번호	성 명
양장기능사	60문제		

1. 다음 그림의 슬랙스 원형에서 부호 ⌒ 가 의미하는 것은?

① 늘임
② 맞춤
③ 줄임
④ 선의 교차

2. 스커트 원형 제도에 필요한 약자가 아닌 것은?

① W.L
② H.L
③ C.B.L
④ E.L

해설 ①은 허리둘레선(waist line), ②는 엉덩이 둘레선(hip line), ③은 뒤 중심선(center back line), ④는 팔꿈치선(elbow Line)의 약자이다.

3. 다음 그림의 보정 방법에 해당하는 체형은?

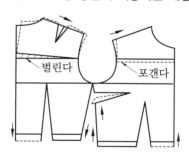

① 마른 체형
② 비만 체형
③ 등이 굽은 체형
④ 가슴이 큰 체형

해설 등이 굽어 어깨가 당기면서 주름이 생기는 경우에는 당기는 부분에 절개선을 넣어 벌린다.

4. 상반신 굴신체의 보정으로 옳은 것은?

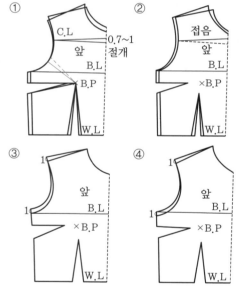

해설 상반신 굴신체는 등이 굽은 체형으로 앞이 남고, 뒤가 모자라 앞이 뜨고 주름이 생기므로 앞 길이를 접어 줄인다.

5. 다음 중 박스형의 재킷이나 드레스 또는 베스트에 많이 활용하는 다트는?

① 암홀 다트
② 어깨 다트
③ 목 다트
④ 허리 다트

정답 1. ③ 2. ④ 3. ③ 4. ② 5. ①

해설 암홀 다트는 바스트가 중심인 가슴 다트의 하나로, 박스형 재킷이나 드레스 또는 베스트에 많이 활용된다.

6. 다음 그림과 같은 길 원형 활용 방법은?

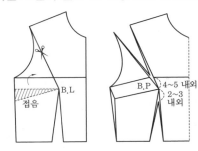

① 웨이스트 다트(waist dart)
② 로 언더 암 다트(low under arm dart)
③ 숄더 포인트 다트(shoulder point dart)
④ 센터 프론트 웨이스트 다트(center front waist dart)

해설 숄더 포인트 다트의 선을 B.P까지 자르고 기본 다트를 접은 후 숄더 포인트에 절개된 다트의 길이를 B.P에서 3cm 정도 떨어져서 정리한다.

7. 칼라 끝이나 옷솔기에 끼워 장식하는 것으로 옷감과 같은 색 또는 다른 색으로 만들어 장식 효과를 내는 것은?

① 셔링   ② 스모킹
③ 개더   ④ 파이핑

해설 ①은 잔주름을 한 줄 또는 여러 줄 잡아 장식하는 것으로 얇은 옷감에 적당하다. ②는 규칙적으로 주름을 잡아 그 표면을 장식 스티치로 고정하는 기법이다. ③은 촘촘하게 홈질하거나 큰 땀으로 박은 후 실을 잡아당겨 만든 잔주름이다.

8. 옷감의 신축성 차이로 인한 퍼커링(puckering)의 발생 원인으로 가장 옳은 것은?

① 딱딱하거나 신축성이 큰 탄성 옷감을 딱딱하거나 신축성 큰 천에 봉합할 경우 많이 발생한다.
② 딱딱하거나 신축성이 적은 탄성 옷감을 딱딱하거나 신축성이 적은 천에 봉합할 때 많이 발생한다.
③ 부드럽거나 신축성이 작은 탄성 옷감을 딱딱하거나 신축성이 적은 천에 봉합할 때 많이 발생한다.
④ 부드럽거나 신축성이 큰 탄성 옷감을 딱딱하거나 신축성이 적은 천에 봉합할 때 많이 발생한다.

해설 퍼커링이란 봉제 후 심(seam)이 매끄럽지 않아 원하지 않는 작은 주름이 생기는 현상이다. 직물의 신축성 차이로 인해 발생하기도 한다.

9. 다음 중 밑위길이의 계측 방법으로 옳은 것은?

① 옆 허리선부터 무릎점까지 길이를 잰다(오른쪽 뒤에서).
② 오른쪽 옆 허리선에서부터 엉덩이 둘레선까지의 길이를 잰다(오른쪽 뒤에서).
③ 의자에 앉아 옆 허리선부터 실루엣을 따라 의자 바닥까지의 길이를 잰다(뒤에서).
④ 목 뒷점부터 허리둘레선까지의 길이를 잰다(왼쪽 뒤에서).

해설 ①은 스커트 길이, ②는 엉덩이 길이, ④는 등 길이의 계측 방법이다.

10. 스커트 원형의 필요 치수가 아닌 것은?

① 스커트 길이   ② 엉덩이 둘레
③ 허리둘레   ④ 밑위길이

해설 스커트 원형의 필요 치수－허리둘레, 엉덩이 둘레, 엉덩이 길이, 스커트 길이

정답 6. ③   7. ④   8. ④   9. ③   10. ④

11. 다음 그림의 제도 부호가 갖는 의미는?

└

① 다트   ② 완성
③ 직각   ④ 맞춤

12. 각 부위의 기본 시접 중 칼라의 시접 분량으로 가장 적합한 것은?

① 1cm   ② 2cm
③ 3cm   ④ 5cm

해설 부위별 기본 시접 분량
  ㉠ 1cm – 목둘레, 칼라, 진동 둘레, 요크선, 앞단, 스커트 및 슬랙스 허리선
  ㉡ 2cm – 어깨, 옆선
  ㉢ 3~4cm – 소맷단, 블라우스단
  ㉣ 5cm – 스커트단, 바짓단

13. 다음 그림의 옷본 변형에 해당하는 스커트는?

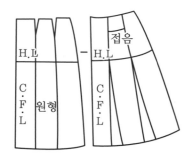

① A라인 스커트   ② 플리츠스커트
③ 고어드스커트   ④ 개더스커트

해설 A라인 스커트는 그림과 같이 H.L까지 절개선을 넣어 절개하여 기본 다트를 접어 준다.

14. 다음 중 세트인 슬리브 형태에 해당하는 것은?

① 기모노 슬리브(kimono sleeve)

② 래글런 슬리브(raglan sleeve)
③ 랜턴 슬리브(lantern sleeve)
④ 돌먼 슬리브(dolman sleeve)

해설 세트인 슬리브(set-in sleeve): 몸판과 소매 패턴이 분리된 형태이다. 퍼프 슬리브, 비숍 슬리브, 캡 슬리브, 레그 오브머튼 슬리브, 랜턴 슬리브 등이 있다.

15. 길과 소매가 한 장으로 연결된 소매는?

① 기모노 슬리브(kimono sleeve)
② 타이트 슬리브(tight sleeve)
③ 퍼프 슬리브(puff sleeve)
④ 케이프 슬리브(cape sleeve)

해설 길과 소매가 연결된 형태의 소매로는 래글런 슬리브, 기모노 슬리브, 프렌치 슬리브, 돌먼 슬리브 등이 있다.

16. 다림질할 때 덧헝겊을 대지 않아도 되는 것은?

① 모직물   ② 면직물
③ 아세테이트 직물   ④ 아크릴 직물

해설 ①은 그냥 다리면 광택이 생기고, ③과 ④는 열에 약해 녹는다.

17. 체형에 대한 설명으로 틀린 것은?

① 인체의 외형을 뜻한다.
② 생리적인 현상에 따라 많이 변한다.
③ 영양 상태에 따라 변할 수 있다.
④ 체형과 체격은 직접적인 관계가 있다.

해설 체형과 체격은 직접적인 관계가 없으며, 비만형이라도 골조까지 굵다고 할 수 없다.

18. 다음 중 활동 시 가장 불편한 소매의 소매산 치수는?

① $\dfrac{A.\ H}{4}$ ② $\dfrac{A.\ H}{6}$

③ $\dfrac{A.\ H}{8}$ ④ $\dfrac{A.\ H}{10}$

해설 소매산은 높으면 소매폭이 좁아져 활동하기에 불편하고, 낮으면 소매폭이 넓어져 활동하기 편해진다.

19. 재단하기 전 옷감의 겉과 안을 구별하는 방법 중 틀린 것은?

① 직물의 양끝 식서에 구멍이 있는 경우 구멍이 움푹 들어간 쪽이 겉이다.
② 능직으로 제직된 모직물의 경우 왼쪽 위에서 오른쪽 아래로 능선을 그리는 쪽이 겉이다.
③ 더블(double) 폭의 모직물은 안으로 들어가도록 접혀 말아진 것이 좋다.
④ 옷감의 식서 부분이나 단 쪽에 문자나 표식이 찍혀 있는 쪽이 겉이다.

해설 능직으로 짠 모직물의 경우 오른쪽 위에서 왼쪽 아래로 능선을 그리는 쪽이 겉이다.

20. 스커트 원형을 다트가 1개인 세미 타이트(semi tight)로 만들고, 슬랙스를 제도하는 방법으로 일부분을 그려 넣는 스커트는?

① 타이트스커트 (tight skirt)
② 티어스커트 (tiered skirt)
③ 퀼로트 스커트 (culottes skirt)
④ 요크 스커트 (yoke skirt)

해설 여성용의 스커트형 팬츠로, 디바이디드 스커트라고도 한다.

21. 테일러드 재킷의 가봉에 대한 설명으로 옳은 것은?

① 솔기 바느질은 어슷상침을 사용한다.
② 포켓과 단추의 모양과 위치를 보기 위해서 심지나 광목으로 잘라 붙인다.
③ 패드나 칼라는 달지 않아도 무방하다.
④ 정확한 실루엣을 보기 위하여 가위집을 많이 주어야 한다.

해설 테일러드 재킷 가봉 시 상침으로 바느질하고, 가윗밥은 많이 주지 않고 가봉 후에 안단을 재단한다.

22. 다음 중 길이가 가장 짧은 스커트는?

① 미니 스커트
② 마이크로 미니스커트
③ 미디 스커트
④ 맥시 스커트

해설 스커트의 길이는 마이크로 미니 → 미니 → 내추럴 → 미디 → 맥시 → 롱스커트 순으로 길다.

23. 다음 중 니트의 솔기 처리 방법으로 가장 적합한 것은?

① 성긴 직선 박기   ② 촘촘한 직선 박기
③ 인터로크 박기   ④ 지그재그 박기

24. 소매산 높이에 대한 설명으로 옳은 것은?

① 소매산 높이는 활동에 아무런 영향을 주지 않는다.
② 소매산이 높으면 활동이 매우 불편하다.
③ 소매산 높이는 활동에 영향을 미치나 옷의 종류와 유행에는 관련이 없다.
④ 소매산 높이는 소매길이에 의해 산출된다.

해설 소매산이 높으면 활동에 제한을 받으며, 소매산이 낮은 경우 활동하기 매우 편하다.

25. 공업용 재봉기의 분류 중 대분류에 해당되지 않는 것은?

① 본봉   ② 직선봉
③ 복합봉   ④ 특수봉

정답 19. ②   20. ③   21. ②   22. ②   23. ④   24. ②   25. ②

해설 대분류 – 본봉, 단환봉, 이중 환봉, 복합봉, 특수봉 등
중분류 – 직선봉, 지그재그봉, 자수봉 등
소분류 – 단평형, 장평형, 원통형 등

26. 다음 중 제도에 필요한 부호와 의미의 연결이 틀린 것은?

① ▨▨ 외주름　　② ✕ 식서

③ 〰〰〰 오그림　④ ‾‾⌒‾‾ 늘림

해설 ②는 바이어스 표시이다.

27. 여성 의복 원형의 3가지 기본 요소는?

① 길, 소매, 스커트　　② 길, 칼라, 슬랙스
③ 재킷, 바지, 스커트　④ 뒤판, 스커트. 슬랙스

해설 여성복의 기본 원형 – 길 · 소매 · 스커트 원형

28. 첨모직물의 패턴 배치에서 털이 짧은 직물이 아닌 것은?

① 벨벳　　　　　　② 모헤어
③ 벨베틴　　　　　④ 코듀로이

해설 모헤어는 앙고라 염소에서 얻은 털로, 섬유가 길고 굵다

29. 가봉에 사용하는 실의 소재로 가장 적합한 것은?

① 폴리에스테르　　② 나일론
③ 면　　　　　　　④ 견

해설 가봉용은 면사 꼬임이 적은 목면사가 적합하다.

30. 등 길이를 계측하여 허리선을 지나 바닥까지의 길이에 해당하는 것은?

① 총길이　　　　　② 바지 길이
③ 엉덩이 길이　　　④ 치마 길이

해설 ②와 ④는 오른쪽 옆허리둘레선에서 원하는 길이까지 측정하고, ③은 오른쪽 옆허리둘레선에서 엉덩이둘레선까지의 길이를 측정한다.

31. 양모 섬유의 일반적인 단면 모양은?

① 톱니 모양　　　　② 원형 모양
③ 다각형 모양　　　④ 강낭콩 모양

해설 양모의 단면은 원형에 가깝고. 표면에 스케일이라는 표피층이 있다.

32. 다음 중 내일광성이 가장 좋은 섬유는?

① 견　　　　　　　② 나일론
③ 아크릴　　　　　④ 면

해설 내일광성: 섬유가 일광, 바람, 눈이나 비 등에 오랜 시간 노출될 때 견디는 성질. ①과 ②는 내일광성이 가장 약한 섬유이다.

33. 나일론 섬유의 특성 중 틀린 것은?

① 비중이 면섬유보다 가볍다.
② 탄성이 우수하다.
③ 흡습성이 천연 섬유에 비해 크다.
④ 일광에 의해 쉽게 손상된다.

해설 합성 섬유는 천연 섬유에 비해 흡습성이 작다. 흡습성이 작으면 건조가 빠르다.

34. 수분을 흡수하면 강도와 초기 탄성률이 크게 줄어드는 섬유는?

① 면　　　　　　　② 아마
③ 나일론　　　　　④ 비스코스

해설 습윤강도가 나빠서 물에 적시거나 세탁하는 옷감에는 적합하지 않다.

정답 26. ②　27. ①　28. ②　29. ③　30. ①　31. ②　32. ③　33. ③　34. ④

35. 실의 굵기에 대한 설명 중 틀린 것은?

① 항중식은 일정한 무게의 실의 길이로 표시하는 방식이다.

② 항장식은 일정한 길이의 실의 무게로 표시하는 방식이다.

③ 항중식은 번수 방식을 사용하며 숫자가 클수록 굵다.

④ 항장식은 합성 섬유 등 필라멘트사의 굵기를 표시하는 데 사용한다.

해설 항중식은 일정한 무게의 실의 길이로 숫자가 클수록 실의 굵기는 가늘다.

36. 섬유의 단면에 대한 설명으로 틀린 것은?

① 단면은 현미경을 이용해 관찰하면 확인이 가능하다.

② 단면이 삼각형이면 광택이 좋다.

③ 단면이 편평해질수록 필링이 잘 생긴다.

④ 단면이 원형에 가까우면 촉감이 부드럽다.

해설 둥근 단면일수록 필링(pilling)이 많이 생긴다.

37. 실의 종류, 굵기, 색 등의 변화 있는 배합으로 특수한 외관을 가지는 실은?

① 편사　　　　　② 직사

③ 장식사　　　　④ 자수사

해설 ①은 편물에 사용하는 실, ②는 직물의 경위(날, 씨)사로 준비된 실, ④는 자수에 사용되는 느슨하게 꼰 굵은 실이다.

38. 다음 중 섬유 시험을 위한 표준 상태로 가장 적합한 조건은?

① 온도 10±2℃, 습도 65±2% RH

② 온도 20±2℃, 습도 65±4% RH

③ 온도 10±2℃, 습도 65±2% RH

④ 온도 20±2℃, 습도 65±2% RH

해설 표준 상태를 온도 20±2℃, 습도 65±2% RH로 유지한다.

39. 폴리에스테르 섬유의 염색에 주로 사용하는 염료는?

① 황화 염료　　　② 직접 염료

③ 산성 염료　　　④ 분산 염료

해설 분산 염료는 거의 모든 합성 섬유에 사용된다.

40. 다음 중 목재 펄프를 원료로 하는 섬유는?

① 비스코스 레이온　② 알파카

③ 카세인　　　　　④ 생크림

해설 레이온은 최초의 인조 섬유로, 목재 펄프나 면린터 등 셀룰로오스를 원료로 제조되며 비스코스 레이온과 구리암모늄 레이온으로 분류가 가능하다.
알파카는 천연 섬유 중 동물 섬유이고, 아크릴은 합성 섬유, 카세인은 재생 섬유 중 단백질계이다.

41. 수축색에 대한 설명으로 틀린 것은?

① 저명도, 저채도의 색이 해당된다.

② 후퇴색과 비슷한 경향을 가지고 있다.

③ 외부로 확산되려는 성향을 가지고 있다.

④ 색채에 따라 같은 형태, 같은 면적이라도 그 크기가 다르게 보이는 경우가 있다.

해설 수축색은 시각적으로 수축되어 작게 보이는 것으로 저명도, 저채도, 한색계의 색상이 해당된다.

42. 다음 중 동시 대비가 아닌 것은?

① 색상 대비　　　② 명도 대비

③ 계시대비　　　④ 보색 대비

정답 35. ③　36. ③　37. ③　38. ④　39. ④　40. ①　41. ③　42. ③

해설 동시 대비: 두 가지 이상의 색을 이웃하여 놓고 동시에 볼 때 일어나는 색의 대비 현상

43. 다음 중 색의 강약이며 선명도에 해당하는 것은?

① 채도
② 명도
③ 색상
④ 색입체

해설 ①은 색의 맑고 탁함, 순수한 정도, 색의 강약, 포화도를 나타내는 성질이고 ②는 색이 갖는 밝기의 정도이다.

44. 색의 혼합에 대한 설명으로 틀린 것은?

① 색광의 3원색을 혼합하면 모든 색광을 만들 수 있다.
② 색광의 3원색이 모두 합쳐지면 흰색이 된다.
③ 색료 혼합은 혼합할수록 명도와 채도가 낮아진다.
④ 색료 혼합을 가산 혼합이라 한다.

해설 빛을 가하여 색을 혼합하는 것이 가산 혼합이다.

45. 밝고 생동감 있는 봄 시즌을 위해 디자인을 할 때의 의복 색상으로 가장 적절한 것은?

① 노랑, 연두
② 파랑, 검정
③ 검정, 갈색
④ 남색, 갈색

해설 봄에는 봄의 따뜻한 이미지로 선명하고 밝은 톤이 적합하다.

46. 중성색으로 예술감이나 신앙심을 유발시키는 데 가장 적합한 색은?

① 보라
② 파랑
③ 빨강
④ 노랑

해설 보라는 파랑과 빨강이 겹친 색으로 우아함, 화려함, 풍부함, 고독, 추함 등의 다양한

느낌이 있어 예로부터 왕실의 색으로 사용되었으며 예술감, 신앙심을 자아내기도 한다.

47. 실루엣 안의 선 중 포켓, 칼라, 커프스 등과 같이 의복의 봉제 과정에서 만들어지는 부분의 선에 해당하는 것은?

① 접힘선
② 핀턱선
③ 구성선
④ 디테일선

해설 ㉠ 접힘선(fold): 개더(gather)나, 플레어(flare)에 의한 옷감의 여유폭이 접히면서 생기는 선
㉡ 주름 또는 핀턱선: 스커트의 주름(pleats), 바지 주름, 핀턱(pin-tuck) 등의 선
㉢ 구성선: 솔기, 다트, 트임, 끝단 등의 선

48. 의복에 있어 통일감을 주기 위한 방법 중 틀린 것은?

① 색상 조화에 있어 채도를 통일시킨다.
② 의복의 문양은 체크 문양보다 꽃 문양을 이용하여 경쾌한 인상을 준다.
③ 주 색상을 뚜렷한 것으로 하여 대비 색상의 이미지를 통일시킨다.
④ 서로 온도감이 유사한 색상끼리 이용하여 전체적인 분위기를 통일시킨다.

해설 체크 문양은 단일성으로 통일된 인상을 준다.

49. 의상의 기본 요소 중 복사열의 반사 또는 흡수 등의 기능과 밀접한 관계가 있는 것은?

① 색채미
② 형태미
③ 재료미
④ 기능미

해설 색채는 광선이 눈을 통하여 들어와서 지각된다.

정답 43. ① 44. ④ 45. ① 46. ① 47. ④ 48. ② 49. ①

50. 다음 중 진출, 팽창되어 보이는 색이 아닌 것은?

① 한색계의 색   ② 난색계의 색
③ 고명도의 색   ④ 고채도의 색

해설 진출색, 팽창색: 고명도, 고채도, 난색계의 색상

51. 다음 중 위편성물의 기본 조직이 아닌 것은?

① 평편   ② 터크편
③ 고무편   ④ 펄편

해설 위편성물의 조직으로는 평편, 고무편, 펄편 등이 있고, 경편성물의 조직으로는 트리코, 라셀, 밀라니즈, 심플렉스 등이 있다.

52. 다음 중 방추 가공과 관계가 없는 섬유는?

① 면   ② 마
③ 비스코스 레이온   ④ 양모

해설 모직물은 물세탁 과정에서 수축 변형이 일어나므로 방축 가공이 필요하다.

53. 부직포의 특징으로 틀린 것은?

① 방향성이 없다.
② 함기량이 많다.
③ 절단 부분이 풀리지 않는다.
④ 탄성과 리질리언스가 나쁘다.

해설 부직포는 탄성과 리질리언스가 좋아서 구김이 덜 생기고 형태 안정성이 좋다.

54. 샌퍼라이즈의 주된 목적으로 옳은 것은?

① 방축   ② 방추
③ 방오   ④ 방수

해설 샌퍼라이즈(sanforized): 면직물에 미리 일정한 수축을 주어 길이와 폭을 고정시켜 이후의 수축을 방지하는 가공

55. 얇은 직물의 표면을 고무 또는 합성수지 필름으로 피막을 입혀 전혀 누수가 되지 않고 통기성도 없게 만드는 가공은?

① 방추 가공   ② 방염 가공
③ 방오 가공   ④ 방수 처리

해설 ①은 구김 방지 가공, ②는 물리적·화학적인 방법에 의해 소재가 타지 못하도록 하는 가공, ③은 의복의 오물을 쉽게 제거하거나 오물이 잘 부착하지 못하게 하는 가공이다.

56. 경사 또는 위사가 한 올, 두 올 또는 그 이상의 올이 교대로 계속하여 업 또는 다운되어 조직점이 대각선 방향으로 연결된 선이 나타나는 조직은?

① 경편조직   ② 위편조직
③ 능직   ④ 수자직

해설 ①은 세로 방향에서 만들어지고 ②는 가로 방향에서 실이 공급되며 만들어지는 편성조직이다. ④는 주자직이라고도 하며, 조직점이 적고 띄엄띄엄 생긴다.

57. 혼방 직물이나 교직물을 염색할 때 섬유의 종류에 따른 염색성의 차이를 이용하여 각각 다른 색으로 염색할 수 있는 방법은?

① 사염색   ② 이색 염색
③ 원료 염색   ④ 톱 염색

해설 ①은 옷감이 되기 전에 원사의 단계에서 염색을 하는 방법이고, ④는 양모를 톱 형태로 염색하는 것이다.

58. 다음 중 방충을 목적으로 직물의 후처리나 염색 과정에서 가공을 하는 섬유는?

정답 50. ①   51. ②   52. ④   53. ④   54. ①   55. ④   56. ③   57. ②   58. ④

① 면 　　　　② 견

③ 마 　　　　④ 양모

(해설) 양모 제품이 보관 중 해충 등의 피해를 입지 않도록 하는 가공이다.

59. 드라이클리닝의 장점이 아닌 것은?

① 재오염이 되지 않는다.

② 기름얼룩 제거가 쉽다.

③ 형태 변화가 적다.

④ 세정, 탈수, 건조가 단시간에 이루어진다.

(해설) 드라이클리닝은 섬유와 오수 입자 간의 인력 작용으로 재오염이 일어나기 쉽다.

60. 다음 중 곰팡이의 침해를 가장 쉽게 받는 섬유는?

① 면 　　　　② 모

③ 폴리에스테르 　　　　④ 아크릴

(해설) 면은 온도와 습도가 높으면 곰팡이와 세균의 침해를 받는 경우가 있다.

2013년 10월 12일 시행

자격종목	문제 수	수험번호	성 명
양장기능사	60문제		

1. 제도에 필요한 부호 중 다음 부호가 의미하는 것은?

– – – – – – – – – – –

① 골선　　　　② 완성선
③ 안단선　　　④ 꺾임선

해설

완성선	————————
안내선	———— ————
꺾임선	·················

2. 다음 중 스커트 원형에서 웨이스트 밴드를 대는 형의 스커트 길이로 가장 옳은 것은?

① 스커트 길이 $-\dfrac{벨트\ 너비}{2}$

② 스커트 길이 $-\dfrac{벨트\ 너비}{4}$

③ 스커트 길이 $-$ (벨트 너비 $+$ 2cm)

④ 스커트 길이 $-$ (벨트 너비 $+$ 4cm)

3. 인체의 계측이나 치수를 잴 때 사용하는 용구로서 가장 적합한 것은?

① 직각자　　　② 곡자
③ 축도자　　　④ 줄자

해설 패턴 제도 시 ①은 수직, 수평을 맞춰 선을 그릴 때, ②는 허리선, 진동, 옆선 등 곡선을 그릴 때, ③은 실측 치수를 1/4, 1/5로 축소하여 그릴 때 사용한다.

4. 세미 타이트스커트의 안감 박기에 대한 설명

중 가장 적합하지 않은 것은?

① 안감은 완성선보다 0.2cm 정도 시접 쪽으로 나가서 박는다.
② 다트를 박아서 시접을 겉감과 같은 쪽으로 접는다.
③ 왼쪽 옆 솔기를 박아서 시접을 앞쪽으로 꺾는다.
④ 올이 풀리기 쉬운 옷감은 시접 끝을 한 번 접어 박는다.

해설 다트는 겉감 시접과 반대 방향으로 꺾는다.

5. 뒤허리 밑에 수평의 주름이 생겨 뒤허리선을 내려 주고, 뒤 다트 길이를 길게 하는 체형은?

① 하복부가 나온 체형
② 엉덩이가 처진 체형
③ 엉덩이가 나온 체형
④ 엉덩이가 나오고 복부가 들어간 체형

해설 ①은 스커트 앞단이 올라가면서 뜨게 되므로 허리선을 올려서 앞 중심부의 길이를 같게 한다. ④는 엉덩이선을 절개하여 뒤 길이를 늘리고, 앞은 남는 분량을 없앤다.

6. 스판 니트의 원형 제도 시 고려해야 할 내용 중 틀린 것은?

① 직물원형 제도 방법과 같게 한다.
② 옷감의 신축성을 고려한다.
③ 다트는 생략하거나 다트 분량을 가능한 한 적게 한다.
④ 패턴은 디자인과 옷감의 늘어나는 방향에 따

정답 1. ①　2. ①　3. ④　4. ②　5. ②　6. ①

라 다르게 제도한다.

해설 니트 원단은 직물보다 신축성이 좋으므로 다트량을 적게 하거나 생략한다.

7. 오건디와 같이 얇은 옷감에 가장 적합한 재봉기 바늘은?

① 7호   ② 9호

③ 11호   ④ 16호

해설 얇은 옷감에는 재봉 바늘 9호, 손바늘 8호를 사용한다. 두꺼운 옷감일수록 재봉 바늘은 숫자가 커지고, 손바늘은 호수가 작아진다.

8. 다음 중 단춧구멍의 크기로 옳은 것은?

① 단추 지름 + 1cm

② 단추 지름 × 2

③ 단추 지름 + 단추 두께

④ 단추 지름 × 2 + 단추 두께

9. 옷감과 패턴의 배치 방법으로 옳은 것은?

① 패턴의 종선 방향을 옷감의 횡선에 맞추어 배치한다.

② 옷감의 표면이 밖으로 되게 반을 접어 패턴을 배치한다.

③ 패턴은 작은 것부터 배치하고, 큰 것은 사이에 배치한다.

④ 줄무늬는 옷감의 줄을 바르게 정리한 다음 배치한다.

해설 ① 패턴의 종선 방향과 옷감의 종선에 맞추어 배치한다. ② 옷감의 표면이 안으로 되게 반을 접어 패턴을 배치한다. ③ 패턴은 큰 것부터 배치한 후 작은 것은 사이에 배치한다.

10. 가장 기본이 되는 스커트로서 타이트스커트라고도 하는 것은?

① 고어드스커트(gored skirt)

② 플리츠스커트(pleated skirt)

③ 플레어스커트(flared skirt)

④ 스트레이트 스커트(straight skirt)

11. 다음 중 심지를 붙여야 할 곳으로 가장 알맞은 것은?

① 소매산   ② 칼라

③ 소매통   ④ 안감

해설 심지 부착 부위

㉠ 셔츠나 블라우스 – 칼라, 안단, 커프스

㉡ 테일러드 재킷 – 뒤트임, 밑단, 라펠

㉢ 네크라인, 암홀 등 곡선 – 정바이어스 테이프

12. 다음 중 길과 연결하여 구성된 소매는?

① 타이트 소매(tight sleeve)

② 퍼프 소매(puff sleeve)

③ 케이프 소매(cape sleeve)

④ 기모노 소매(kimono sleeve)

해설 세트인 슬리브: 몸판과 소매가 분리되어 몸판 진동에 맞게 소매산 둘레를 줄여 맞추는 형태.

길과 연결된 소매로는 기모노 슬리브, 래글런 슬리브, 돌먼 슬리브 등이 있다.

13. 다음 중 실표나 시침실을 뽑을 때 사용하는 공구로서 가장 적합한 것은?

① 끌   ② 뼈인두

③ 송곳   ④ 족집게

14. 인체를 몸통과 사지로 구분할 때 몸통에 해당하지 않는 것은?

① 머리   ② 가슴

정답 7. ②   8. ③   9. ④   10. ④   11. ②   12. ④   13. ④   14. ④

③ 목   ④ 팔

해설 체간부 – 4체부(머리, 목, 가슴, 배)
체지부 – 2체부(팔, 다리)

15. 칼라 끈이나 옷솔기에 끼워 장식하는 것으로 옷감과 같은 색 또는 다른 색으로 만들어 장식하여 효과를 내는 것은?

① 턱킹   ② 파이핑
③ 스모킹   ④ 패커팅

해설 ①은 가로나 세로 방향으로 일정하게 주름을 잡아 박는 것이고, ③은 일정한 간격으로 주름을 잡은 뒤 그 위에 장식 스티치로 주름을 고정하는 것이다. ④는 원단을 바이어스 방향으로 잘라 실로 새발뜨기 등과 같은 방법으로 두 원단을 연결하는 장식이다.

16. 계측 방법 중 뒤에서 좌우 어깨끝점 사이의 길이를 재는 항목은?

① 등 너비   ② 어깨너비
③ 등 길이   ④ 가슴둘레

해설 ①은 좌우 등너비점 사이의 길이이고, ③은 목 뒷점부터 허리둘레선까지의 길이이다. ④는 가슴의 유두점을 지나는 수평 부위를 돌려서 재는 계측 항목이다.

17. 원형의 제도법에 대한 설명 중 옳은 것은?

① 단촌식 제도법은 초보자에게 적당한 방법이다.
② 단촌식 제도법은 각자의 치수를 정확하게 계측하여야만 몸에 잘 맞는 원형이 구성된다.
③ 장촌식 제도법은 계측 항목이 많다.
④ 장촌식 제도법은 신체 각 부위의 치수를 섬세하게 계측한다.

해설 ①은 장촌식 제도법, ③과 ④는 단촌식 제도법에 대한 설명이다.

18. 일반적인 스커트 원형에서 가로선의 기초선 길이로 가장 적합한 것은?

① 엉덩이 둘레/2+0.5~1cm
② 엉덩이 둘레/2+2~3cm
③ 엉덩이 길이/2+4~5cm
④ 엉덩이 길이/2+6cm

해설 가로선은 엉덩이 둘레를 의미하므로, 여기에 여유분을 더한 것이 가로 기초선이다.

19. 공업용 재봉기의 표시 기호 중 대분류에서 본봉에 해당하는 것은?

① L   ② C
③ D   ④ F

해설 대분류(8종) – 단환봉(C), 이중 환봉(D), 본봉(L), 편평봉(F), 특수봉(S), 주변 감침봉(E), 복합봉(M), 융착(W)

20. 스커트 원형 제도에서 필요하지 않는 항목은?

① 엉덩이 둘레   ② 허리둘레
③ 스커트 길이   ④ 밑위길이

해설 스커트 원형 제도 시의 필요 치수 – 스커트 길이, 허리둘레, 엉덩이 길이, 엉덩이 둘레

21. 소매 뒤에 소매산을 향해 주름이 생길 때의 보정 방법으로 가장 옳은 것은?

① 소매 중심점을 뒤로 옮긴다.
② 소매 중심점을 앞으로 옮긴다.
③ 소매산을 올려 준다.
④ 소매산을 내려 준다.

해설 소매산 뒤가 남아서 생기는 주름은 중심을 뒤로 이동하여 남는 분량을 앞으로 이동시켜 준다.

22. 다음 중 시착 시 유의해야 할 관찰 방법 중 틀린 것은?

정답 15. ②   16. ②   17. ②   18. ②   19. ①   20. ④   21. ①   22. ③

① 옆선 · 어깨선이 중앙에 놓이게 되었는가
② 허리선 · 밑단선이 수평으로 놓였는가
③ 옷감의 올이 사선으로 놓였는가
④ 칼라의 형 · 크기가 적당한가

해설 옷감의 올이 직선으로 놓였는가를 관찰한다.

23. 시접을 완전히 감싸는 방법으로, 세탁을 자주해야 하는 아동복을 만들 때 이용하는 바느질 방법은?

① 평솔   ② 뉨솔
③ 통솔   ④ 접음솔

해설 세탁을 자주 해야 하는 운동복, 아동복, 와이셔츠 등에 많이 이용된다.

24. 다음 그림과 같이 배가 나와서 배 부분이 너무 끼일 경우의 보정으로 맞는 것은?

①   ②

③   ④

해설 ①은 허리에 남는 분량이 많을 경우, ③은 허리와 허벅지 부분이 작을 경우, ④는 전체적

으로 마른 체형의 경우에 적당한 보정법이다.

25. 외출복의 소매산 높이로 가장 적합한 것은?

① $\dfrac{A.H}{3}+3$ ② $\dfrac{A.H}{4}+3$

③ $\dfrac{A.H}{5}+3$ ④ $\dfrac{A.H}{6}+3$

해설 소매산 높이가 낮을수록 활동성이 좋다. 일반적인 소매단 높이는 A.H/4 + 3이다.

26. 의복 원형 종류에 따른 용도가 틀린 것은?

① 길 원형 – 상반신용
② 스커트 원형 – 하반신용
③ 슬랙스 원형 – 하반신용
④ 소매 원형 – 하반신용

27. 다음 중 겉감의 시접 분량으로 가장 옳은 것은?

① 어깨와 옆선 : 5cm   ② 목둘레선 : 1cm
③ 허리선 : 3cm   ④ 스커트단 : 2cm

해설 부위별 시접 분량
㉠ 1cm – 목둘레, 겨드랑 둘레, 칼라
㉡ 2cm – 어깨와 옆선
㉢ 3~4cm – 소맷단, 블라우스단
㉣ 4~5cm – 재킷의 단

28. 바지 길이의 계측 방법으로 옳은 것은?

① 옆허리선에서 무릎점까지의 길이를 잰다(오른쪽 뒤에서).
② 옆허리선에서 발목점까지의 길이를 잰다(오른쪽 뒤에서).
③ 등 길이를 계측하여 허리선을 지나 바닥까지의 길이를 잰다(왼쪽 뒤에서).

정답 23. ③   24. ②   25. ②   26. ④   27. ②   28. ②

④ 목 뒷점부터 허리둘레선까지의 길이를 잰다
(왼쪽 뒤에서).

> **해설** ①은 스커트 길이, ③은 총길이, ④는 등
> 길이의 계측 방법이다.

29. 다음 중 길 원형의 필요 치수에 해당되지 않
는 것은?

① 가슴둘레   ② 등 길이
③ 어깨너비   ④ 소매길이

> **해설** 소매 원형의 필요 치수 – 앞뒤 진동 둘레,
> 소매길이, 소매산 길이

30. 옷감의 표시 방법으로 틀린 것은?

① 실표뜨기는 직선일 때 간격을 넓게 뜬다.
② 실표뜨기는 곡선일 때 간격을 좁게 뜬다.
③ 초크를 사용할 때는 선명하고 가늘게 표시한다.
④ 트레이싱 페이퍼를 사용할 때는 선명하고 굵
게 표시한다.

> **해설** 트레이싱 페이퍼에 선은 완성선에서 0.1cm
> 바깥에 선명하고 가늘게 그린다.

31. 천연 섬유 중 섬유의 길이가 가장 긴 것은?

① 견   ② 마
③ 면   ④ 양모

32. 다음 중 축합 중합체 섬유가 아닌 것은?

① 폴리아미드   ② 폴리우레탄
③ 폴리염화 비닐   ④ 폴리에스테르

> **해설** 부가 중합체는 폴리에틸렌계, 폴리염화 비
> 닐계, 폴리염화 비닐리덴계, 폴리프로에틸렌
> 계, 폴리아크릴로니트릴계, 폴리프로필렌계로
> 분류된다.

33. 다음 중 해충이나 미생물의 침해를 받지 않

는 섬유는?

① 면   ② 견
③ 양모   ④ 아세테이트

> **해설** 천연 섬유는 해충이나 미생물의 침해를 받
> 기 쉽다.

34. 실에 꼬임수가 많아짐에 따라 나타나는 현
상은?

① 광택이 강하다.
② 부드럽고 유연하다.
③ 부푼 실을 얻을 수 있다.
④ 딱딱하고 까슬까슬해진다.

> **해설** 실은 적정 꼬임을 주면 섬유 간 마찰이 생
> 겨 강도가 향상되나 지나치면 감소하게 된다.

35. 섬유의 대전성을 낮게 하는 방법으로 옳은
것은?

① 습도를 감소시킨다.
② 흡습성을 증가시킨다.
③ 열가소성을 좋게 한다.
④ 강도와 신도를 증가시킨다.

> **해설** 대전성: 섬유의 마찰에 의해 정전기가 발생
> 하는 것.
> 대전은 섬유의 흡습성이 작을수록, 대기가 건
> 조할수록 심하다.

36. 삼각형 모양의 단면을 가지고 있는 섬유는?

① 양모   ② 면
③ 아마   ④ 견

37. 다음 중 방적사에 비해 필라멘트사의 특성
에 해당하는 것은?

① 흡습성이 좋다.
② 열가소성이 풍부하다.
③ 인장 강도와 신도가 약하다.

④ 함기량이 많아 보온성이 좋다.

(해설) ①, ③, ④는 방적사의 특성이다. 필라멘트 사는 길이가 긴 섬유로 대부분 화학 섬유이다.

38. 견섬유의 성질에 대한 설명 중 틀린 것은?

① 습윤 상태에서 강도가 줄어든다.
② 다른 섬유에 비해 내일광성이 좋다.
③ 연소시험에서 불꽃 속에 넣었을 때는 머리카락 타는 냄새를 내면서 탄다.
④ 염색성이 좋아서 염기성, 산성, 직접 염료에 의해 잘 염색된다.

(해설) 나일론과 견은 일광에 대한 취화가 가장 큰 합성 섬유이다.

39. 섬유의 내약품성 중 알칼리에 약하나 산에 강한 섬유는?

① 마
② 양모
③ 나일론
④ 비스코스 레이온

(해설) 알칼리에 약하고 산에 강한 것은 단백질 섬유의 특성이다.

40. 다음 중 비중이 가장 큰 섬유는?

① 면
② 나일론
③ 유리 섬유
④ 폴리에스테르

(해설) 비중: 물을 1이라고 했을 때 섬유의 밀도로 비중이 작을수록 가볍다.
섬유의 비중 크기
석면, 유리＞사란＞면＞비스코스레이온＞아마＞폴리에스테르＞아세테이트, 양모＞견, 모드아크릴＞비닐론＞아크릴＞나일론＞폴리프로필렌의 순이다.

41. 다음 중 시선을 한 점에 동시에 고정시키려는 색채 지각 현상에 해당되지 않는 것은?

① 보색 대비
② 한난 대비
③ 색상 대비
④ 채도 대비

(해설) 동시 대비와 계시대비에 대한 설명이다. 한난 대비는 한색과 난색의 색상에 의한 온도감이다.

42. 색의 대비에 대한 설명으로 틀린 것은?

① 어떤 색이 주변 색의 영향을 받아서 실제로 다르게 보이는 현상이다.
② 동시 대비는 서로 가까이 놓인 두 색 이상을 동시에 볼 때 생기는 색채 대비이다.
③ 색상 차가 커 보인다는 것은 색상환에서 서로 거리가 먼 쪽에 위치한다는 것이다.
④ 보색 대비는 잔상 현상과 관계가 있다.

(해설) 계시대비: 어떤 하나의 색을 보고 나서 잠시 후 다른 색을 보았을 때 먼저 본 색의 영향으로 나중에 본 색이 다르게 보이는 현상이며, 잔상 현상과 관계가 있다.

43. 의복의 넓은 벨트에서 나타나는 형태적인 지각으로 가장 적합한 것은?

① 선
② 면
③ 점
④ 입체

44. 색광의 3원색을 모두 합치면 나타나는 색상은?

① 노랑
② 자주
③ 흰색
④ 검정색

(해설) 빛의 3원색: 빨강, 초록, 파랑
빛의 혼합: 가법 혼합

45. 색명의 표시 기호 중 주황에 해당하는 것은?

① 5YB/12
② 5R4/12

③ 5YR6/12　　　　④ 2.5RP3.5/11

해설 5YR은 주황이다.
먼셀의 표기 방법: HV/C(색상·명도/채도)

46. 4계절 중 봄 분위기와 어울리는 의복색이 아닌 것은?

① Salmon pink　　② Ivory
③ Mustard　　　　④ Pale Lilac

해설 ①은 연어살색, ②는 옅은 노란색이 있는 흰색이다. ③은 노란색 계열로 가을에 어울리는 색이다. ④는 옅은 라일락 꽃색이다.
봄 분위기는 경쾌하고 밝은 색, 생동감 있는 색으로 노랑, 연두가 어울린다.

47. 색의 밝고 어두운 정도를 나타내는 것은?

① 명암　　　　　② 채도
③ 명도　　　　　④ 색상

해설 ②는 색의 맑은 정도, 강약, 선명도를 나타내고 ④는 색 자체를 나타낸다.

48. 색의 대비 중 인접한 두 색상 대비, 명도 대비, 채도 대비 현상이 더욱 강하게 일어나는 것은?

① 연변 대비　　　② 한란 대비
③ 보색 대비　　　④ 계시대비

해설 ③은 보색끼리의 배색에서 각 잔상의 색이 반대편 색상과 같아지기 위해 서로의 채도를 높여 색상을 강조하게 되는 것이고, ④는 어떤 하나의 색을 보고 나서 잠시 후에 다른 색을 보았을 때 먼저 본 색의 영향으로 나중에 본 색이 다르게 보이는 현상이다.

49. 다음 중 중성색이 아닌 것은?

① 연두　　　　　② 남색
③ 보라　　　　　④ 파랑

해설 중성색은 함께 사용되는 색에 따라 온도감이 다른 색이다.
④는 한색이다.

50. 색의 조화 중 서로 공통성을 지니고 있어 안정적이고 통일된 분위기를 주는 것은?

① 부조화　　　　② 삼각 조화
③ 대비 조화　　　④ 유사 조화

해설 ②는 색상환에서 120° 떨어진 위치에 있는 색상끼리의 배색, ③은 보색이나 색상, 명도 채도의 차이를 크게 하는 배색이다.

51. 섬유의 안전 다림질 온도가 가장 옳은 것은?

① 견: 120℃
② 아마: 230℃
③ 양모: 180℃
④ 트리아세테이트: 220℃

해설 섬유별 다림질 온도
㉠ 면, 마 180~200℃
㉡ 모 150~160℃
㉢ 레이온 140~150℃
㉣ 견 130~140℃
㉤ 나일론, 폴리에스테르 120~130℃
㉥ 폴리우레탄 130℃ 이하
㉦ 아세테이트, 트리아세테이트, 아크릴 120℃ 이하

52. 의류의 세탁 방법에 대한 설명 중 틀린 것은?

① 아세테이트 섬유는 80℃ 정도의 세탁에서는 변형이 없다.
② 비스코스 레이온 섬유는 강알칼리성 세제에 의해 손상이 된다.
③ 셀룰로오스 섬유는 내알칼리성이 좋다.
④ 경수 또는 철분이 함유된 세탁용수는 피한다.

정답 46. ③　47. ③　48. ①　49. ④　50. ④　51. ②　52. ①

해설 아세테이트 섬유는 세탁에 의한 구김이 잘 생기지 않는다.

53. 다음 중 드레이프성이 가장 좋지 않은 직물은?

① 견
② 서지
③ 모시
④ 나일론

해설 드레이프성: 자연스럽게 옷감이 늘어뜨려지는 성질

54. 다음 중 해충의 해를 가장 많이 받는 양모 제품은?

① 가늘고 강직한 섬유로 실의 꼬임이 많은 직물
② 가늘고 부드러운 섬유로 실의 꼬임이 적은 직물
③ 두꺼운 섬유로 실이 꼬임이 많은 직물
④ 두꺼운 섬유로 실의 꼬임이 적은 직물

해설 섬유는 가늘거나 꼬임이 적을수록 해충의 피해가 크다.

55. 물에 잘 녹으면서 중성 또는 약산성에서 단백질 섬유에 잘 염착되고 아크릴 섬유에도 염착되는 염료는?

① 분산 염료
② 직접 염료
③ 산성 염료
④ 염기성 염료

해설 ①은 아세테이트, 폴리에스테르 등 합성 섬유, 승화성 있는 전사 날염에 적합하고, ②는 중성 또는 약알칼리성의 중성염 수용액에서는 셀룰로오스 섬유에 적합하다. ③은 단백질 섬유, 나일론에 염착된다.

56. 5매 수자직에서 사용 가능한 뜀수는?

① 2, 3
② 3, 5
③ 2, 5
④ 1, 2, 3

해설 수자직 뜀수는 두 개의 정수로 일완전조직이 되도록 조를 짜서 만들되, 1과 공약수가 있는 조는 제외된다.

57. 다음 중 환원 표백제에 해당하는 것은?

① 아염소산 나트륨
② 과탄산 나트륨
③ 과붕산 나트륨
④ 아황산 수소 나트륨

해설 ①은 산화 표백제 중 염소계이고, ②와 ③은 산화 표백제 중 산소계에 해당한다. ④는 환원계 표백제이며 이외에 아황산, 하이드로설파이트가 있다.

58. 의복의 종류별 요구 성능에서 예복에서 가장 요구하는 것은?

① 외관
② 내구성
③ 관리성
④ 안정성

해설 작업복에 요구되는 성능은 내구성, 관리성, 안정성이다.

59. 한 올 또는 여러 올의 실을 바늘로 고리를 형성하여 얽어 만든 피륙은?

① 직물
② 편성물
③ 부직포
④ 브레이드

해설 ①은 경사와 위사를 직각으로 교차시켜 만든 옷감이고, ③은 섬유를 얇은 시트 상태로 만들어 접착시켜 만든 피륙이며, ④는 셋 이상 가닥 형태의 실이나 천을 엮은 직물이다.

60. 다음 중 방추 가공과 관계가 없는 직물은?

① 면
② 양모
③ 마
④ 비스코스 레이온

해설 방추 가공: 주름방지 가공으로 구김이 생기지 쉬운 셀룰로오스 섬유에 가공한다.

정답 53. ③ 54. ② 55. ④ 56. ① 57. ④ 58. ① 59. ② 60. ②

2014년 1월 26일 시행

수험번호	성 명

자격종목	문제 수
양장기능사	60문제

1. 다음 중 봉제사로 가장 많이 사용하는 것은?

① 단사　　　　② 2합 연합사

③ 3합 연합사　④ 6합 연합사

2. 다음 중 길과 연결하여 구성된 소매는?

① 요크 슬리브　② 카울 슬리브

③ 비숍 슬리브　④ 랜턴 슬리브

> **해설** 세트인 슬리브: 몸판과 소매가 분리되어 몸판 진동에 맞게 소매산 둘레를 줄여 맞추는 형태

3. 다음 제도 용구를 주로 사용하는 때는?

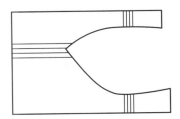

① 축도할 때

② 진동 둘레선을 그릴 때

③ 원형의 목둘레선을 그릴 때

④ 봉합해야 할 다트의 끝이나 시접을 옷본에 표시할 때

4. 구멍의 둘레를 옷감으로 바이어스를 대는 것으로 여성복 여아복에 사용하는 단춧구멍은?

① 벙어리 단춧구멍

② 입술 단춧구멍

③ 한쪽 징금 단춧구멍

④ 양쪽 징금 단춧구멍

5. 부직포 심지의 특징에 대한 설명 중 틀린 것은?

① 가볍고 값이 싸다.

② 탄력성과 구김 회복성이 우수하다.

③ 절단된 가장자리가 잘 풀리지 않는다.

④ 세탁 시 수축률이 크고 형태 안정성이 적다.

> **해설** 부직포 심지: 여러 종류의 섬유를 얇게 펴서 접착제를 사용하여 접착시킨 심지로, 가볍고 올이 풀리지 않으며 올의 방향이 없어 사용하기 간편하다.

6. 상반신이 굴신체인 경우의 일반적인 보정법에 대한 설명 중 틀린 것은?

① 등 길이의 부족량을 절개하여 늘려 준다.

② 등의 돌출로 인해 어깨 다트를 늘려 준다.

③ 전체적으로 앞몸판의 사이즈를 키워 준다.

④ 앞 중심의 길이가 남아 군주름이 생기므로 접어 줄여준다.

> **해설** 굴신체는 앞으로 굽은 체형으로, 뒤 길이를 늘리거나 앞 길이를 줄인다.

7. 장식봉의 종류 중 작은 주름을 일정 간격으로 박아서 장식하는 것은?

① 턱킹　　　　② 스모킹

정답 1. ③　2. ①　3. ③　4. ②　5. ④　6. ③　7. ①

③ 셔링　　　　　　④ 패고팅

해설 셔링은 장식적인 디테일로 쓰이며, 개더를 규칙적으로 여러 줄 잡아 주어 여유분을 부드럽게 표현한다.

8. 슬랙스 원형 제도 시 필요 치수 항목만을 나열한 것은?

① 허리둘레, 밑위길이, 엉덩이 길이, 바지 길이, 다트 길이

② 허리둘레, 엉덩이 둘레, 밑위길이, 바지 길이, 가슴둘레

③ 허리둘레, 엉덩이 둘레, 엉덩이 길이, 밑위길이, 바지 길이

④ 허리둘레, 엉덩이 둘레, 다트 길이, 밑위길이, 가슴둘레

9. 스커트의 종류 중 위에서 아래까지 주름을 잡는 형으로 주름 모양에 따라 종류가 달라지는 것은?

① 고어드스커트　　　② 티어스커트

③ 플레어스커트　　　④ 플리츠스커트

해설 ①은 스커트의 실루엣을 정해 폭으로 등분한 후 다트를 잘라 내어 이어서 만든 스커트, ③은 원형에 절개선을 넣어 다트를 접어 없애줌으로써 플레어분을 벌려 주는 스커트이다.

10. 보정 방법에 대한 설명 중 가장 적합하지 않은 것은?

① 배가 나와서 배 부분이 낄 경우에는 허리 다트로부터 H.L 3cm 전까지 절개선을 넣어 벌려주고 다트는 길게 수정한다.

② 앞뒤 어깨선에 타이트한 주름이 생길 경우(어깨가 솟은 경우)에는 어깨선을 올려 보정하고 그 분량만큼 진동 밑부분을 올려 준다.

③ 스커트의 뒤가 헐렁할 경우에는 뒤 중심에 가

까운 다트로부터 H.L 3cm 전까지 절개선을 넣어 벌려 주고 옆선에서도 절개하여 벌린다.

④ 진동 둘레가 너무 좁은 경우에는 가위집을 넣은 후 새로운 진동선을 그린다.

해설 ③은 엉덩이가 꽉 끼일 경우의 보정법이다.

11. 다음 중 플랫칼라에 해당되지 않는 것은?

① 롤드 칼라 (rolled collar)

② 세일러 칼라 (sailor collar)

③ 수티앵 칼라 (soutien collar)

④ 피터 팬 칼라 (peter pan collar)

해설 롤드 칼라는 스탠드칼라에 해당된다.

12. 보통 무릎 밑부분을 부풀려 벨트로 여미도록 된 반바지는?

① 슬링 판츠　　　　② 파키 팬츠

③ 워킹 쇼츠　　　　④ 니커보커스

13. 윗실 한 올만으로 만들어지는 땀으로서, 바깥면의 은 본봉 땀의 모양과 같게 보이나, 뒷면은 윗실 루프가 서로 연속적으로 연결되어 있는 땀은?

① 주변 감침봉 땀　　② 편평봉 팜

③ 이중 환봉 땀　　　④ 단환봉 땀

14. 마른 체형의 보정 방법 중 틀린 것은?

① 어깨 다트 분량을 줄인다.

② 뒷길의 목둘레선을 작게 한다.

③ 길의 진동 둘레에 맞춰 소매산선을 조절한다.

④ 길의 웨이스트 다트에서 줄인 양만큼 스커트의 다트 분량을 늘린다.

해설 여유 분량을 없앤다.

정답 8. ③　9. ④　10. ③　11. ①　12. ④　13. ④　14. ④

15. 다음 그림을 활용한 디자인의 칼라는?

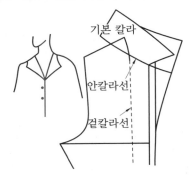

기본 칼라

안칼라선

겉칼라선

① 셔츠 칼라   ② 케이프칼라
③ 만다린 칼라   ④ 컨버터블칼라

16. 기모노 소매가 매우 짧아진 형태로 길과 소매가 한 장으로 구성된 소매는?

① 돌먼 소매   ② 프렌치 소매
③ 래글런 소매   ④ 드롭 솔더 소매

해설 ①은 겨드랑 부분이 매우 넓고 소맷부리는 좁은 소매이고, ③은 목둘레에서 겨드랑이까지 사선으로 이음선이 들어간 소매이다.

17. 스커트 원형 제도 시 가장 중요한 항목은?

① 허리둘레   ② 밑위길이
③ 엉덩이 길이   ④ 엉덩이 둘레

해설 스커트 원형 제도 시 필요 치수 – 스커트 길이, 허리둘레, 엉덩이 길이, 엉덩이둘레

18. 의복 제도 부호 중 다음 부호의 의미는?

‒ ‒ ‒ · ‒ ‒ ‒ · ‒ ‒ ‒

① 완성선   ② 안단선
③ 안내선   ④ 꺾임선

해설

완성선	———————
안내선	———————
꺾임선	··················

19. 의복 구성에 필요한 체형을 계측하는 방법 중 직접법의 특징이 아닌 것은?

① 계측자의 숙련이 요구된다.
② 표준화된 계측기가 필요 없다.
③ 계측을 위한 넓은 공간 확보와 환경 정리가 필요하다.
④ 장시간 계측으로 인해 흐트러진 자세에 의한 오차가 생기기 쉽다.

해설 직접 측정법은 1차원 계측법, 마틴 계측법, 실측법이다.

20. 재봉 방식에 따른 본봉 재봉기의 표시 기호에 해당하는 것은?

① C   ② E
③ F   ④ L

해설 재봉 방식에 따른 분류 및 표시 기호
C–단환봉, D–이중 환봉, F–편평봉 L–본봉, M–복합봉, S–특수봉, E–주변 감침봉, W–용착

21. 스커트 구성 시 안감의 길이는 겉감보다 얼마나 짧아야 적당한가?

① 0.1~1cm   ② 2~3cm
③ 5~6cm   ④ 7cm

22. 소매 뒤에 주름이 생길 때의 보정 방법으로 가장 옳은 것은?

① 소매산을 높여 준다.
② 소매산을 내려 준다.
③ 소매산 중심을 앞 소매 쪽으로 옮기고, 소매산둘레의 곡선을 수정한다.
④ 소매산 중심을 뒤 소매 쪽으로 옮기고, 소매산둘레의 곡선을 수정한다.

해설 군주름은 여유분이 많아 생기는 현상이므

정답 15. ④   16. ②   17. ④   18. ②   19. ②   20. ④   21. ②   22. ④

로, 소매 군주름이 많은 쪽으로 중심점을 이동한다.

23. 상반신 반신체의 보정 방법 중 틀린 것은?

① 뒤 다트 분량을 줄인다.
② 뒤판의 여유분을 접어서 주름을 없앤다.
③ 다트 분량을 줄인 만큼 뒤 옆선에서 늘려 준다.
④ 앞길 옆선을 늘리고 그 분량만큼 앞허리 다트를 늘린다.

해설 반신체는 뒤로 젖힌 체형으로, 앞 길이가 짧다. 앞중심에서 절개선을 넣어 부족분을 늘린다.

24. 너비, 두께 등의 측정에 사용하는 것으로, 신장계를 분리했을 때 최상부로서 지주와 두 개의 가로자로 구성되어 있는 인체 측정 용구는?

① 줄자   ② 간상계
③ 인체 각도계   ④ 피하지방계

해설 ③은 인체의 경사 각도를 측정하는 용구이고, ④는 피하지방이나 피부 두께를 측정하는 용구이다.

25. 원가 계산에서 제조 원가에 해당되지 않는 것은?

① 인건비   ② 재료비
③ 제조 경비   ④ 일반 관리비

해설 제조 원가 = 재료비＋인건비＋제조 경비

26. 다음 중 제도에 필요한 약자의 설명이 틀린 것은?

① B.P (bust point)
② N.P (neck point)
③ S.L (shoulder line)
④ C. B. L (center back line)

해설 옆선(side line, S.L)

27. 각 부위의 기본 시접 중 칼라 시접 분량으로 가장 적합한 것은?

① 1cm   ② 2cm
③ 3cm   ④ 4cm

해설 부위별 기본 시접 분량
  ㉠ 1cm-목둘레, 겨드랑 둘레, 칼라, 하의 허리선
  ㉡ 1.5cm-절개선
  ㉢ 2cm-어깨, 옆선
  ㉣ 3~4cm-소맷단, 블라우스단, 지퍼, 파스너단
  ㉤ 5cm-스커트, 바짓단, 재킷의 단

28. 심 퍼커링(seam puckering)이 발생하는 원인이 아닌 것은?

① 재봉실이 굵은 경우
② 재봉 바늘이 가는 경우
③ 재봉기의 회전수가 높은 경우
④ 재봉실의 장력을 크게 할 경우

해설 심 퍼커링은 재봉 바늘이 굵은 경우에 발생하고, 톱니와 노루발의 압력 차이도 원인이 된다.

29. 길 원형의 필요 치수 중 원형 제도 시 가장 기본이 되는 항목은?

① 등 길이   ② 목둘레
③ 어깨너비   ④ 가슴둘레

해설 길 원형 제도 시 필요 치수-가슴둘레, 등 길이, 어깨너비

30. 다음 중 스커트의 원형 제도에 필요한 치수가 아닌 것은?

① 허리둘레   ② 밑위길이

정답 23. ③   24. ②   25. ④   26. ③   27. ①   28. ②   29. ④   30. ②

③ 엉덩이 길이   ④ 엉덩이 둘레

해설 밑위길이는 바지 제도 시의 필요 치수이다.

31. 비닐론 섬유의 특성으로 틀린 것은?

① 형태 안정성이 나쁘다.
② 마모 강도와 굴곡 강도가 크다.
③ 염색성이 좋아 선명한 색상을 얻기 쉽다.
④ 탄성과 리질리언스가 나빠 구김이 잘 생긴다.

해설 비닐론 섬유는 염색성이 나빠 선명한 색상을 얻기 어렵다.

32. 나일론 섬유의 특성이 아닌 것은?

① 리질리언스가 우수하다.
② 내마모성과 내굴곡성이 좋다.
③ 습윤상태에서는 신도가 증가한다.
④ 공정 수분율이 0.4%로서 흡습성이 천연 섬유에 비해 작다.

해설 폴리에스테르는 공정 수분율이 0.4%로 흡습성이 천연 섬유에 비해 작다.

33. 케라틴이라는 단백질로 되어 있는 천연 섬유는?

① 양모   ② 견
③ 면   ④ 마

해설 ①은 글리신, 알라닌, 티로신이라는 단백질로 이루어져 있고, ③과 ④는 셀룰로오스 섬유로 이루어져 있다.

34. 양모 대용으로 스웨터 등의 편성물 또는 모포에 많이 사용하는 섬유는?

① 아크릴   ② 나일론
③ 폴리에스테르   ④ 아세테이트

해설 아크릴 섬유는 보온성이 우수하고 촉감이 부드럽다.

35. 실의 꼬임에 대한 설명 중 틀린 것은?

① 꼬임이 많아지면 실의 광택은 증가한다.
② 꼬임이 적으면 실은 부드럽고 부푼 실이 된다.
③ 꼬임수가 많아짐에 따라 실은 딱딱하고 까슬까슬해진다.
④ 어느 한계 이상 꼬임이 많아지면 실의 강도는 감소한다.

해설 꼬임이 많아지면 실의 광택은 감소한다.

36. 견섬유 관리 시 주의해야 할 사항으로 틀린 것은?

① 낮은 온도에서 다림질한다.
② 세탁에는 연수를 사용한다.
③ 건조 시 직사광선을 피한다.
④ 표백할 때에는 염소계 표백제를 사용한다.

해설 견은 알칼리에 약하고 산에 강하다.

37. 다음 중 정전기가 가장 많이 발생하는 섬유는?

① 아크릴   ② 양모
③ 견   ④ 면

해설 흡습성이 낮은 합성 섬유가 정전기 발생률이 높다.

38. 다음 중 내일광성이 가장 좋은 섬유는?

① 나일론   ② 아세테이트
③ 아크릴   ④ 폴리에스테르

해설 나일론과 견은 일광에 대한 취화가 가장 큰 합성 섬유이다.

39. 현미경으로 관찰하면 측면 방향으로 곳곳에 마디가 잘 발달된 섬유는?

① 양모   ② 면

정답 31. ③ 32. ④ 33. ① 34. ① 35. ① 36. ④ 37. ① 38. ③ 39. ③

③ 아마   ④ 나일론

해설 아마의 특징은 가방성을 주는 마디와 작은 중공이 있다는 것이다.

40. 구리암모늄 레이온 제조에 사용하는 방사 원액은?

① 질산

② 알코올

③ 물, 질산의 혼합 용액

④ 황산구리, 암모니아, 수산화 나트륨의 혼합 용액

해설 셀룰로오스 원료를 수산화 구리(염기성 황산구리)의 암모니아 용액에 용해하여 방사 원액을 만들어 사출한다.

41. 색채의 감정으로 코발트블루(cobalt blue)에 대한 설명으로 옳은 것은?

① 하늘과 바다처럼 고요하고 조용한 색이다.

② 청색 중에서도 가장 젊고 화려한 색이다.

③ 침착하고 냉정하면서 고독한 느낌을 주는 색이다.

④ 우울하고 쓸쓸한 느낌을 주는 색이다.

42. 물리적 자극의 변화가 있어도 지각되는 색이 비교적 동일하게 유지되는 요인으로 옳은 것은?

① 항상성   ② 유목성

③ 중량감   ④ 온도감

해설 ②는 의식하지 않아도 시선을 끌어 눈에 띄는 성질이고, ③은 난색 계통을 가볍게, 한색 계통을 무겁게 느끼는 것이다. ④는 색상에 의해 좌우되는 색의 감정이며, 난색과 한색으로 구분된다.

43. 색의 속성에 대한 설명 중 틀린 것은?

① 어떠한 색상의 순색에 무채색의 포함량이 많을수록 채도가 높아진다.

② 색의 3속성을 3차원의 공간 속에 계통적으로 배열한 것을 색입체라고 한다.

③ 무채색은 시감 반사율이 좁고 낮음에 따라 명도가 달라진다.

④ 보색인 두 색을 혼합하면 무채색이 된다.

해설 순색에 무채색의 포함량이 많을수록 채도는 낮아진다.

44. 약동, 활력, 만족감의 상징인 색은?

① 회색   ② 주황

③ 녹색   ④ 빨강

해설 ①은 안정감과 보수적, 지적이며 차분한 인상, 세련된 이미지를 주는 색이고 ③은 심장 기관에 도움을 주며, 신체적 균형을 유지시켜 주고, 혈액 순환을 돕고 교감신경 계통에 영향을 주는 색이다. ④는 위험, 정열, 열정, 흥분, 애정, 경고의 이미지가 있다.

45. 리듬의 종류 중 한 점을 중심으로 각 방향으로 뻗어나가는 것으로서 생동감이나 문에 강한 시선을 집중시키는 효과가 있는 것은?

① 반복 리듬   ② 점진적 리듬

③ 방사상 리듬   ④ 교대 반복 리듬

해설 ①은 한 종류의 선, 형, 색채 또는 재질로서 규칙적으로 동일하게 반복될 때에 형성되는 리듬이다. ②는 반복의 단위가 점차 강해지거나 약해지는 경우, 단위 사이의 거리가 점차 멀어지거나 가까워지는 경우, 또는 두 가지가 동시에 일어나는 경우에 형성되는 리듬이다. ④는 특성이 다른 두 가지 요소가 번갈아 교대로 반복되는 것이다.

46. 청록을 빨강 바탕 위에 놓았을 때 두 색은 서로 영향을 받아 본래의 색보다 채도가 높아

정답 40. ④   41. ③   42. ①   43. ①   44. ②   45. ③   46. ①

지고 선명해지며 서로의 색을 강하게 드러내 보이는 현상과 관련한 대비는?

① 보색 대비   ② 계시대비
③ 채도 대비   ④ 명도 대비

> **해설** ②는 어떤 색을 보고 나서 잠시 후에 다른 색을 보았을 때 먼저 본 색의 영향으로 나중에 본 색이 다르게 보이는 현상이고, ③은 낮은 채도의 색 중앙에 둔 높은 채도의 색은 채도가 높아져 보이며, 무채색 위에 둔 유채색이 훨씬 맑은 색으로 채도가 높아져 보이는 현상이다. ④는 어두운 색 가운데서 대비되는 밝은 색이 한층 더 밝게 느껴지는 현상이다.

47. 다음 중 색채의 중량감을 좌우하는 것은?

① 색입체   ② 색상
③ 채도   ④ 명도

> **해설** 온도감은 색상에 의해 좌우되는 색의 감정이고, 강약감은 채도의 영향을 받는다.

48. 고상함, 외로움, 슬픔, 예술감, 신앙심을 자아내며 우아한 색으로 환 피부에 잘 어울리는 색은?

① 빨강   ② 보라
③ 회색   ④ 청색

> **해설** ①은 위험, 정열, 열정, 흥분, 애정, 경고의 이미지, ③은 안정감과 보수적, 지적이며 차분한 인상, 세련된 이미지, ④는 서늘함, 우울, 소극적, 고독, 젊음, 신뢰, 깨끗함을 느끼게 한다.

49. 다음 중 중간 혼합과 관계가 없는 것은?

① 평균 혼합   ② 병치 혼합
③ 감산 혼합   ④ 회전 혼합

> **해설** 감산 혼합은 색료의 혼합이다.

50. 색상환에서 약 30° 떨어져 있는 색상끼리의 배색은?

① 인접색상 배색   ② 동일색상 배색
③ 보색 배색   ④ 삼각 배색

> **해설** ②는 한 가지 색상으로 명도를 조절하여 사용하는 배색이며, 동일 색상에서 명도나 채도만 변화한다. ③은 색상환에서 180° 떨어진 위치에 있는 색상끼리의 배색이고, ④는 색상환에서 120° 떨어진 위치에 있는 색상끼리의 배색이다.

51. 의복의 위생적인 성능에만 해당하는 것은?

① 내마모성, 함기성
② 흡습성, 통기성
③ 보온성, 내열성
④ 흡수성, 드레이프성

> **해설** 위생적 성능은 흡습성, 흡수성, 통기성, 보온성과 관련이 있다.

52. 경사와 위사에 대한 설명 중 틀린 것은?

① 직물은 경사와 위사가 직각으로 교차된 피륙이다.
② 경사가 위사보다 꼬임이 많아 경사 방향이 위사 방향보다 강직하다.
③ 위사가 경사에 비해 약하지만 신축성은 크다.
④ 위사가 경사에 비해 꼬임이 많아 약하다.

> **해설** 위사가 경사에 비해 꼬임이 많으면 강하다.

53. 자카드직기를 이용하여 제작된 직물이 아닌 것은?

① 브로케이드   ② 다마스크
③ 태피스트리   ④ 진

> **해설** 능직물로는 개버딘, 데님, 진 등이 있다.

정답 47. ④   48. ②   49. ③   50. ①   51. ②   52. ④   53. ④

54. 여름철 의복으로 입기에 가장 적합한 조직과 직물은?

① 변화 평직 – 서지
② 평직 – 모시
③ 능직 – 개버딘
④ 주자직 – 데님

해설 ㉠ 평직물 – 광목, 깅엄, 보일, 오건디, 옥스퍼드, 타프타, 옥양목, 포플린 등
㉡ 능직물 – 개버딘, 데님, 버버리, 서지, 진, 타탄, 트위드, 하운드 투스 등
㉢ 수자직물 – 공단, 도스킨 등

55. 다음 중 주자직에 해당하는 직물은?

① 목공단　　　② 광목
③ 개버딘　　　④ 데님

56. 다음 중 면섬유의 염색에 적합하지 않은 염료는?

① 직접 염료　　　② 분산 염료
③ 반응성 염료　　④ 배트 염료

해설 분산 염료는 합성 섬유의 염색에 적합하다.

57. 셀룰로오스 직물의 수축을 방지하는 가공은?

① 런던 슈렁크 가공
② 샌퍼라이스 가공
③ 방추 가공
④ 캘린더 가공

해설 ①은 양모 원단을 뜨거운 물에 적신 직물로 감싸 롤러에 감거나 그대로 두어 자연 건조하는 방법이고, ③은 원단에 구김이 덜 생기도록 하는 가공이다. ④는 적당한 온·습도 하에 매끄러운 롤러의 강한 압력으로 직물에 광택을 주는 가공이며, 엠보싱 가공, 슈와레 가공, 글레이즈 가공 등이 있다.

58. 다음 중 방충제가 아닌 것은?

① 나프탈렌　　　② 장뇌
③ 실리카 겔　　　④ 파라디클로로벤젠

해설 실리카 겔은 방습제로, 곰팡이가 생기는 것을 방지한다.

59. 면직물을 머서화 가공했을 때 증가하는 성질이 아닌 것?

① 흡습성　　　② 염색성
③ 신도　　　　④ 강도

해설 면은 머서화 가공을 통해 흡습성, 염색성, 광택이 증가한다.

60. 다음 중 환원 표백제가 아닌 것은?

① 아염소산 나트륨
② 하이드로설파이트
③ 아황산
④ 아황산 수소 나트륨

해설 산화계 표백제에는 차아염소산 나트륨, 아염소산 나트륨, 과산화 수소가 있다.

2014년 4월 6일 시행		수험번호	성 명
자격종목 양장기능사	문제 수 60문제		

1. 다음 그림에 나타난 패턴 네크라인 종류는?

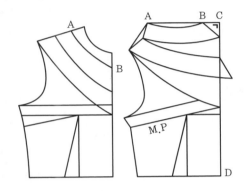

① 하이 네크라인(high neckline)
② 라운드 네크라인(round neckline)
③ 카울 네크라인(cowl neckline)
④ 스퀘어 네크라인(square neckline)

2. 다음 중 길 원형의 프린세스 라인 구성이 아닌 것은?

① 숄더 다트와 웨이스트 다트
② 암홀 다트와 웨이스트 다트
③ 숄더 포인트 다트와 웨이스트 다트
④ 언더 암 다트와 웨이스트 다트

3. 재단할 때의 주의 사항으로 옳은 것은?

① 한 겹옷일 경우에는 안단을 따로 재단한다.
② 안단의 시접은 칼라의 형태에 관계없이 모두 같게 잡는다.
③ 바이어스 테이프를 장식으로 댈 때는 시접을 반드시 넣는다.
④ 무늬 있는 옷감은 위의 한 장을 자른 후에 아래의 무늬를 확인하면서 자른다.

해설 ① 블라우스 등의 홑겹옷은 안단을 붙여서 재단한다. ③ 바이어스 테이프를 장식으로 달 때는 시접을 넣지 않는다.

4. 원형 제도 방법 중 장촌식 제도법에 해당되는 것은?

① 인체의 각 부위를 세밀하게 측정한다.
② 체형 특징에 잘 맞는 원형을 얻을 수 있다.
③ 인체 부위 중 가장 대표적인 부위만 측정한다.
④ 계측이 서투른 초보자에게는 바람직하지 못하다.

해설 ①, ②, ④는 단촌식 제도법에 해당한다.

5. 심지의 종류 중 여러 종류의 섬유를 얇게 펴서 접착제를 사용하여 접착시킨 심지로, 가볍고 올이 풀리지 않으며 올의 방향이 없어 사용하기에 간편한 심지는?

① 마심지　　　　② 면심지
③ 모심지　　　　④ 부직포

6. 체형과 관련된 설명 중 틀린 것은?

① 앞으로 굽은 체형 – 등이 굽은 체형은 앞품이 부족하기 쉽다.
② 어깨가 솟은 체형 – 어깨 경사로 인해 암홀의 길이가 변화한다.
③ 배가 나온 체형 – 스커트의 경우 밑단을 충분히 주어야 들리지 않는다.
④ 목이 굽은 체형 – 앞, 뒤의 목둘레가 변화한다.

정답 1. ③　2. ④　3. ④　4. ③　5. ④　6. ①

해설 굴신체는 등 길이를 늘리고 앞 길이를 줄여야 한다.

7. 다음 각 용어의 설명 중 옳은 것은?

① 의상 – 속옷과 겉옷의 총칭

② 복장 – 의복을 입어서 나타나는 전체적인 모습

③ 의복 – 모자와 신발을 포함하여 인체의 각 부를 덮는 것

④ 피복 – 모자와 신발을 제외한 인체의 각 부를 덮는 것

해설 ①은 피복과 동일한 개념이지만 주로 특수 목적을 가지고 입는 시대 의상·무대 의상·민족 의상·민속 의상 등이 포함되고 ③과 ④는 바꾸어 설명하고 있다.

8. 본봉 재봉기 다음으로 많이 이용되며, 바늘실과 루퍼실의 두 가닥 재봉실이 천밑에서 고리를 형성하는 재봉기는?

① 인터로크 재봉기

② 이중 환봉 재봉기

③ 오버로크 재봉기

④ 단환봉 재봉기

해설 ②는 북 대신 루퍼를 사용하며 2본침, 3본사 방식이 있는 재봉기이고, ④는 표면의 땀 모양이 본봉과 같고, 윗실 한 올만으로 만들어진다.

9. 공업용 재봉기의 대분류에서 표시 기호가 틀린 것은?

① 본봉 : L

② 복합봉 : S

③ 단환봉 : C

④ 이중 환봉 : D

해설 C–단환봉, D–이중 환봉, F–편평봉, L–본봉, M–복합봉, S–특수봉, E–주변 감침봉, W–용착

10. 주름잡는 위치에 따라 종류가 달라지며, 주름잡는 모양에 따라 슬리브 모양과 어깨 모양이 달라지는 슬리브는?

① 퍼프 슬리브

② 비숍 슬리브

③ 케이프 슬리브

④ 타이트 슬리브

해설 ②는 소맷부리에 개더를 잡아 부풀린 형태의 소매이며, ③은 슬리브 재단 시 바이어스 방향으로 마름질하고, 케이프를 덮은 듯한 느낌의 헐렁한 소매이다. ④는 소매에 여유가 거의 없이 딱 맞는 소매이다.

11. 옷감과 패턴의 배치에 대한 설명으로 옳은 것은?

① 무늬가 있는 옷감은 왼쪽과 오른쪽 다른 무늬로 배치한다.

② 짧은 털이 있는 옷감은 털의 결 방향을 아래로 배치한다.

③ 옷감의 표면이 밖이 되게 반을 접어 패턴을 배치한다.

④ 패턴은 큰 것부터 배치하고 작은 것을 큰 것 사이에 배치한다.

해설 ① 무늬가 있는 옷감은 무늬를 맞춘다. ② 짧은 털이 있는 옷감은 털의 결 방향을 위로 배치한다. ③ 옷감의 안쪽이 밖으로 나오게 접은 후 큰 패턴부터 배치한다.

12. 다음 중 패턴에 표시하지 않아도 되는 것은?

① 중심선

② 안단선

③ 단추의 모양

④ 포켓 다는 위치

해설 옷본에 표시 사항 – 앞 중심(C.F), 노치(notch), 안단선, 단추 위치, 다트, 식서 방향 등

13. 다트 머니퓰레이션의 정의로 옳은 것은?

① 다트의 위치를 이동시켜 새로운 원형을 만드는 과정
② 활동에 불편하지 않도록 원형을 변화시키는 작업
③ 이상 체형의 변화를 원형에서 수정하는 작업
④ 길 원형의 다트를 생략하는 과정

14. 각 부위의 시접 분량 중 가장 적합하지 않은 것은?

① 목둘레선 – 1cm ② 옆선 – 2cm
③ 어깨선 – 2cm ④ 소맷단 – 5cm

해설 부위별 시접 분량
㉠ 1cm – 목둘레, 겨드랑 둘레, 칼라
㉡ 2cm – 어깨와 옆선
㉢ 3~4cm – 소맷단, 블라우스단
㉣ 4~5cm – 스커트단, 재킷의 단

15. 다음 중 다림질 온도가 가장 높은 섬유는?

① 면 ② 양모
③ 아마 ④ 폴리에스테르

해설 섬유별 다림질 온도
㉠ 면, 마 180~200℃
㉡ 모 150~160℃
㉢ 레이온 140~150℃
㉣ 견 130~140℃
㉤ 나일론, 폴리에스테르 120~130℃
㉥ 폴리우레탄 130℃ 이하
㉦ 아세테이트, 트리아세테이트, 아크릴 120℃ 이하

16. 겨드랑이 부분이 끼며 품이 좁을 때의 보정 방법으로 가장 적합한 것은?

① 앞뒷길의 옆선에 품을 넓혀 준다.
② 앞뒷길의 어깨끝점 부분을 올려 준다.
③ 앞뒷길의 어깨끝점 부분을 내려 준다.

④ 진동 둘레가 넓어지지 않도록 겨드랑이 부분을 올려 준다.

해설 진동 둘레가 작은 경우는 진동 둘레점을 내리고 옆선도 늘린다.

17. 솔기 가장자리를 장식하는 것으로 바이어스보다 선을 가늘게 나타낸 것은?

① 셔링
② 스모킹
③ 파이핑
④ 개더링

해설 ①은 개더를 여러 줄 만들어서 장식하는 것으로 다림질이 필요 없는 얇은 직물에 적당한 장식봉이다. ②는 일정한 간격으로 주름을 잡은 뒤에 그 위에 장식 스티치로 주름을 고정시킨다. ④는 러닝 스티치(running stitch)로 잘게 홈질하거나 재봉기로 박아 실을 잡아당겨 잔주름을 만드는 방법이다.

18. 옷감의 손질 방법으로 옳은 것은?

① 옷감을 침수시킬 때는 되도록 많이 접어서 담근다.
② 확실한 내용의 표시가 없는 것은 섬유의 감별법에 의한다.
③ 다림질 온도를 섬유의 종류에 맞추어 가로 방향으로만 다린다.
④ 수지 가공에서 방축, 방추, 방수 가공이 되어 있는 옷감은 다리미로 다려 구김살을 펴지 않아도 된다.

해설 ① 옷감을 침수시킬 때는 병풍 모양으로 접어서 담근다. ③ 다림질 온도를 섬유의 종류에 맞추어 올 방향으로 다린다.

19. 다음과 같이 진동 둘레에 사선의 군주름이 생길 경우 보정 방법으로 옳은 것은?

정답 14. ④ 15. ③ 16. ① 17. ③ 18. ② 19. ②

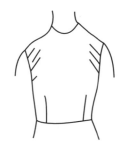

① 목둘레선을 높여 앞뒤판을 맞춘다.
② 어깨선을 군주름 분량만큼 시침 보정하여 내려 주고 어깨 처진만큼 진동둘레 밑부분도 내려 준다.
③ 어깨선을 올려서 보정하고 진동둘레 밑부분도 올려 준다.
④ 목둘레가 좁은 경우이기 때문에 목둘레선을 파 준다.

해설 그림은 어깨가 처진 경우이다.
③은 솟은 어깨의 경우의 보정 방법이다.

20. 의복 제작 시 본봉으로 들어가기 전 가봉할 때의 주의 사항으로 틀린 것은?

① 바느질 방법은 상침 시침으로 손바느질한다.
② 실은 면사로 하되 얇은 감은 한 올로, 두꺼운 감은 두 올로 한다.
③ 바늘은 옷감에 직각으로 꽂아 옷감이 울지 않게 하고 실이 늘어지지 않도록 한다.
④ 바이어스 감과 직선으로 재단된 옷감을 붙일 때는 바이어스 감을 아래로 위치한 후 바느질한다.

해설 바이어스 감과 직선으로 재단된 옷감을 붙일 때는 바이어스 감을 위로 위치한 후 바느질한다.

21. 제도에 사용하는 약자 중 C.B.L의 의미는?

① 앞 중심선　　　② 뒤 중심선
③ 가슴둘레선　　④ 허리둘레선

해설 C.F.L(center frot line), B.L(bust line), W.L(waist line)

22. 봉제할 때 옷감에 적합한 재봉실을 선택하는 방법으로 옳은 것은?

① 실의 굵기 표시 방법은 번수만 사용한다.
② 재봉사는 옷감과 같은 재질을 선택한다.
③ 혼방 직물일 때는 혼용률이 낮은 재료를 선택한다.
④ 수지 가공의 옷감에는 방축 가공된 재봉사는 피한다.

해설 ③ 혼방 직물일 때 혼용률이 높은 재료를 선택한다. ④ 수지 가공의 옷감에는 방축 가공된 재봉사를 사용한다.

23. 제도에 필요한 부호 중 '오그림'에 해당하는 것은?

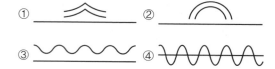

해설 ①은 늘림, ②는 줄임, ④는 개더의 부호이다.

24. 스커트 길이의 명칭 중 원형의 무릎선 정도의 위치는?

① 마이크로(micro)　　② 미디(midi)
③ 내추럴(natural) 라인　④ 맥시(maxi)

해설 ①은 가장 짧은 길이의 스커트이고, ②는 미디랭스의 약어로, 무릎과 발목 중간 길이, ④는 발목 길이의 스커트이다.

25. 의복 종류에 따른 제도 시 길 원형에 사용하는 약자가 아닌 것은?

① W.L　　　　② B.L

③ H.L ④ C.L

해설 ①은 허리선(waist line), ②는 젖가슴둘레선(bust line), ③은 엉덩이둘레선(hip line), ④는 중심선(center line)의 약자이다.

26. 다음 의복제도 부호의 의미는?

—— · —— · —— · ——

① 꺾임선 ② 완성선
③ 안단선 ④ 골선

해설

안내선	——————————
꺾임선	··············
완성선	——————————
안단선	—— · —— · —— · ——
골선	— — — — — — —

27. 플레어스커트 중 45° 각도를 이루는 두 개의 선을 먼저 긋고, 그 선에 맞추어 스커트의 절개선을 벌려주는 것은?

① 벨 플레어스커트
② 서큘러 플레어스커트
③ 요크를 댄 플레어스커트
④ 세미 서큘러 플레어스커트

해설 360° 펼쳐지는 플레어스커트의 일종으로 플레어 분량이 적은 180°, 270° 스커트가 있다.

28. 연단법 중 옷감이 감긴 롤러를 돌려가며 연단해야 하므로 인력 소모가 가장 큰 것은?

① 표면대항 연단 ② 무방향 연단
③ 양방향 연단 ④ 한 방향 연단

해설 연단: 생산량에 맞추어 원단 등을 재단할 수 있도록 연단대 위에 정리하여 쌓아올리는 작업

③은 원단의 결이 없거나 단색인 소재에 사용하고, 마커의 효율성이 좋고 생산성이 높다. ④는 능직이나 주자직과 같이 방향이 뚜렷한 직물이나 편성물, 벨벳, 고급 소재 등의 패턴을 한 방향으로 배치하여 마커의 효율성이 적고 작업 시간이 많이 소요된다.

29. 원가 계산방법 중 총원가에 해당하는 것은?

① 제조 원가 + 판매 간접비 + 일반 관리비
② 재료비 + 인건비 + 제조 경비
③ 판매가 - 총원가
④ 총원가 + 이익

해설 ㉠ 판매가격 직접 원가=제조 원가=직접 재료비+직접 노무비+직접 경비
㉡ 총원가=제조 원가+판매 간접비+일반 관리비
㉢ 판매가=총원가+적정 이윤
㉣ 제조 원가=직접 원가+제조 간접비

30. 상반신에서 둘레의 최대치를 나타내는 위치는?

① 목둘레선 ② 진동 둘레선
③ 가슴둘레선 ④ 허리 둘레선

31. 실의 굵기에 대한 설명으로 틀린 것은?

① 항중식 번수는 일정한 무게의 실의 길이로 표시하는 것이다.
② 데니어는 견, 레이온, 합성 섬유 등의 실의 굵기를 표시하는 데 사용된다.
③ 데니어는 실 1km의 무게를 g수로 표시한 것이다.
④ 소모 번수는 1파운드의 소모사 길이를 560야드 길이 단위로 나타내는 것으로 항중식 번수이다.

해설 1데니어는 실 9,000m의 무게를 1g수로

정답 26. ③ 27. ④ 28. ① 29. ① 30. ③ 31. ③

표시한다. ③은 텍스법에 대한 설명이다.

32. 폴리에스테르 섬유의 연소 시험 결과 나타나는 현상이 아닌 것은?

① 검은 재가 남는다.
② 달콤한 냄새가 난다.
③ 불꽃에 접근시키면 녹는다.
④ 천천히 타며 저절로 꺼진다.

> **해설** 견, 모는 면과 마보다 천천히 타고, 부드럽고 둥근 재가 특징이다.
> 아세테이트, 나일론, 아크릴, 비닐론 등 인조 합성 섬유는 대부분 녹으면서 탄다.

33. 다음 중 습윤 상태에서 강도가 증가하는 섬유는?

① 견   ② 면
③ 나일론   ④ 폴리에스테르

> **해설** 면은 흡습성이 좋고 습윤 상태에서 강도와 신도가 커진다.

34. 섬유가 외부 힘의 작용으로 변형되었다가 그 힘이 사라졌을 때 원상으로 되돌아가는 능력에 해당하는 것은?

① 탄성   ② 강도
③ 방적성   ④ 리질리언스

> **해설** ①은 섬유가 외부 힘을 받아 늘어났다가 힘이 사라지면 본래 길이로 되돌아가려는 성질이다. ②는 인장 강도이고, ③은 섬유에서 실을 뽑아낼 수 있는 성질이다.

35. 다음 중 섬유 내에서 결정 부분이 발달되어 있으면 향상되는 성질은?

① 신도   ② 강도
③ 염색성   ④ 흡습성

> **해설** 결정: 섬유 안 분자들이 규칙적으로 배열되어 있는 상태. 비결정 부분이 많으면 염색성, 흡수성이 향상된다.

36. 천연 섬유로서 단면이 원형에 가까운 섬유는?

① 양모   ② 나일론
③ 아마   ④ 면

> **해설** ③은 다각형 단면에 면보다 작은 중공이 존재하고, ④는 찌그러진 타원형 가운데에 중공이 있다.

37. 다음 중 방적의 원리가 아닌 것은?

① 섬유의 꼬임을 준다.
② 섬유를 뽑아 늘려 준다.
③ 섬유를 움직이지 않게 고정시킨다.
④ 섬유를 곧게 평행으로 배열시킨다.

> **해설** ④는 제직의 원리이다.

38. 5% 수산화나트륨 용액에 가장 쉽게 용해되는 섬유는?

① 양모   ② 면
③ 아크릴   ④ 저마

> **해설** 단백질은 5% 수산화나트륨 용액에 쉽게 용해된다.

39. 섬유의 단면에 대한 설명으로 틀린 것은?

① 섬유의 단면이 원형에 가까우면 촉감이 부드럽다.
② 섬유의 단면은 옷감의 필링과도 관련이 있다.
③ 면섬유의 단면은 날카롭다.
④ 아세테이트는 단면이 주름 잡혀 있다.

> **해설** 섬유는 단면의 형태에 따라 촉감, 광택, 리질리언스, 피복성 등이 크게 달라진다. 면은

정답 32. ④　33. ②　34. ④　35. ②　36. ①　37. ③　38. ①　39. ③

찌그러진 타원형 가운데에 중공이 있다.

40. 현미경 구조에서 측면에 마디(Node)가 보이는 섬유는?

① 아마   ② 양모
③ 면   ④ 견

해설 양모는 스케일이 발달한 섬유이다.

41. 색광의 3원색으로 옳은 것은?

① 빨강, 노랑, 파랑
② 빨강, 주황, 노랑
③ 빨강, 파랑, 흰색
④ 빨강, 초록, 파랑

해설 색료 혼합의 3원색: 자주, 노랑, 청록

42. 다음 중 따뜻하게 느껴지는 색상이 아닌 것은?

① 빨강   ② 연두
③ 주황   ④ 노랑

해설 연두, 초록, 자주, 보라 등은 중성색으로, 함께 사용되는 색에 따라 온도감이 달라진다.

43. 다음 중 진출, 팽창되어 보이는 색이 아닌 것은?

① 고명도   ② 고채도
③ 한색계   ④ 난색계

해설 한색계는 후퇴 · 축소되어 보인다.

44. 색의 감정 중 색상에 의한 효과가 가장 큰 것은?

① 중량감   ② 강약감
③ 경연감   ④ 온도감

해설 ①은 명도의 영향을 받으며 높은 명도의 색은 가볍게, 낮은 명도의 색은 무겁게 느껴진다. ②는 채도의 영향을 받으며 채도가 높은 색은 자극적이고 강한 느낌을 준다. ③은 명도와 채도의 영향을 받으며, 채도가 낮고 명도가 높은 색은 부드러워 보이고, 채도와 명도가 낮은 색은 딱딱해 보인다.

45. 의복의 배색 조화에 대한 설명 중 틀린 것은?

① 저채도 색의 면적을 넓게 하고 고채도 색을 좁게 하면 균형이 맞고 수수한 느낌이 든다.
② 고채도 색의 면적을 넓게 하고 저채도 색을 좁게 하면 매우 화려한 배색이 된다.
③ 고명도 색을 좁게 하고 저명도 색을 넓게 하면 명시도가 낮아 보인다.
④ 한색계 색을 넓게 하고 난색계 색을 좁게 하면 약간 침울하고 가라앉은 느낌이 든다.

해설 고명도 색을 좁게 하고 저명도 색을 넓게 하면 명시도가 높아 보인다.

46. 명도가 비슷한 유사색을 동시에 배색했을 때 얻게 되는 조화는?

① 명도에 따른 조화
② 색상에 따른 조화
③ 주조색에 따른 조화
④ 보색 대비에 따른 조화

해설 ①은 한 가지 색을 명도 단계에 따라 동시에 배색했을 때, ③은 자연색에서 주로 볼 수 있는 것으로, 여러 색 중 한 가지 색이 주를 이루게 배색했을 때 얻게 되는 조화이다.

47. 기본 형태 중 현실적 형태에 해당하는 것은?

① 점   ② 선
③ 면   ④ 입체

정답 40. ①   41. ④   42. ②   43. ③   44. ④   45. ③   46. ②   47. ④

해설 입체는 면의 집합에 의한 3차원 공간으로 시각적인 요소에 해당한다.

48. 다음 중 디자인의 원리에 해당되지 않는 것은?

① 조화　　　　② 균형
③ 질감　　　　④ 율동

해설 디자인 요소: 선, 색채, 재질
디자인 원리: 비례, 균형, 통일, 조화, 리듬, 강조

49. 다음 중 황금 분할의 비율에 해당하는 것은?

① 1 : 1.218　　② 1 : 1.418
③ 1 : 1.618　　④ 1 : 1.718

50. 색의 시지각적 효과 중 주위 색의 영향으로 오히려 인접 색에 가깝게 느껴지는 경우에 해당하는 것은?

① 공감각 현상　　② 동화 현상
③ 항상성　　　　④ 진출성

해설 혼색 효과의 일종이다.

51. 섬유의 염색성에 영향을 미치는 요인과 관계가 없는 것은?

① 섬유의 강도
② 섬유의 화학적 조성
③ 섬유의 흡습성
④ 섬유의 결정화도

해설 염색성은 섬유 내 비결정 부분, 섬유의 화학적 조성, 흡수성, 염료를 잘 흡수하는 원자단의 영향을 받는다.

52. 편성물의 가장자리가 휘감기는 성질에 해당하는 것은?

① 방추성　　　　② 수축성
③ 컬업　　　　　④ 신축성

53. 위시 앤드 웨어(wash and wear) 가공의 효과에 해당하는 것은?

① 축융 방지
② 방추성 향상
③ 대전 방지
④ 보온성 향상

해설 방추 가공으로 직물에 구김이 덜 가게 한다.

54. 수자직의 설명으로 옳은 것은?

① 변화 평직이다.
② 조직이 간단하다.
③ 마찰에 약하다.
④ 직물의 앞, 뒤 구별이 없다.

해설 ①은 바스켓 조직, ②와 ④는 평직에 대한 설명이다.

55. 평직의 특성에 해당하는 것은?

① 표면이 평활하다.
② 광택이 우수하다.
③ 제직이 간단하다.
④ 조직점이 적어서 유연하다.

해설 ①은 바스켓 조직, ②와 ④는 능직의 특성이다.

56. 다음 중 양모 직물의 가공 방법이 아닌 것은?

① 축융 가공　　　② 전모 가공
③ 방축 가공　　　④ 알칼리 감량 가공

해설 알칼리 감량 가공은 폴리에스테르 직물이

견섬유와 같은 특성을 지니도록 하는 가공이다.

57. 정련만으로 제거되지 않는 색소를 화학 약품을 사용해서 분해, 제거하는 공정은?

① 발호　　　　　② 표백
③ 호발　　　　　④ 탈색

해설 ①과 ③은 전처리 작업으로 가호 과정에서 처리된 경사에 있는 풀을 제거하는 공정이다.

58. 혼방 직물이나 교직물을 염색할 때 섬유의 종류에 따른 염색성 차이를 이용하여 각각 다른 색으로 염색할 수 있는 염색 방법은?

① 포염색　　　　② 크로스(cross) 염색
③ 원료 염색　　　④ 톱(top) 염색

해설 ①은 직물 상태에서, ③은 실을 만들기 이전 상태에서, ④는 양모를 톱 상태에서 염색하는 방법이다.

59. 면직물에 묻은 쇳녹을 제거할 때 가장 적합한 약제는?

① 벤젠
② 옥살산
③ 사염화 탄소
④ 트리클로로에틸렌

해설 벤젠은 볼펜잉크를 제거할 때 쓰인다.

60. 다음 중 의복의 위생적 성능에 해당되지 않는 것은?

① 보온성　　　　② 통기성
③ 흡수성　　　　④ 내약품성

해설 의복의 위생적 성능은 통기성, 흡습성, 흡수성, 보온성, 열전도성, 함기성, 대전성 등과 관련이 있다.

2014년 10월 11일 시행

자격종목	문제 수	수험번호	성 명
양장기능사	60문제		

1. 옷감의 너비가 150cm일 경우 긴소매 블라우스를 만들기 위해 필요한 옷감 계산법으로 옳은 것은?

① 블라우스 길이 + 소매길이 + 시접
② (블라우스 길이 × 2) + 소매길이 + 시접
③ (블라우스 길이 × 2) + 시접
④ (블라우스 길이 + 소매길이) × 2 + 시접

> 해설 ②는 90cm 폭으로 긴소매 블라우스를 만들 때 필요한 옷감 계산법이고, ③에 시접 10~15cm를 더한 경우 90cm 폭으로 반소매 블라우스를 만들 때, 시접 7~10cm를 더한 경우 110cm 폭으로 반소매 블라우스를 만들 때 필요한 옷감 계산법이다.

2. 다음 중 가장 편하게 활동할 수 있는 소매산 높이로 적합한 것은?

① A.H/2 　　　 ② A.H/3
③ A.H/4 　　　 ④ A.H/6

> 해설 소매산은 높으면 소매폭이 좁아져 활동하기 불편한 반면, 낮으면 소매폭이 넓어져 활동하기 편해진다.

3. 다음 중 패턴에 표시하지 않아도 되는 것은?

① 식서 　　　 ② 다트
③ 가슴둘레선 　　　 ④ 주머니 위치

> 해설 옷본에 표시 사항 – 앞 중심(C.F), 노치(notch), 안단선, 단추위치, 다트, 식서 방향 등

4. 기본 다트를 디자인에 따라 다른 위치로 이동

하거나 다른 형태로 만들어 주는 것은?

① 턱 　　　 ② 요크
③ 다트 풀니스 　　　 ④ 다트 머니퓰레이션

5. 제도에 필요한 약자 중 어깨끝점에 해당하는 것은?

① S.P 　　　 ② S.L
③ B.P 　　　 ④ C.B.L

> 해설 ②는 옆선(side line), ③은 젖꼭지점(bust point), ④는 뒤 중심선(center back line)의 약자이다.

6. 옷감의 패턴 배치 방법에 대한 설명으로 옳은 것은?

① 줄무늬는 옷감 정리에서 줄을 사선으로 정리한 후 패턴을 배치한다.
② 패턴이 작은 것부터 배치하고 큰 것은 작은 것 사이에 배치한다.
③ 옷감의 표면이 겉으로 나오게 반을 접어 패턴을 배치한다.
④ 짧은 털이 있는 옷감은 털의 결 방향이 위쪽으로 향하도록 배치한다.

> 해설 ① 줄무늬는 옷감 정리에서 줄을 바르게 정리한 후 패턴을 배치한다. ② 패턴이 큰 것부터 배치하고 작은 것은 큰 것 사이에 배치한다. ③ 옷감의 표면이 안으로 들어가게 반을 접어 패턴을 배치한다.

7. 심지 사용에 대한 설명 중 틀린 것은?

정답 1. ①　　2. ④　　3. ③　　4. ④　　5. ①　　6. ④　　7. ④

① 신축성이 없는 겉감에는 신축성이 있는 심지
   를 사용한다.
② 버팀이 없는 겉감에는 적당한 버팀을 갖는 심
   지를 사용한다.
③ 수축성이 있는 겉감에는 수축성이 있는 심지
   를 사용한다.
④ 거친 겉감에는 부드러운 심지를 사용한다.

(해설) 두께, 강도, 색채, 관리방법 등에서 겉감과
조화를 이루어야 한다.

8. 원가 책정에서 제품 생산 요인의 3요소에 해
당하는 것은?

① 재료비   ② 인건비
③ 제조 경비   ④ 재고비

9. 다음 그림에 해당하는 네크라인은?

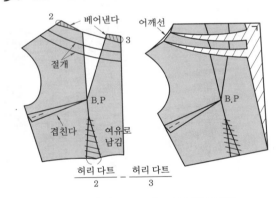

① 하이 네크라인   ② 카울 네크라인
③ 스퀘어 네크라인   ④ 보트 네크라인

10. 인체 계측 항목 중 둘레나 길이 항목 측정에
가장 적합한 계측기는?

① 줄자   ② 신장계
③ 간상계   ④ 활동계

(해설) ①은 둘레, ②는 높이, ③은 너비와 두께,
④는 간상계보다 짧은 길이와 투영 길이가 측

정 항목이다.

11. 소매산이나 소맷부리에 개더 또는 턱을 넣
어서 부풀려 준 것으로 부드럽고 분위기가 나
는 소매는?

① 퍼프 슬리브 (puff sleeve)
② 타이트 슬리브 (tight sleeve)
③ 루스 슬리브 (loose sleeve)
④ 플레어 슬리브 (flare sleeve)

(해설) ②는 소매의 여유분이 적고 딱 맞는 소매,
③은 헐렁하여 여유있는 소매, ④는 소맷부리
쪽이 넓게 퍼지는 소매이다.

12. 스커트 원형의 필요 치수가 아닌 것은?

① 엉덩이 둘레   ② 밑위길이
③ 엉덩이 길이   ④ 스커트 길이

(해설) 밑위길이는 바지 제도 시 필요한 치수이다.

13. 가봉 시 가장 적합한 손바느질은?

① 홈질   ② 시침질
③ 상침 시침   ④ 박음질

14. 다음 중 심감이 갖추어야 할 성질이 아닌 것
은?

① 부착이 간편해야 한다.
② 두께, 강도, 색채, 관리 방법 등에서 겉감과
   조화를 이루어야 한다.
③ 실크 블라우스 등에는 두껍고 빳빳한 것이
   좋다.
④ 마심감은 넥타이 등에 사용한다.

(해설) 실크 블라우스 등은 부드럽고 얇은 의복이
므로 겉감과 어울리는 얇은 것이 좋다.

15. 프레스 재단기에 대한 설명 중 옳은 것은?

① 금형을 원단 위에 놓고 전기나 유압으로 압축시켜 자르는 재단기로 다이 커팅기 또는 클리커라고 한다.

② 재단할 수 있는 높이는 한정적이나 속도가 빠르고 재단된 면이 곱다.

③ 원단은 최대 30cm 높이까지 쌓아 재단할 수 있다.

④ 정확한 재단이 가능하여 칼라, 커프스, 주머니 뚜껑 등 정확성이 요구되는 재단에 적합하다.

> **해설** ②, ③, ④는 밴드나이프 재단기에 대한 설명이다.

16. 생산 경비에 영향을 미치는 요인 중 원가에 가장 큰 영향을 미치는 것은?

① 생산 공정
② 생산 계획의 결정
③ 재료 구입 및 준비
④ 디자인의 개발과 결정

> **해설** 제조 원가=직접 원가+제조 간접비=직접 재료비+직접 노무비+직접 경비

17. 재봉기의 구조 중 봉제 시 천을 용수철의 압력을 눌러 윗실의 고리 형성을 도와주는 것은?

① 톱니
② 바늘대
③ 노루발
④ 천평 크랭크

> **해설** ①은 본봉 재봉기에서 주어진 땀 길이에 맞게 천을 앞으로 밀어주는 역할을 하고, ②는 바늘이 박음질할 옷감에 윗실을 통과시키는 역할을 한다. ③은 봉제 시 천을 눌러 윗실이 고리를 형성하도록 도와주고, 봉제될 부위를 고정한다. ④는 실채기에 의해 실을 위로 올리는 장치이다.

18. 인체 계측 시 하부 부위 중 최대 치수에 해당하는 것은?

① 허리둘레
② 엉덩이 둘레
③ 엉덩이 길이
④ 밑위길이

19. 의복 구성상 인체를 구분하는 경계선으로만 나열한 것은?

① 가슴둘레선, 진동 둘레선, 허리둘레선
② 가슴둘레선, 엉덩이 둘레선, 허리둘레선
③ 목밑 둘레선, 진동 둘레선, 허리둘레선
④ 가슴둘레선, 목밑 둘레선, 진동 둘레선

> **해설** ㉠ 체간부 − 4체부(머리, 목, 가슴, 배)
> ㉡ 체지부 − 2체부(팔, 다리)
> ㉢ 목둘레선 − 목과 가슴의 구분
> ㉣ 겨드랑 둘레선(구 진동 둘레선) − 팔과 몸통의 구분
> ㉤ 앞엉덩이 위치 부위 − 몸통과 다리의 구분
> ㉥ 어깨선 − 앞과 뒤의 구분

20. 다음 중 시접 분량이 가장 적은 것은?

① 목둘레선
② 어깨선
③ 옆선
④ 블라우스단

> **해설** 부위별 시접 분량
> ㉠ 1cm − 목둘레, 겨드랑 둘레, 칼라, 하의 허리선
> ㉡ 1.5cm − 절개선
> ㉢ 2cm − 어깨, 옆선
> ㉣ 3~4cm − 소맷단, 블라우스단, 지퍼, 파스너단
> ㉤ 5cm − 스커트, 바짓단, 재킷의 단

21. 수분을 가하면 얼룩이 지기 쉽고 옷감의 외관이 상하므로 다림질하여 올의 방향을 정돈해야 하는 섬유는?

① 면
② 마
③ 견
④ 양모

> **해설** 모직물 등의 단백질 섬유는 방축 가공이 되어 있는 경우가 많으므로 물을 가볍게 뿌려

형겊을 덮고 다려야 한다.

22. 단촌식 제도법의 특징이 아닌 것은?

① 인체의 많은 부위를 계측하여 제도한다.
② 체형 특징에 맞는 원형을 얻을 수 있다.
③ 인체의 각 부위를 세밀하게 계측해 제도한다.
④ 초보자에게 바람직한 제도법이다.

해설 ④는 장촌식 제도법이다.

23. 블라우스 재단 시 심지를 붙이지 않아도 되는 곳은?

① 칼라   ② 안단
③ 커프스   ④ 요크

24. 타이트스커트를 만들 때 뒤 주름 바느질의 강도가 가장 큰 것은?

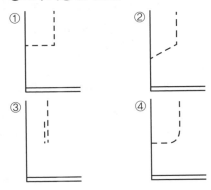

25. 다음 중 표면이 거칠고 단단하나 신축성과 유연성이 좋아 형태를 구성하는 데 가장 적합한 심지는?

① 부직포 심지   ② 모심지
③ 면심지   ④ 마심지

26. 스커트 다트에 대한 설명 중 틀린 것은?

① 다트 수는 디자인에 따라 다트의 너비를 등분하여 조절한다.
② 허리둘레와 엉덩이 둘레의 차이로 생기는 앞, 뒤의 공간을 다트로 처리한다.
③ 일반적으로 스커트 다트는 엉덩이 둘레선의 위치와 형태 때문에 앞보다 뒤가 더 길다.
④ 다트의 수는 허리둘레와 엉덩이 둘레의 차이가 클수록 적어진다.

해설 허리둘레와 엉덩이 둘레의 차이가 클수록 남는 분량을 다트로 처리해야 하므로 다트 수가 늘어난다.

27. 단환봉 재봉기의 장점이 아닌 것은?

① 회전 속도가 빠르다.
② 가는 재봉사를 사용할 수 있다.
③ 봉사의 장력을 조절하기 쉽다.
④ 실땀의 형성은 천의 윗면과 밑면이 일정하다.

해설 ④는 본봉 재봉기의 설명이다.

28. 의복 구성에 필요한 체형을 계측하는 방법 중 직접법의 특징이 아닌 것은?

① 단시간 내에 사진을 촬영하므로 피계측자의 자세 변화에 의한 오차가 비교적 적다.
② 굴곡 있는 체표의 실측 길이를 얻을 수 있다.
③ 표준화된 계측 기구가 필요하다.
④ 계측을 위한 넓은 공간 확보와 환경의 정리가 필요하다.

해설 ①은 간접 계측법의 특징이다.

29. 원형 보정 시 뒤 허리선을 내려 주고, 뒤 다트 길이를 길게 해야 하는 체형은?

① 엉덩이가 나온 체형
② 엉덩이가 처진 체형
③ 하복부가 나온 체형

④ 복부가 들어간 체형

해설 ①은 H.L을 절개하여 뒤를 늘린다. ③은 앞 중심을 올리고, 앞 다트의 분량을 늘여 준다. ④는 앞 중심을 파 준다.

30. 다음 중 가봉 방법 설명으로 틀린 것은?

① 가봉 방법은 의복의 종류에 따라 다르다.
② 실은 견사로 하되 얇은 감은 한 올로 하고, 두꺼운 감은 두 올로 한다.
③ 칼라, 주머니, 커프스는 광목이나 다른 옷감을 사용하는 것이 좋다.
④ 단추는 같은 크기로 종이나 옷감을 잘라서 일정한 위치에 붙인다.

해설 가봉용 실은 면사를 사용한다.

31. 섬유의 방직이 가능한 섬유의 강도와 길이로서 가장 적합한 것은?

① 강도 1.5gf/d 이상, 길이 5mm 이상
② 강도 1.5gf/d 이상, 길이 3mm 이상
③ 강도 2gf/d 이상, 길이 5mm 이상
④ 강도 2gf/d 이상, 길이 3mm 이상

32. 섬유의 보온성과 가장 관계가 없는 것은?

① 열전도도 　　　② 함기율
③ 직물의 조직 　　④ 신도

해설 신도는 끊어질 때까지 늘어난 섬유의 길이를 섬유 원래 길이의 백분율로 나타낸다.

33. 섬유의 단면에 대한 설명 중 틀린 것은?

① 단면이 삼각형이면 광택이 좋다.
② 단면이 편평해질수록 필링이 잘 생긴다.
③ 단면은 현미경을 통해 확인이 가능하다.
④ 단면 구조는 보온성, 광택, 촉감 등에 영향을 준다.

해설 단면이 원형에 가까울수록 부드러우나 필링이 쉽게 생겨 피복성은 나쁘다.

34. 섬유의 비중에 대한 설명 중 틀린 것은?

① 비중이 작으면 드레이프성이 좋지 않다.
② 면섬유의 비중은 1.54이다.
③ 섬유 중 비중이 가장 작은 것은 폴리프로필렌이다.
④ 비중이 작은 섬유는 어망으로 적당하다.

해설 비중은 물을 1이라고 했을 때 섬유의 밀도로, 비중이 작으면 물에 가라앉지 않아 어망으로 부적절하다.
섬유의 비중: 석면, 유리 > 사란 > 면 > 비스코스 레이온 > 아마 > 폴리에스테르 > 아세테이트, 양모 > 견, 모드아크릴 > 비닐론 > 아크릴 > 나일론 > 폴리프로필렌의 순이다.

35. 실의 꼬임에 대한 설명 중 틀린 것은?

① 적당한 꼬임을 주면 실의 형태를 유지한다.
② 적당한 꼬임을 주면 섬유 간의 마찰을 크게 한다.
③ 꼬임수가 증가하면 실의 광택이 줄어든다.
④ 꼬임수가 증가하면 실은 부드러워진다.

해설 꼬임수가 증가하면 딱딱하고 까슬까슬하다.

36. 폴리에스테르 섬유의 특징에 대한 설명 중 틀린 것은?

① 열가소성 섬유이다.
② 공정 수분율은 4.5%이다.
③ 분산염료에 염색된다.
④ 내약품성이 좋은 섬유이다.

해설 폴리에스테르 섬유의 공정 수분율은 0.4%로 흡수성이 거의 없다.

정답 30. ② 　31. ① 　32. ④ 　33. ② 　34. ④ 　35. ④ 　36. ② 　37. ①

37. 비스코스 레이온의 특성에 대한 설명 중 틀린 것은?

① 흡습 시 강도가 증가한다.

② 장시간 고온에 방치하면 황변된다.

③ 단면은 불규칙하게 주름이 잡혀 있다.

④ 강알칼리에서는 팽윤되어 강도가 떨어진다.

해설 비스코스 레이온은 흡습 시 강도와 초기 탄성률이 크게 떨어진다.

38. 실의 굵기를 나타내는 미터번수에 대한 설명으로 옳은 것은?

① 1파운드의 실 길이가 300야드이면 1번수이다.

② 무게 기준으로 파운드를 사용하고, 길이 기준으로 500야드를 사용한다.

③ 무게 단위로 g을 사용하고, 길이 단위로 km를 사용하는 영국식 번수이다.

④ 무게 단위로 kg을 사용하고, 길이 단위로 km를 사용하며, 모든 섬유에 공통으로 사용되는 번수이다.

해설 영국식 면사 1번수는 실 1파운드의 길이가 한 타래(840야드)일 때를 말한다.

ⓐ 마사: 1파운드의 실 길이가 300야드(274.32m)이면 1번수이다.

ⓑ 소모사: 영국식 소모 번수로 무게는 파운드, 길이는 560야드를 기준으로 한다.

ⓒ 방모사: 무게는 파운드, 길이는 256야드를 사용한다.

39. 다음 장식사 중 고리 모양을 하고 있는 것은?

① 김프사   ② 라티네사

③ 루프사   ④ 슬럽사

40. 견섬유의 성질에 대한 설명으로 옳은 것은?

① 알칼리에 강하다.

② 내일광성이 좋다.

③ 단면의 형태가 삼각형이다.

④ 단섬유이다.

해설 견섬유는 천연 필라멘트 섬유로, 알칼리에는 약하나 산에 강하다. 빛에 노출되면 강도가 급격히 떨어진다.

41. 배색 방법 중 색상환에 연속되는 세 가지 색상과 명도를 조절하여 사용하는 배색은?

① 보색 배색

② 동색 배색

③ 인접색 배색

④ 무채색 배색

해설 ①은 대비 조화이고, ②는 한 가지 색상으로 명도를 조절하여 사용하는 배색으로, 동일 색상에서 명도나 채도만 변화한다.

42. 잔상 현상과 밀접한 관계가 있으며, 색을 보는 시간이 아주 짧은 경우에는 동시 대비와 같은 효과를 갖는 색의 대비는?

① 계시대비

② 명도 대비

③ 채도 대비

④ 한난 대비

해설 동시 대비는 서로 가까이 놓인 두 색 이상을 동시에 볼 때 생기는 색채 대비이다.

43. 균형의 설명 중 틀린 것은?

① 부분과 부분 또는 부분과 전체 사이에 시각적으로 힘의 안정을 주면 보는 사람에게 안정감을 준다.

② 대칭과 비대칭, 비례, 주도와 종속이 있다.

③ 저울에 올려 양쪽의 중량 관계가 역학적으로 균형을 유지하고 있음을 말한다.

④ 각 부분 사이에 시각적인 강한 힘과 약한 힘

이 규칙적으로 연속될 때 생긴다.

해설 각 부분 사이에 시각적인 강한 힘과 약한 힘이 불균형하거나 위치가 다르더라도 적절히 배치하여 얻는 비대칭 균형이다.

44. 색을 혼합하기보다 각기 다른 색을 인접하게 배치하여 놓고 보는 혼합은?

① 색광 혼합
② 색료 혼합
③ 병치 혼합
④ 가산 혼합

해설 중간 혼합으로는 병치 혼합, 회전 혼합, 평균 혼합이 있다.

45. 색채 계획에 필요한 사항이 아닌 것은?

① 다른 회사의 제품보다 특색이 있는 독특한 색채 감각
② 자사 제품의 기능성이 우수하다고 연상되는 색채 효과
③ 기분 좋은 생활 환경이 조성될 수 있는 제품의 색채 관련
④ 개인만이 선호하고 호감을 느낄 수 있는 색채

해설 다수의 사람이 선호하고 호감을 느낄 수 있는 색채

46. 오스트발트 색 체계의 색상환에서 나타내는 색상의 수로 옳은 것은?

① 20
② 24
③ 36
④ 100

해설 오스트발트 색 체계: 헤링의 4원색설을 기준으로 그 사이에 추가하여 8색, 이를 다시 3단계로 나누어 총 24색을 기본으로 한다.

47. 다음 중 식욕 촉진을 자극하는 데 가장 적합한 색상은?

① 주황, 밝은 노랑
② 빨강, 라일락색
③ 파랑, 녹색
④ 붉은 포도주색, 황금색

해설 미각과 색상
㉠ 단맛: 적색, 주황색, 노란색의 배색
㉡ 신맛: 녹색과 노랑의 배색
㉢ 쓴맛: 파랑, 밤색, 보라의 배색
㉣ 짠맛: 연녹색과 회색의 배색
㉤ 달콤한 맛: 핑크색
㉥ 매운 맛: 고채도의 빨강, 저명도의 빨강

48. 다음 그림과 같은 "하만그리드 효과"가 해당하는 색의 대비는?

① 채도 대비
② 연변 대비
③ 색상 대비
④ 면적 대비

해설 색과 색이 근접하는 경계에서 색의 변화가 강조되어 보이는 것이다.

49. 심장 기관에 도움을 주며, 신체적 균형을 유지시켜 주고, 혈액 순환을 돕고, 교감신경 계통에 영향을 주는 색은?

① 녹색
② 파랑
③ 노랑
④ 빨강

해설 ②는 서늘함, 우울, 소극적, 고독, 젊음, 신뢰, 깨끗함 등, ③은 명랑, 유쾌, 희망 등, ④는 위험, 정열, 열정, 흥분, 애정, 경고 등의 이미지가 있다.

50. 다음 중 후퇴색에 해당하는 것은?

① 고명도의 색　　② 고채도의 색

③ 난색　　　　　④ 한색

해설 고명도, 고채도, 난색계는 시각적으로 진출, 팽창의 효과가 있다.

51. 다음 중 곰팡이가 발생할 수 있어 깨끗하고 건조하게 보관해야 하는 섬유는?

① 면　　　　　② 나일론

③ 폴리에스테르　　④ 아세테이트

해설 곰팡이가 발생할 수 있어 깨끗하고 건조하게 보관해야 하는 것은 식물성 섬유(면, 레이온)이다.

52. 발수 가공에서 섬유와 화학 결합을 하고 있어 효과가 반영구적이므로 세탁과 드라이클리닝에도 양호한 가공제는?

① 왁스 유제　　② 금속 비누

③ 계면 활성제　　④ 실리콘

53. 양모 직물을 적당한 수분, 온도하에 압력을 가하면서 비벼 주면 직물의 길이와 폭이 수축되면서 두꺼워져 조직이 치밀해지고 외관과 촉감이 향상되는 가공은?

① 머서화 가공

② 캘린더 가공

③ 축융 가공

④ 엠보스 가공

해설 ①은 면의 광택 증가 가공이고, ②는 적당한 온·습도하에 매끄러운 롤러의 강한 압력으로 직물에 광택을 주는 가공이다. 이외에 엠보싱 가공, 슈와레 가공, 글레이즈 가공 등이 있다.

54. 아세테이트 섬유에 염색이 가장 잘되는 염

료는?

① 분산 염료

② 직접 염료

③ 매염 염료

④ 반응성 염료

해설 ①은 아세테이트, 폴리에스테르 등 합성 섬유, 승화성 있는 전사 날염에 적합하다. ②는 중성 또는 약알칼리성의 중성염 수용액으로 셀룰로오스 섬유를 직접 염색한다. ③은 섬유에 금속염을 흡수시키고 나서 행하는 염색이다. ④는 견뢰도와 색상이 좋아 면섬유에 많이 사용된다.

55. 다음 중 평직에 해당하는 직물은?

① 포플린　　　　② 서지

③ 개버딘　　　　④ 데님

해설 능직으로는 개버딘, 데님, 서지, 트위드, 플란넬 등이 있다.

56. 다음 중 산성 염료로 염색하였을 경우 염색성이 가장 우수한 섬유는?

① 면　　　　　② 마

③ 양모　　　　④ 아크릴

해설 우수한 염색성을 얻기 위해서는 ①과 ②는 직접 염료, 반응성 염료, ④는 염기성 염료를 사용한다.

57. 부직포의 특성 중 틀린 것은?

① 방향성이 없다.

② 표면 결이 곱다.

③ 함기량이 많다.

④ 절단 부분이 풀리지 않는다.

해설 부직포는 광택이 없고 거칠다.

정답 51. ①　52. ④　53. ③　54. ①　55. ①　56. ③　57. ②　58. ③

58. 8매 주자직의 뜀수에 해당하는 것은?

① 1과 7   ② 2와 6
③ 3과 5   ④ 4

해설 8매 주자직 조는 1+7, 2+6, 3+5, 4+4이며, 이 중 1이나 공약수가 존재하는 조는 제외된다.

59. 알칼리 세탁과 일광에 대한 견뢰도가 좋지 못해 천연 섬유의 염색에는 적합하지 않은 염료는?

① 직접 염료   ② 반응성 염료
③ 염기성 염료   ④ 산성 염료

해설 ①은 중성 또는 약알칼리성의 중성염 수용액으로 셀룰로오스 섬유를 직접 염색한다. ②는 견뢰도와 색상이 좋아 면섬유에 많이 사용한다. ④는 단백질 섬유, 나일론 섬유에 많이 사용한다.

60. 변화 조직 중 직물의 표면에 경사 또는 위사 방향의 이랑의 줄무늬를 가진 조직은?

① 두둑직   ② 바스켓직
③ 파능직   ④ 능형 능직

해설 직물의 표면에 경사 또는 위사 방향의 이랑 무늬가 나타나는 것은 이랑직이다.

2015년 1월 25일 시행

자격종목	양장기능사	문제 수 60문제	수험번호	성 명

1. 다음 중 오버블라우스에 해당하는 것은?

① Y셔츠와 같은 형태의 블라우스
② 스커트나 슬랙스 겉으로 내어놓고 착용하는 블라우스
③ 자수나 스모킹을 부분적으로 장식한 블라우스
④ 스커트나 슬래그에 넣어서 착용하는 블라우스

해설 ①은 셔츠블라우스, ③은 페전트블라우스, ④는 언더블라우스에 대한 설명이다.

2. 기모노 블라우스가 매우 짧아진 형태의 슬리브는?

① 래글런 슬리브 ② 캡 슬리브
③ 셔츠 슬리브 ④ 프렌치 슬리브

해설 ①은 목둘레에서 겨드랑이까지 사선으로 이음선이 들어간 소매이고, ②는 소매산으로만 구성되는 것으로 귀여운 형의 소매이며, ③은 세트인 슬리브로 커프스와 트임이 있는 소매이다.

3. 다음 의복제도 부호의 명칭은?

① 늘림 ② 줄임
③ 심지 ④ 오그림

4. 생산 목표량의 산출 근거에 해당하는 요소가 아닌 것은?

① 생산 제품 1매를 생산하기 위해 투입된 작업

일수
② 제품의 공종별 가공기술 기준 및 방법 기준
③ 투입 작업원 개별 기능도
④ 1일 작업시간

해설 ②는 제품의 품질에 영향을 준다.

5. 너비 110cm의 옷감으로 180° 플레어스커트를 제작할 때 옷감의 필요할 계산법으로 옳은 것은?

① (스커트 길이×1.5) + 시접
② (스커트 길이×2.5) + 시접
③ (스커트 길이×2) + 벨트 너비
④ (스커트 길이×4) + 벨트 너비

해설

종류	폭	필요량	계산법
타이트	90	130~150	(스커트 길이×2)+시접 (12~16cm)
	110	130~150	(스커트 길이×2)+시접 (12~16cm)
	150	60~70	스 커 트 길 이 + 시 접 (6~8cm)
플레어 (다트 접은 디자인)	90	150~170	(스커트 길이×2.5)+시접(10~15cm)
	110	140~160	(스커트 길이×2)+시접 (10~15cm)
	150	100~120	(스커트 길이×1.5)+시접(10~15cm)
180° 플레어	90	140~160	(스커트 길이×2.5)+시접(10~15cm)
	110	130~150	(스커트 길이×2.5)+시접(5~12cm)
	150	90~100	(스커트 길이×1.5)+시접(6~15cm)

정답 1. ② 2. ④ 3. ② 4. ② 5. ②

플리츠	90	130~150	(스커트 길이×2)+시접 (12~16cm)
	110	130~150	(스커트 길이×2)+시접 (12~16cm)
	150	130~150	(스커트 길이×2)+시접 (12~16cm)

6. 다음 중 단추를 달 때 실기둥 치수로 가장 옳은 것은?

① 단추의 두께
② 단추의 반지름
③ 옷감의 두께
④ 앞단의 두께

7. 그레이딩에 대한 설명으로 옳은 것은?

① 디자인 종류를 부분별로 구별하는 작업이다.
② 재단 작업에서 봉제 작업으로 이동하는 작업이다.
③ 상품화, 불량품을 분리하는 작업이다.
④ 각 사이즈별 패턴을 제작하는 작업이다.

8. 다음 그림의 소매 명칭은?

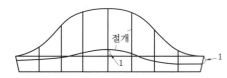

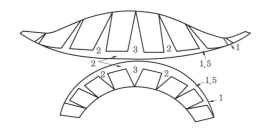

① 랜턴 슬리브   ② 퍼프 슬리브
③ 비숍 슬리브   ④ 벨 슬리브

해설

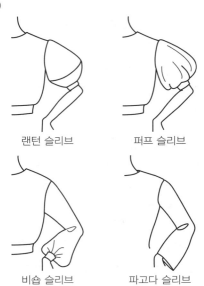

랜턴 슬리브   퍼프 슬리브

비숍 슬리브   파고다 슬리브

9. 공업용 재봉기의 소분류 중 버선, 장갑 등의 손가락 끝부분의 가장자리 박기 작업에 가장 적합한 형태의 재봉기는?

① 장방형   ② 원통형
③ 기둥형   ④ 보내기 암형

해설 ①은 단평형과 형태는 같으나 길이가 420mm 이상이다. ②는 베드가 암과 수평으로 돌출되어 있으며, 소맷부리 봉제용이다. ④는 베드가 암과 거의 직각으로 돌출되어 있으며 소매나 바지 등 원통형 봉제에 쓰인다.
상자형: 재봉기 내부를 상자처럼 덮은 형태로 테이블 위에서 작업한다.

10. 원형의 보정 방법에 대한 설명 중 틀린 것은?

① 마른 체형 – 원형의 모든 치수를 줄인다.
② 등이 굽은 체형 – 뒷길의 남은 부분을 절개하여 줄여 준다.
③ 복부가 나온 체형 – 뒤에 남은 부분은 접어서

줄이고 밑파임 곡선을 조금 더 파 준다.

④ 소매앞쪽에서 소매산을 향하여 주름이 생길 때 – 소매산 중심점을 앞 소매 쪽으로 옮기고 소매산 둘레의 곡선을 수정한다.

> **해설** ②는 굴신체로 등이 굽어 등 길이를 늘려야 한다.

11. 계측 항목 중 가슴너비의 설명으로 옳은 것은?

① 좌우 뒤품점 사이의 길이
② 좌우 앞품점 사이의 길이
③ 좌우 유두 사이의 직선 거리
④ 옆 목점에서 유두점까지의 길이

> **해설** ①은 뒤품, ③은 유두너비, ④는 유두 길이의 계측에 대한 설명이다.

12. 체형 분류 중 Kretschmer의 체형 분류에 해당되지 않는 것은?

① 세장형
② 투사형
③ 근육형
④ 비만형

> **해설** 크래치머의 체형 분류는 세장형, 투사형, 비만형의 세 가지로 나뉜다.

13. 계측 방법의 설명 중 틀린 것은?

① 유두 길이 – 목 옆점을 지나 유두까지를 잰다.
② 허리 둘레 – 허리의 가장 가는 부위를 돌려서 잰다.
③ 엉덩이 둘레 – 엉덩이의 가장 두드러진 부위를 수평으로 돌려서 잰다.
④ 등 길이 – 목 뒷점부터 엉덩이선보다 약간 위쪽까지 잰다.

> **해설** 등 길이는 목 뒷점부터 허리둘레선까지의 길이를 측정한다.

14. 소매산 높이를 A.H/4에서 A.H/6으로 바꾸어 소매 제도를 했을 때 소매 진동 둘레의 변화로 옳은 것은?

① 소매 진동 둘레의 변화가 없다.
② 소매 진동 둘레가 좁아진다.
③ 소매 진동 둘레가 넓어진다.
④ 소매 진동 둘레가 좁아졌다가 넓어진다.

> **해설** 소매산은 높으면 소매폭이 좁아져 활동하기에 불편하고, 낮으면 소매폭이 넓어져 활동하기에 편해진다.

15. 길 원형의 필요 치수에서 상체의 최대 주경이므로 가장 중요한 항목은?

① 가슴너비
② 가슴둘레
③ 허리 너비
④ 허리둘레

> **해설** 길 원형의 필요 치수 – 가슴둘레, 등 길이, 어깨너비

16. 심감이 갖추어야 할 성질이 아닌 것은?

① 부착이 간편해야 한다.
② 형태 안정성이 커야 한다.
③ 빳빳하면서 탄력성이 커야 한다.
④ 두께는 겉감과 부조화가 되어야 한다.

> **해설** 심감은 두께, 색상, 강도 등이 겉감과 조화를 이루어야 한다.

17. 바이어스 테이프를 만들어 도안에 따라 얽어매면서 배치한 후 무늬를 나타내는 장식봉은?

① 스모킹
② 패고팅
③ 루싱
④ 러플링

> **해설** ①은 일정 간격으로 주름을 잡은 뒤 그 위에 장식 스티치로 주름을 고정하는 방식이고, ③은 재봉 기술로 천의 가운데를 박아 재봉실을 잡아당겨 주름을 잡는 것이다. ④는 러플–

정답 11. ② 12. ③ 13. ④ 14. ③ 15. ② 16. ④ 17. ②

프릴보다 넓은 너비로 주름잡은 장식이다.

18. 각 부위의 기본 시접 중 어깨와 옆선의 시접 분량으로 가장 적합한 것은?

① 0.5cm　　　② 2cm
③ 4cm　　　　④ 6cm

 부위별 기본 시접 분량
　㉠ 1cm-목둘레, 겨드랑둘레, 칼라, 하의 허리선
　㉡ 1.5cm-절개선
　㉢ 2cm-어깨, 옆선
　㉣ 3~4cm-소맷단, 블라우스단, 지퍼, 파스너단
　㉤ 5cm-스커트, 바짓단, 재킷의 단

19. 소매의 진동선 없이 길과 소매가 한 장으로 제도된 소매는?

① 돌먼 슬리브　　② 비숍 슬리브
③ 타이트 슬리브　④ 케이프 슬리브

해설

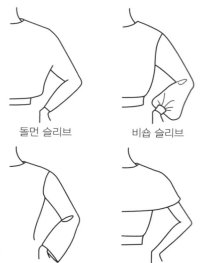

돌먼 슬리브　　　비숍 슬리브

파고다 슬리브　　케이프 슬리브

20. 원형 제작 시 필요 항목의 연결이 틀린 것은?

① 소매(sleeve) – 길 원형의 앞뒤 진동둘레 치수, 소매길이, 팔꿈치 길이, 소매산 길이, 손목둘레
② 슬랙스(slacks) – 허리둘레, 엉덩이 둘레, 엉덩이 길이, 밑위길이, 앞 길이, 바지 길이
③ 스커트(skirt) – 허리둘레, 엉덩이 둘레, 스커트길이, 엉덩이 길이
④ 길(bodice) – 가슴둘레, 등 길이, 유두 길이, 어깨너비, 등 너비, 가슴너비, 유두 간격, 목둘레

해설 슬랙스 제작 시에는 허리둘레, 엉덩이 둘레, 엉덩이 길이, 밑위길이, 바지 길이가 필요하다.

21. 기본 스커트 원형 각부 명칭의 약자 표시가 아닌 것은?

① C.B.L　　　② C.F.L
③ E.L　　　　④ H.L

해설 ①은 뒤 중심선(center back line), ②는 앞 중심선(center front line), ③은 팔꿈치선(elbow line), ④는 엉덩이 둘레선(hip line)이다.

22. 가봉 시 주의할 점 중 틀린 것은?

① 바느질 방법은 의복의 종류에 관계없이 손바느질의 상침 시침으로 한다.
② 바늘은 옷감에 직각으로 꽂아 옷감이 울지 않게 한다.
③ 실은 면사로 하되 얇은 옷감은 한 올로 하고, 두꺼운 옷감은 두 올로 한다.
④ 재봉대 위에 펴놓고 일반적으로 오른손으로 누르면서 왼쪽에서 오른쪽으로 시침한다.

해설 일반적으로 오른손으로 누르면서 오른쪽에서 왼쪽으로 시침한다.

23. 바느질 방법에 대한 설명 중 틀린 것은?

정답 18. ②　19. ①　20. ②　21. ③　22. ④　23. ③

① 통솔 – 시접을 겉으로 0.3~5cm로 막은 다음 접어서 안으로 0.5~0.7cm로 한 번 더 박는다.

② 쌈솔 – 청바지의 솔기를 튼튼하게 하기 위해 사용하는 바느질이다.

③ 누름 상침 – 소매를 진동 둘레에 달 때 사용하는 바느질이다.

④ 접어박기 가름솔 – 시접 끝을 0.5cm 정도로 접어서 박아 시접을 가른다.

(해설) 누름 상침: 이어진 두 원단의 부분이 튼튼하도록 옷감을 이은 솔기를 가르거나 한쪽으로 하여 한 번 더 박는다.

24. 의복 구성에 필요한 체형을 계측하는 직접법의 특징이 아닌 것은?

① 피계측자에게 직접 기구를 대지 않고 인체를 사진에 기록한다.

② 굴곡 있는 체표의 실측 길이를 얻을 수 있다.

③ 표준화된 계측 기구가 필요하다.

④ 계측을 위한 넓은 공간 확보와 환경 정리가 필요하다.

(해설) ①은 간접 측정법에 대한 설명이다.

25. 시침실을 사용하며 두 장의 직물에 패턴의 완성선을 표시할 때 사용하는 손바느질 방법은?

① 휘갑치기　　　② 실표뜨기
③ 홈질　　　　　④ 어슷시침

(해설) 말아감치기 · 휘갑치기: 손수건이나 스카프 등과 같은 얇은 감으로 단을 말아서 좁게 접을 때 사용하는 바느질법이다.

26. 옷감과 패턴의 배치 설명으로 옳은 것은?

① 짧은 털이 있는 직물은 털의 결 방향에 신경 쓰지 않고 패턴을 배치한다.

② 털이 긴 첨모직물은 털의 결 방향이 위로 향하도록 배치한다.

③ 체크무늬나 줄무늬는 옷감 정리에서 줄을 바르게 정리한 다음 무늬를 맞춰 배치한다.

④ 옷감의 안과 안이 마주보도록 접은 다음 옷감의 겉쪽에 패턴을 매치한다.

(해설) ① 짧은 털이 있는 직물은 털의 결 방향을 위로 하여 패턴을 배치한다. ② 털이 긴 첨모직물은 털의 결 방향이 아래로 향하도록 배치한다. ④ 옷감의 겉과 겉이 마주보도록 접은 다음 옷감의 안쪽에 패턴을 매치한다.

27. 다음 중 디자인 상 바이어스 방향으로 재단 시 스커트 모양이 제대로 나타나는 것은?

① 플레어스커트
② 플리츠스커트
③ 타이트스커트
④ 티어스커트

28. 길 다트에서 기준점이 되는 것은?

① 앞 목점　　　　② 옆 목점
③ 앞 중심점　　　④ 가슴점

29. 2매 이상의 소재가 끝부분이 서로 나란히 포개진 상태에서 한 줄 또는 여러 줄로 봉제하는 솔기는?

① 플랫 솔기(flat seam)
② 랩 솔기(lapped seam)
③ 바운드 솔기(bound seam)
④ 슈퍼임포우즈 솔기(super imposed seam)

(해설) ①은 1장의 천을 재봉사나 다른 천으로 연결한 솔기이고, ②는 2장의 천을 서로 포개어 겹쳐서 땀을 유지하거나 봉합하기에 충분한 양으로 봉합시킨 심이다. ③은 테이프를 댄 가름솔이다.

정답 24. ①　25. ②　26. ③　27. ①　28. ④　29. ④

30. 옷의 실루엣을 위하여 봉제하기 전에 다림 질하여 형태를 입체적으로 만드는 방법 중 틀린 것은?

① 다림질로 오그리는 부위는 소매산, 팔꿈치, 어깨, 허리, 엉덩이 부분이다.

② 재킷의 소매밑의 앞부분은 다리미로 늘려서 정리한다.

③ 웨이스트 라인의 곡선을 나타내는 부분은 시 접만 늘려서 옷감을 정리한다.

④ 직선에 달 때는 바이어스를 대고 곱게 바느질 한다.

31. 재생 섬유에 대한 설명 중 틀린 것은?

① 셀룰로오스를 주성분으로 한 인조 섬유를 총 칭하여 레이온 또는 인견이라고 한다.

② 비스코스 레이온의 제조 공정에는 침지, 노 성, 황화, 숙성 등이 있다.

③ 황산 나트륨과 황산은 셀룰로오스를 재생시 키는 역할을 한다.

④ 강력 레이온은 강도는 크나 습윤에 따른 형태 안정성이 좋지 못하다.

해설 황산 나트륨과 황산 아연은 비스코스 레이 온을 응고시키고, 황산은 셀룰로오스를 재생 시키는 역할을 한다.

32. 앙고라 염소로부터 얻는 헤어 섬유로, 평활 한 표면을 가지고 있으며 좋은 리질리언스를 가지고 있는 것은?

① 모헤어　　　　② 캐시미어

③ 낙타모　　　　④ 라마속

해설 ②는 캐시미어 산양에서 얻는 섬유이다. ③은 낙타에서 얻는 섬유로 강하고 탄성이 좋 으며, ④는 라마의 모이다.

33. 섬유의 단면이 두 개의 삼각형에 가까운 피

브로인 섬유가 세리신으로 접착되어 이루어진 섬유는?

① 면　　　　　　② 양모

③ 견　　　　　　④ 황마

34. 주로 견, 레이온, 합성 섬유 등의 필라멘트 사의 굵기를 표시하는 데 사용하는 것은?

① 얀　　　　　　② 리어

③ 코드　　　　　④ 데니어

해설 1데니어는 실 9,000m의 무게를 1g수로 표시한다.

35. 인조 섬유 필라멘트사를 여러 가지 기계적 인 처리에 의하여 루프 또는 권축을 만들어 신 축성을 향상시키고 함기량을 크게 하는 실은?

① 스파이럴사　　② 직방사

③ 장식사　　　　④ 텍스처사

해설 ②는 인조 섬유 토우를 절단하여 스테이 플화하여 방적사를 만드는 것이고, ③은 실의 종류, 굵기, 꼬임, 색 등에 변화를 주어 만든 실이다.

36. 다음 중 방적사를 만들 수 없는 섬유는?

① 면　　　　　　② 양모

③ 마　　　　　　④ 폴리우레탄

해설 길이가 짧은 단섬유(스테이플)로는 방적사 를 만들 수 없다.

37. 폴리에스테르 섬유의 특징이 아닌 것은?

① 내약품성이 좋다.

② 열가소성이 좋다.

③ 흡습성이 낮아 습기가 강도와 신도에 영향을 미치지 않는다.

④ 제조 공정에서의 연신 정도에 따라 강도와 신

정답 30. ④　31. ③　32. ①　33. ③　34. ④　35. ④　36. ④　37. ④

도의 차이가 없다.

해설 폴리에스테르는 제조 공정에서의 연신 정도에 따라 강도와 신도의 차이가 있다.

38. 다음 중 흡습하였을 때 강도가 증가하는 섬유는?

① 양모   ② 아세테이트
③ 비스코스 레이온   ④ 면

해설 면은 흡습성이 좋다.

39. 스테이플 파이버에 대한 설명으로 옳은 것은?

① 견과 같이 무한히 긴 것이다.
② 치밀하여 광택이 좋고 촉감이 차다.
③ 양모 섬유처럼 한정된 길이를 가진 것이다.
④ 통기성, 투습성이 좋지 않다.

해설 ①, ②, ④는 필라멘트 섬유의 특징이다.

40. 아마의 특징으로 섬유 간에 잘 엉키게 하여 방적성을 좋게 해 주는 것은?

① 마디   ② 스케일
③ 크림프   ④ 천연 꼬임

해설 양모 섬유는 스케일과 크림프를 가지고, 면섬유는 중공과 천연 꼬임이 있다.

41. 색상을 기준으로 한 배색 중 색상 차가 가장 낮은 배색은?

① 중간차 색상   ② 유사 색상
③ 대조 색상   ④ 보색 색상

42. 원색에 대한 설명 중 틀린 것은?

① 색의 근원이 되는 으뜸이 되는 색이다.
② 원색들은 혼합해 다른 색상을 만들 수 있다.
③ 다른 색상들은 혼합해서 원색을 만들 수 있다.
④ 색광의 3원색은 빨강, 초록, 파랑이다.

해설 다른 색을 혼합해서 원색을 만들 수 없다.

43. 다음 중 진출, 팽창되어 보이는 색이 아닌 것은?

① 한색계의 색   ② 난색계의 색
③ 고명도의 색   ④ 고채도의 색

해설 한색계는 후퇴·수축되어 보이는 색이다.

44. 다음 중 색의 3속성으로 옳은 것은?

① 한색, 난색, 보색   ② 색상, 명도, 채도
③ 명도, 순도, 채도   ④ 빨강, 노랑, 파랑

45. 대비 조화 중 보색 조화가 지나치게 강렬한 느낌을 주고 두 색의 관계가 뚜렷하게 나타나기 때문에, 이보다 약간 덜 눈에 띄는 미묘한 대비 조화를 이룰 때 사용하는 것은?

① 분보색 조화   ② 3각 조화
③ 보색 조화   ④ 중보색 조화

해설 ②는 색상환에서 120° 떨어진 위치에 있는 색상끼리의 배색이고, ③은 색상환에서 180° 마주보는 색상과의 배색이다.

46. 다음 중 비대칭 균형에서 느낄 수 없는 것은?

① 부드러움   ② 단조로움
③ 운동감   ④ 유연성

해설 대칭 균형은 단순함, 명확함, 안정감 등을 느끼게 한다.

47. 색의 경연감에 대한 설명 중 틀린 것은?

① 명도가 높고 채도가 낮은 딱딱한 느낌을 준다.

정답 38. ④　39. ③　40. ①　41. ②　42. ③　43. ①　44. ②　45. ①　46. ②　47. ①

② 경연감이란 색의 딱딱함과 부드러운 느낌을 말한다.

③ 시각적으로 경험에 따라 다르게 느껴진다.

④ 한색의 색은 딱딱한 느낌을 준다.

해설 명도가 높고 채도가 낮은 색은 부드러운 느낌을 준다.

48. 다음 중 상징하는 내용으로 가장 거리가 먼 것은?

① 빨강 – 위험, 분노 　② 노랑 – 명랑, 유쾌

③ 녹색 – 안식, 안정 　④ 청록 – 신비, 우아

해설 보라색은 신비, 우아함, 고독, 외로움 등을 상징한다.

49. 매스 효과(Mass effect)의 가장 옳은 것은?

① 그림과 배경이 서로 반전하여 보이는 것이다.

② 색의 차가움과 따뜻함의 느낌에 따라 생기는 것이다.

③ 같은 색이라도 큰 면적의 색이 작은 면적의 색보다 밝고 선명하게 보이는 것이다.

④ 색의 3속성으로 색상 대비, 명도 대비, 채도 대비의 현상이 더욱 강하게 일어나는 것이다.

해설 ①은 착시 현상, ②는 온도감에 대한 설명이다. ④ 색의 3속성으로 색상 대비, 명도 대비, 채도 대비의 현상이 동시에 일어났을 때 가장 강하게 일어나는 것은 명도 대비이다.

50. 다음 중 동시 대비에 해당되지 않는 것은?

① 색상 대비 　　② 보색 대비

③ 계시대비 　　④ 명도 대비

51. 의복의 보관 중 습기로 인한 피해로 가장 거리가 먼 것은?

① 함기성 감소 　　② 강도의 저하

③ 변퇴색 발생 　　④ 곰팡이 발생

52. 다음 중 평직물이 아닌 것은?

① 광목 　　　② 목공단

③ 당목 　　　④ 옥양목

해설 수자직으로는 목공단, 새틴, 도스킨, 양단 등이 있다.

53. 능직의 표면과 이면의 조직을 가로, 세로 방향으로 교대로 배합하여 만든 조직은?

① 신능직 　　　② 산형 능직

③ 능형 능직 　　④ 주야 능직

해설 ①은 위, 아래로 연장하여 능선각을 변경시킨 조직이고, ②는 능선의 방향을 연속적으로 변화시켜 산과 같은 무늬를 나타낸 조직이다. ③은 산형 능직을 배합하여 다이아몬드 무늬로 표현한 조직이다.

54. 축융방지 가공 방법에 대한 설명 중 틀린 것은?

① 양모 섬유의 스케일 일부를 약품으로 용해하는 방법이다.

② 양모 섬유의 스케일을 합성수지로 피복하는 방법이다.

③ 염소에 의해 스케일 일부가 흡착되어 축융을 방지하는 방법이다.

④ 수지로 섬유를 접착하여 섬유의 이동을 막아 축융을 방지하는 방법이다.

해설 염소화법은 염소에 의해 스케일 일부를 용해시켜 축융을 방지하는 방법이다.

55. 평직의 특징이 아닌 것은?

① 제직이 간단하다.

② 조직점이 많아서 얇고 강직하다.

정답 48. ④　49. ③　50. ③　51. ①　52. ②　53. ④　54. ③　55. ④

③ 구김이 잘 생기고 광택이 적다.

④ 표면과 이면이 다른 조직이다.

56. 뜀수가 정해지지 않아서 수자직으로 부적합한 것은?

① 5매 수자
② 6매 수자
③ 7매 수자
④ 8매 수자

해설

5매 수자	2+3	1+4
6매 수자		1+5, 2+4, 3
7매 수자	2+5, 3+4	1+6
8매 수자	3+5	1+7, 2+6, 4

수자직 뜀수: 두 개의 정수로 일완전조직이 되도록 조를 짜서 만들되, 1과 공약수가 있는 조는 제외된다.

57. 의복의 보관에 대한 설명 중 거리가 먼 것은?

① 정돈한 의복은 한 벌씩 따로 종이에 싼다.

② 먼지를 막기 위해 비닐 옷보자기에 싸서 오랫동안 둔다.

③ 해충으로부터 의복을 보호하기 위해서는 보관할 때에 방충제를 함께 넣어 보관한다.

④ 양복은 옷걸이에 걸고 옷덮개를 사용하는 것이 바람직하다.

해설 통풍이 유지되어야 곰팡이가 안 생기고, 냄새가 덜 난다.

58. 다음 중 의복의 위생적 성능에 해당하지 않는 것은?

① 방추성
② 통기성
③ 보온성
④ 흡수성

해설 의복의 위생적 성능은 통기성, 보온성, 흡수성, 투습성, 흡습성, 열전도성, 함기성, 대전성 등과 관련이 있다.

59. 부직포의 특성으로 틀린 것은?

① 방향성이 없다.

② 함기량이 많다.

③ 내구성이 좋다.

④ 표면 결이 곱지 못하다.

60. 의복 재료가 갖추어야 할 특성 중 관리성과 가장 관계가 있는 것은?

① 내연성
② 내추성
③ 드레이프성
④ 염색성

해설 의복의 관리성은 내추성, 방추성, 형태 안정성, 리질리언스 등과 관련이 있다.

2015년 4월 4일 시행

자격종목	문제 수	수험번호	성 명
양장기능사	60문제		

1. 상체가 곧고 가슴이 높게 솟아 있으며 엉덩이는 풍만하고 배가 편편한 자세의 체형은?

① 굴신체   ② 반신체

③ 비만체   ④ 후신체

해설 ①은 앞으로 굽힌 체형, ④는 어린이 체형이다.

2. 시접을 가르거나 한쪽으로 꺾어 위로 눌러 박는 바느질은?

① 가름솔   ② 통솔

③ 뉨솔   ④ 쌈솔

해설 ②는 시접을 완전히 감싸는 방법으로, 얇고 비치거나 풀리기 쉬운 옷감에 주로 이용되는 솔기이고, ④는 세탁을 자주해야 하는 운동복, 아동복, 와이셔츠 등에 많이 이용된다.

3. 엉덩이가 나오고 복부가 들어간 체형의 보정 방법으로 가장 옳은 것은?

① 앞 원형의 H.L 위쪽에서 옆선을 내어 그려서 품을 넓히고 다트 분량도 늘려 준다.

② 뒤 원형의 H.L 위쪽에서 옆선을 내어 그려서 품을 넓히고 다트 분량도 늘려 준다.

③ H.L을 절개하여 뒤는 늘리고, 앞은 접어 줄인다.

④ 뒤 허리선을 내려 주고, 뒤 다트 길이를 길게 한다.

해설 ①은 복부비만 체형, ②는 엉덩이가 나온 체형에 적합한 보정 방법이다. ④는 엉덩이선이 처진 경우이며, 엉덩이 부분에 살이 많

아서 뒤에는 가로 주름이 생긴다.

4. 제도에 필요한 부호 중 늘림에 해당하는 것은?

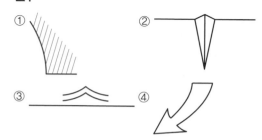

5. 플레어 너비를 디자인에 따라 정하는 형으로 각도를 다양하게 구성하는 방법으로, 먼저 플레어의 각도를 정하고 절개선을 끝까지 절개하여 기본 다트를 자르고 각도에 맞게 허리둘레선을 정하고 밑단을 정리하는 스커트는?

① A라인 플레어스커트

② 벨 플레어스커트

③ 세미 서큘러 플레어스커트

④ 요크를 댄 플레어스커트

해설 360° 펼쳐지는 플레어스커트의 일종으로 플레어 분량이 적은 180°, 270° 스커트가 있다.

6. 세트인 소매(set-in sleeve)가 아닌 것은?

① 퍼프 슬리브   ② 랜턴 슬리브

③ 래글런 슬리브   ④ 케이프 슬리브

해설 길과 소매가 연결된 형태로는 래글런 슬

정답 1. ② 2. ③ 3. ③ 4. ③ 5. ③ 6. ③

리브, 기모노 슬리브, 프렌치 슬리브(french sleeve), 돌먼 슬리브. 케이프 슬리브가 있다.

7. 의복 제작 시 평면적인 옷감을 입체화하기 위해서 옷감을 오그려야 할 부분은?

① 소매 앞   ② 바지의 밑위
③ 앞가슴   ④ 어깨

해설 옷감과 변형에서 오그리기 하는 부분 – 어깨, 허리, 소매산, 소매팔꿈치

8. 심감의 기본 시접 중 목둘레의 시접 분량으로 가장 적합한 것은?

① 0.5cm   ② 1cm
③ 1.5cm   ④ 2cm

해설 부위별 기본 시접 분량
　㉠ 1cm-목둘레, 겨드랑 둘레, 칼라, 하의 허리선
　㉡ 1.5cm-절개선
　㉢ 2cm-어깨, 옆선
　㉣ 3~4cm-소맷단, 블라우스단, 지퍼, 파스너단
　㉤ 5cm-스커트, 바짓단, 재킷의 단

9. 다림질 시 지나친 가열로 일어나는 옷감의 변화에 해당되지 않는 것은?

① 팽창   ② 경화
③ 용융   ④ 변색

10. 순면 심지의 특징에 대한 설명 중 틀린 것은?

① 수축성이 적고 형태의 지속성이 우수하다.
② 일광이나 땀에 의해 변색되지 않는다.
③ 탄력성이 풍부하고 구김 회복성이 우수하다.
④ 대전성이 없으므로 더러움을 잘 타지 않는다.

해설 부직포 심지는 탄력성이 풍부하고 구김 회복성이 우수한 특징이 있다.

11. 플레어스커트를 바이어스 방향으로 재단할 때 정바이어스로서 플레어가 바르게 구성될 수 있는 각으로 가장 적합한 것은?

① 30°   ② 45°
③ 60°   ④ 90°

해설 바이어스 방향은 위사와 경사의 대각선 방향으로 위사 방향의 45°이다.

12. 가봉 시 의복 시착 후 관찰 항목으로 가장 거리가 먼 것은?

① 전체적인 실루엣   ② B.P의 위치
③ 시접 방향   ④ 가슴둘레의 여유분

해설 의복 시착 후 관찰 항목: 전체적인 실루엣을 관찰한 후 부분적인 곳을 본다.
옷 전체의 여유분 및 길이는 적당한가, 절개선 위치는 적당한가 – 옆선·어깨선이 중앙에 놓이게 되었는가, 허리선·밑단선이 수평으로 놓였는가, 옷감의 올이 직선으로 바르게 놓였는가, 칼라의 형·크기가 적당한가, B.P의 위치가 맞고 다트의 위치·길이·분량 등이 알맞은가를 관찰한다.

13. 어깨너비의 치수를 재는 방법으로 가장 옳은 것은?

① 좌우 어깻점과 가슴너비점을 지나는 라인의 직선거리를 잰다.
② 좌우 어깻점과 목 앞점을 지나는 선을 따라 체표면을 잰다.
③ 좌우 어깨끝점 사이의 길이를 뒤에서 잰다.
④ 좌우 옆 목점을 지나며 좌우 어깻점의 너비를 잰다.

해설 어깨 길이는 목 옆점에서 어깨 가쪽점까지

정답 7. ④   8. ②   9. ①   10. ③   11. ②   12. ③   13. ③

의 길이를 측정한다.

14. 다음 그림과 같은 스커트의 구성 방법에 해당하는 스커트는?

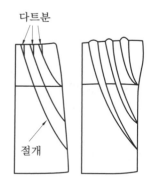

① 랩스커트(wrap skirt)
② 드레이프 스커트(draped skirt)
③ 디바이디드 스커트(divided skirt)
④ 개더스커트(gathered skirt)

15. 손바느질 방법 중 바늘땀을 되돌아와 뜨는 바느질은?

① 홈질   ② 섞음질
③ 박음질   ④ 시침질

해설 ①은 스티치를 좁고 고르게 바느질하는 방법으로, 솔기를 잇거나 개더를 만들 때 사용한다. ②는 홈질 중간에 반박음질을 하는 것이다.

16. 길과 연결되어 목위로 올라가게 되는 네크라인은?

① 스퀘어 네크라인(square neckline)
② 카울 네크라인(cowl neckline)
③ 하이 네크라인(high neckline)
④ 브이 네크라인(V neckline)

해설

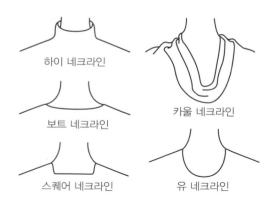

17. 재단 공정 중 마커(Marker)의 설명으로 틀린 것은?

① 패턴지에 명시되어 있는 경사, 위사, 바이어스 등의 방향을 지킨다.
② 천의 표면이 결이 있는 직물일 경우 양방향으로 패턴을 배열한다.
③ 재단선은 최소한의 가는 선을 이용한다.
④ 패턴의 배열은 큰 패턴부터 배치한다.

해설 천의 표면이 결이 있는 직물일 경우 한 방향으로 패턴을 배열한다.

18. 너비 110cm의 옷감으로 반소매 블라우스를 제작할 때 옷감의 필요량 계산법으로 옳은 것은?

① (블라우스 길이×4) + 시접
② (블라우스 길이×2) + 시접
③ 블라우스 길이 + 소매길이 + 시접
④ 블라우스 길이 + 시접

해설

종류	폭	필요량	계산법
반소매	90	140~160	(블라우스 길이×2)+시접(10~15cm)
	110	100~140	(블라우스 길이×2)+시접(7~10cm)
	150	80~100	블라우스 길이+소매길이+시접(7~10cm)

정답 14. ②   15. ③   16. ③   17. ②   18. ②

긴소매	90	170~200	(블라우스 길이×2)+소매길이+시접(10~20m)
	110	125~140	(블라우스 길이×2)+시접(10~15cm)
	150	120~130	블라우스 길이+소매길이+시접(10~15m)

19. 길 원형의 활용 중 그림과 같이 B.P를 중심으로 이동된 다트의 명칭은?

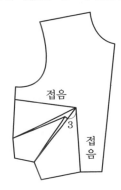

① 사이드 다트(side dart)
② 로 언더 암 다트(low under arm dart)
③ 웨이스트 다트(waist dart)
④ 언더 암 다트(under arm dart)

해설

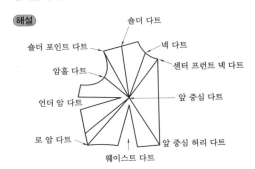

20. 제도에 필요한 약자의 표현으로 옳은 것은?

① B.L − 허리선
② F.N.P − 앞 중심선
③ E.L − 엉덩이선
④ C.B.L − 뒤 중심선

해설 ①은 가슴둘레선(bust line), ②는 앞목점(front neck point), ③은 팔꿈치선(elbow line)이다. 허리선은 waist line(W.L), 앞 중심선은 center front line(C.F.L)이다.

21. 체형 지수 중 인체 충실도를 나타내는 지수로, 신장과 체중을 이용하는 지수는?

① 베르베크(Vervaeck) 지수
② 카우프(Kaup) 지수
③ 롤러(Röhrer) 지수
④ 리비(Livi) 지수

해설 ① 베르베크(Vervaeck) 지수 = 체중(kg) + 가슴둘레(cm)/신장(cm)
② 카우프(Kaup) 지수 = 체중(kg)/신장^2(cm)
③ 롤러(Röhrer) 지수 = [체중(kg)/신장^2(cm)]×10^7
④ 리비(Livi) 지수 = [$^3\sqrt{}$체중(kg)/신장(cm)]×100

22. 인체 계측 방법의 분류 중 실측법이 아닌 것은?

① 마틴식(Martin) 인체 계측법
② 슬라이딩 게이지(Sliding gauge)법
③ 퓨즈(Fuse)법
④ 타이트 피팅(tight fitting)법

해설 간접 측정법에는 실루에터법, 입체 사진법, 모아레법, 입체 재단법, 타이트 피팅법이 있다.

23. 가슴의 유두점을 지나는 수평 부위를 돌려서 재는 계측 항목은?

① 목둘레　　② 등 길이
③ 가슴둘레　④ 유두 길이

24. 목 옆점에서 유두점까지의 길이를 재는 계

측 항목은?

① 앞 길이   ② 유두 간격
③ 유두 길이   ④ 옆 길이

해설 유두 간격은 오른쪽 젖꼭지점 높이에서 가슴의 수평 거리를 측정한다.

25. 가봉 시 유의 사항으로 옳은 것은?

① 일반적으로 오른손을 누르면서 왼쪽에서 오른쪽으로 시침한다.
② 바느질 방법은 손바느질은 상침 시침으로 한다.
③ 바이어스 감과 직선으로 재단된 옷감을 붙일 때는 직선감을 위로 겹쳐 놓고 바느질한다.
④ 가봉할 옷을 착용하여 부분적인 실루엣을 먼저 관찰하고 전체적인 실루엣을 관찰하면서 보정해 나간다.

해설 ① 일반적으로 왼손을 누르면서 오른쪽에서 왼쪽으로 시침한다. ③ 바이어스 감과 직선으로 재단된 옷감을 붙일 때는 직선감 위에 바이어스 감을 겹쳐 놓고 바느질한다. ④ 가봉할 옷을 착용하여 전체적인 실루엣을 먼저 관찰하고 부분적인 실루엣을 관찰하면서 보정해 나간다.

26. 타이트스커트를 만들 때 뒤 주름 바느질의 강도가 가장 큰 것은?

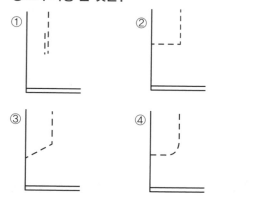

해설 ①은 3.16kg, ②는 2.5kg, ③은 2.6kg, ④는 4.14kg이다.

27. 한쪽 엉덩이가 높거나 커서 한쪽이 당길 경우의 스커트 보정 방법으로 가장 옳은 것은?

① 허리와 옆선을 내어 수정한다.
② 식서 방향을 따라 절개한 후 허리선을 올려 준다.
③ 당기는 부위를 파 준 후 패턴을 교정하여 허리선을 올려 준다.
④ 당기는 부위를 접어서 핀을 꽂아 패턴을 교정하여 허리선을 올려 준다.

해설 ㉠ 배나 엉덩이가 빈약한 경우는 그 부분의 허리선을 접어 줄인다.
㉡ 배나 엉덩이가 나온 경우 배나 엉덩이가 나온 쪽 허리에서 엉덩이선까지 절개하여 벌린다.

28. 심 퍼커링(seam puckering)의 생성 요인 중 기계적 요인이 아닌 것은?

① 톱니와 노루발에 의한 퍼커링
② 재봉 바늘에 의한 퍼커링
③ 윗실과 밑실의 장력에 의한 퍼커링
④ 봉사에 의한 퍼커링

해설 심 퍼커링: 봉제 후 봉제선이 매끄럽지 않고 원하지 않는 작은 주름이 생기는 현상

29. 외주름처럼 일정한 간격의 주름을 잡아서 접어 준 뒤 겉면에서 상침으로 박음질해서 고정시켜 겉에서 상침선이 보이는 장식바느질은?

① 개더   ② 턱
③ 스모킹   ④ 프릴

해설 ①은 러닝 스티치(running stitch)로 잘게 홈질하거나 재봉기로 박아 실을 잡아당겨 잔

주름을 만드는 방법이고, ③은 일정한 간격으로 주름을 잡은 뒤에 그 위에 장식 스티치로 주름을 고정하는 방법이다. ④는 레이스나 얇은 옷감으로 러플을 만들어 블라우스나 아동복 등의 커프스나 치맛단 장식에 이용하는 것으로 러플보다 폭이 좁다.

30. 소매산 높이가 높을 때의 설명으로 옳은 것은?

① 소매너비는 좁아진다.
② 활동성이 좋아진다.
③ 소매너비는 넓어진다.
④ 소매너비가 넓어지다가 좁아진다.

해설 소매산 높이가 낮을수록 소매너비가 넓어 활동성이 좋아진다.

31. 면섬유에 좋은 방적성과 탄성을 주는 것은?

① 결절 　　　　② 겉비늘
③ 천연 꼬임 　　④ 크림프

해설 ①은 아마 섬유의 마디이고, ②와 ④는 양모 섬유의 특징이다.

32. 방적성에 대한 설명 중 틀린 것은?

① 실을 뽑을 수 있는 능력을 말한다.
② 섬유는 적어도 강도가 1.5gf/d 이상, 길이가 5mm 이상 되어야 방적의 가능성이 있다.
③ 섬유가 가늘고 길더라도 표면 마찰에 의한 포함성이 있어야 방적이 가능하다.
④ 방적은 섬유의 강도와 굵기와는 관계가 없다.

해설 섬유 간의 포함성을 크게 하여 방적성을 증가시키는 요소로는 섬유의 길이, 마찰계수, 권축성, 강도가 있다.

33. 실의 강도를 표시하는 리(Lea) 강력에서 리는 1,3716m(1.5야드) 둘레에 실을 몇 회 감은

것인가?

① 20회 　　　　② 50회
③ 80회 　　　　④ 100회

34. 섬유의 분류가 틀린 것은?

① 폴리우레탄 섬유 – Spandex
② 폴리아미드 섬유 – Nylon
③ 폴리염화비닐 섬유 – Vinyon
④ 폴리아크릴 섬유 – Saran

해설 폴리아크릴 섬유는 부가 중합체 합성 섬유이다.
　㉠ 아크릴계 – 엑슬란, 데이크런 등
　㉡ 모드아크릴계 – 미국의 다이넬, 일본의 카네칼론 등
　④ Saran은 폴리염화 비닐리덴계이다.

35. 면섬유가 수분을 흡수할 때 강도와 신도의 변화로 옳은 것은?

① 강도와 신도 모두 증가한다.
② 강도와 신도 모두 감소한다.
③ 강도는 증가하나 신도는 감소한다.
④ 강도는 감소하나 신도는 증가한다.

해설 면은 흡습성이 좋다.

36. 섬유의 번수 측정에 가장 적합한 표준 상태의 온도와 습도는?

① 20±5℃, RH 65±5%
② 20±2℃, RH 65±2%
③ 25±5℃, RH 70±2%
④ 25±2℃, RH 70±2%

37. 면사의 방적 공정에 해당되지 않는 것은?

① 소면 　　　　② 연조
③ 조방 　　　　④ 길링

정답 30. ① 　31. ③ 　32. ④ 　33. ③ 　34. ④ 　35. ① 　36. ② 　37. ④

해설 면방적 공정 - 개면과 타면, 소면, 정소면, 연조 , 조방, 정방, 권사 등.
길링은 양모 방적 과정이다.

38. 다음 중 일광에 대한 취화가 가장 큰 합성 섬유는?

① 아크릴   ② 나일론

③ 폴리에스테르   ④ 스판덱스

해설 취화란 자외선에 섬유가 약해지는 것을 의미한다. ①은 내일광성이 좋다.

39. 섬유를 불꽃 가까이 가져갈 때 녹으면서 오그라들지 않는 섬유는?

① 폴리에스테르   ② 비스코스 레이온

③ 나일론   ④ 아크릴

해설 ②는 종이 타는 냄새가 나며 재로 남는다. 대부분의 인조 합성 섬유는 녹으면서 탄다. 아세테이트, 나일론, 아크릴, 비닐론 등이 해당된다.

40. 섬유 내에서 결정이 발달할 때 향상되는 섬유의 성질은?

① 염색성   ② 흡습성

③ 신도   ④ 강도

해설 결정은 섬유 내 분자가 규칙적으로 치밀하게 배열되어 있는 상태이다. 비결정 부분이 많으면 흡수성, 염색성이 향상된다.

41. 다음 색입체의 단면도에 대한 설명으로 옳은 것은?

① A와 B는 보색 관계이다.

② C는 D보다 채도가 높다.

③ C와 D는 고명도이고 채도가 가장 높다.

④ 채도와 명도가 가장 높은 곳은 E이다.

해설 ㉠ 명도는 무채색 축과 일치하게 위로 올라가면서 높아진다.

㉡ 채도는 중심축에서 수평으로 멀어지는 척도이며, 가운데에서 바깥쪽으로 갈수록 높아진다.

42. 색의 수반 감정에 대한 설명으로 옳은 것은?

① 난색은 수축·후퇴성이 있으며 생리적, 심리적으로 긴장감을 준다.

② 색의 중량감은 명도가 가장 크게 영향을 주고 있다.

③ 색의 온도감은 색상에 의해 강하게 느끼며, 명도에서는 느낄 수 없다.

④ 색의 강약감은 채도보다는 주로 명도의 영향을 받는다.

해설 ① 한색은 수축·후퇴성이 있으며 생리적, 심리적으로 긴장감을 준다. ③ 색의 온도감은 색상에 의해 강하게 느끼며, 명도에서도 느낄 수 있다. ④ 색의 강약감은 주로 채도의 영향을 받는다.

43. 다음 중 세로선에 의한 분할 효과가 가장 약한 것은?

①   ②

③   ④

44. 디자인 요소가 중심점을 기준으로 방향을 바꾸어 반복됨으로써 얻어지는 리듬은?

① 연속 리듬
② 교대 반복 리듬
③ 단순 반복 리듬
④ 방사상 리듬

해설 ①은 같은 단위가 한 방향으로 반복되어 형성되는 리듬, ②는 특성이 다른 두 가지 요소가 번갈아 교대로 반복되어 형성되는 리듬, ③은 한 종류의 선, 형, 색채 또는 재질이 규칙적으로 동일하게 반복될 때에 형성되는 리듬이다.
점진적 리듬: 반복의 단위가 점차 강해지거나 약해지는 경우, 단위 사이의 거리가 점차 멀어지거나 가까워지는 경우, 또는 두 가지가 동시에 일어나는 경우에 형성되는 리듬이다.

45. 다음 중 고결, 희망을 나타내며 상승감과 긴장감을 주는 선은?

① 사선　　　　　② 수직선
③ 수평선　　　　④ 지그재그선

해설 ①은 활동적이고, 경쾌함을 느끼게 하고, ③은 안정적이고 정적인 인상, ④는 날카로운 분위기를 느끼게 한다.
곡선: 자연스러움과 발랄한 생명감이 있으며, 활동적인 느낌을 준다.

46. 다음 중 동일 색상 조화의 단조로움을 보완하는 방법으로 가장 효과가 큰 것은?

① 명도 대비를 크게 한다.
② 채도 대비를 크게 한다.
③ 상, 하 면적 대비를 크게 한다.
④ 동일 색상의 큰 액세서리로 단조로움을 피한다.

해설 톤 온 톤(tone on tone) 배색: 동일 색상에 명도와 채도가 다른 조합이다.
②는 회색에서는 선명하게, 원색에서는 탁하

게 보이는 대비이다.

47. 색상 대비에 관한 설명으로 옳은 것은?

① 빨간색 위에 노란색을 놓을 경우 빨간색은 연두색 기미가 많은 빨간색으로, 노란색은 연두색 기미가 많은 노랑으로 변해 보인다.
② 어두운 색 다음에 본 색이나 어두운 색 속의 작은 면적의 색은 상대적으로 더 밝게 보인다.
③ 빨강과 보라를 나란히 붙여 놓으면, 빨강은 더욱 선명하게 보이나 보라는 더욱 탁하게 보인다.
④ 어떤 색종이를 한참 동안 응시하다가 갑자기 흰 종이로 시선을 옮기면 색종이의 보색 색상으로 보인다.

해설 색상 차이가 큰 두 색상에서 상대 색상의 보색 기미가 더해져 본래 색과 다르게 보인다.
③은 동시 대비, ②와 ④는 계시대비에 대한 설명이다.

48. 먼셀 색체계에서 5R 4/14로 표기할 때 채도에 해당하는 것은?

① 5　　　　　　② 5R
③ 4　　　　　　④ 14

해설 먼셀 색체계는 HV/C(색상·명도/채도)로 표기된다.

49. 의복에서 파랑과 녹색의 색채를 조화시키는 방법은?

① 보색 조화　　　② 동일 색상 조화
③ 3각 조화　　　④ 인접 색상 조화

해설 ①은 색상환에서 서로 마주보는 180° 각도에 있는 색이고, ③은 색상환에서 120° 떨어진 위치에 있는 색상끼리의 배색이다. ④는 색상환에서 약 30° 떨어져 있는 유사한 색상 간의 배색이다.

정답 45. ②　46. ①　47. ①　48. ④　49. ④

50. 채도와 명도가 높아질 때 일반적으로 느끼는 심리 작용이 아닌 것은?

① 팽창감　　　　② 가벼움
③ 진출감　　　　④ 거리감

해설 고명도·고채도의 색은 가볍고, 팽창·진출되어 보인다.

51. 다음 중 위생적 성능에 해당되지 않는 것은?

① 열전도성　　　　② 통기성
③ 방추성　　　　④ 함기성

해설 ㉠ 감각적 성능 – 촉감
㉡ 위생적 성능 – 투습성, 통기성, 보온성, 흡수성
㉢ 실용성 성능 – 강도와 신도
㉣ 관리적 성능 – 충해

52. 다음 중 세 가닥 또는 그 이상의 실 또는 천 오라기로 땋은 피륙은?

① 브레이드(braid)　　② 레이스(lace)
③ 편성물　　　　④ 펠트

해설 ②는 편성물의 하나로 여러 올의 실을 서로 매든가, 꼬든가 또는 엮거나 얽어서 무늬를 짠 공간이 많고 비쳐 보이는 피륙. ③은 실로 고리를 만들고 이 고리에 실을 걸어서 새 고리를 만드는 것을 되풀이하여 만든 피륙. ④는 실을 거치지 않고 섬유에서 직접 만들어진 피륙으로, 모섬유가 축융에 의해 엉켜서 형성된다.

53. 섬유에 사용하는 표백제의 연결이 옳은 것은?

① 셀룰로오스 섬유 – 치아염소산 나트륨
② 나일론 – 아황산
③ 견 – 아염소산 나트륨

④ 아크릴 – 하이드로설파이트

해설 ㉠ 치아염소산 나트륨(하이포아염소산 나트륨)
㉡ 산소계 산화 표백제 – 과산화 수소, 과탄산 나트륨, 과산화 나트륨, 과붕산 나트륨(양모, 견, 셀룰로오스)
㉢ 염소계 산화 표백제 – 차아염소산 나트륨, 아염소 나트륨, 과산화 수소(나일론, 폴리에스테르, 아크릴 섬유)
㉣ 환원 표백계 – 하이드로설파이트(양모)

54. 세척 효율이 최대일 경우 세제 농도는?

① 0～0.1%　　　② 0.2～0.3%
③ 0.4～0.5%　　　④ 0.6～0.7%

해설 세척 효율은 물의 양이 세탁물보다 5～10배 많고, 온도가 35～40℃일 때 최대를 나타낸다.

55. 곰팡이에 의한 피복의 손상과 가장 관계가 없는 것은?

① 오염　　　　② 광택 저하
③ 곰팡이 냄새　　④ 무게 증가

56. 방수 능력을 가지면서 통기성과 투습성을 가지는 직물이 아닌 것은?

① 고어텍스
② 초고밀도 직물
③ 폴리우레탄 코팅포
④ 감온변색 직물

해설 감온변색 직물은 외부 온도에 따라 색상이 나타나거나 사라지는 등 색상의 변화가 있는 직물이다.

57. 경사와 위사에 대한 설명으로 옳은 것은?

① 경사는 위사에 비해 꼬임이 적고 가늘다.

정답 50. ④　51. ③　52. ①　53. ①　54. ②　55. ④　56. ④　57. ③

② 수축 현상은 위사 방향에서 현저하게 나타난다.

③ 경사 방향에 비해 위사 방향이 신축성이 크다.

④ 위사 방향이 경사 방향보다 강하다.

해설 경사(날실): 직물의 변, 길이 방향과 평행하게 배열되어 있는 실이며, 세탁 시 수축이 많이 되고, 직물의 밀도가 높은 쪽 실이다.
위사(씨실): 직물의 폭 방향의 가로로 배열된 실이며, 경사보다 강도가 약하고 신축성은 크다.

58. 면섬유를 진한 수산화나트륨 용액으로 가공하여 견과 같은 광택이 나게 하는 가공은?

① 신징　　　　　② 축융거공

③ 머서화 가공　　④ 캘린더 가공

해설 ④는 적당한 온·습도하에 매끄러운 롤러의 강한 압력으로 직물에 광택을 주는 가공이

며, 엠보싱 가공, 슈와레 가공, 글레이즈 가공 등이 이에 해당된다.

59. 엠보스 가공 후 세탁을 하면 엠보스가 사라지는 섬유는?

① 트리아세테이트　　② 나일론

③ 셀룰로오스 섬유　　④ 폴리에스테르

해설 세탁으로 엠보스가 사라지는 섬유는 엠보스 가공 후 수지가공 처리를 하여 세탁 후에도 엠보스가 유지되도록 한다.

60. 다음 중 능직물이 아닌 것은?

① 서지(serge)　　　　② 개버딘(gaberdine)

③ 데님(denim)　　　　④ 옥스퍼드(oxford)

해설 능직으로는 서지, 개버딘, 데님, 플란넬 등이 있다.

2015년 10월 10일 시행

자격종목	문제 수	수험번호	성 명
양장기능사	60문제		

1. 다음 중 활동을 가장 편하게 할 수 있는 소매 산의 높이는?

① $\dfrac{A.H}{6}$

② $\dfrac{A.H}{4}+3$

③ $\dfrac{A.H}{4}$

④ $\dfrac{A.H}{2}$

해설 소매산은 높으면 소매폭이 좁아져 활동하 기에 불편하고, 낮으면 소매폭이 넓어져 활동 하기 편해진다.

2. 인체계측 방법 중 직접법에 대한 설명으로 틀 린 것은?

① 계측 기구가 비싸며 계측기 중의 설정이 비교 적 어렵다.

② 굴곡진 체표면의 실측 길이를 얻을 수 있다.

③ 표준화된 계측 기구가 필요하다.

④ 계측에 장시간이 걸리기 때문에 피계측자의 자세가 흐트러져 자세에 대한 오차가 생기기 쉽다.

해설 ①은 간접법이며, 실루에터법, 슬라이딩게 이지법, 입체 사진법 등이 있다.

3. 풀기가 있는 옷감의 정리 방법으로 가장 적합 한 것은?

① 전체를 물에 담갔다가 축축할 때 풀기 없는 헝겊을 대고 다림질한다.

② 풀기가 빠지지 않도록 물을 뿌린 후에 다림질 한다.

③ 풀기가 있으므로 마른 상태에서 다림질한다.

④ 전체를 물에 담갔다가 건져서 탈수시켜 완전

히 건조시킨 후 다림질한다.

해설 얼룩이 생기지 않도록 한다.

4. 소매 앞, 뒤에 주름이 생길 때 보정 방법으로 가장 적합한 것은?

① 소매산 중심점을 앞 소매 쪽으로 옮기고, 소 매산 둘레의 곡선을 수정한다.

② 소매산 중심점을 뒤 소매 쪽으로 옮기고, 소 매산 둘레의 곡선을 수정한다.

③ 소매산을 낮추어 준다.

④ 소매산을 높여준다.

해설 소매산이 낮은 경우 소매 앞, 뒤에 주름이 생긴다.

5. 중년층이나 노년층에 많은 체형으로 몸 전체 에 부피감이 없고 목이 앞쪽으로 기울고, 등이 구부정하며 엉덩이와 가슴이 빈약한 체형은?

① 반신체

② 후견체

③ 후신체

④ 굴신체

해설 ①은 젖힌 체형, ②는 어깨가 뒤로 젖혀진 체형, ③은 어린이 체형이다.

6. 제조 원가의 3요소가 아닌 것은?

① 인건비

② 관리비

③ 재료비

④ 제조 경비

7. 단을 처리할 때 사용되는 손바느질 방법이 아 닌 것은?

정답 1. ① 2. ① 3. ① 4. ④ 5. ④ 6. ② 7. ④

① 공그르기   ② 감치기
③ 새발뜨기   ④ 반박음질

해설 박음질은 손바느질 중 가장 튼튼한 방법이 며, 온박음질과 반박음질 두 종류가 있다.

8. 다음 설명에 해당하는 것은?

> • 인체 각 부위의 치수를 기본으로 하여 제도 하고 패턴을 제작하는 공정이다.
> • 플랫 패턴(flat pattern)에 의한 방법과 옷감 위에서 직접 드래프팅(drafting)하는 방법이 있다.

① 연단   ② 평면 재단
③ 입체 재단   ④ 그레이딩

해설 ①은 생산량에 맞추어 원단 등을 재단할 수 있도록 연단대 위에 정리하여 쌓아올리는 작업이고, ③은 인대나 인체 위에 옷감을 직접 대고 디자인에 따라 형태를 만들어 완성선을 표시하고 재단하는 것이며, ④는 옷의 치수별로 패턴의 사이즈를 늘리거나 줄이는 것이다.

9. 단촌식 제도법의 설명으로 옳은 것은?

① 인체 계측에 숙련된 기술이 필요 없다.
② 인체의 각 부위를 세밀하게 계측해 제도한다.
③ 가슴둘레를 기준해서 등분한 치수로 구성해 가는 방법이다.
④ 인체 부위 중 대표가 되는 부위 치수를 기준으로 제도한다.

해설 ①, ③, ④는 장촌식 제도법의 설명이다.

10. 가봉 방법에 대한 설명 중 틀린 것은?

① 바늘은 옷감에 직각으로 꽂아 옷감이 울지 않게 한다.
② 바이어스 감과 직선으로 재단된 옷감을 붙일

때는 직선으로 재단된 옷감을 위로 겹쳐 놓고 바느질한다.
③ 바느질 방법은 손바느질의 상침 시침으로 한다.
④ 단추는 같은 크기로 종이나 옷감을 잘라서 일정한 위치에 붙여 본다.

해설 바이어스 감과 직선으로 재단된 옷감을 붙일 때는 직선으로 재단된 옷감 위에 바이어스 감을 겹쳐 놓고 바느질한다.

11. 심지를 사용하는 이유가 아닌 것은?

① 의복을 반듯하게 하기 위해서
② 형태를 변형시키지 않기 위해서
③ 안정된 모양을 갖기 위해서
④ 빳빳한 느낌을 갖기 위해서

12. 소매원형 제도에 필요한 약자 중 소매산 높이를 나타내는 것은?

① A.H   ② S.C.H
③ S.B.L   ④ E.L

해설 ①은 진동 둘레(arm hole), ②는 소매산 높이(sleeve cap height), ③은 소매폭선(sleeve biceps height), ④는 팔꿈치선(elbow line)을 나타내는 약자이다.

13. 다음 중 신체 측정 시 줄자의 눈금 있는 쪽이 각 기준점에 닿도록 줄자를 약간 세워서 재는 부위는?

① 가슴둘레   ② 손목둘레
③ 목밑 둘레   ④ 엉덩이 둘레

해설 ①은 가슴의 유두점을 지나는 수평 부위를 돌려서 계측하고, ②는 손목 가쪽점을 지나는 둘레를 계측한다. ④는 하부 부위 중 최대 치수, 엉덩이의 가장 나온 부분을 수평으로 계측한다.

정답 8. ②   9. ②   10. ②   11. ④   12. ②   13. ③

14. 다음 의복 제도에 필요한 부호의 연결이 틀린 것은?

① 오그림 〰〰〰 ② 안단선 ーーーーー

③ 바이어스 ✕ ④ 올의 방향 ←——→

해설 ②는 골선 표시이다.

안단선 ー・ー・ー・ー

15. 보정 방법에 대한 설명 중 틀린 것은?

① 목둘레선이 들뜨는 것은 목둘레가 커서 생기는 현상으로 목둘레선을 높여서 앞, 뒤판을 맞춘다.

② 앞, 뒤 어깨선에 타이트한 주름이 생길 경우(어깨가 솟은 경우)에는 어깨선을 올려 보정하고 그 분량만큼 진동 밑부분을 올려 준다.

③ 가슴 부위가 당길 때는 B.P를 지나 다트의 중간과 어깨 부위에 선을 넣어 늘어지는 부분이 없어지도록 접어준 다음에 다트를 다시 잡아준다.

④ 진동 둘레가 너무 좁은 경우에는 가위집을 넣은 후 새로운 진동선을 그린다.

해설 ③의 방법은 가슴이 작아 가슴 부위에 여유가 많아서 늘어질 경우에 이용된다. 가슴 부위가 당길 때는 B.P를 지나는 가슴다트 가운데 부분과 어깨에서 허리 다트 부분까지 각각 절개하여 벌린다.

16. 다음 의복 제도에 필요한 부호의 의미는?

① 골선 ② 주름
③ 다트 ④ 늘림

해설 ① ーーーーー

③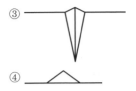

④

17. 인체 계측에서 앞 길이의 치수를 재는 방법은?

① 좌우 유두의 거리를 잰다.

② 오른쪽 목 옆점에서 유두까지 잰다.

③ 오른쪽 목 옆점에서 수직으로 허리선까지 잰다.

④ 오른쪽 목 옆점에서 유두를 지나 허리선까지 잰다.

해설 ①은 유두너비, ②는 유두 길이를 재는 방법이다.

18. 가봉한 옷을 착용한 후 전체 균형과 더불어 세부적으로 파악하는 작업에 해당하는 것은?

① 수정 ② 보정
③ 시착 ④ 연단

해설 ②는 가봉 후 인체에 잘 맞도록 패턴을 수정하는 작업이고, ④는 생산량에 맞추어 원단 등을 재단할 수 있도록 연단대 위에 정리하여 쌓아올리는 작업이다.

19. 옷감의 패턴 배치와 표시에 대한 설명 중 틀린 것은?

① 룰렛이나 트레이싱 페이퍼를 사용할 때는 완성선에서 0.1cm 안쪽에 굵게 표시한다.

② 벨벳, 코듀로이처럼 짧은 털이 있는 옷감은 결 방향을 위로 향하게 한다.

③ 패턴은 큰 것부터 배치하고 작은 것은 큰 것 사이에 배치한다.

④ 옷감의 표면이 안으로 들어가게 반을 접어 패턴을 배치한다.

해설 룰렛이나 트레이싱 페이퍼를 사용할 때는 완성선에서 0.1cm 바깥쪽에 가늘고 선명하게 표시한다.

20. 기모노 슬리브가 매우 짧아진 형태로서 소매길이가 어깻점에서 5~10cm 정도 연장된 슬리브는?

① 돌먼 슬리브　　② 래글런 슬리브
③ 케이프 슬리브　　④ 프렌치 슬리브

해설 ①은 겨드랑 부분이 매우 넓고 소맷부리는 좁은 소매이고, ②는 목둘레에서 겨드랑이까지 사선으로 이음선이 들어간 소매이다. ③은 슬리브 재단 시 바이어스 방향으로 마름질하고, 케이프를 덮은 듯한 느낌의 헐렁한 소매이다.

21. 포플린 옷감에 가장 적합한 재봉 바늘은?

① 9호　　　　　② 11호
③ 14호　　　　　④ 16호

해설 재봉 바늘은 얇은 원단에 9호, 중간 두께에 11호, 두꺼운 원단에는 14호나 16호를 사용한다.

22. 밑위길이(crotch length)의 측정 길이에 대한 설명으로 옳은 것은?

① 경부 근점으로부터 유두점을 통과하여 허리둘레선까지의 길이
② 허리둘레선의 옆 중심점에서 엉덩이 둘레선까지의 길이
③ 의자에 앉았을 때 허리둘레선의 옆 중심점으로부터 의자바닥까지의 길이
④ 경부 근점으로부터 유두점까지의 길이

해설 ①은 앞 길이, ②는 엉덩이 길이, ④는 유두 길이의 측정 길이에 대한 설명이다.

23. 심감의 기본 시접분량 중 틀린 것은?

① 목둘레 : 1cm
② 앞 중심선 : 1cm
③ 어깨 : 1.5cm
④ 밑단 : 5cm

해설 부위별 기본 시접 분량
㉠ 1cm - 목둘레, 겨드랑 둘레, 칼라, 하의 허리선
㉡ 1.5cm - 절개선
㉢ 2cm - 어깨, 옆선
㉣ 3~4cm - 소맷단, 블라우스단, 지퍼, 파스너단
㉤ 5cm - 스커트, 바짓단, 재킷의 단

24. 다음 중 안감의 역할이 아닌 것은?

① 겉감에 땀 등 분비물이 묻어 상하는 것을 방지한다.
② 탄성 회복률이 나쁜 겉감의 변형을 막는다.
③ 겉감의 내충성과 내균성을 유지시켜 준다.
④ 겉감의 마모를 방지한다.

25. 의복원형 제도법 중 장촌식 제도 방법에 가장 중요한 수치는?

① 허리둘레　　　　② 가슴둘레
③ 신장　　　　　　④ 엉덩이 둘레

해설 장촌식 제도법은 가슴둘레, 등 길이, 어깨 너비만 측정하여 제도한다.

26. 의복 구성을 위한 체표 구분 중 체간부의 전면에 해당하는 것은?

① 배부　　　　　② 복부
③ 요부　　　　　④ 상완부

해설 ①은 등, ③은 허리로 체간의 후면에 해당된다. ④는 체지부 중 상지인 팔에 해당된다.

정답 20. ④　21. ②　22. ③　23. ③　24. ③　25. ②　26. ②

27. 주로 청바지의 솔기나 작업복, 스포츠 의류 등에 많이 사용하며, 솔기가 뜯어지지 않게 처리하는 바느질 방법은?

① 쌈솔
② 통솔
③ 가름솔
④ 파이핑 솔기

28. 너비가 150cm인 옷감으로 타이트스커트를 만들 때 옷감량의 필요량 계산법으로 옳은 것은?

① (스커트 길이 × 2) + 시접
② 스커트 길이 × 2
③ (스커트 길이 × 1.5) + 시접
④ 스커트 길이 + 시접

해설

종류	폭	필요량	계산법
타이트	90	130~150	(스커트 길이×2)+시접 (12~16cm)
	110	130~150	(스커트 길이×2)+시접 (12~16cm)
	150	60~70	스커트 길이+시접(6~8cm)

29. 봉사의 소요량 산출에 영향을 미치는 요인 중 직접적인 요인이 아닌 것은?

① 천의 두께
② 봉사의 굵기
③ 스티치의 길이
④ 재봉기의 자동봉사 절단기의 사용 여부

해설 ④는 간접적인 요인이다.

30. 옷감의 너비가 110cm일 때 옷감 필요량 계산법으로 옳은 것은?

① 슬랙스 = 슬랙스 길이 + 시접
② 플레어스커트 = (스커트 길이×1.5) + 시접
③ 반소매 블라우스 = 블라우스 길이 + 소매길

이 + 시접
④ 긴소매수트 = (재킷 길이×2) + 스커트 길이 + 소매길이 + 시접

해설 옷감 필요량 계산법
㉠ 슬랙스 = (슬랙스 길이+시접)×2
㉡ 플레어스커트 = (스커트 길이×2.5)+시접
㉢ 반소매 블라우스 = 블라우스 길이×2+시접

31. 실을 용도에 따라 분류할 때 해당되지 않는 것은?

① 직사
② 자수사
③ 교합사
④ 수편사

해설 실은 용도에 따라서 직사, 편사, 수편사, 재봉사, 자수사 등으로 분류된다.
교합사는 섬유의 종류가 다른 단사를 합연한 것이다.

32. 다음 중 합성 섬유에 해당되지 않는 것은?

① 나일론
② 아크릴
③ 아세테이트
④ 비닐론

해설 아세테이트는 천연 고분자인 셀룰로오스를 원료로 제조되는 섬유이다.

33. 천연 섬유 중 섬유의 길이가 가장 긴 것은?

① 면
② 견
③ 아마
④ 양모

34. 10cm의 섬유에 외력을 가하여 11cm로 늘린 후 외력을 제거하였더니 10.5cm가 되었다. 이 섬유의 탄성 회복률(%)은?

① 20%
② 30%
③ 50%
④ 70%

해설 탄성 회복률 = (늘어난 길이 − 줄어들었다가 돌아온 길이)/(늘어난 길이 − 원래 길이)×100

35. 다음 중 흡수성이 좋고 열전도성이 우수하여 여름용 옷감으로 가장 적합한 섬유는?

① 아크릴 ② 아마
③ 나일론 ④ 견

해설 열전도성이 좋은 섬유는 시원한 느낌을 준다.

36. 다음 중 습윤 시 강도가 가장 많이 감소되는 섬유는?

① 비닐론 ② 레이온
③ 양모 ④ 아크릴

해설 레이온은 물에 약한 섬유로, 흡습 시 강도와 초기 탄성률이 크게 떨어진다.

37. 다음 중 항중식 번수로 실의 굵기를 나타내는 것은?

① 면사 ② 견사
③ 나일론사 ④ 폴리에스터사

해설 실의 굵기는 면, 마, 모섬유가 항중식 번수로, 견, 장섬유는 항장식 번수로 나타낸다.

38. 화학 방사법의 종류 중 물 또는 약품 수용액 중에 사출하여 방사 원액을 응고하는 방법은?

① 습식 방사 ② 건식 방사
③ 용융 방사 ④ 자연 방사

39. 다음 중 가방성(可紡性)과 관계가 없는 것은?

① 섬유의 굵기 ② 섬유의 권축
③ 섬유의 길이 ④ 섬유의 가소성

해설 가방성은 방적성으로 실을 뽑아낼 수 있는 성질로, 강도 1.5gf/d 이상, 길이 5mm 이상일 때 가능하며 섬유의 길이, 굵기, 표면마찰계수, 권축 등의 영향을 받는다.

40. 마섬유의 종류 중 순수한 셀룰로오스 함량이 가장 많은 것은?

① 아마 ② 대마
③ 저마 ④ 황마

해설 일명 모시라고도 한다.

41. 다음 중 가장 밝은 색으로 진출색, 팽창색이고 가시도가 매우 높아 레인코트(rain coat)에 많이 사용하는 색은?

① 주황 ② 노랑
③ 빨강 ④ 파랑

42. 무늬의 배열 중 90° 또는 45° 변환의 경사, 위사 두 방향에서 같은 무늬의 효과를 지니는 것은?

① 전체(all-over) 배열
② 사방(four-way) 배열
③ 두 방향(two-way) 배열
④ 한 방향(one-way) 배열

해설 상하좌우 방향으로 무늬가 연속되는 배열이다.

43. 통일의 개념이 아닌 것은?

① 부분과 부분이 분리될 수 없다.
② 단일성의 느낌이 조화의 미로 나타난다.
③ 일체감의 완성적 성격을 가지고 있다.
④ 상호 종속적이지 않으면서도 서로 보완적인 효과를 거둔다.

해설 ④는 조화에 대한 설명이다.

44. 문-스펜서(P.Moon & D.E. Spencer)의 색채조화론 중 색상, 명도, 채도별로 이루어지는 조화가 아닌 것은?

① 동일 조화 ② 유사 조화

③ 대비 조화 ④ 제1부조화

해설 부조화에는 제1부조화, 제2부조화, 눈부심이 있다.

45. 색상끼리 서로 공통점이 없이 대비되기 때문에 강렬한 이미지를 표현하는 스포츠웨어에 많이 이용되는 색상의 조화는?

① 유사 색상의 조화 ② 보색 조화
③ 분보색 조화 ④ 삼각 조화

해설 ①은 같거나 비슷한 성격의 색이 배색되었을 때 나타나는 조화이고, ③은 보색의 옆에 있는 색과 배색되었을 때 나타나는 조화이다. ④는 색상환에서 120° 떨어진 위치에 있는 색상끼리 배색되었을 때의 조화이다.

46. 다음 중 디자인의 원리가 아닌 것은?

① 비례 ② 색채
③ 균형 ④ 통일

해설 디자인 요소: 형, 색, 재질

47. 빨강 바탕 위의 자주보다 회색 바탕 위의 자주색이 더 선명하게 보이는 대비는?

① 색상 대비 ② 명도 대비
③ 채도 대비 ④ 보색 대비

해설 회색에서는 선명하게 원색에서는 탁하게 보인다.

48. 다음 중 명도의 동화 현상에 의해 회색이 밝아 보이는 것은?

① 회색 배경에 가는 하얀 선이 일정한 간격으로 반복되어 그려진 경우
② 회색 배경에 가는 검정 선이 일정한 간격으로 반복되어 그려진 경우
③ 회색 배경에 굵은 하얀 선 색이 일정한 간격으로 반복되어 그려진 경우
④ 회색 배경에 굵은 점선이 일정한 간격으로 반복되어 그려진 경우

해설 ②에서는 검은색과 동화되어 어두운 회색으로 보인다.

49. 강조에 대한 설명으로 틀린 것은?

① 특별한 용도의 의복이 아니면 지나친 강조는 오히려 디자인의 질을 떨어뜨린다.
② 업무 능력이 주요시되는 직장복에는 최소한의 강조만 하도록 한다.
③ 스포츠웨어는 일상복에 비하여 강한 색채 대비는 비효과적이다.
④ 강한 강조점을 효과적으로 활용함으로써 미적으로 우수하고 상황에 적합한 디자인을 할 수 있다.

해설 스포츠웨어는 일상복에 비하여 강한 색채 대비가 효과적이다.

50. 곡선 중 매우 우아한 느낌을 주며, 네크라인이나 절개선에 사용하기도 하고 신체를 전체적으로 장식하는 트리밍으로 사용하는 것은?

① 스캘럽(scallop) ② 나선(spiral)
③ 파상선(wave) ④ 타원(wave)

해설 ①은 귀엽고 섬세한 느낌, ③과 ④는 부드럽고 동적인 느낌을 준다.

51. 다음 중 직물의 삼원 조직이 아닌 것은?

① 평직 ② 능직
③ 문직 ④ 수자직

52. 견섬유에 금속염을 처리하여 중량을 증대시키는 가공은?

① 플록 가공 ② 증량 가공

정답 45. ② 46. ② 47. ③ 48. ① 49. ③ 50. ② 51. ③ 52. ②

③ 캘린더 가공   ④ 기모 가공

해설 ③은 적당한 온·습도하에 매끄러운 롤러의 강한 압력으로 직물에 광택을 주는 가공이며, 엠보싱 가공, 슈와레 가공, 글레이즈 가공 등의 종류가 있다. ④는 섬유를 긁거나 뽑아 천의 표면에 보풀을 만들어서 천의 감촉을 부드럽게 하거나, 천을 두껍게 보이도록 하고, 보온력을 높이기 위한 가공법이다.

53. 염료 분자와 섬유가 공유 결합을 형성하는 염료는?

① 산성 염료   ② 직접 염료
③ 염기성 염료   ④ 반응성 염료

해설 화학적 결합은 이온 결합, 공유 결합, 배위 결합, 금속 결합 등이다. 물리적 결합은 수소 결합이다.

54. 의복의 위생적 성능에 해당되지 않는 것은?

① 내마모성   ② 투습성
③ 보온성   ④ 흡습성

해설 내마모성은 특히 작업복에 요구되는 내구적 성능과 관련이 있다.

55. 다음 중 변화 직물의 조직이 아닌 것은?

① 사문직   ② 파능
③ 직주야수직   ④ 바스켓직

해설 사문직은 삼원 조직 중 능직에 해당한다.

56. 의복의 성능 중 사람에 따라 성능의 요구도가 차이가 있으며 유행에 지배되기 쉬운 것은?

① 위색적 성능   ② 내구적 성능
③ 관리적 성능   ④ 감각적 성능

57. 다음 중 위생 가공이 아닌 것은?

① 퍼마켐(permachem) 가공
② 논스탁(nonstac) 가공
③ 바이오실(biosil) 가공
④ 런던 슈렁크(London shrunk) 가공

해설 ①은 땀이나 분비물로 인해 생성되는 균을 억제하기 위해 유기 주석 화합물로 처리하는 가공법이고, ④는 방축 가공으로, 양모 원단을 뜨거운 물에 적신 직물로 감싸 롤러에 감거나 그대로 두어 자연 건조시키는 방법이다.

58. 필링(pilling)에 대한 설명 중 틀린 것은?

① 섬유나 실의 일부가 직물 또는 편성물에서 빠져나와 탈락되지 않고 표면에 뭉쳐서 섬유의 작은 방울이 생기는 것이다.
② 섬유의 강신도가 클 때 잘 생긴다.
③ 실의 꼬임이 많을 때 덜 생긴다.
④ 조직이 치밀하면 잘 생긴다.

59. 피복에 발생된 곰팡이를 제거하는 데 가장 효과적인 건열 처리 조건으로 옳은 것은?

① 40℃에서 20분   ② 60℃에서 10분
③ 75℃에서 5분   ④ 80℃에서 10분

60. 계면 활성제의 작용이 아닌 것은?

① 습윤 작용   ② 유화 작용
③ 분산 작용   ④ 중량 작용

해설 ④는 타닌산의 작용이다. 타닌산은 견섬유의 중량 가공 또는 면섬유의 매염제로 사용된다.

2016년 1월 24일 시행

	수험번호	성 명
자격종목 양장기능사	문제 수 60문제		

1. 반신 체형에 대한 설명으로 옳은 것은?

① 등 길이가 짧고 앞 길이가 길다.

② 등 길이가 길고 앞 길이가 짧다.

③ 앞품이 등품에 비래 2cm 차이가 있다.

④ 등품이 앞품보다 상대적으로 넓다.

해설 뒤로 젖힌 체형: 표준보다 몸의 중심이 뒤로 기울어서 뒤가 많이 남는 반면 앞의 길이가 부족하기 쉬운 체형이다. 옷을 입으면 앞이 벌어지며 뜨고, 길이가 부족하다. 뒤에는 B.L보다 위에 주름이 생긴다.

2. 스커트 원형 제도에 필요한 치수 항목이 아닌 것은?

① 허리둘레 ② 밑위길이

③ 스커트 길이 ④ 엉덩이 길이

해설 밑위길이는 바지 제도의 필요 치수이다.

3. 소매길이의 계측 방법에 대한 설명 중 가장 옳은 것은?

① 팔을 똑바로 펴서 어깨 끝쪽점부터 손목점까지의 길이를 잰다.

② 팔을 똑바로 펴서 어깨 끝쪽점부터 팔꿈치를 지나 손목점까지의 길이를 잰다.

③ 팔을 자연스럽게 내린 후 어깨 끝쪽점부터 팔꿈치를 지나 손목점까지의 길이를 잰다.

④ 팔을 자연스럽게 내린 후 어깨 끝쪽점부터 손목점까지의 길이를 잰다.

4. 마른 체형의 등, 가슴 부위에 여유가 있어 주름이 생길 때의 보정 방법으로 가장 적합한 것은?

① 소매산의 중심점을 앞 소매 쪽으로 옮기고, 소매산 둘레의 곡선을 수정한다.

② 소매산의 중심점을 뒤 소매 쪽으로 옮기고, 소매산 둘레의 곡선을 수정한다.

③ 소매산을 높여 준다.

④ 원형의 모든 치수를 줄인다.

해설 ①은 소매 뒤에 남는 분량이 생길 때의 보정법이고, ②는 소매 앞에 남는 분량이 생길 때, ③은 소매산 부분에 전체적으로 여유가 없이 당길 때의 보정법이다.

5. 셔츠 슬리브는 소매산을 낮추어 활동성을 주는데 소매 원형과 제도 비교 시 소매산 높이를 어느 정도 낮추어야 가장 적합한가?

① 0.5~1cm ② 1.5~2cm

③ 4~5cm ④ 6~7cm

6. 길 원형 제도의 기초선 중 세로선에 해당하는 것은?

① 앞 길이 ② 뒤 길이

③ 등 길이 ④ 앞 중심 길이

해설 기초선은 등 길이와 가슴둘레로 구성된다.

7. 소매 앞, 뒤에 주름이 생길 때의 보정 방법으로 가장 옳은 것은?

정답 1. ① 2. ② 3. ③ 4. ④ 5. ② 6. ③ 7. ①

① 소매산을 높여 준다.

② 소매산을 내려 준다.

③ 소매산의 중심점을 뒤 소매 쪽으로 옮긴다.

④ 소매산의 중심점을 앞 소매 쪽으로 옮긴다.

해설 소매 앞·뒤에 생기는 주름은 분량이 모자라 당기는 현상이므로 소매산을 올리고 소매폭을 줄인다.

8. 스커트 원형 중 다음 그림에 해당하는 스커트는?

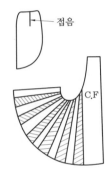

① 고어드스커트

② 개더스커트

③ 요크를 댄 플리츠스커트

④ 요크를 댄 플레어스커트

9. 제도에 필요한 부호 중 외주름 표시에 해당하는 것은?

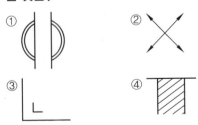

해설 ①은 맞춤, ②는 바이어스, ③은 직각을 나타내는 부호이다.

10. 팔둘레의 위치가 아래쪽에 있고, 어깨 경사

각도가 큰 체형은?

① 처진 어깨   ② 솟은 어깨

③ 반신 어깨   ④ 굴신 어깨

해설 ②는 팔둘레가 위쪽에 있고 어깨 경사가 작다. ③은 뒤로 젖힌 체형이며 어깨가 뒤로 젖혀져 있다. ④는 앞으로 굽은 체형이며 어깨가 앞으로 굽어 있다.

11. 패턴 제도 시 스커트 원형을 그대로 이용하며, 기능성을 주기 위해 스커트 뒤 중심에 킥 플리츠(kick pleats)를 넣은 스커트는?

① 서큘러스커트   ② 타이트스커트

③ 퀼로트 스커트   ④ 트럼펫 스커트

12. 다음 중 제조원가 계산법으로 옳은 것은?

① 재료비 + 인건비

② 재료비 + 인건비 + 제조 경비

③ 재료비 + 인건비 + 제조 경비 + 판매 간접비 + 일반 관리비

④ 재료비 + 인건비 + 제조 경비 + 판매 간접비 + 일반 관리비 + 이익

해설 ㉠ 판매가격 직접 원가 = 제조 원가 = 직접 재료비 + 직접 노무비 + 직접 경비

㉡ 총원가 = 제조 원가 + 판매 간접비 + 일반 관리비

㉢ 판매가 = 총원가 + 적정 이윤

㉣ 제조 원가 = 직접 원가 + 제조 간접비

13. 바느질에 따른 시접 분량 중 가름솔의 시접 분량에 해당하는 것은?

① 0.5cm   ② 1.5cm

③ 3cm   ④ 5cm

14. 면섬유의 안전 다림질 온도는?

① 120℃   ② 150℃

정답 8. ④   9. ④   10. ①   11. ②   12. ②   13. ②   14. ④

③ 180℃   ④ 220℃

해설 섬유별 다림질 온도
- ㉠ 면, 마 180~200℃
- ㉡ 모 150~160℃
- ㉢ 레이온 140~150℃
- ㉣ 견 130~140℃
- ㉤ 나일론, 폴리에스테르 120~130℃
- ㉥ 폴리우레탄 130℃ 이하
- ㉦ 아세테이트, 트리아세테이트, 아크릴 120℃ 이하

15. 겉감에 대한 각 부위의 기본 시접으로 옳은 것은?
① 어깨와 옆선 : 2cm
② 진동 둘레 : 3cm
③ 목둘레와 칼라 : 2cm
④ 스커트단 : 3cm

해설 부위별 기본 시접 분량
- ㉠ 1cm – 목둘레, 겨드랑 둘레, 칼라, 하의 허리선
- ㉡ 1.5cm – 절개선
- ㉢ 2cm – 어깨, 옆선
- ㉣ 3~4cm – 소맷단, 블라우스단, 지퍼, 파스너단
- ㉤ 5cm – 스커트, 바짓단, 재킷의 단

16. 스커트 안감을 재단할 때 스커트 길이 부분은 겉감보다 얼마나 짧은 것이 가장 적당한가?
① 1cm   ② 3cm
③ 5cm   ④ 7cm

해설 시접은 동일 분량 또는 길이를 짧게 한다.

17. 제도에 필요한 부호 중 완성선에 해당하는 것은?

① — — — — — — —
② ——————————
③ ·························
④ ⊢————⊣

해설 ①은 안단선, ③은 꺾임선, ④는 치수 보조선을 나타낸다.

18. 다음 〈보기〉와 같은 180° 플레어스커트 옷감의 필요량 계산법에 해당하는 옷감의 너비는?

〈보기〉 (스커트 길이×1.5) + 시접

① 90cm   ② 110cm
③ 130cm   ④ 150cm

해설

종류	폭	필요량	계산법
타이트	90	130~150	(스커트 길이×2)+시접(12~16cm)
	110	130~150	(스커트 길이×2)+시접(12~16cm)
	150	60~70	스커트 길이 + 시접(6~8cm)
플레어 (다트 접은 디자인)	90	150~170	(스커트 길이×2.5)+시접(10~15cm)
	110	140~160	(스커트 길이×2)+시접(10~15cm)
	150	100~120	(스커트 길이×1.5)+시접(10~15cm)
180° 플레어	90	140~160	(스커트 길이×2.5)+시접(10~15cm)
	110	130~150	(스커트 길이×2.5)+시접(5~12cm)
	150	90~100	(스커트 길이×1.5)+시접(6~15cm)
플리츠	90	130~150	(스커트 길이×2)+시접(12~16cm)
	110	130~150	(스커트 길이×2)+시접(12~16cm)
	150	130~150	(스커트 길이×2)+시접(12~16cm)

정답 15. ①   16. ②   17. ②   18. ④

19. 길 원형 제도 시 가장 중요한 항목은?

① 등 길이　　　　② 어깨너비
③ 유두 간격　　　④ 가슴둘레

해설 길 원형의 필요 치수는 가슴둘레, 등 길이, 어깨너비이다. 기초선은 가로가 가슴둘레, 세로가 등 길이로 구성된다.

20. 의복 제작 시 사용하는 심지의 역할로 옳은 것은?

① 세탁이 용이하다.
② 입체감을 살린다.
③ 봉제하는 데 편리하다.
④ 위생가공 효과를 부여한다.

해설 ④는 안감의 역할이다.

21. 150cm 너비의 옷감으로 팬츠를 만들 때 가장 적합한 옷감의 필요량 계산법은?

① 팬츠 길이 + 시접
② (팬츠 길이 + 시접)×2
③ (팬츠 길이 + 시접)×3
④ (팬츠 길이 + 시접)×4

해설

폭	필요량	계산법
90	200~220	{슬랙스길이 + 시접(8~10cm)}×2
110	150~220	{슬랙스길이 + 시접(8~10cm)}×2
150	100~110	슬랙스길이 + 시접(8~10cm)

22. 다음 중 팬츠의 구성 방법과 같은 원리로 제도하는 스커트는?

① 티어스커트(tiered skirt)
② 고젯 스커트(gusset skirt)
③ 디바이디드 스커트(divided skirt)
④ 페그톱 스커트(peg-top skirt)

해설 ①은 층층으로 이어진 스커트로 층마다 주름이나 개더로 장식되어 있다. ②는 고젯을

삽입하여 플레어스커트처럼 퍼지게 만드는 스커트이다. ④는 엉덩이 위에서 허리 윗부분 사이를 항아리처럼 실루엣을 만들고 밑단은 좁은 형태의 스커트이다.

23. 다음 중 제도 시 여유 분량이 필요 없는 것은?

① 소매산 높이　　② 등 길이
③ 가슴둘레　　　　④ 허리둘레

해설 등 길이는 세로 기초선이다.

24. 의복 제작 시 동작이 심한 부분에 옷감을 늘여 정리하여 바느질하는 방법은?

① 바지의 밑부분
② 소매 앞부분
③ 허리의 곡선 부분
④ 스커트 앞부분

해설 활동적인 부분을 다림질로 옷감을 늘린 후 제봉하면 바느질이 튼튼해진다. 바지 밑위, 바지 밑아래, 소매 팔꿈치 앞쪽이 해당된다.

25. 패턴 배치의 설명으로 옳은 것은?

① 패턴은 큰 것부터 배치한다.
② 옷감의 겉쪽에 패턴을 배치한다.
③ 짧은 털이 있는 옷감은 털의 결 방향을 밑으로 배치한다.
④ 무늬가 있는 옷감은 편한 대로 배치한다.

해설 ② 옷감의 안쪽에 패턴을 배치한다. ③ 짧은 털이 있는 옷감은 털의 결 방향을 위로 배치한다. ④ 무늬가 있는 옷감은 무늬나 결 방향을 고려하여 배치한다.

26. 가슴둘레의 계측 방법으로 옳은 것은?

① 오른쪽 목 옆점에서 유두를 지나 허리선까지 잰다.

정답 19. ④　20. ②　21. ①　22. ③　23. ②　24. ①　25. ①　26. ④

② 유두 아랫부분을 수평으로 잰다.

③ 목 옆점을 지나 유두까지 잰다.

④ 가슴의 유두점을 지나는 수평 부위를 돌려서 잰다.

(해설) ①은 앞 길이, ②는 밑가슴둘레, ③은 유두 길이를 계측하는 방법이다.

27. 서큘러 플레어스커트(circular flare skirt) 원형에 대한 설명 중 틀린 것은?

① 허리둘레는 W/4가 되도록 정리한다.

② 스커트 원형을 5등분한다.

③ 각도를 90°로 만든 다음 맞추어 배치한다.

④ 허리둘레와 단둘레를 직선으로 정리한다.

(해설) ④는 타이트스커트에 대한 설명이다.

28. 제도에 사용되는 약자와 명칭이 틀린 것은?

① B.L – 가슴둘레선

② N.P – 목점

③ A.H – 소매둘레

④ S.P – 어깨끝점

(해설) ①은 burst line, ②는 neck point, ③은 arm hole(진동 둘레), ④는 shoulder point 의 약자이다.

29. 다음 중 가름솔의 종류에 해당되지 않는 것은?

① 휘갑치기 가름솔

② 눌러박기 가름솔

③ 지그재그 가름솔

④ 오버로크 가름솔

(해설) ①은 ㄷ자나 사선으로 어슷하게 땀을 만들어서 위사 방향으로 올이 풀리는 것 방지하는 방법이다. ②는 단처리 방법이다. ③은 시접 부분을 지그재그로 봉제하는 것이며 니트, 가

죽 등에 이용되는 솔기 처리법이다. ④는 오버로크 재봉기로 박아 시접을 가른다.

30. 다음 중 어깨의 숄더 다트와 웨이스트 다트를 연결하는 선으로 이루어지는 것은?

① 네크라인(neckline)

② 샤넬라인(chanelline)

③ 프린세스 라인(princess line)

④ 웨이스트 라인(waist line)

(해설) 암홀 다트에서 B.P를 지나 웨이스트 다트를 연결하는 방법도 있다.

31. 면방적 공정 중 조방에서 얻은 실을 적당한 가늘기로 늘려 주고 꼬임을 주는 공정은?

① 개면   ② 정방

③ 연조   ④ 타면

(해설) 면방적 공정

㉠ 개면과 타면 – 면덩어리를 풀어 부드럽게 하고 불순물을 제거(랩–시트상의 면)하는 과정

㉡ 소면 – 섬유를 빗질하여 평행으로 배열하고 불순물을 제거(코머사)하는 과정

㉢ 정소면 – 짧은 섬유와 넵을 완전히 제거하면서 더욱더 평행하게 배열(카드사)하는 과정

㉣ 연조 – 몇 개의 슬라이버를 합쳐 잡아 늘려서 하나의 슬라이버로 뽑는 과정

㉤ 조방 – 최소한의 꼬임을 주어 공정에 견딜 강도를 유지하도록 하는 공정

㉥ 정방 – 조사를 필요로 하는 굵기로 늘려 주고 필요한 꼬임을 주어 실로 완성하는 과정

㉦ 권사 – 작업과 수송이 편리하도록 적당한 길이로 다시 감는 공정

32. 실의 굵기와 꼬임에 대한 설명 중 틀린 것은?

① 실의 굵기는 방적성, 실의 균제도, 직물의 태에 영향을 미친다.
② 실의 방향 표시 방법으로 우연을 S꼬임, 좌연을 Z꼬임으로 표현한다.
③ 일반적으로 위사보다 경사에 꼬임이 적은 실이 많이 사용된다.
④ 방적사는 일정한 정도까지 꼬임이 많아지면 섬유 간의 마찰이 커서 실의 강도가 향상된다.

해설 일반적으로 경사는 위사보다 꼬임이 많고 강도가 강하다.

33. 일반 산류와 달리 면 섬유를 손상시키는 일이 없으며, 오히려 섬유에 7~1-% 흡수되고, 60~70℃에서 가장 많이 흡수되므로 염색할 때 매염제로 사용하는 유기산은?

① 옥살산　　　　　② 타닌산
③ 황산　　　　　　④ 아세트산

해설 타닌산은 견의 중량 가공에도 이용된다.

34. 다음 중 면섬유가 탄화되어 갈색으로 변화하는 온도는?

① 120℃　　　　　② 150℃
③ 200℃　　　　　④ 300℃

해설 면, 마의 다림질 온도는 180~200℃이다.

35. 가볍고 촉감이 부드러우며, 워시 앤드 웨어(wash and wear)성이 좋고 따뜻하여 양모 대용으로 스웨터, 겨울내의 등의 편성물, 모포에 많이 사용하는 섬유는?

① 나일론　　　　　② 아크릴
③ 비스코스 레이온　④ 아세테이트

36. 다음 중 비중이 가장 큰 섬유는?

① 견　　　　　　　② 면

③ 나일론　　　　　④ 폴리에스테르

해설 비중은 물을 1이라고 했을 때 섬유의 밀도를 나타낸 것으로, 비중이 작을수록 가볍다.
섬유의 비중: 석면, 유리 > 사란 > 면 > 비스코스 레이온 > 아마 > 폴리에스테르 > 아세테이트, 양모 > 견, 모드아크릴 > 비닐론 > 아크릴 > 나일론 > 폴리프로필렌의 순이다.

37. 신축성이 크고 마찰 강도, 굴곡 강도 등 내구성이 고무보다 우수한 섬유는?

① 폴리아미드 섬유
② 폴리에스테르 섬유
③ 폴리우레탄 섬유
④ 폴리아크릴로니트릴 섬유

해설 ①은 초기 탄성률이 작아 직물보다 편성물로 스포츠웨어, 스타킹, 란제리에 많이 사용된다. ②는 내열성, 탄성, 리질리언스가 좋다. ④는 내일광성이 좋고, 가볍고 부드러우며 양모 대용으로 쓰인다.

38. 천연 섬유 중 유일한 필라멘트 섬유에 해당하는 것은?

① 면　　　　　　　② 견
③ 마　　　　　　　④ 양모

해설 견을 제외한 천연 섬유는 스테이플 섬유이다.

39. 스테이플 파이버(staple fiber)와 비교하여 필라멘트 파이버(filament fiber)로 만든 옷감이 우수한 것은?

① 통기성　　　　　② 보온성
③ 투습성　　　　　④ 광택

해설 ①, ②, ③은 방적사의 특징이다.

40. 다음 중 연소될 때 머리카락 타는 냄새가 나

는 섬유로만 나열한 것은?

① 양모, 견 ② 양모, 아세테이트
③ 견, 폴리에스터 ④ 견, 비스코스 레이온

해설 연소 시험에 의한 섬유 확인 방법 ㉠ 식초 냄새 – 아세테이트, ㉡ 머리카락 타는 냄새 – 견, 양모 등 단백질 섬유, ㉢ 종이 타는 냄새 – 면, 마, 레이온 등 셀룰로오스 섬유, ㉣ 고무 타는 냄새 – 스판덱스, 고무

41. 색상환의 두 색상끼리의 각도 중 색상 차가 큰 것은?

① 120° ② 60∼90°
③ 45° 이내 ④ 0∼30°

42. 톤(tone)을 중심으로 한 배색의 효과 중 토널(tonal) 배색에 해당하는 것은?

① 톤 온 톤(tone on tone)
② 톤 인 톤(tone in tone)
③ 포 카마이유
④ 콘트라스트

해설 토널 배색: 중명도, 중채도의 중간톤을 사용한 배색
①은 동일 색상에 명도와 채도가 다른 조합이고, ②는 비슷한 톤의 조합이다. ③은 카마이외 배색이 동일 색상인 것에 비해 색상과 톤에 약간의 변화를 주어 색상에서 약간의 차이를 느끼는 배색이다. ④는 상반되는 성질을 가진 색끼리 조합한 것으로, 일반적으로 색상의 콘트라스트 배색이 해당된다.

43. 색과 촉감의 관계가 틀리게 연결된 것은?

① 고명도, 고채도의 색 – 평활, 광택감
② 한색 계열의 회색 기미의 색 – 경질감
③ 광택이 있는 색 – 거친감
④ 따뜻하고 가벼운(light) 톤의 색 – 유연감

해설 광택이 있는 색은 고명도, 고채도이다. 거친 감은 진하고 회색 기미의 색상에서 느껴진다.

44. 의상의 기본 요소 중 의상 본래의 목적인 보온과 외부로부터의 보호, 공기의 유통 등에 맞추어 이루어진 아름다움으로 환경의 영향을 많이 받는 것은?

① 색채미 ② 형태미
③ 기능미 ④ 재료미

해설 ①은 배색의 아름다움이고, ②는 의상의 부분이나 전체 모양으로 만들어지는 아름다움이다. ④는 의상의 소재로 나타나는 아름다움이다.

45. 복식의 조화에서 항상 쓰임의 조건을 전제로 한 것이어야 목적에 적합한 기능성을 만족시키게 되는 조화는?

① 선의 조화 ② 대비의 조화
③ 재질의 조화 ④ 색채의 조화

46. 다음 중 색을 느끼는 색의 강약에 해당하는 것은?

① 색상 ② 명도
③ 채도 ④ 색입체

해설 ①은 서로 구별되는 색의 차이이고, ②는 밝기와 어둡기의 정도이다. ④는 색의 3속성을 3차원의 공간 속에 계통적으로 배열한 것이다.

47. 색채의 공감각 중 미각에 해당하는 색상 연결이 가장 적합하지 않은 것은?

① 달콤한 맛 – 분홍색
② 짠맛 – 연한 초록색과 회색의 배색
③ 신맛 – 회색

④ 쓴맛 - 진한 파랑

해설 신맛은 녹색과 노랑의 배색, 녹색 기미의 노랑과 노랑 기미의 녹색 배색으로 표현된다.

48. 어떤 자극이나 색각이 생긴 뒤에 그 자극을 제거해도 흥분이 남아 원자극과 같거나 또는 반대 성질의 상이 보이는 현상은?

① 색음   ② 잔상
③ 동화   ④ 대비

해설 ①은 주위 색의 보색이 중심에 있는 색에 겹쳐져 보이는 현상이고, ③은 혼색 효과, ④는 반대되는 다른 성격이 비교되는 현상이다.

49. 다음 중 난색과 가장 거리가 먼 색상은?

① 빨강   ② 주황
③ 연두   ④ 노랑

해설 중성색은 함께 사용되는 색에 따라 온도감이 달라지며, 연두, 초록, 자주, 보라가 있다.

50. 다음 중 유채색이 아닌 것은?

① 주황   ② 논색
③ 흰색   ④ 남색

해설 유채색: 물체의 색 중에서 순수한 무채색을 제외한 모든 색을 일컫는다.

51. 물에 잘 녹으며 중성 또는 약산성에서 단백질 섬유에 잘 염착되고 아크릴 섬유에도 염착되는 염료는?

① 분산 염료   ② 직접 염료
③ 산성 염료   ④ 염기성 염료

해설 ①은 아세테이트, 폴리에스테르 등 합성 섬유에 염착된다. ②는 셀룰로오스 섬유, 중성 또는 약알칼리성의 중성염 수용액에서는

셀룰로오스 섬유에 직접 염색되며, 산성하에서 단백질 섬유와 나일론에도 염착되는 염료이다. ③은 단백질 섬유, 나일론에 염착되고 ④는 아크릴 섬유, 단백질 섬유에 염착된다.

반응성 염료: 나일론, 양모 섬유, 셀룰로오스 섬유에 염착된다.

매염 염료: 염료 섬유에 금속염을 흡수시킨 다음 염색하면 금속이 염료와 배위 결합을 하여 불용성 착화합물을 만드는 염료이다.

52. 다음 중 능직물의 특성에 해당하는 것은?

① 삼원 조직 중 조직점이 가장 많다.
② 표면이 매끄럽고 광택이 가장 좋다.
③ 구김이 잘 생긴다.
④ 밀도를 크게 할 수 있어 두꺼우면서 부드러운 직물을 얻을 수 있다.

해설 ①과 ③은 평직, ②는 수자직의 특성이다.

53. 다음 중 완염제가 아닌 것은?

① 탄산 나트륨   ② 수산화 나트륨
③ 황산 나트륨   ④ 아세트산 암모늄

해설 완염제: 염색 얼룩을 방지하기 위해 염료의 염착 속도를 늦추어 염료가 천천히 스며들도록 하는 균염제이다.
수산화 나트륨은 면섬유의 정련제이다.

54. 편성물의 특성으로 옳은 것은?

① 신축성이 적어 잘 구겨진다.
② 직물과 비교하여 통기성이 적다.
③ 컬업(curl up)성이 있어 재단과 봉제가 어렵다.
④ 편물은 실용성이 적고 사치성이 있어 경제성이 낮다.

해설 ① 신축성이 많아 잘 구겨지지 않는다. ② 직물과 비교하여 통기성이 많다. ④ 편물은 실용적 경제적이다.

정답 48. ②   49. ③   50. ③   51. ④   52. ④   53. ②   54. ③

55. 열전도성이 큰 섬유를 사용하는 것이 가장 적합한 계절은?

① 봄   ② 여름

③ 가을   ④ 겨울

해설 열전도성이 크면 시원한 느낌이 들고, 열전도성이 적으면 보온성이 높다.

56. 내의의 재료로 요구되는 성질 중 가장 거리가 먼 것은?

① 내구성   ② 보온성

③ 흡수성   ④ 흡습성

해설 내구성은 작업복에 필요한 성능이다.

57. 세탁용수인 물의 장점이 아닌 것은?

① 지용성 오염에 대한 용해력이 우수하다.

② 인화성이 없고 불연성이다.

③ 풍부하고 값이 싸다.

④ 적당한 어는점, 끓는점, 증기압을 가졌다.

해설 ①은 드라이클리닝의 특징이다.
물세탁은 친수성 오염의 제거에 용이하다.

58. 직물을 이루고 있는 각 섬유의 표면을 소수성수지로 피복하는 가공은?

① 방충 가공   ② 방염 가공

③ 발수 가공   ④ 방수 가공

해설 ①은 좀먹는 벌레로부터 피해를 방지하기 위한 가공, ②는 불에 잘 타지 않는 약제를 부착시켜 불에 대한 내성을 부여하는 가공, ④는 직물에 물이 침투할 수 없도록 폴리우레탄수지 등을 직물의 표면에 코팅한 가공으로 실 사이의 기공을 막아 통기성을 차단하는 가공이다.

59. 피복류의 성능 요구도 중 관리적 성능에 해당되지 않는 것은?

① 내마모성   ② 내오염성

③ 방추성   ④ 방충성

해설 ②는 세탁하기 어려운 소재의 오염 방지를 위해 오염물이 잘 붙지 않거나 붙은 오염물이 잘 떨어지도록 하는 가공이다. ③은 원단에 구김이 덜 생기도록 하는 가공이다.

60. 피륙의 역학적 특성 중 가장 중요한 것으로 피륙을 구성하는 실의 특성, 피륙의 조직, 가공 방법 등에 따라 달라지는 것은?

① 인장 강도   ② 인열 강도

③ 파열 강도   ④ 마모 강도

해설 섬유의 강도는 인장 강도로 표시하며, 섬유가 늘어나 절단될 때까지 드는 힘, 단위 섬유에 대한 절단 하중을 나타낸다.

2016년 4월 2일 시행

자격종목		문제 수	수험번호	성 명
양장기능사		60문제		

1. 길 다트에서 완성된 다트 길이는 B.P에서 몇 cm 정도 떨어져 처리하는 것이 가장 이상적인가?

① 1cm   ② 3cm

③ 5cm   ④ 7cm

해설 B.P까지 다트가 연결되면 B.P가 두드러져 미관상 좋지 못하다.

2. 소매원형 제도에서 그림 A에 해당하는 것은?

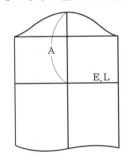

① 소매길이
② 소매산 높이
③ 진동 둘레
④ 팔꿈치길이

해설

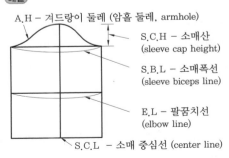

A.H – 겨드랑이 둘레 (암홀 둘레, armhole)

S.C.H – 소매산 (sleeve cap height)

S.B.L – 소매폭선 (sleeve biceps line)

E.L – 팔꿈치선 (elbow line)

S.C.L – 소매 중심선 (center line)

3. 칼라의 종류 중 테일러칼라(tailored collar) 그룹에 해당되지 않는 것은?

① 숄칼라(shawl collar)
② 오픈칼라(open collar)
③ 셔츠칼라(shirt collar)
④ 윙칼라(wing collar)

해설 셔츠칼라는 칼라와 스탠드분이 분리된 형태의 칼라이다.

4. 가봉 시 주의 사항 중 틀린 것은?

① 바늘은 옷감에 수평으로 꽂아 옷감이 울지 않게 하고 실이 늘어지지 않게 한다.
② 바이어스 감과 직선으로 재단된 옷감을 붙일 때는 바이어스 감을 위로 겹쳐놓고 바느질한다.
③ 실은 면사로 하되 얇은 감은 한 올로 하고, 두꺼운 감은 두 올로 한다.
④ 바느질 방법은 손바느질의 상침 시침으로 한다.

해설 바늘은 옷감에 직각으로 내리꽂아 오른쪽에서 왼쪽으로 시침한다.

5. 세탁을 자주해야 하는 운동복, 아동복 등에 많이 사용하는 바느질 방법은?

① 가름솔   ② 쌈솔
③ 평솔   ④ 뉨솔

해설 가름솔과 평솔은 가장 일반적인 솔기처리 방법이고, 뉨솔은 시접을 가르거나 한쪽으로 꺾어 위로 눌러 박는 바느질법이다.

정답 1. ②   2. ④   3. ③   4. ①   5. ②

6. 어깨끝점에서 B.P까지 연결된 다트의 명칭은?

① 숄더 다트(shoulder dart)
② 숄더 포인트 다트(shoulder point dart)
③ 언더 암 다트(under arm dart)
④ 센터 프론트 넥 다트(center front neck dart)

해설

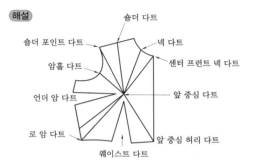

7. 의복을 제작할 때 사용하는 심지의 역할이 아닌 것은?

① 의복의 강도와 수명을 연장되게 해 준다.
② 의복의 실루엣을 아름답게 해 준다.
③ 의복의 형태가 변형되지 않도록 해 준다.
④ 의복의 형태가 입체감을 이루도록 해 준다.

해설 ①은 안감의 역할이다.

8. 네크라인 중 등이나 팔이 드러나며, 이브닝 드레스(evening dress)나 비치웨어(beach wear)에 응용하는 것은?

① 하이 네크라인(high neckline)
② 카울 네크라인(cowl neckline)
③ 홀터 네크라인(halter neckline)
④ 스퀘어 네크라인(square neckline)

해설

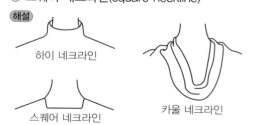

9. 남녀의 체형적 특징에 대한 설명 중 틀린 것은?

① 남성은 여성에 비해 체지방이 많은 편이다.
② 남성의 피부는 두껍고, 피하지방 축적이 적다.
③ 남성의 체형은 역삼각형, 여성의 체형은 모래시계형이다.
④ 여성은 어깨가 좁고, 골반이 넓다.

해설 남성은 여성에 비해 체지방이 적고 근육이 많은 편이다.

10. 의복 제작 전 옷감의 수축률에 따른 옷감의 정리 방법 중 틀린 것은?

① 수축률이 4% 이상일 때는 옷감을 물에 담갔다가 약간 축축한 상태까지 말린 후 다린다.
② 수축률이 2~4%일 때는 안으로 물을 뿌려 헝겊에 싸놓았다가 물기가 골고루 스며들게 한 후, 안쪽에서 옷감의 결을 따라 다린다.
③ 수축률이 1~2%일 때는 안쪽에서 옷감의 결을 따라 구김을 펴는 정도로 다린다.
④ 기계적인 후처리로 충분히 축융시켜 만든 수축률이 낮은 옷감은 물에 30분 정도 담갔다가 말린 후 옷감의 결을 따라서 골고루 다린다.

해설 기계적인 후처리로 충분히 축융시켜 만든 수축률이 낮은 옷감은 옷감의 결을 따라서 골고루 다린다.

11. 의복 구성에 필요한 체형을 계측하는 방법 중 인체 계측 기구를 사용하는 것은?

① 직접법
② 등고선법
③ 입체 사진법
④ 실루에터법

해설 직접 측정법은 1차원 계측법, 마틴 측정법, 실측법이다.

12. 다음 그림 중 휘갑치기 가름솔에 해당하는 것은?

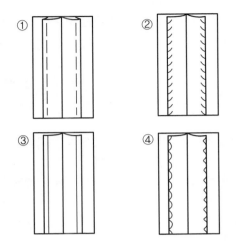

① ② ③ ④

13. 재봉기의 밑실이 끊어지는 경우로 가장 옳은 것은?

① 북집 및 북의 결함
② 실채기 용수철의 결함
③ 실걸이의 결함
④ 바늘 높이에 의한 결함

14. 다트 머니퓰레이션(dart manipulation)의 설명으로 옳은 것은?

① 다트의 명칭을 나열한 것이다.
② 다트의 기초선을 그리는 것이다.
③ 다트를 활용하는 기본 방법이다.
④ 다트를 제도하는 방법이다.

해설 다트 머니퓰레이션은 기본 다트를 접어 다트를 이동하는 것이다.

15. 인체 각 부분의 치수를 정확하게 직접 측정하는 방법으로 국제적 표준이 되는 것은?

① 실루에터법
② 마틴식 계측법
③ 모아레 사진 촬영법
④ 슬라이딩 게이지법

해설 간접 측정법으로는 실루에터법, 입체 사진

법, 모아레법, 입체 재단법 등이 있다.

16. 다음 중 시접 분량이 가장 작은 것은?

① 목둘레 ② 블라우스단
③ 소맷단 ④ 어깨와 옆선

해설 부위별 기본 시접 분량
㉠ 1cm – 목둘레, 겨드랑 둘레, 칼라, 하의 허리선
㉡ 1.5cm – 절개선
㉢ 2cm – 어깨, 옆선
㉣ 3~4cm – 소맷단, 블라우스단, 지퍼, 파스너단
㉤ 5cm – 스커트, 바짓단, 재킷의 단

17. 재봉기의 분류 중 대분류에 해당되지 않는 것은?

① 직선봉 재봉기 ② 단환봉 재봉기
③ 편평봉 재봉기 ④ 특수봉 재봉기

해설 재봉 방식에 따른 분류(대분류)
C–단환봉, D–이중 환봉, F–편평봉 L–본봉, M–복합봉, S–특수봉, E–주변 감침봉, W–용착

18. 다음 중 세트인 슬리브(set–in sleeve) 형태에 해당하는 것은?

① 요크 슬리브(yoke sleeve)
② 래글런 슬리브(raglan sleeve)
③ 랜턴 슬리브(lanton sleeve)
④ 돌먼 슬리브(dolman sleeve)

해설 세트인 슬리브: 몸판과 소매 패턴이 분리된 형태이다. 몸판의 암홀에 맞게 소매산 둘레를 맞추는 형태이다.

19. 공업용 재봉기 중 직선봉이 두 개 이상 병렬되어 있는 박음방식은?

① 장방형   ② 복합봉
③ 복렬봉   ④ 원통형

해설 ①과 ④는 재봉기의 겉과 베드의 형태에 따른 분류이고, ②는 종류가 다른 2가지 이상의 스티치 형식을 이용하여 박는 박음질이다.

20. 다음 그림에 해당되는 원형은?

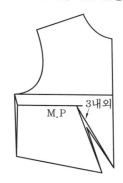

① 네크라인 다트(neckline dart)
② 숄더 포인트 다트(shoulder point dart)
③ 센터 프론드 넥 다트(center front neck dart)
④ 센터 프론드 라인 다트(center front line dart)

해설

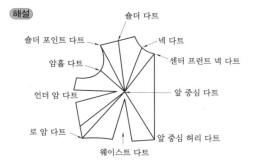

21. 프린세스 라인(princess line)의 설명으로 가장 옳은 것은?

① 어깨의 숄더 다트를 높여 자른 선
② 암홀에서 N.P를 통과한 선
③ 바디스(bodice)에서 웨이스트 다트를 높여 옆으로 자른 선
④ 어깨의 숄더 다트와 웨이스트 다트를 연결한 선

22. 연단기에 대한 설명 중 틀린 것은?

① 대량 생산을 위하여 여러 장의 원단을 쌓아서 한꺼번에 재단하는 것이다.
② 연단기는 형넣기에 의해서 정해지는 길이로 재단할 장수만큼 원단을 연단대 위에 펼쳐 쌓는 기계이다.
③ 연단기의 종류로는 자동 연단기, 턴테이블 연단기, 적극 송출 연단기 등이 있다.
④ 적극 송출 연단기는 연단 시 최대한의 장력을 부여하여야 한다.

해설 적극 송출 연단기는 장력이 걸리지 않도록 하기 위해 사용한다.

23. 래글런(raglan) 소매의 설명으로 옳은 것은?

① 목둘레션에서 진동 둘레션까지 사선으로 절개선이 들어간 소매이다.
② 소맷부리를 넓게 하여 주름을 잡아 오그리고 커프스로 처리한 소매이다.
③ 어깨를 감싸는 짧은 소매로 겨드랑이에는 소매가 없는 디자인이다.
④ 소매산이나 소맷부리에 개더 및 플리츠를 넣은 소매로 주름의 위치나 분량에 따라 모양이 달라진다.

해설

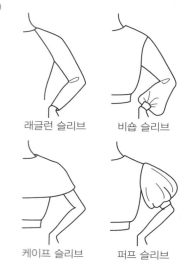

정답 20. ④   21. ④   22. ④   23. ①

24. 다음 중 소매 원형의 제도에 사용하는 약자가 아닌 것은?

① A.H ② C.L
③ B.P ④ S.B.P

해설 ①은 진동 둘레선(armhole), ②는 중심선(center line), ③은 가슴둘레선(burst line), ④는 소매폭선(sleeve biceps line)의 약자.

25. 제조 원가를 구하는 계산식으로 옳은 것은?

① 재료비 + 인건비
② 재료비 + 인건비 + 제조 경비
③ 재료비 + 인건비 +제조 경비 + 판매 간접비
④ 재료비 + 인건비 + 제조 경비 + 판매 간접비 + 일반 관리비

해설 ㉠ 판매가격 직접 원가 = 제조 원가 = 직접 재료비 + 직접 노무비 + 직접 경비
㉡ 총원가 = 제조 원가 + 판매 간접비 + 일반 관리비
㉢ 판매가 = 총원가 + 적정 이윤
㉣ 제조 원가 = 직접 원가 + 제조 간접비

26. 재단할 때의 주의점으로 틀린 것은?

① 슈트, 트피스 등의 겹옷은 안단을 붙여서 재단한다.
② 소매, 바지 등의 단 부분이 좁아서 경사가 많으면 밑단 시접을 접은 다음 재단한다.
③ 다트나 주름이 있는 경우에는 다트를 접거나 주름을 접은 다음에 시접을 넣어 재단한다.
④ 칼라의 라펠 부분이 넓은 스포츠칼라일 경우에는 안단을 따로 재단한다.

해설 블라우스 등의 홑겹옷은 안단을 붙여서 재단한다.

27. 다음 중 의복의 기본 원형에 해당되지 않는 것은?

① 팬츠 ② 스커트
③ 소매 ④ 길

28. 라펠, 칼라, 다트 등과 같이 옷감을 곡면으로 정형(定型)할 때 사용하는 다림질 보조 용구는?

① 둥근 다림질대 ② 소매 다림질대
③ 솔기 다림질대 ④ 니들 보드

29. 시접 분량이 달라지는 요인이 아닌 것은?

① 바느질 방법 ② 재봉기의 종류
③ 옷감의 재질 ④ 옷감의 두께

30. 옷감의 패턴 배치 방법 중 틀린 것은?

① 패턴 배치를 할 때 식서 방향으로 맞추는 것이 중요하다.
② 무늬 모양이 전부 한쪽 방향으로 되어 있는 옷감은 보통 옷감의 필요 치수보다 5~10% 옷감이 적게 필요하다.
③ 첨모직물은 패턴 전체를 같은 방향으로 배치하여 재단하여야 한다.
④ 큰 무늬가 있는 옷감의 경우에는 무늬가 한쪽에 몰리지 않도록 유의하여야 한다.

해설 무늬 모양이 전부 한쪽 방향으로 되어 있는 옷감은 무늬를 맞추어야 하므로 보통 옷감의 필요 치수보다 5~10% 옷감이 더 필요하다.

31. 면섬유의 미세 구조 중 면섬유 전체의 90%를 차지하며 물리적 성질을 주로 지배하는 것은?

① 중공 ② 제1막 세포막
③ 제2막 세포막 ④ 표피질

해설 면섬유는 표피질, 제1막 세포막, 제2막 세

정답 24. ③ 25. ② 26. ① 27. ① 28. ① 29. ② 30. ② 31. ③

포막, 중공으로 이루어져 있다.
①은 면섬유의 가운데 부분으로, 보온성 유지의 기능이 있다. ②는 피브릴 구조로 이루어져 있다. ④는 표피 부분이며, 면납으로 구성되어 있다.

32. 다음 중 중심에 심이 되는 심사(心絲) 그 주위에 특수 외관을 가지도록 감은 것은?

① 방적사　　　　　② 식사
③ 자주사　　　　　④ 접결사

> **해설** 장식사는 중심사(기본사, 심사), 연결사(접결사), 효과사(식사, 장식 효과를 나타내도록 감은 실)로 구성된다.

33. 다음 중 비중이 작은 섬유부터 큰 섬유 순서대로 나열한 것은?

① 폴리프로필렌 – 나일론 – 폴리에스테르 – 면
② 폴리프로필렌 – 폴리에스테르 – 나일론 – 면
③ 면 – 폴리에스테르 – 나일론 – 폴리프로필렌
④ 면 – 나일론 – 폴리에스테르 – 폴리프로필렌

> **해설** 비중: 물을 1이라고 했을 때 섬유의 밀도를 나타내며, 비중이 작을수록 가볍다.
> 섬유의 비중: 석면, 유리 > 사란 > 면 > 비스코스 레이온 > 아마 > 폴리에스테르 > 아세테이트, 양모 > 견, 모드아크릴 > 비닐론 > 아크릴 > 나일론 > 폴리프로필렌의 순서이다.

34. 물을 잘 흡수하면서 건조가 빠르고 세탁성과 내균성이 좋아서 손수건용으로 가장 적합한 소재의 직물은?

① 양모 직물　　　　② T/C 직물
③ 아마 직물　　　　④ T/W 직물

> **해설** ②는 면과 폴리에스테르 혼방이고, ④는 면과 울의 혼방이다.

35. 나일론의 장점에 해당하는 것은?

① 강도　　　　　　② 흡습성
③ 필링성　　　　　④ 대진성

> **해설** 나일론은 마찰 강도가 커서 양말, 스포츠 셔츠 등에 단독으로 사용된다.

36. 아크릴 섬유의 장점에 해당되는 성질이 아닌 것은?

① 내열성　　　　　② 내약품성
③ 내균성　　　　　④ 흡습성

> **해설** 아크릴은 흡습성이 나빠 정전기가 발생한다.

37. 실의 꼬임에 대한 설명 중 틀린 것은?

① 꼬임이 적으면 부푼 실이 된다.
② 꼬임이 많아지면 실의 광택은 줄어든다.
③ 꼬임수가 많아지면 실이 부드러워진다.
④ 꼬임의 방향으로 우연을 S꼬임, 좌연을 Z꼬임이라 한다.

> **해설** 꼬임수가 많아지면 실이 까슬해진다.

38. 다음 중 섬유의 단면 모양이 원형이 아닌 것은?

① 양모　　　　　　② 견
③ 나일론　　　　　④ 아크릴

> **해설** 면섬유의 단면은 평편하고, 합성 섬유의 단면은 대부분 원형이다.

39. 나일론 실에 있어서 100데니어(denier)와 50데니어의 나일론 실을 비교 설명한 것으로 옳은 것은?

① 50데니어가 100데니어보다 실의 굵기가 가늘다.
② 100데니어가 50데니어보다 실의 굵기가 가늘다.

③ 50데니어가 100데니어보다 실 길이가 길다.

④ 100데니어가 50데니어보다 실 길이가 길다.

해설 1데니어는 실 9,000m의 무게를 1g수로 표시한다. 데니어 번수는 숫자가 클수록 굵다

40. 합성 섬유 중 흡습성이 가장 좋은 섬유는?

① 폴리비닐 알코올　② 폴리에스테르

③ 폴리프로필렌　④ 폴리우레탄

해설 합성 섬유는 친수성으로 흡습성은 좋으나 습기가 있는 상태에서 다림질하면 굳는다.

41. 색의 진출과 후퇴에 대한 설명으로 옳은 것은?

① 색의 면적이 실제보다 크거나 작게 느껴지는 심리 현상을 색의 팽창성과 수축성이라 한다.

② 고명도, 고채도, 한색계의 색은 진출·팽창되어 보인다.

③ 난색계의 파랑은 후퇴, 축소되어 보인다.

④ 어두운 색이 밝은 색보다 크게 보인다.

해설 ② 고명도, 고채도, 난색계의 색은 진출·팽창되어 보인다. ③ 한색계의 파랑은 후퇴, 축소되어 보인다. ④ 어두운 색이 밝은 색보다 작게 보인다.

42. 다음과 같이 동일한 회색을 배치하였을 대 바탕색에 따라 느낌이 다르게 보이는 색의 대비는?

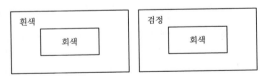

① 색상 대비　② 명도 대비

③ 채도 대비　④ 보색 대비

해설 ①은 색상 차이가 큰 두 색상에서 상대 색

상의 보색 기미가 더해져 본래 색과 다르게 보이는 현상이다. ③은 채도가 낮은 색의 중앙에 둔 높은 채도의 색은 채도가 높아져 보이고, 무채색 위에 둔 유채색은 훨씬 맑은 색으로 채도가 높아져 보이는 현상이다. ④는 보색끼리의 배색에서 각 잔상의 색이 반대편 색상과 같아지기 위해 서로의 채도를 높여 색상을 강조하게 되는 현상이다.

43. 색의 혼합 중 여러 색이 조밀하게 병치되어 있기 때문에 혼색되어 보이는 것은?

① 색광 혼합　② 색료 혼합

③ 중간 혼합　④ 보색

해설 두 색 또는 그 이상의 색이 섞여서 중간 밝기를 나타내는 것이다.

44. 명도에 대한 설명 중 틀린 것은?

① 색의 밝고 어두운 정도를 명도라 한다.

② 순색에 흰색을 더할수록 명도는 높아진다.

③ 눈에 미치는 빛의 자극에 따른 느낌의 정도이다.

④ 유채색만 명도를 가진다.

해설 명도는 고명도(흰색), 중명도(회색), 저명도(검정색)로 나뉜다. 유채색과 무채색 모두에 나타난다.

45. 다음 중 흥분을 일으키는 데 가장 적합한 색은?

① 난색 계통으로 채도가 낮은 색

② 난색 계통으로 채도가 높은 색

③ 한색 계통으로 채도가 낮은 색

④ 한색 계통으로 채도가 높은 색

해설 한색이거나 채도가 낮은 색은 차분하고 안정된 느낌을 준다

46. 색입체에서 축과 가까운 1이나 2는 매우 탁

정답 40. ① 41. ① 42. ② 43. ③ 44. ④ 45. ② 46. ③

한 색으로 거의 회색에 가까워지는 것은?

① 고채도   ② 중채도

③ 저채도   ④ 채도

해설 색입체의 중심축에서 바깥쪽으로 갈수록 채도가 높아진다.

47. 색을 느끼는 색의 강약과 관계되는 것은?

① 색상   ② 채도

③ 명도   ④ 색입체

해설 ①은 서로 구별되는 색상 차이와 관련되며 ③은 밝기와 어둡기의 정도와 관련이 있다. ④는 색의 3속성을 3차원의 공간 속에 계통적으로 배열한 것이다.

48. 다음 중 색의 3속성이 아닌 것은?

① 색상   ② 색상환

③ 채도   ④ 명도

해설 색상환은 스펙트럼의 색상에 자주나 연지를 더하여 시계 방향으로 둥글게 배열한 것이다.

49. 다음 중 가장 연하고 부드러운 느낌을 주는 색으로만 나열한 것은?

① 고동색, 회색

② 분홍색, 하늘색

③ 주황, 자주

④ 연두색, 파랑

해설 원색에 흰색을 더하면 연하고 부드러운 느낌을 준다.

50. 남색 의복이 노랑을 배경으로 했을 때 서로의 영향으로 인하여 각각의 채도가 더 높게 보이는 현상은?

① 보색 대비   ② 면적 대비

③ 명도 대비   ④ 색상 대비

해설 보색 옆에 위치하면 각각의 채도가 높아 보인다.

51. 다음 중 나일론 섬유의 염소계 산화 표백제로 가장 적합한 것은?

① 차아염소산 나트륨

② 아염소산 나트륨

③ 하이드로설파이트

④ 유기 염소 표백제

해설 ①은 염소계 산화 표백제로 하이포아염소산나트륨, 셀룰로오스 섬유에 사용된다. ③은 환원계 표백제이고, ④는 염소계 산화 표백제이다.

52. 다음 중 방추 가공과 관계가 없는 섬유는?

① 면   ② 마

③ 비스코스 레이온   ④ 견

해설 방추 가공: 셀룰로오스 섬유로 이루어진 원단에 구김이 덜 생기도록 하는 가공이다.

53. 부직포의 특성에 대한 설명으로 옳은 것은?

① 직물에 비해 강도나 내구성이 좋다.

② 실의 결이 없어 아름답지 못하나 광택은 우수하다.

③ 함기량은 적으나 가볍고 보온성, 통기성이 우수하다.

④ 절단 부분이 안 풀리고, 표면 결이 곱지 않다.

해설 ① 직물에 비해 강도나 내구성이 나쁘다.
② 실의 결이 없어 아름답지 못하고 거칠다.
③ 함기량은 크고 가볍고, 보온성, 통기성이 우수하다.

54. 피복류의 성능 요구도 중 형태 안정성, 방충

정답 47. ②   48. ②   49. ②   50. ①   51. ②   52. ④   53. ④   54. ②

성, 내오염성이 해당되는 성능은?

① 감각적 성능　　　② 관리적 성능

③ 내구적 성능　　　④ 위생적 성능

해설 ①은 섬유의 유연성과 관련된다. ③은 강도, 탄성, 마모성 등과 관련성이 있으며, 특히 작업복에 요구되는 성능이다. ④는 통기성, 흡습성, 흡수성, 보온성, 열전도성, 함기성, 대전성 등이 해당된다.

55. 의류의 세탁에 대한 설명 중 틀린 것은?

① 세탁 온도는 일반적으로 35~40℃가 가장 적합한 온도이다.

② 경수에서는 섬유의 종류에 관계없이 비누보다는 합성 세제를 사용하는 것이 좋다.

③ 양모나 견에서는 알칼리성 세제, 면이나 마에서는 중성 세제를 사용한다.

④ 세제의 농도는 약 0.2% 정도에서 비교적 우수한 세탁 효과를 나타낸다.

해설 양모나 견에서는 중성 세제, 면이나 마에서는 알칼리성 세제를 사용한다.

56. 머서화 가공(mercerization)으로 얻게 되는 효과가 아닌 것은?

① 광택의 증가　　　② 내연성의 증가

③ 염색성의 증가　　　④ 흡습성의 증가

해설 머서화 가공은 면직물에 광택을 주는 가공 방법이며, 흡습성, 염색성, 광택이 증가하는 효과가 있다.

57. 다음 중 산화 표백제가 아닌 것은?

① 표백분　　　　　② 아황산

③ 과산화 수소　　　④ 과망간산칼륨

해설 환원계 표백제로는 아황산 수소 나트륨, 아황산, 하이드로설파이트가 있다.

58. 양모 섬유 또는 모직물을 비눗물에 적시고 가열하면서 문지르면 섬유가 엉키고 밀착되어 두터운 층을 만드는 성질은?

① 방추성　　　　　② 압축성

③ 이염성　　　　　④ 축융성

59. 정칙능직(正則綾織)에 해당하는 능선각은?

① 30°　　　　　　② 45°

③ 90°　　　　　　④ 120°

해설 경사와 능사의 밀도가 같은 경우의 각도이다.

60. 다음 중 직물의 드레이프 계수가 가장 큰 것은?

① 서지(양모)　　　② 브로드(면)

③ 부직포(건식)　　　④ 크레이프드신(견)

해설 드레이프 계수: 옷감이 부드럽게 늘어뜨려지는 정도를 나타내며, 수치가 작을수록 드레이프성이 우수하다.
직물의 드레이프 계수 크기: 부직포(건식) 0.82>브로드(면) 0.61>서지(양모) 0.5>드리코(나일론) 0.29>크레이프드신(견) 0.22

정답 55. ③　56 ②　57. ②　58. ④　59. ②　60. ③

CBT 실전문제

♣ 양장기능사는 2016년 4회 시험부터 CBT 시험으로 전환되었습니다. CBT 기출문제는 정확하게 복원할 수 없어 실전문제 10회분을 모의고사 형태로 수록하였습니다.

제1회 CBT 실전문제

자격종목		문제 수	수험번호	성 명
양장기능사		60문제		

1. 의복 제작의 과정을 바르게 나열한 것은?

① 제도－형지 제작－치수 재기－봉제－재단
② 치수 재기－제도－형지 제작－재단－봉제
③ 치수 재기－제도－재단－봉제－형지 제작
④ 형지 제작－치수 재기－제도－재단－봉제

2. 인체 인자 요소 중 형태적 인자에 해당되지 않는 것은?

① 인체 치수
② 피부 표면 온도
③ 체표 면적
④ 체형

3. 중년층이나 노년층에 많은 체형으로 몸 전체에 부피감이 없고 목이 앞쪽으로 기울고, 등이 구부정하며 엉덩이와 가슴이 빈약한 체형은?

① 반신체
② 후견체
③ 후신체
④ 굴신체

> **해설** ①은 젖힌 체형, ②는 어깨가 뒤로 젖혀진 체형이며, ③은 어린이 체형이다.

4. 의복 구성상 인체를 나누는 기준선은?

① 목밑 둘레선, 진동둘레선, 허리둘레선
② 엉덩이 둘레선, 가슴둘레선, 허리둘레선
③ 가슴둘레선, 허리둘레선, 진동둘레선
④ 진동둘레선, 가슴둘레선, 목밑 둘레선

> **해설** 목과 가슴의 구분 － 목둘레선
> 팔과 몸통의 구분 － 겨드랑 둘레선(구 진동둘레선)
> 몸통과 다리의 구분 － 엉덩이와 앞엉덩이 위치에 있는 부위

5. 인체의 중심부를 크게 4체부로 나눌 때 해당되지 않는 것은?

① 머리
② 목
③ 가슴
④ 팔

> **해설** 4체부: 머리, 목, 가슴, 배
> 2체부: 팔, 다리

6. 인체 계측 방법 중 자동 체형촬영 장치를 사용하여 피계측자의 정면과 측면을 촬영하고, 여기서 얻은 두 장의 사진으로 인체 치수와 인체 형태 및 자세를 파악할 수 있는 것은?

① 간상계법
② 모아레·등고선법
③ 신장계법
④ 실루에터법

> **해설** 신장계법은 수직자로 측정하고, 간상계법은 큰수평자로 측정한다. 모아레법은 사진 기록법으로 3차원 물체를 등고선 패턴으로 그리는 방법이다.

7. 가슴의 유두점을 지나는 수평 부위를 돌려서 재는 계측 항목은?

① 목둘레
② 등 길이
③ 가슴둘레
④ 유두 길이

8. 인체 계측 시 하부 부위 중 최대 치수에 해당

정답 1. ② 2. ② 3. ④ 4. ③ 5. ④ 6. ④ 7. ③ 8. ④

하는 것은?

① 허리둘레 　　　 ② 밑위길이
③ 엉덩이 길이 　　 ④ 엉덩이 둘레

9. 다음 중 패턴에 표시하지 않아도 되는 것은?

① 중심선 　　　 ② 단추의 모양
③ 안단선 　　　 ④ 포켓 다는 위치

해설 옷본에 표시할 사항 – 앞 중심(C.F), 식서 방향, 노치(notch), 안단선, 단추 위치, 다트 등

10. 의복 원형의 3가지 기본 요소는?

① 길, 소매, 스커트
② 길, 칼라, 슬랙스
③ 재킷, 바지, 스커트
④ 뒤판, 스커트, 슬랙스

11. 소매 제도에 사용되는 부호와 약자의 연결이 틀린 것은?

① S.C.H－sleeve cap height
② S.B.L－sleeve back line
③ C.L－center line
④ E.L－elbow line

해설 S.B.L(sleeve biceps line) – 소매폭선

12. 소매산의 높이에 대한 설명으로 옳은 것은?

① 소매산의 높이는 활동에 아무런 영향을 주지 않는다.
② 소매산의 높이는 활동에 영향을 미치나 옷의 종류와 유행에는 관련이 없다.
③ 소매산이 높으면 활동이 매우 불편하다.
④ 소매산의 높이는 소매길이에 의해 산출된다.

해설 소매산이 높으면 활동에 제한을 받으며, 소매산이 낮을 경우 활동하기에 매우 편하다.

13. 스커트의 원형에서 가장 일반적인 가로의 기초선은?

① 엉덩이 둘레/2＋0.5～1cm
② 엉덩이 둘레/2＋2～3cm
③ 엉덩이 길이/2＋4～5cm
④ 엉덩이 길이/2＋6cm

해설 가로선은 엉덩이 둘레를 의미하므로 여기에 여유분을 더한 것이 가로 기초선이다.

14. 어깨의 숄더 다트와 웨이스트 다트를 연결하는 선으로 이루어지는 것은?

① 네크라인 　　　 ② 샤넬라인
③ 프린세스 라인 　 ④ 웨이스트 라인

15. 다음 중 세트인 슬리브(set-in sleeve)에 속하지 않는 것은?

① 퍼프 슬리브 　　 ② 카울 슬리브
③ 기모노 슬리브 　 ④ 케이프 슬리브

해설 세트인 슬리브는 몸판과 소매가 분리되어 몸판 진동에 맞게 소매산 둘레를 줄여 맞추는 형태이다.

16. 패턴 제도 시 스커트 원형을 그대로 이용하며, 기능성을 주기 위해 스커트 뒤 중심에 킥 플리츠(kick pleats)를 넣은 스커트는?

① 서큘러스커트 　　 ② 타이트스커트
③ 큐롯 스커트 　　 ④ 트럼펫 스커트

17. 성인의 슬랙스 제작 시 옷본의 밑위 앞뒤 길이는 실측 치수에 얼마를 더한 것이 가장 적당한가?

① 0.5cm 　　　 ② 1.5cm
③ 2.5cm 　　　 ④ 3.5cm

18. 칼라의 종류가 다른 것은?

① 세일러 칼라   ② 피터 팬 칼라

③ 롤드 칼라   ④ 수티앵 칼라

해설 롤드 칼라는 스탠드칼라이다.

19. 재단 전에 옷감을 정리해야 할 필요성으로 올바른 것은?

① 옷감의 올을 바르게 정리하기 위해서

② 옷감의 두께를 증가시키기 위해서

③ 옷감의 수지 성분을 제거하기 위해서

④ 옷감의 강도를 높이기 위해서

20. 옷감을 재단할 때 어깨와 옆선의 시접 분량으로 가장 적합한 것은?

① 0.5cm   ② 1cm

③ 2cm   ④ 3cm

21. 의복을 제작할 때 사용하는 심지의 역할이 아닌 것은?

① 의복의 수명을 연장되게 해 준다.

② 의복의 실루엣을 아름답게 해 준다.

③ 의복의 형태가 변형되지 않도록 해 준다.

④ 의복의 형태가 입체감을 이루도록 해 준다.

22. 110cm 너비의 옷감으로 긴소매 블라우스를 만들 때 필요한 옷감의 소요량은?

① (블라우스 길이×1.5)+시접(5~7cm)

② (블라우스 길이×2)+시접(10~15cm)

③ (블라우스 길이×2)+소매길이+시접(10~20cm)

④ 블라우스 길이+소매길이+시접(10~15cm)

해설

디자인	원단폭	필요량	계산법
긴소매	90	170~200	(블라우스 길이×2)+소매길이+시접(10~20cm)
	110	125~140	(블라우스 길이×2)+시접(10~15cm)
	150	120~130	블라우스 길이+소매길이+시접(10~15cm)

23. 시침실을 사용하며 두 장의 직물에 패턴의 완성선을 표시할 때 사용되는 손바느질 방법은?

① 휘감치기   ② 홈질

③ 실표뜨기   ④ 어슷시침

24. 다음 중 시착의 순서로 옳은 것은?

① 전체적인 실루엣만 본다.

② 한 번에 전체와 부분을 본다.

③ 부분을 본 후 전체 실루엣을 본다.

④ 전체적인 실루엣을 관찰한 후 부분적인 곳을 본다.

25. 길 보정에 대한 설명으로 옳은 것은?

① 목 밑에 군주름이 생긴 경우: 목둘레선과 어깨선을 올려준다.

② 등에 수평으로 군주름이 생긴 경우: 군주름의 분량을 접어서 시침핀을 꽂아 보정한다.

③ 겨드랑이 밑에 군주름이 생긴 경우: 다트의 분량을 군주름이 없어지는 분량만큼 잡아주고, 그 분량만큼 밑단분을 올려준다.

④ 목점에서부터 양쪽에 사선으로 군주름이 생긴 경우: 처진 어깨선의 여유분을 군주름이 없어질 때까지 어깨선에서 잡아 보정하고 그 분량만큼 진동 둘레 밑을 올려준다.

정답 18. ③   19. ①   20. ③   21. ①   22. ②   23. ③   24. ④   25. ②

해설 ②는 반신체의 경우로 등이 뒤로 젖혀져서 생기는 현상이다.

26. 스커트에 대한 설명으로 가장 옳은 것은?

① 복부 반신의 경우 배가 나오면 앞 스커트 단은 올라간다.

② 복부 굴신의 경우 체격이 앞으로 굽으면 앞 길이가 짧아진다.

③ 엉덩이 선이 처진 경우 엉덩이 부분에 살이 많아서 뒤에는 세로로 주름이 생긴다.

④ 호리호리한 허리는 허리로부터 엉덩이에 가로로 주름이 생긴다.

해설 하반신이 뒤로 젖혀지면 배가 나와 앞 스커트 단은 올라간다.

27. 본봉 재봉기에서 주어진 땀길이에 맞게 천을 앞으로 밀어주는 역할을 하는 것은?

① 노루발   ② 침판

③ 실채기   ④ 톱니

28. 재봉기 바늘의 번수에 대한 설명으로 가장 옳은 것은?

① 번호가 높을수록 바늘은 가늘다.

② 번호와 굵기는 상관이 없다.

③ 번호가 높을수록 바늘은 굵다.

④ 번호가 높을수록 바늘은 짧고 가늘다.

29. 바느질 방법에 따른 강도에 관한 설명으로 틀린 것은?

① 바느질 방법의 종류에 따라 그 강도가 달라진다.

② 의복의 바느질 강도에 있어서는 디자인보다 기능적인 면을 생각해야 한다.

③ 바느질 방법에 따른 절단 강도는 통솔보다는

쌈솔이 크다.

④ 바느질에서는 여러 번 박을수록 옷의 실루엣이 곱게 표현되기가 쉽다.

해설 바느질은 여러 번 박을수록 튼튼해지나 투박해진다.

30. 시접을 가르거나 한쪽으로 꺾어 위로 눌러 박는 바느질은?

① 쌈솔   ② 뉨솔

③ 통솔   ④ 가름솔

해설 ①은 자주 세탁해야 하는 운동복, 아동복, 와이셔츠 등에 많이 이용되고, ③은 시접을 완전히 감싸는 방법으로, 얇고 비치거나 풀리기 쉬운 옷감에 주로 이용되는 솔기이다.

31. 면, 마, 레이온 등은 어떤 화합물로 구성되어 있는가?

① 셀룰로오스   ② 단백질

③ 피브로인   ④ 케라틴

해설 ③은 견섬유, ④는 모섬유의 단백질 성분이다.

32. 다음은 면섬유의 중공에 관한 설명이다. 가장 적절하게 설명한 것은?

① 섬유의 탄성을 증대시키며 급격한 파괴에 대하여 견디게 한다.

② 보온성을 유지하며 전기 절연성을 부여한다.

③ 미성숙한 섬유는 중공이 매우 발달되어 있다.

④ 표면의 윤활성을 부여하여 방적에서 엉킴

해설 중공: 면섬유의 가운데가 비어 있는 형태

33. 아마 섬유가 가지고 있는 큰 특징은?

① 가방성을 주는 꼬임

② 가방성을 주는 마디

정답 26. ①   27. ④   28. ③   29. ④   30. ②   31. ①   32. ②   33. ②

③ 가방성을 주는 크림프
④ 가방성을 주는 겉비늘

해설 가방성은 실로 만들 수 있는 성질을 의미하고 ①은 면섬유, ③과 ④는 양모 섬유의 특징이다.

34. 마섬유 중 단섬유의 길이가 가장 길고, 강도가 식물성 섬유에서 가장 강하며, 목질 셀룰로오스를 포함하지 않고 순수한 셀룰로오스로 되어 있는 섬유는?

① 아마   ② 대마
③ 저마   ④ 황마

35. 다음 모섬유의 특징에 해당하는 것은?

① 보온성이 커서 겨울용 정장으로 많이 사용된다.
② 물에 약하며 일광에 황변하기 쉽다.
③ 불연성이고 인체에 해롭다.
④ 풀을 빳빳하게 해야 의류로 사용하기 쉽다.

36. 양모 직물 세탁 시에 직물을 줄어들게 하는 요인은?

① 케라틴   ② 털심
③ 겉비늘   ④ 안섬유

해설 스케일로 인해 축융성이 있다.

37. 견섬유를 이루고 있는 단백질과 관계없는 아미노산은?

① 글리신   ② 알라닌
③ 티로신   ④ 메티오닌

해설 견섬유를 이루고 있는 단백질은 글리신, 알라닌, 티로신이다.

38. 섬유의 분류와 그 종류가 올바르게 연결된

것은?

① 폴리비닐 알코올계 - 스판덱스
② 폴리아크릴로니트릴계 - 엑슬란
③ 폴리아미드계 - 데이크런
④ 폴리프로필렌계 - 사란

해설 폴리아미드계는 나일론, 폴리비닐 알코올계는 비닐론, 폴리프로필렌계는 스판덱스, 폴리염화 비닐리덴계는 사란이 해당된다.

39. 아디프산(adipic acid)과 헥사메틸렌디아민의 축합 중합에 의해서 이루어지는 나일론은?

① 나일론 6   ② 나일론 9
③ 나일론 66   ④ 나일론 610

40. 다음 중 측면 방향으로 마디(node)가 잘 발달한 섬유는?

① 양모   ② 면
③ 마   ④ 나일론

41. 색의 3속성에서 눈에 가장 민감하게 작용하는 것은?

① 순도   ② 채도
③ 명도   ④ 색상

해설 명도는 색의 3속성 중에서 인간에게 가장 민감하게 반응하는 속성이다.

42. 다음 색입체의 단면도에 대한 설명으로 옳은 것은?

① 명도는 무채색 축과 반대로 움직인다.
② 중심축에서 수평으로 밖으로 나갈수록 채도가 높다.
③ 채도는 사선방향으로 움직인다.
④ 명도가 가장 높은 곳은 아래쪽이다.

정답 34. ③   35. ①   36. ③   37. ④   38. ②   39. ③   40. ③   41. ③   42. ②

해설 명도는 무채색 축과 일치하게 위로 올라가면서 명도가 높아진다. 채도는 중심축에서 수평으로 멀어지는 척도이며, 가운데에서 밖으로 나올수록 채도가 높아진다.

43. 색료 혼합에 대한 설명으로 틀린 것은?
① 혼합하면 할수록 명도와 채도가 낮아진다.
② 색료 혼합의 3원색은 자주, 노랑, 청록이다.
③ 감법 혼색 또는 감산 혼합이라고 한다.
④ 3원색이 모두 합쳐지면 흰색에 가까워진다.

해설 빛의 3원색이 모두 합쳐지면 흰색에 가까워진다.

44. 먼셀 표색계의 표기 HV/C에서 H는 무엇을 뜻하는가?
① 명도   ② 색상
③ 순도   ④ 채도

해설 색상(hue), 명도(value), 채도(chroma)

45. 다음과 같이 같은 회색을 배치하였을 때 바탕색에 따라 느낌이 다르게 보이는 색의 대비는?

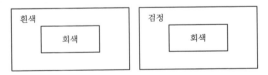

① 색상 대비   ② 명도 대비
③ 채도 대비   ④ 보색 대비

해설 어두운 색 가운데서 대비되는 밝은 색이 한층 더 밝게 느껴지는 현상이다.

46. 색의 중량감에 대한 설명이 잘못된 것은?
① 높은 명도의 색은 가볍고, 낮은 명도의 색은 무겁게 느껴진다.

② 배색에 있어 높은 명도의 것은 상부에, 낮은 명도의 것은 하부에 배치하여 안정감을 준다.
③ 명도가 낮은 색은 가벼움을 느끼게 한다.
④ 난색 계통의 색은 가볍게, 한색 계통의 색은 무겁게 느껴진다.

해설 명도가 높은 색은 가벼움을 느끼게 한다.

47. 톤(tone)을 중심으로 한 배색의 효과 중 토널(tonal) 배색에 해당하는 것은?
① 포 카마이유
② 콘트라스트
③ 톤 온 톤(tone on tone)
④ 톤 인 톤(tone in tone)

해설 토널(tonal) 배색은 중명도, 중채도의 중간 톤을 사용한 배색이다.
①은 카마이외 배색이 동일 색상인 것에 비해 색상과 톤에 약간의 변화를 주어 색상에서 약간의 차이를 느끼는 배색이다. ②는 상반되는 성질을 가진 색끼리 조합한 것으로, 일반적으로 색상의 콘트라스트 배색이다.
③은 동일 색상에 명도와 채도가 다른 조합이며, ④는 비슷한 톤의 조합이다.

48. 체형이 큰 사람에게 어울리는 의복은?
① 저명도 색으로 어두운 계통의 의복을 입는다.
② 엷은 색을 주 색채로 사용하는 것이 좋다.
③ 밝고 강한 색으로 강조된 의복을 입는다.
④ 팽창색을 이용한다.

해설 후퇴색, 수축색을 사용한다.

49. 의상의 기본 요소 중 의상의 부분이나 전체적 모양에 의해서 만들어지는 아름다움을 나타내는 것은?
① 기능미   ② 재료미
③ 형태미   ④ 색채미

50. 슈트 정장에서 포켓 위치를 정할 때 재킷의 길이를 고려하는 디자인의 원리는?

① 균형
② 비례
③ 리듬
④ 조화

51. 검사 결과 날실(경사)로 판정할 수 있는 것은?

① 견본 직물에 가장자리 부분이 있을 때, 가장자리 실(변사)과 수직을 이루고 있는 실이다.
② 일반적으로 실의 밀도가 작은 쪽의 실이다.
③ 견본을 살펴보아, 일반적으로 바르게 배열되어 있는 실이다.
④ 외올실과 여러 올의 합사 직물일 때에는 외올실이다.

해설 경사는 제직 시 고정되어 있는 실이므로 밀도가 크고 강도가 강하며 장력을 많이 받고, 신축성이 거의 없다.

52. 편성물의 특성에 대한 설명으로 틀린 것은?

① 구김이 잘 생겨 세탁 후에 다려야 한다.
② 가장자리가 휘말리는 컬업이 있다.
③ 일반 직물보다 높은 함기율을 가진다.
④ 필링이 생기기 쉬우며 마찰에 의해 표면의 형태가 변화되기 쉽다.

해설 신축성이 뛰어나 구김이 거의 없다.

53. 다음 직물 조직의 의장도에서 완전의장도 (일완전조직)를 바르게 나타낸 것은?

해설 완전의장도(일완전조직)는 조직도에서 경사와 위사의 조직점 배열이 반복되어 나타나는 구간이 있다.

54. 다음 중 능직물의 특성에 해당되는 것은?

① 삼원 조직 중 조직점이 가장 많다.
② 표면이 매끄럽고 광택이 가장 좋다.
③ 구김이 잘 생긴다.
④ 밀도를 크게 할 수 있어 두꺼우면서 부드러운 직물을 얻을 수 있다.

해설 ①과 ③은 평직의 특성이고, ②는 수자직에 해당된다.

55. 뜀수가 정해지지 않아서 수자직으로 부적합한 것은?

① 5매 수자
② 6매 수자
③ 7매 수자
④ 8매 수자

해설

	뜀수	조합
5매 수자	2+3	1+4
6매 수자		1+5, 2+4, 3
7매 수자	2+5, 3+4	1+6
8매 수자	3+5	1+7, 2+6, 4

수자직 뜀수는 두 개의 정수로 일완전조직이 되도록 조를 짜서 만들되, 1과 공약수가 있는 조는 제외한다.

56. 다음 중 모, 견직물의 표백에 효과가 큰 것은?

① 표백분
② 과산화 수소
③ 아황산 소다
④ 아염소산 소다

57. 섬유의 염색성에 영향을 미치는 요인과 가장 관계가 없는 것은?

① 섬유의 강도
② 섬유의 화학적 조성
③ 흡수성
④ 염료를 잘 흡수하는 원자단

해설 섬유 내 비결정부분, 섬유의 화학적 조성, 흡수성, 염료를 잘 흡수하는 원자단의 영향을 받는다.

58. 샌퍼라이징 가공에 대한 설명으로 옳은 것은?

① 직물에 수지를 처리하는 것으로 듀어러블 프레스라고도 불린다.
② 의복이 완성된 후 세척 등으로 외관에 변화를 주는 가공이다.
③ 직물에 수분, 열과 압력을 가하여 물리적으로 수축시켜 더 이상 수축되지 않도록 하는 가공이다.
④ 면섬유에 수산화나트륨을 처리하는 가공이다.

해설 샌퍼라이징 가공은 방축 가공이고, 양모

가공은 런던 슈렁크 가공이라고 한다. 듀어러블 프레스는 옷을 완성한 후 열처리를 통해 형태를 고정하는 가공이다.

59. 직물의 가공법 중 Wash and Wear (W&W) 가공의 주된 목적은?

① 직물의 강도를 증가시킨다.
② 직물이 더러움을 덜 타게 한다.
③ 합성 직물의 정전기 발생을 막는다.
④ 직물에 구김이 덜 가게 한다.

해설 세탁 후 바로 입을 수 있을 정도로 구김 발생을 방지하는 방추 가공이다.

60. 의류의 세탁에 대한 설명으로 알맞지 않는 것은?

① 세탁 온도는 일반적으로 약 35~40℃가 적당하다.
② 경수에서는 섬유의 종류와 관계없이 비누보다는 합성 세제를 사용하는 것이 좋다.
③ 양모나 견에서는 알칼리성 세제, 면이나 마에서는 중성 세제를 사용한다.
④ 세제는 약 0.2~0.3%의 농도에서 최대의 세탁 효과를 나타낸다.

해설 양모나 견에서는 중성 세제, 면이나 마에서는 알칼리성 세제를 사용한다.

제2회 CBT 실전문제

		수험번호	성 명
자격종목 양장기능사	문제 수 60문제		

1. 굴신체의 설명 중 틀린 것은?

① 앞이 남고 뒤가 부족하기 쉬운 경우이다.
② 표준보다 몸이 뒤로 기울어진다.
③ 옷을 입으면 앞이 뜨고 주름이 생긴다.
④ 뒤의 길이를 늘이든지 앞의 길이를 줄이면 된다.

해설 ②는 반신체(젖힌 체형)에 대한 설명이다.

2. 인체의 기준선 중 어깨 관절의 위치로 앞면에 상완골 머리의 중앙을 지나며 후면에 있어서 어깻점을 따라서 겨드랑이로 내려오는 선은?

① 진동둘레선 ② 허리둘레선
③ 가슴둘레선 ④ 목둘레선

3. 인체 각 부분의 치수를 정확하게 직접 측정하는 방법으로 국제적 표준이 되는 것은?

① 실루에터법   ② 모아레 사진촬영법
③ 마틴식 계측법 ④ 슬라이딩 게이지법

해설 ①, ②, ④는 간접 측정법이다.

4. 블라우스를 제도할 때 가장 먼저 제도하는 것은?

① 소매   ② 앞길
③ 뒷길   ④ 칼라

5. 의복 원형 제도 중 기본 원형과 가장 거리가 먼 것은?

① 길(bodice)   ② 소매(sleeve)

③ 스커트(skirt)   ④ 다트(dart)

6. 제도에 사용되는 약자 중 C.F.L의 의미는?

① 윗 중심선   ② 앞 중심선
③ 가슴둘레선   ④ 허리둘레선

해설 앞 중심선: center front line

7. 다음 제도 기호의 표시에 해당되는 것은?

① 늘림   ② 줄임
③ 주름   ④ 맞춤

8. 길 원형을 제도할 때 일반적인 가로선의 기초선 치수는?

① B/2−(1~2cm)   ② B/2+(4~5cm)
③ B/4+(4~5cm)   ④ B/6−(4~5cm)

9. 소매 원형의 그림에서 X 부위의 명칭은?

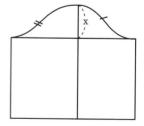

정답 1. ② 2. ① 3. ③ 4. ③ 5. ④ 6. ② 7. ④ 8. ③ 9. ②

① A.H.L   ② S.C.H

③ S.A.P   ④ S.B.L

해설 소매산 높이: sleeve cap height

10. 스커트 원형 제도 시 가장 중요한 항목은?

① 허리둘레   ② 밑위길이

③ 엉덩이 길이   ④ 엉덩이 둘레

해설 스커트 원형을 제도할 때 필요 치수 항목: 스커트 길이, 허리둘레, 엉덩이 길이, 엉덩이 둘레

11. 프린세스 라인(princess line)의 설명으로 가장 옳은 것은?

① 어깨의 숄더 다트를 높여 자른 선

② 암홀에서 N.P를 통과한 선

③ 바디스(Bodice)에서 웨이스트 다트를 높여 옆으로 자른 선

④ 숄더 다트와 웨이스트 다트를 연결한 선

12. 다음 중 길과 소매가 연결되지 않은 소매 구성은?

① 래글런 슬리브   ② 퍼프 슬리브

③ 기모노 슬리브   ④ 돌먼 슬리브

해설 세트인 슬리브 형태와 구분한다.

13. 다음과 같은 스커트 제작법은?

① 고어드스커트

② 개더스커트

③ 요크를 댄 플레어스커트

④ 요크를 댄 플리츠스커트

14. 그림(A)에 나타난 밑위 앞뒤 길이는 실측 치수에 어느 정도 여유분이 있어야 편안한가?

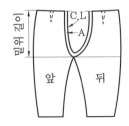

① A=실측 치수−1.5cm

② A=실측 치수+1cm

③ A=실측 치수−2cm

④ A=실측 치수+2.5cm

15. 다음 그림에 나타난 패턴의 네크라인 종류는?

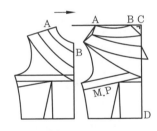

① 하이 네크라인(high neckline)

② 보트 네크라인(boat neckline)

③ 카울 네크라인(cowl neckline)

④ 스퀘어 네크라인(square neckline)

16. 원형의 배치 방법으로 적절한 것은?

① 옷감의 겉쪽이 밖으로 나오게 접은 후 작은 패턴부터 배치한다.

② 150cm 옷감의 경우 소매와 뒷길을 먼저 배치한다.

③ 110cm 옷감의 경우 항상 반으로 접어서 패턴을 배치하여야 한다.

④ 벨벳은 원형 전부의 배치가 상, 하 같은 털 결의 방향이 되어야 한다.

정답 10. ④   11. ④   12. ②   13. ③   14. ④   15. ③   16. ④

해설 옷감의 안쪽이 밖으로 나오게 접은 후 큰 패턴부터 배치한다. 150cm 옷감의 경우 항상 반으로 접어서 패턴을 배치하여야 한다.

17. 재킷 재단 시 시접을 가장 작게 해야 할 곳은?

① 목둘레
② 블라우스단
③ 소맷단
④ 어깨와 옆선

해설 시접을 가장 작게 해야 할 곳은 목둘레, 겨드랑 둘레, 칼라로 1cm이다.

18. 심지의 사용 목적과 가장 관계가 먼 것은?

① 겉감의 형태를 안정되게 한다.
② 봉제가 다소 용이하다.
③ 옷의 형태 변형을 방지한다.
④ 제조 공정을 단축시킨다.

19. 폭 90cm 옷감으로 스커트 길이가 70cm인 타이트스커트를 만들 때의 필요한 옷감량으로 가장 적합한 것은? (단, 시접은 15cm임)

① 85cm
② 155cm
③ 195cm
④ 225cm

해설 90~110cm 폭: (스커트 길이×2)＋시접 (12~16cm)

20. 마름질하는 순서가 올바르게 나열된 것은?

① 길, 소매, 칼라, 주머니
② 칼라, 소매, 주머니, 길
③ 소매, 칼라, 길, 주머니
④ 주머니, 칼라, 길, 소매

21. 다음 중 테일러드 재킷의 가봉에 대한 설명

으로 바른 것은?

① 솔기 바느질은 어슷상침을 사용한다.
② 패드나 칼라는 달지 않아도 무방하다.
③ 정확한 실루엣을 보기 위하여 가윗밥을 많이 주어도 좋다.
④ 포켓과 단추의 모양과 위치를 보기 위하여, 심지나 광목으로 잘라 붙인다.

해설 테일러드 재킷을 가봉할 때는 정확한 실루엣을 보기 위하여 패드나 칼라는 달고, 가윗밥을 적게 주며 상침바느질을 이용한다.

22. 상반신 굴신체의 보정으로 옳은 것은?

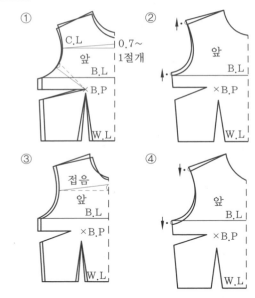

해설 상반신 굴신체는 등이 굽은 체형으로 앞이 남고, 뒤가 모자라 앞이 뜨고 주름이 생기므로 앞 길이와 앞 여유분을 줄인다.

23. 하반신 굴신체의 보정 방법이 아닌 것은?

① 앞 중심을 파 준다.
② 뒤다트 분량을 늘려 준다.
③ 뒤 스커트의 다트 분량을 줄여 준다.

정답 17. ① 18. ④ 19. ② 20. ① 21. ④ 22. ③ 23. ③

④ 뒤 스커트 허리에 보조 다트를 넣는다.

해설 뒤 분량을 줄여주는 방법으로 뒤 스커트의 다트 분량을 늘린다.

24. 밑실 준비를 할 때 북토리에 실이 몇 % 정도 고르게 감기도록 하는 게 가장 적당한가?

① 40%   ② 60%
③ 80%   ④ 100%

25. 바느질감과 재봉실, 바늘의 관계에 대한 설명 중 바르게 연결된 것이 아닌 것은?

① 얇은 레이스 – 면봉사 80번 – 바늘 9호
② 견직물 – 견봉사 50번 – 바늘 9호
③ 데님(denim) 천 – 견봉사 50번 – 바늘 11호
④ 트리코트 – 합성봉사 60번 – 바늘 9호

해설 옷감과 실은 같은 재질을 선택해야 하므로 데님에는 면봉사를 사용한다.

26. 주로 청바지의 솔기나 작업복, 스포츠 의류 등에 많이 사용하며, 솔기가 뜯어지지 않게 처리하는 바느질 방법은?

① 쌈솔   ② 통솔
③ 가름솔   ④ 파이핑 솔기

27. 다음 중 케이프 소매 끝, 프릴 끝, 스카프 단 처리법으로 바른 것은?

① 블랭킷 스티치 단   ② 말아 공그르기 단
③ 박는 단   ④ 크로스 스티치 단

해설 공그르기는 겉으로 실땀이 나타나지 않게 잘게 뜨고, 안으로는 단을 접어 속으로 길게 떠서 고정한다.

28. 어떤 제품 공장에서 생산된 옷이 150℃로

다림질이 가능하다면 어느 표시를 하여야 하는가?

①   ②

③   ④

해설 ①은 80~120℃로 천을 덮고 다림질하기, ②는 140~160℃, ③은 180~210℃의 온도로 다림질하라는 기호이다.

29. 단춧구멍의 크기를 정할 때 적용 치수는?

① 단추의 지름 + 단추 두께
② 단추의 지름
③ 단추의 반지름 × 3
④ 단추의 반지름 + 0.3cm

해설 단춧구멍의 크기: 단추의 지름 + 단추 두께 또는 단추의 지름 + 0.3cm

30. 재봉된 천에 실이 끊기거나 밑실이 올라오게 되어 박음질이 불량하게 되고 봉축 심 퍼커링 현상이 일어났다. 무엇으로 조절하는가?

① 윗실 조절장치   ② 실채기
③ 노루발의 압력   ④ 몸체실걸이

해설 실의 장력 조절이 필요하다.

31. 다음은 면섬유의 중공에 관한 설명이다. 가장 적절하게 설명한 것은?

① 섬유의 탄성을 증대시키며 급격한 파괴에 대하여 견디게 한다.
② 보온성을 유지하며 전기 절연성을 부여한다.
③ 미성숙한 섬유는 중공이 매우 발달되어 있다.
④ 표면의 윤활성을 부여하여 방적에서 엉킴

해설 중공: 면섬유의 가운데가 비어 있는 형태

32. 내구성이 좋고, 열전도성이 좋아 시원한 느낌을 주며, 여름철 옷감의 원료로 사용되는 섬유는?

① 면
② 모
③ 아마
④ 견

33. 다음 중에서 동물성 섬유의 주성분은?

① 셀룰로오스
② 지방질
③ 펙틴질
④ 단백질

해설 ①은 식물성 섬유의 성분이다.

34. 견섬유의 성질에 대한 설명으로 옳은 것은?

① 알칼리에 약하다.
② 내일광성이 좋다.
③ 단면의 형태가 원형이다.
④ 단섬유이다.

해설 삼각형의 단면 형태이며 산에 강하다.

35. 섬유의 분류가 서로 관계없는 것끼리 짝지어진 것은?

① 폴리아크릴계 - 캐시미론
② 폴리아미드계 - 나일론 6
③ 폴리비닐알코올계 - 비닐론
④ 폴리우레탄계 - 사란

해설 폴리우레탄계는 스판덱스이고, 사란은 폴리염화 비닐계이다.

36. 의복 제작 시 안감으로 선택하기에 적당한 섬유는?

① 면직물
② 견직물
③ 레이온 직물
④ 나일론 직물

37. 폴리에스테르 섬유가 다른 합성 섬유에 비

하여 가장 좋은 특성을 가지는 것은 다음 중 어느 것인가?

① 흡습성이 크다.
② 정전기가 많이 발생한다.
③ 내열성이 우수하다.
④ 내후성이 우수하다.

38. 현미경으로 섬유의 측면을 관찰할 때 납작한 리본 모양의 천연 꼬임이 보이는 것은?

① 무명
② 양털
③ 아마
④ 명주

해설 모섬유는 스케일, 마섬유는 마디(node)가 보인다.

39. 실의 굵기에 대한 설명으로 틀린 것은?

① 일정한 무게의 실의 길이로 표현하는 항중식이 있다.
② 일정한 길이의 실의 무게를 표시하는 항장식이 있다.
③ 항중식 번수는 1km의 실 무게를 g으로 나타낸 데니어로 표시한다.
④ 데니어는 견, 레이온, 합성 섬유 등의 실 굵기를 표시한다.

해설 1데니어는 실 9000m의 무게를 1g 수로 표시한 것이다.

40. 다음 중 필라멘트사의 특징에 해당되는 것은?

① 방적사에 비해 광택이 적다.
② 길이가 짧은 섬유로 만든다.
③ 방적사에 비해 강력이 우수하다.
④ 면사는 필라멘트사의 대표이다.

41. 다음 중 색의 3속성이 아닌 것은?

① 색상　　　　　② 명도
③ 채도　　　　　④ 색상환

> **해설** ④는 스펙트럼의 색상에 자주나 연지를 더하여 시계 방향으로 둥글게 배열한 것이다.

42. 색입체에서 축에 가까운 1이나 2는 매우 탁한 색으로 거의 회색에 가까워지는 것은?

① 고채도　　　　② 중채도
③ 저채도　　　　④ 채도

> **해설** 색입체의 중심축에서 바깥쪽으로 갈수록 채도가 높아진다.

43. 색과 색을 혼합하면 어둡게 되어 명도가 낮아지는 혼합은?

① 가산 혼합　　　② 감법 혼합
③ 중간 혼합　　　④ 병치 혼합

> **해설** ①은 색광 혼합, ③과 ④는 혼색된 것처럼 보이는 경우이다.

44. 먼셀 색체계에서 5R 4/14로 표기할 때 채도에 해당하는 것은?

① 5　　　　　　② 5R
③ 4　　　　　　④ 14

> **해설** HV/C(색상 · 명도/채도)

45. 색상 대비에 대한 설명으로 옳은 것은?

① 똑같은 빨간 단추인데 노랑 옷보다 회색 옷에 달린 단추가 더욱 곱게 보인다.
② 청록색 잎이 우거진 속에 달린 빨간 사과가 한결 뚜렷하게 보인다.
③ 검정색 옷 위에 달린 흰 단추가 더욱 크게 보인다.
④ 파랑 위에 놓인 녹색이 연두처럼 보인다.

> **해설** 색상 대비는 보색의 기미가 더해져서 보이는 효과이다.

46. 색의 온도감에 대한 설명으로 틀린 것은?

① 색상보다는 채도에 의한 효과가 지배적이다.
② 빨강 계통의 색은 따뜻하게 느껴진다.
③ 파랑 계통의 색은 차갑게 느껴진다.
④ 한색은 단파장 쪽의 색이다.

> **해설** 색의 중량감은 명도에 의한 느낌이고, 경연감은 명도와 채도에 의한 느낌이다.

47. 색채 계획의 설명이 잘못된 것은?

① 계획의 목적과 대상을 조사하고 아이디어에서 제품까지 디자이너가 의도하는 색을 정확히 분석한다.
② 목적에 맞는 정확한 기술과 방법을 검토하고, 인쇄, 염색, 시공, 제조, 판매 등을 구체화시켜 전달한다.
③ 계획의 지시, 제시 등 최종 효과에 대한 관리 방법까지 하나의 통합적인 계획이 있어야 한다.
④ 색채에 대한 관념을 기능적인 것에서 감각적으로 방향을 바꾸며, 주관적이고 과학적인 연구 자세를 가지도록 해야 한다.

> **해설** 색채에 대한 관념을 기능적인 방향으로 바꾸고, 객관적이며 과학적인 연구 자세가 요구된다.

48. 계절에 따른 조화된 의복색으로 가장 부적절한 것은?

① 봄 – 경쾌하고 밝은 색
② 여름 – 탁하고 어두운 색
③ 가을 – 어둡고 풍부한 느낌의 색상
④ 겨울 – 따뜻한 색

> **해설** 여름에는 주로 밝고 시원한 색을 사용하는 것이 적절하다.

정답 42. ③　43. ②　44. ④　45. ④　46. ①　47. ④　48. ②

49. 의상의 기본 요소 중 복사열의 반사 또는 흡수 등의 기능과 밀접한 관계가 있는 것은?

① 재료미 　　　　② 형태미
③ 색채미 　　　　④ 기능미

해설 색채는 광선이 눈을 통하여 들어와서 지각된다.

50. 디자인할 때 전후좌우로부터 동등한 평형감각을 유지시키기 위해서 형태와 색을 조합함으로써 안정감을 주는 효과는?

① 균형(balance) 　　② 조화(harmony)
③ 강조(emphasis) 　④ 통일(unity)

51. 경사와 위사에 대한 설명 중 틀린 것은?

① 직물은 경사와 위사가 직각으로 교차된 피륙이다.
② 경사가 위사보다 꼬임이 많아 경사 방향이 위사 방향보다 강직하다.
③ 위사가 경사에 비해 약하지만 신축성은 크다.
④ 위사가 경사에 비해 꼬임이 많아 약하다.

해설 위사가 경사에 비해 꼬임이 많으면 강하다.

52. 다음 중 편성물의 보온성에 가장 영향을 미치는 것은?

① 함기성 　　　　② 인장성
③ 굴곡성 　　　　④ 마찰성

53. 직물의 기본이 되는 삼원조직이란?

① 능직, 사직, 수자직
② 평직, 능직, 파일직
③ 평직, 사직, 중합직
④ 평직, 능직, 수자직

54. 정칙능직(正則綾織)에 해당하는 능선각은?

① 30° 　　　　　　② 45°
③ 90° 　　　　　　④ 120°

55. 주자 조직에서 어떠한 1올의 실의 교차점에서 바로 인접하고 있는 그 다음 실의 교차점까지의 거리인 실 올수를 무엇이라 하는가?

① 일완전 조직 　　② 뜀수
③ 주자선 　　　　④ 겹조직

56. 면직물의 표백에 주로 사용되는 표백제로만 묶여진 것은?

① 암모니아수, 규산나트륨
② 아황산가스, 사염화탄소
③ 탄산수소 나트륨, 황산나트륨
④ 아염소나트륨, 과산화수소

57. 분산 염료로 염색이 잘 되는 섬유는?

① 비닐론 　　　　② 양모
③ 나일론 　　　　④ 폴리에스테르

해설 분산 염료는 흡습성이 낮은 섬유의 염색에 사용된다.

58. 셀룰로오스 직물의 수축을 방지하는 가공은?

① 런던 슈렁크 가공 　② 샌퍼라이징 가공
③ 방추 가공 　　　　④ 캘린더 가공

해설 ①은 양모 원단을 뜨거운 물에 적신 직물로 감싸 롤러에 감거나 그대로 두어 자연 건조시키는 방법이다. ③은 원단에 구김이 덜 생기도록 하는 가공이다. ④는 적당한 온·습도 하에 매끄러운 롤러의 강한 압력으로 직물에 광택을 주는 가공이며, 엠보싱 가공, 슈와레 가공, 글레이즈 가공 등이 있다.

정답 49. ③　50. ①　51. ④　52. ①　53. ④　54. ②　55. ②　56. ④　57. ④　58. ②

59. 적당한 온·습도하에 매끄러운 롤러의 강한 압력으로 직물에 광택을 주는 가공법은?

① 방추 가공
② 캘린더 가공
③ 실켓 가공
④ 의마 가공

해설 ①은 주름 방지 가공, ③은 면섬유의 광택 가공이다. ④는 마섬유의 광택과 촉감을 부여하는 가공이다.

60. 다음은 피복의 성능을 관계되는 것끼리 짝을 맞춰 놓은 것이다. 거리가 먼 것은?

① 감각적 성능 – 촉감
② 위생적 성능 – 형태 안정성
③ 실용성 성능 – 강도와 신도
④ 관리적 성능 – 충해

해설 형태 안정성은 실용성, 위생성은 흡습성·통기성·보온성과 관련이 있다.

제3회 CBT 실전문제

자격종목		문제 수	수험번호	성 명
양장기능사		60문제		

1. 표준보다 몸 중심이 뒤로 기울어 앞이 뜨고, 길이가 부족한 현상이 나타나는 체형은?

① 굴신체   ② 반신체

③ 비만체   ④ 후신체

(해설) ①은 앞으로 굽힌 체형이고, ④는 어린이 체형이다.

2. 계측점에 관한 설명 중 틀린 것은?

① 목 뒷점 – 목을 앞으로 구부렸을 때 제일 큰 뼈의 중심점

② 팔꿈치점 – 팔꿈치에서 가장 뒤쪽으로 두드러진 점

③ 무릎점 – 무릎뼈의 가운데 위치한 점

④ 등너비점 – 목둘레선과 어깨끝점선과 만나는 점

(해설) 등너비점: 자를 겨드랑이에 끼워 뒷겨드랑이 밑에 표시한 점과 어깨끝점과의 중간점

3. 인체 계측 항목 중 둘레나 길이 항목 측정에 가장 적합한 계측기는?

① 줄자   ② 신장계

③ 간상계   ④ 활동계

(해설) ②는 높이 측정, ③은 너비와 두께 측정, ④는 간상계보다 짧은 길이와 투영 길이 측정에 적합하다.

4. 다음 중 제도한 패턴에 표시하지 않아도 되는 부호는?

① 중심선   ② 안단선

③ 시접   ④ 단추 위치

5. 스커트 원형 제도에 필요한 약자가 아닌 것은?

① W.L   ② E.L

③ C.B.L   ④ H.L

(해설) W.L(waist line): 허리둘레선, H.P(hip line): 엉덩이둘레선, C.B.L(center back line): 뒷중심선, E.L(Elbow Line): 팔꿈치선

6. 길 다트에서 완성된 다트 길이는 B.P에서 몇 cm 정도 떨어져 처리하는 것이 가장 이상적인가?

① 0cm   ② 1cm

③ 3cm   ④ 5cm

(해설) B.P까지 다트가 연결되면 B.P가 두드러져 미관상 좋지 못하다.

7. 다음 중 활동하기 가장 편한 소매산 높이는?

① A.H/6   ② A.H/8

③ A.H/4   ④ A.H/3

(해설) 소매산 높이가 낮을수록 활동성이 좋다.

8. 스커트 원형을 제도할 때 필요 치수 항목으로 가장 옳은 것은?

① 스커트 길이, 허리둘레, 엉덩이 길이, 엉덩이 둘레

② 스커트 길이, 밑위길이, 엉덩이 둘레, 배 둘레

(정답) 1.② 2.④ 3.① 4.③ 5.② 6.③ 7.② 8.①

③ 스커트 길이, 허리둘레, 엉덩이 둘레, 무릎길이
④ 스커트 길이, 허리둘레, 배 둘레, 스커트 폭

9. 다음 중 박스형의 재킷이나 드레스 또는 베스트에 많이 활용하는 다트는?

① 암홀 다트　　② 어깨 다트
③ 목 다트　　④ 허리 다트

해설 암홀 다트는 바스트를 중심으로 한 가슴 다트의 하나로 박스형 재킷이나 드레스 또는 베스트에 많이 활용된다.

10. 소매산이나 소맷부리에 개더 또는 턱을 넣어서 부풀려 준 것으로 부드럽고 분위기가 나는 소매는?

① 타이트 슬리브(tight sleeve)
② 퍼프 슬리브(puff sleeve)
③ 루즈 슬리브(loose sleeve)
④ 플레어 슬리브(flare sleeve)

해설 ①은 소매의 여유분이 적고 딱 맞는 소매, ③은 헐렁하여 여유있는 소매, ④는 소맷부리 쪽이 넓게 퍼지는 소매이다.

11. 다음 그림은 어떤 스커트를 만들기 위해 옷본을 변형한 것인가?

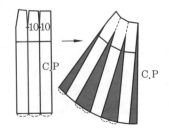

① 플레어스커트　　② 타이트스커트
③ 고어드스커트　　④ 맞주름 스커트

12. 슬랙스 원형 제도 시 필요 치수 항목만을 나열한 것은?

① 허리둘레, 밑위길이, 엉덩이 길이, 바지 길이, 다트 길이
② 허리둘레, 엉덩이 둘레, 밑위길이, 바지 길이, 가슴둘레
③ 허리둘레, 엉덩이 둘레, 엉덩이 길이, 밑위길이, 바지 길이
④ 허리둘레, 엉덩이 둘레, 다트 길이, 밑위길이, 가슴둘레

13. 다음 그림을 활용한 디자인의 칼라는?

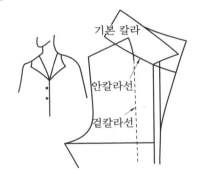

① 셔츠 칼라　　② 케이프 칼라
③ 만다린 칼라　　④ 컨버터블 칼라

14. 옷감의 패턴 배치 방법으로 옳은 것은?

① 줄무늬는 옷감 정리에서 줄을 사선으로 정리한다.
② 패턴이 큰 것부터 배치하고 작은 것은 큰 것 사이에 배치한다.
③ 옷감의 겉쪽에 옷본을 배치한다.
④ 짧은 털이 있는 옷감은 털의 방향을 아래로 배치한다.

해설 옷감의 안쪽이 밖으로 나오게 접은 후 큰 패턴부터 배치한다. 짧은 털이 있는 옷감은 털의 방향을 위로 배치한다.

정답 9. ①　10. ②　11. ①　12. ③　13. ④　14. ②

15. 다음 중 옷감에 주는 시접분의 양으로 가장 적당하지 않은 것은?

① 소매단, 블라우스단: 3~4cm

② 스커트, 재킷의 단: 4~5cm

③ 목둘레, 칼라: 6~7cm

④ 어깨와 옆선: 2cm

해설 목둘레, 겨드랑 둘레, 칼라의 시접 분량: 1cm

16. 심지 사용에 대한 설명 중 틀린 것은?

① 신축성이 없는 겉감에는 신축성이 있는 심지를 사용한다.

② 버팀이 없는 겉감에는 적당한 버팀을 갖는 심지를 사용한다.

③ 수축성이 있는 겉감에는 수축성이 있는 심지를 사용한다.

④ 테일러드 자켓에는 신축성이 적은 모심지를 사용한다.

해설 모심지의 특성은 표면이 거칠고 단단하나 신축성과 유연성이 좋아 형태를 구성하는데 가장 적합하다.

17. 원단 150cm 폭으로 웨이스트 66cm, 스커트 길이 80cm인 180° 플레어스커트 재단 때 올바른 옷감량 계산법은?

① (스커트 길이×1.5)+시접

② (스커트 길이×2)+시접

③ (스커트 길이×2.5)+시접

④ 스커트 길이+시접

해설

디자인	원단폭	필요량	계산법
플레어 (다트 접은 디자인)	90	150~170	(스커트 길이×2.5)+ 시접(10~15cm)
	110	140~160	(스커트 길이×2)+ 시접(10~15cm)
	150	100~120	(스커트 길이×1.5)+ 시접(10~15cm)

	90	140~160	(스커트 길이×2.5)+ 시접(10~15cm)
180° 플레어	110	130~150	(스커트 길이×2.5)+ 시접(5~12cm)
	150	90~100	(스커트 길이×1.5)+ 시접(6~15cm)

18. 룰렛으로 옷감에 완성선을 표시할 때 가장 바람직한 위치는?

① 완성선에 표시한다.

② 완성선에서 0.1cm 정도 시접쪽으로 떨어져 표시한다.

③ 완성선에서 0.7cm 정도 안쪽으로 떨어져 표시한다.

④ 완성선에서 1.5cm 시접쪽으로 떨어져 표시한다.

19. 다음 중 시착 시 관찰 방법으로 틀린 것은?

① 옆선 · 어깨선이 중앙에 놓이게 되었는가

② 허리선 · 밑단선이 수평으로 놓였는가

③ 옷감의 올이 사선으로 놓였는가

④ 칼라의 형 · 크기가 적당한가

해설 옷감의 올이 직선으로 놓였는지 관찰한다.

20. 블라우스 보정법 중 옷을 입으면 앞이 뜨고 주름이 생기며, 뒤에는 가슴둘레선보다 위에 주름이 생긴다. 이때에는 뒤의 길이를 늘이든지 앞의 길이를 줄이면 된다. 어떤 체형의 보정법인가?

① 반신체　　　　② 굴신체

③ 비만체　　　　④ 빈약체

21. 하반신 반신체의 보정법이 아닌 것은?

① 앞 중심을 파 준다.
② 뒤 중심을 파 준다.
③ 앞 중심을 올려 준다.
④ 앞 다트의 분량을 늘려 준다.

해설 반신체는 뒤로 젖혀진 체형이므로 뒷부분이 남고 앞길이가 부족하다.

22. 본봉 재봉기에서 주어진 땀길이에 맞게 천을 앞으로 밀어주는 역할을 하는 것은?

① 노루발(presser foot)
② 침판(slide plate)
③ 실채기(take up lever)
④ 송치기구(feed dog)

해설 톱니 부분에 대한 설명이다.

23. 봉제할 때 옷감에 적합한 재봉실을 선택하는 방법으로 옳은 것은?

① 실의 굵기 표시 방법은 번수만 사용한다.
② 재봉사는 옷감과 같은 재질을 선택한다.
③ 혼방 직물일 때는 혼용률이 낮은 재료를 선택한다.
④ 수지 가공의 옷감에는 방축 가공된 재봉사는 피한다.

해설 혼방 직물일 때 혼용률이 높은 재료를 선택하고, 수지 가공의 옷감에는 방축 가공된 재봉사를 사용한다.

24. 2장의 겹쳐진 천은 서로 포개어 겹쳐 있고, 이때의 겹쳐진 양은 땀을 유지시키거나 봉합하는 데 충분한 양이 되도록 봉합시킨 심(seam, 솔기)은?

① 슈퍼임포즈 심
② 랩트 심
③ 바운드 심
④ 플랫 심

25. 룰렛이나 재단 주걱 등으로 표시하기 어려운 옷감을 두 겹으로 겹쳐 놓고 재단했을 때 완성선 표시를 하는 것은?

① 휘감치기
② 실표뜨기
③ 공그리기
④ 새발뜨기

해설 ①은 시접 올풀림 방지, ③과 ④는 밑단처리 방법이다.

26. 합성 섬유를 다림질할 때 경화 현상과 관계가 먼 것은?

① 가열로 섬유가 연화되어 섬유 자체가 융착하고 냉각 후에도 그대로 굳는 현상
② 비닐론, 아세테이트 등을 고온으로 가열하면 나타나는 현상
③ 수분이 있을 때 더 심하게 나타나는 현상
④ 고온으로 다리면 열에 약한 염료가 변색되는 현상

해설 다리미 온도를 과도하게 높이면 변색, 수축, 용융이 발생한다. ④는 변색 현상에 대한 설명이다.

27. 실기둥을 세워 단추를 달 때 실기둥의 높이로 알맞은 것은?

① $\dfrac{\text{단춧구멍의 크기}}{4}$
② $\dfrac{\text{단추의 반지름}}{2}$
③ 옷 앞단의 두께
④ 단추의 두께

28. 재봉기 사용 시 실이 잘 끊어지는 원인과 가장 거리가 먼 것은?

① 실채기 용수철의 결함
② 바늘과 북의 위치 불량
③ 바늘과 톱니 타이밍 불량
④ 전원 커넥터 접속 불량

정답 21. ① 22. ④ 23. ② 24. ② 25. ② 26. ④ 27. ③ 28. ④

29. 다음 중 제조 원가에 대한 설명으로 맞는 것은?

① 재료비: 원자재와 부자재로 나누어진다. 원자재는 안감, 심지, 지퍼, 단추, 봉사 등을 말하고 부자재는 겉감을 말한다.

② 인건비: 직접 인건비와 간접 인건비로 나누어진다. 간접 인건비는 재료 구입, 운반 작업, 준비 작업에 쓰이는 간접 비용만을 말한다.

③ 제조 원가: 제조 경비는 기업 규모에 상관없이 일정하다고 볼 수 있다.

④ 재료비와 인건비는 직접 원가이며 또 제조 원가의 기초가 되므로 직접 원가를 먼저 산출하고 여기에 제조 경비를 합하여 제조 원가를 결정한다.

> **해설** 겉감은 원자재이다. 간접 인건비는 간접 비용+공장 관리자, 종업원 등의 급료를 포함한다. 제조 원가는 기업 규모에 따라 다르다.

30. 봉사의 소요량 산출에 영향을 미치는 요인 중 직접적인 요인이 아닌 것은?

① 천의 두께
② 봉사의 굵기
③ 스티치의 길이
④ 재봉기의 자동봉사 절단기의 사용 여부

> **해설** ④는 간접적인 요인이다.

31. 면섬유의 주성분에 해당되는 것은?

① 셀룰로오스 　② 단백질
③ 지방질 　④ 펙틴질

32. 아마의 특징으로 섬유 간에 잘 엉키게 하여 방적성을 좋게 해 주는 것은?

① 마디 　② 스케일
③ 크림프 　④ 천연 꼬임

> **해설** ②와 ③은 양모 섬유의 특징이고, ④는 면 섬유에서 볼 수 있는 특징이다.

33. 양모 섬유에서 섬유 간의 포합력을 나타내어 탄성과 방적성을 주는 성질은?

① 크림프 　② 강도
③ 색깔 　④ 길이

34. 섬유의 분류가 틀린 것은?

① 폴리우레탄 섬유 – Spandex
② 폴리아미드 섬유 – Nylon
③ 폴리염화비닐 섬유 – Vinyon
④ 폴리아크릴 섬유 – Saran

> **해설** 폴리아크릴 섬유는 부가 중합체 합성 섬유이다. Saran은 폴리염화 비닐리덴계이다.

35. 의복 제작 시 안감으로 선택하기에 가장 좋은 섬유는?

① 면 　② 견
③ 비스코스 레이온 　④ 나일론

> **해설** ③은 견섬유처럼 매끄럽고 광택이 있다.

36. 신축성이 크고, 마찰 강도, 굴곡 강도 등 내구성이 고무보다 우수한 섬유는?

① 폴리아미드 섬유
② 폴리에스터 섬유
③ 폴리아크릴로니트릴 섬유
④ 폴리우레탄 섬유

> **해설** ①은 초기 탄성률이 작아 직물보다 편성물로 스포츠웨어, 스타킹, 란제리에 많이 사용된다. ②는 내열성, 탄성, 리질리언스가 좋다. ③은 내일광성이 좋고, 가볍고 부드러우며 양모 대용으로 쓰인다.

정답 29. ④　30. ④　31. ①　32. ①　33. ①　34. ④　35. ③　36. ④

37. 다음 중 섬유의 단면이 삼각형이고 가장자리는 약간 둥글며 측면은 투명 막대로 이루어지고 피브로인과 세리신으로 구성된 섬유는?

① 면   ② 마
③ 아크릴   ④ 명주

38. 다음 중 면사 100번수와 50번수를 설명한 것으로 알맞은 것은?

① 50번수 실의 굵기가 가늘다.
② 100번수 실의 굵기가 가늘다.
③ 50번수 실의 길이가 길다.
④ 100번수 실의 길이가 길다.

> 해설 면 번수는 항중식이므로 숫자가 클수록 굵기가 가늘다.

39. 섬유가 물에 젖어도 약해지지 않고 건조 시와 거의 비슷한 강도를 가지는 섬유는?

① 면   ② 양모
③ 아세테이트   ④ 폴리에스테르

40. 스테이플 파이버에 대한 설명으로 옳은 것은?

① 견과 같이 무한히 긴 것이다.
② 치밀하여 광택이 좋고 촉감이 차다.
③ 양모 섬유처럼 한정된 길이를 가진 것이다.
④ 통기성, 투습성이 좋지 않다.

> 해설 ①, ②, ④는 필라멘트 섬유의 특징이다.

41. 다음 중 색을 느끼는 색의 강약에 해당하는 것은?

① 색상   ② 명도
③ 채도   ④ 색입체

> 해설 ①은 서로 구별되는 색의 차이이고, ②는

밝기와 어둡기의 정도이다. ④는 색의 3속성을 3차원의 공간 속에 계통적으로 배열한 것이다.

42. 먼셀 표색계의 색입체 수평 단면도에 대한 설명으로 틀린 것은?

① 수평 절단한 단면을 의미한다.
② 등명도면이라고도 한다.
③ 중심은 유채색이고 색상 순으로 방사형을 이룬다.
④ 같은 명도에서 채도의 차이와 색상의 차이를 한눈에 알 수 있다.

43. 색의 혼합에 대한 설명으로 틀린 것은?

① 색광의 3원색을 혼합하면 모든 색광을 만들 수 있다.
② 색광의 3원색이 모두 합쳐지면 흰색이 된다.
③ 색료 혼합은 혼합할수록 명도와 채도가 낮아진다.
④ 색료 혼합을 가산 혼합이라 한다.

> 해설 가산 혼합: 빛을 가하여 색을 혼합하는 것

44. 먼셀 표색계에 대한 설명으로 틀린 것은?

① 색상의 분할은 빨강, 노랑, 초록색, 파랑, 보라의 다섯 가지 주요 색상을 선택하였다.
② 명도는 검정을 0, 흰색을 10으로 정하였다.
③ 채도는 무채색을 0으로 하여 순색까지의 단계를 정하였다.
④ 표기는 2Rne와 같이 2R은 색상, n은 백색량, e는 검정색 양으로 표기한다.

> 해설 먼셀 표색계는 HV/R로 표기된다.

45. 청록을 빨강 바탕 위에 놓았을 때 두 색은 서로 영향을 받아 본래의 색보다 채도가 높아

지고 선명해지며 서로의 색을 강하게 드러내 보이는 현상과 관련한 대비는?

① 보색 대비   ② 계시대비

③ 채도 대비   ④ 명도 대비

해설 ②는 어떤 색을 보고 나서 잠시 후에 다른 색을 보았을 때 먼저 본 색의 영향으로 나중에 본 색이 다르게 보이는 현상이고, ③은 채도가 낮은 색의 중앙에 둔 높은 채도의 색은 채도가 높아져 보이며, 무채색 위에 둔 유채색은 훨씬 맑은 색으로 채도가 높아져 보이는 현상이다.

46. 색상 대비에 관한 설명으로 옳은 것은?

① 빨간색 위에 노란색을 놓을 경우 빨간색은 연두색 기미가 많은 빨간색으로, 노란색은 연두색 기미가 많은 노랑으로 변해 보인다.

② 어두운 색 다음에 본 색이나 어두운 색 속의 작은 면적의 색은 상대적으로 더 밝게 보인다.

③ 빨강과 보라를 나란히 붙여 놓으면, 빨강은 더욱 선명하게 보이나 보라는 더욱 탁하게 보인다.

④ 어떤 색종이를 한참 동안 응시하다가 갑자기 흰 종이로 시선을 옮기면 색종이의 보색 색상으로 보인다.

해설 색상 차이가 큰 두 색상에서 상대 색상의 보색 기미가 더해져서 본래의 색과 다르게 보인다. ③은 동시 대비, ②, ④는 계시대비에 대한 설명이다.

47. 다음 배색 중 가장 시원하게 느껴지는 것은?

① 주황 바탕에 남색 무늬

② 보라 바탕에 노랑 무늬

③ 회색 바탕에 녹색 무늬

④ 파랑 바탕에 흰색 무늬

해설 한색 배색은 시원한 느낌을 준다.

48. 봄 시즌에 밝고 생동감 있는 디자인을 할 때에 의복의 색상으로 적당한 것은?

① 노랑, 연두   ② 진녹색, 검정

③ 검정, 갈색   ④ 남색, 갈색

해설 봄에는 따뜻한 이미지로 선명하고 밝은 톤이 적당하다.

49. 의상의 기본 요소 중 의상 본래의 목적인 보온과 외부로부터의 보호, 공기의 유통 등에 맞추어 이루어진 아름다움으로 환경의 영향을 많이 받는 것은?

① 색채미   ② 형태미

③ 기능미   ④ 재료미

해설 ①은 배색의 아름다움이고, ②는 의상의 부분이나 전체 모양으로 만들어지는 아름다움이다. ④는 의상의 소재로 나타나는 아름다움이다.

50. 선의 공통성이 있기 때문에 안정적이고 균일한 분위기를 나타내는 조화는?

① 부조화   ② 3각조화

③ 대비 조화   ④ 유사 조화

해설 둘 이상의 요소가 같거나 비슷할 때 공통된 성질에서 나타나는 현상이다.

51. 직물의 변에 대한 설명 중 맞지 않는 것은?

① 직물의 제직 · 가공 · 정리 시 이 부분이 큰 힘을 받는다.

② 다른 부분보다 얇게 제직되어 있다.

③ 대부분의 상호가 여기에 표시되기도 한다.

④ 직물의 양쪽 끝에 있는 쫀쫀한 부분이다.

해설 다른 부분보다 두껍게 제직되어 있다.

정답 46. ①   47. ④   48. ①   49. ③   50. ④   51. ②

52. 한 올 또는 여러 올의 실을 바늘로 고리를 형성하여 얽어 만든 피륙은?

① 직물　　　　　② 부직포
③ 브레이드　　　④ 편성물

해설 ①은 경사와 위사를 직각으로 교차시켜 만든 옷감이고, ②는 섬유를 얇은 시트 상태로 만들어 접착시켜 만든 피륙이다. ③은 셋 이상 가닥 형태의 실이나 천을 엮은 직물이다.

53. 다음 중 평직의 특징과 상관이 없는 것은?

① 가장 간단한 조직이다.
② 구김이 잘 생기지 않고, 광택이 우수하다.
③ 밀도를 크게 할 수 없다.
④ 비교적 바닥이 얇으나 튼튼하다.

해설 구김이 잘 가고 광택이 적다.

54. 경사 또는 위사가 한 올, 두 올 또는 그 이상의 올이 교대로 계속하여 업 또는 다운되어 조직점이 대각선 방향으로 연결된 선이 나타나는 조직은?

① 경편조직　　　② 위편조직
③ 능직　　　　　④ 수자직

해설 경편조직은 세로 방향에서 만들어지고, 위편조직은 가로 방향에서 실이 공급되며 만들어지는 편성조직이다. 수자직은 주자직이라고도 하며, 조직점이 적고 띄엄띄엄 생긴다.

55. 다음 그림과 같은 조직도의 명칭은?

① 평직　　　　　② 사문직
③ 주자직　　　　④ 변화조직

56. 정련만으로 제거되지 않는 색소를 화학 약품을 사용해서 분해, 제거하는 공정은?

① 발호　　② 표백　　③ 호발　　④ 탈색

해설 ①과 ③은 전처리 작업으로 가호 과정에서 처리된 경사에 있는 풀을 제거하는 공정이다.

57. 염색에 관한 설명 중 옳지 않은 것은?

① 식물성 섬유는 직접 염료로 염색이 잘 된다.
② 동물성 섬유는 분산 염료로 염색이 잘 된다.
③ 나일론 섬유는 산성 염료로 염색이 잘 된다.
④ 아크릴은 염기성 염료로 염색이 잘 된다.

해설 동물성 섬유는 산성 염료, 폴리에스테르는 분산 염료로 염색이 잘 된다.

58. 머서화 가공(mercerization)으로 얻어지는 효과가 아닌 것은?

① 흡습성의 증가　　② 염색성의 증가
③ 광택의 증가　　　④ 내연성의 증가

해설 머서화 가공: 면직물에 광택을 주는 가공으로 실켓 가공이라고도 한다.

59. 다음 중 방충을 목적으로 직물의 후처리나 염색 과정에서 가공을 하는 섬유는?

① 면　　　　　　② 견
③ 마　　　　　　④ 양모

해설 양모 제품이 보관 중 해충 등에 의해 손상되는 것을 막기 위하여 부여하는 가공이다.

60. 여름철 옷감으로 적당한 것은?

① 옷감의 밀도가 조밀한 직물
② 드레이프성이 큰 직물
③ 열전도율이 높은 직물
④ 섬유의 꼬임이 적은 직물

해설 열전도율이 높아 시원한 소재가 적당하다.

정답 52. ④　53. ②　54. ③　55. ③　56. ②　57. ②　58. ④　59. ④　60. ③

제4회 CBT 실전문제

자격종목	문제 수	수험번호	성 명
양장기능사	60문제		

1. 팔둘레의 위치가 아래쪽에 있고, 어깨 경사각도가 큰 체형은?

① 반신 어깨   ② 굴신 어깨
③ 처진 어깨   ④ 솟은 어깨

해설 ①은 뒤로 젖힌 체형으로 어깨가 뒤로 넘어간다. ②는 앞으로 굽은 체형으로 어깨가 앞으로 굽는다. ④는 팔둘레가 위쪽에 있고, 어깨 경사가 작다.

2. 의복 구성을 위한 체표 구분 중 체간부의 전면에 해당하는 것은?

① 배부   ② 복부
③ 요부   ④ 상완부

해설 ①은 등, ③은 허리로 체간의 후면에 해당하고, ④는 체지부 중 상지인 팔이다.

3. 마틴이 고안한 인체 계측 기구 중 둘레 치수와 굴곡이 있는 체표면의 길이나 너비를 계측하는 데 가장 적합한 것은?

① 신장계   ② 줄자
③ 간상계   ④ 촉각계

해설 ①은 높이 측정, ②는 둘레, ④는 입체 두 점의 최단거리 측정에 적합하다.

4. 가슴둘레의 계측 방법으로 가장 옳은 것은?

① 가슴의 유두점 바로 밑부분을 수평으로 잰다. 이때 편안한 상태에서 당기지 말고 그대로 잰다.
② 가슴의 유두점을 지나는 수평 부위를 돌려서 잰다. 이때 편안한 상태에서 당기지 말고 그대

로 잰다.
③ 가슴의 유두점 바로 윗부분을 수평으로 재며 줄자는 당겨 꼭 맞게 잰다.
④ 가슴의 유두점을 지나는 수평 둘레를 재며 줄자는 당겨 꼭 맞게 잰다.

해설 유두점을 지나는 수평 둘레를 재며, 줄자를 너무 꼭 잡아당기지 않도록 주의한다.

5. 인체 각 부위의 치수를 기본으로 하여 제도하는 방식의 재단 방법은?

① 연단   ② 평면 재단
③ 입체 재단   ④ 그레이딩

6. 의복 원형 제도법 중 장촌식 제도 방법에서 가장 중요한 치수는?

① 허리둘레   ② 엉덩이 둘레
③ 신장   ④ 가슴둘레

해설 장촌식은 대표가 되는 부위의 치수만으로도 제도가 가능하며 바디스 제도 시 가슴둘레가 중요하다. 필요 치수는 가슴둘레, 등 길이, 어깨너비이다.

7. 제도에 필요한 부호 중 늘림에 해당하는 것은?

정답   1. ③   2. ②   3. ③   4. ②   5. ②   6. ④   7. ④

③ 　　　④

해설 ①은 심감, ②는 다트, ③은 다림질 방향에 해당하는 부호이다.

8. 뒷길 원형의 기본 다트 명칭은?

① 숄더 다트　　　　② 암홀 다트
③ 언더 암 다트　　　④ 센터 프런트 다트

9. 다음 중 소매 원형의 제도에 필요한 약자가 아 닌 것은?

① A.H　　　　　　② C.L
③ S.B.L　　　　　④ B.P

해설 B.P는 젖꼭지점으로 bust point의 약자 이다.

10. 스커트 길이에 대한 분류 중 옳은 것은?

① 미니 – 무릎선 길이
② 미디 – 무릎에서 발목 사이의 길이
③ 맥시 – 종아리까지의 길이
④ 내추럴 – 무릎선보다 2.5cm 위의 위치선

해설 미니는 무릎선 위, 내추럴은 무릎선 길이, 맥시는 발목 길이에 해당하는 스커트이다.

11. 다트 머니퓰레이션의 정의로 옳은 것은?

① 다트의 위치를 이동시켜 새로운 원형을 만드 는 과정
② 활동에 불편이 없도록 원형을 변화시키는 작업
③ 이상 체형의 변화를 원형에서 수정하는 작업
④ 길 원형의 다트를 생략하는 과정

12. 세트인 소매(Set–in sleeve)가 아닌 것은?

① 퍼프 슬리브　　　② 랜턴 슬리브
③ 기모노 슬리브　　④ 케이프 슬리브

해설 길과 소매 절개선이 없이 연결하여 구성된 소매로는 래글런 슬리브, 기모노 슬리브, 프 렌치 슬리브, 돌먼 슬리브가 있다.

13. 먼저 플레어의 각도를 정하고 절개선을 끝 까지 절개하여 기본 다트를 자르고 각도에 맞 게 허리둘레선을 정하고 밑단을 정리하는 스커 트는?

① A라인 플레어스커트
② 벨 플레어스커트
③ 세미 서큘러 플레어스커트
④ 요크를 댄 플레어스커트

해설 360° 펼쳐지는 플레어스커트의 일종으로 플레어 분량이 적은 180°, 270° 스커트가 있다.

14. 길이에 따른 슬랙스의 종류 중 원형의 무릎 선에서 약간 올라간 것은?

① 숏 쇼츠(short shorts)
② 버뮤다(bermuda)
③ 니커즈(knickers)
④ 앵클 팬츠(ankle pants)

해설 숏 쇼츠(short shorts) – 길이가 매우 짧 은 바지
니커즈(knickers) – 무릎 길이의 바지
앵클 팬츠(ankle pants) – 발목 길이의 바지

15. 다음 중 플랫칼라 그룹에 속하지 않는 것 은?

① 프릴 칼라(frill collar)
② 카스켓 칼라(casket collar)
③ 테일러칼라(tailored collar)
④ 세일러 칼라(sailor collar)

해설 칼라는 플랫칼라, 스탠드칼라, 테일러칼라

정답 8. ①　9. ④　10. ②　11. ①　12. ③　13. ③　14. ②　15. ③

로 크게 나눌 수 있다.

16. 옷감의 손질 방법으로 옳은 것은?

① 옷감을 침수시킬 때는 되도록 많이 접어서 담근다.

② 확실한 내용의 표시가 없는 것은 섬유의 감별법에 의한다.

③ 다림질 온도를 섬유의 종류에 맞추어 가로 방향으로만 다린다.

④ 수지 가공에서 방축, 방추, 방수 가공이 되어 있는 옷감은 다림질로 다려 구김살을 펴지 않아도 된다.

해설 옷감을 침수시킬 때는 병풍 모양으로 접어서 담근다. 다림질 온도를 섬유의 종류에 맞추어 올 방향으로 다린다.

17. 겉감의 기본 시접 중 가장 부적당한 것은?

① 칼라 1cm   ② 진동둘레 1.5cm

③ 스커트단 1~2cm   ④ 어깨와 옆선 2cm

해설 스커트단, 재킷의 단: 4~5cm

18. 테일러드 재킷의 칼라와 라펠의 심지를 부착시킬 때 사용하는 바느질은?

① 실표뜨기   ② 팔자뜨기

③ 어슷시침   ④ 시침질

해설 테일러드 재킷이나 코트 칼라 또는 라펠에 심지를 부착하여 형태를 고정시키는 데 이용하는 바느질은 팔자뜨기이다.

19. 90cm 너비의 옷감으로서 반소매 블라우스를 만들려고 할 때 옷감의 필요량 계산법은?

① (블라우스 길이×3)+시접(7~10cm)

② (블라우스 길이×2)+시접(10~15cm)

③ 블라우스 길이+소매길이+시접(7~10cm)

④ (블라우스길이×2)+소매길이+시접(10~20cm)

해설

종류	폭	필요량	계산법
반소매	90	140~160	(블라우스 길이×2)+시접(10~15cm)
	110	100~140	(블라우스 길이×2)+시접(7~10cm)
	150	80~100	블라우스 길이+소매길이+시접(7~10cm)

20. 플레어스커트를 정바이어스로 재단하려고 할 때 알맞은 재단 방향은?

① 15° 사선 방향으로 재단

② 30° 사선 방향으로 재단

③ 45° 사선 방향으로 재단

④ 60° 사선 방향으로 재단

21. 가봉 및 보정에 대한 일반적인 주의사항으로 부적당한 것은?

① 실은 주로 합성사보다는 면사를 사용한다.

② 작은 조각 이외에는 반드시 재봉대 위에 펴놓고 오른손으로 누르면서 오른쪽에서 왼쪽으로 시침한다.

③ 바이어스 감과 직선으로 재단된 옷감을 붙일 때는 바이어스 감을 위로 겹쳐 놓고 바느질한다.

④ 바느질법은 손바느질의 상침 시침으로 한다.

해설 반드시 재봉대 위에 펴놓고 손으로 누르면서 시침할 필요는 없다.

22. 솟은 어깨의 체형은 앞, 뒤 어깨가 당겨져서 어깨를 향해 수평으로 당기는 주름이 생기므로 이에 대한 보정 방법으로 가장 옳은 것은?

① 앞, 뒤 어깨끝점을 위로 올려준다.

② 앞, 뒤 어깨끝점을 아래로 내려준다.

③ 앞, 뒤 어깨끝점으로 아래로 내린 양과 같은

양으로 진동둘레도 내려준다.

④ 앞, 뒤 어깨끝점을 위로 올려주고, 같은 양으로 진동둘레 밑에서도 같은 치수로 올려준다.

해설 어깨선 수정 시 동일한 분량으로 진동 높이를 고친다.

23. 슬랙스의 허벅지 부위가 너무 타이트할 경우에 가장 적합한 보정 방법은?

① 옆선을 좁혀준다. ② 옆선을 넓혀준다.
③ 다트를 넓혀준다. ④ 허리선을 올려준다.

해설 ①과 ③은 마른 체형의 경우, ④는 배가 나온 경우에 적합한 보정 방법이다.

24. 단환봉 재봉기의 장점이 아닌 것은?

① 회전 속도가 빠르다.
② 가는 재봉사를 사용할 수 있다.
③ 봉사의 장력을 조절하기 쉽다.
④ 실땀의 형성은 천의 윗면과 밑면이 일정하다.

해설 ④는 본봉 재봉기의 설명이다.

25. 재봉할 때 봉제 천에 비해 바늘이 굵은 경우 일어나는 현상은?

① 땀뜀 현상이 일어난다.
② 천의 보내기 운동이 불량하다.
③ 재봉틀의 노루발이 장애를 일으킨다.
④ 천에 퍼커링이 발생한다.

26. 솔기 처리 방법 중 시접을 완전히 감싸는 방법으로 얇고, 비치거나 풀리기 쉬운 옷감으로 옷을 만들 때 이용되는 것은?

① 통솔 ② 평솔
③ 쌍솔 ④ 뉜솔

27. 의복 제작 시 평면적인 옷감을 입체화하기 위해서 옷감을 오그려야 할 부분은?

① 소매 앞 ② 바지의 밑위
③ 앞가슴 ④ 어깨

해설 옷감과 변형에서 오그리기를 하여야 하는 부분 – 어깨, 허리, 소매산, 소매 팔꿈치

28. 다음 중 다림질할 때 온도가 높은 것부터 낮은 순으로 되어 있는 것은?

① 면, 마 – 레이온 – 양모 – 아세테이트
② 면, 마 – 아세테이트 – 양모 – 레이온
③ 레이온 – 아세테이트 – 면, 마 – 양모
④ 아세테이트 – 면, 마 – 양모 – 레이온

해설 섬유별 다림질 온도
㉠ 면, 마 – 180~200℃
㉡ 모 – 150~160℃
㉢ 레이온 – 140~150℃
㉣ 견 – 130~140℃
㉤ 나일론, 폴리에스테르 – 120~130℃
㉥ 폴리우레탄 – 130℃ 이하
㉦ 아세테이트, 트리아세테이트, 아크릴 – 120℃ 이하

29. 솔기선에 있는 포켓으로서 코트, 원피스, 스커트 등에 이용되는 것은?

① 프런트 힙(front hip) 포켓
② 인심(in-seam) 포켓
③ 플랩(flap) 포켓
④ 웰트(welt) 포켓

해설 ①은 바지 앞허리 부분에 있는 포켓, ③은 재킷이나 코트에 이용되는 뚜껑이 있는 포켓이고, ④는 재킷 가슴 부위에 있는 포켓이다.

30. 심 퍼커링의 발생을 줄일 수 있는 방법으로 옳지 않은 것은?

정답 23. ② 24. ④ 25. ④ 26. ① 27. ④ 28. ① 29. ② 30. ②

① 바이어스 방향의 봉제
② 적절한 스티치 폭의 조절
③ 윗실과 밑실 장력의 조정
④ 노루발 압력조절을 통한 조절

해설 심 퍼커링: 봉제 후 봉제선이 매끄럽지 않고 원하지 않는 작은 주름이 생기는 현상

31. 면섬유의 미세구조 중 면섬유 전체의 90%를 차지하며 물리적 성질을 주로 지배하는 것은?

① 제1막 세포막
② 제2막 세포막
③ 중공
④ 표피질

해설 면섬유는 표피질 제1막 세포막, 제2막 세포막, 중공으로 이루어져 있다.

32. 의복 재료로서 마섬유의 가장 큰 단점은?

① 내열성이 크다.
② 탄성이 작다.
③ 흡습성이 크다.
④ 열전도성이 작다.

33. 견섬유의 성질에 대한 설명으로 옳은 것은?

① 알칼리에 강하다.
② 내일광성이 좋다.
③ 단면의 형태가 삼각형이다.
④ 단섬유이다.

해설 알칼리에는 약하나 산에 강하다.

34. 섬유의 분류가 서로 관계없는 것끼리 짝지어진 것은?

① 폴리아크릴계 – 캐시미론
② 폴리아미드계 – 나일로 6
③ 폴리비닐알코올계 – 비닐론
④ 폴리우레탄계 – 사란

해설 폴리우레탄계는 스판덱스이고, 사란은 폴

리염화 비닐계이다.

35. 비스코스 레이온을 만드는 공정의 순서가 바르게 나열된 것은?

① 황화 → 숙성 → 방사
② 숙성 → 황화 → 방사
③ 방사 → 황화 → 숙성
④ 황화 → 방사 → 숙성

해설 황화(이황화 탄소와 반응하여 셀룰로오스 크산테이크 생성) – 숙성(비스코스를 일정시간 보존: 점도 높임) – 방사의 순서로 진행된다.

36. 다음 중 축합 중합체 섬유가 아닌 것은?

① 폴리아미드
② 폴리우레탄
③ 폴리염화비닐
④ 폴리에스테르

해설 부가 중합체: 폴리에틸렌계, 폴리염화비닐계, 폴리염화비닐리덴계, 폴리프로에틸렌계, 폴리아크릴로니트릴계, 폴리프로필렌계

37. 섬유를 불꽃 가까이 가져갔을 때 녹으면서 오그라들지 않는 섬유는?

① 폴리에스테르
② 비스코스 레이온
③ 나일론
④ 아크릴

해설 ②는 종이 타는 냄새가 나며 재로 남는다. 대부분의 인조 합성 섬유는 녹으면서 탄다. 아세테이트, 나일론, 아크릴, 비닐론 등이 해당된다.

38. 나일론 실에 있어서 100데니어(denier)와 50데니어의 나일론 실을 비교 설명한 것으로 옳은 것은?

① 50데니어가 100데니어보다 실 길이가 길다.
② 100데니어가 50데니어보다 실 길이가 길다.
③ 50데니어가 100데니어보다 실의 굵기가 가

정답 31. ②　32. ②　33. ③　34. ④　35. ①　36. ③　37. ②　38. ③

늘다.

④ 100데니어가 50데니어보다 실의 굵기가 가늘다.

해설 1데니어는 실 9000m의 무게를 1g수로 표시한다. 데니어 번수는 숫자가 클수록 굵다.

39. 다음 중 물에서 세탁할 때 강력이 현저히 저하되므로 세탁 시 주의해야 할 섬유는?

① 면　　　　　　② 아마
③ 나일론　　　　④ 비스코스 레이온

해설 마섬유, 면섬유는 흡습하면 강도가 가장 증가한다. ④는 흡습 시 강도가 크게 떨어진다.

40. 다음 중 비중이 작은 섬유부터 큰 섬유 순서대로 나열한 것은?

① 폴리프로필렌 – 나일론 – 폴리에스테르 – 면
② 폴리프로필렌 – 폴리에스테르 – 나일론 – 면
③ 면 – 폴리에스테르 – 나일론 – 폴리프로필렌
④ 면 – 나일론 – 폴리에스테르 – 폴리프로필렌

해설 섬유의 비중 크기는 석면, 유리＞사란＞면＞비스코스 레이온＞아마＞폴리에스테르＞아세테이트, 양모＞견, 모드아크릴＞비닐론＞아크릴＞나일론＞폴리프로필렌의 순이다.

41. 다음의 설명 중 잘못된 것은?

① 어떠한 색상의 순색에 무채색의 포함량이 많을수록 채도가 높아진다.
② 색의 3속성을 3차원의 공간 속에 계통적으로 배열한 것을 색입체라고 한다.
③ 무채색은 시감 반사율이 높고 낮음에 따라 명도가 달라진다.
④ 보색인 두 색을 혼합하면 무채색이 된다.

해설 채도가 높은 색이란 가장 맑은 색으로, 순색을 의미한다.

42. 색입체에 대한 설명 중 틀린 것은?

① 색상은 원으로, 명도는 직선으로, 채도는 방사선으로 나타낸다.
② 무채색 축을 중심으로 수직으로 자르면 보색 관계의 두 가지 색상면이 나타난다.
③ 색상의 명도는 위로 올라갈수록 고명도, 아래로 내려갈수록 저명도가 된다.
④ 채도는 중심축으로 들어가면 고채도, 바깥둘레로 나오면 저채도이다.

해설 채도는 색입체의 중심축에서 바깥쪽으로 갈수록 높아진다.

43. 색의 혼합 중 여러 색이 조밀하게 병치되어 있기 때문에 혼색되어 보이는 것은?

① 색광 혼합　　　② 색료 혼합
③ 중간 혼합　　　④ 보색

해설 두 색 또는 그 이상의 색이 섞여서 중간의 밝기를 나타내는 것이다.

44. 오스트발트 색 체계의 색상환에서 나타내는 색상의 수로 옳은 것은?

① 20　　　　　　② 24
③ 36　　　　　　④ 100

해설 오스트발트 색 체계는 헤링의 4원색설을 기준으로 그 사이에 추가하여 8색, 이를 다시 3단계로 나누어 총 24색을 기본으로 한다.

45. 색의 시지각적 효과 중 주위색의 영향으로 오히려 인접색에 가깝게 느껴지는 경우에 해당하는 것은?

① 공감각 현상　　② 동화 현상
③ 항상성　　　　④ 진출성

해설 혼색 효과의 일종이다.

46. 다음 중 차분하고 안정적인 분위기에 가장 적합한 색은?

① 난색 계통으로 채도가 낮은 색
② 난색 계통으로 채도가 높은 색
③ 한색 계통으로 채도가 낮은 색
④ 한색 계통으로 채도가 높은 색

해설 난색 계통으로 채도가 높으면 흥분을 일으키기 쉽다.

47. 겨울의 의복 배색으로 가장 효과적인 것은?

① 저채도의 고명도 색
② 한색계의 중명도 색
③ 난색계의 저명도 색
④ 고채도의 저명도 색

해설 겨울 의복은 따뜻하고 안정적인 색을 주로 사용한다.

48. 의복 디자인에서 키를 커 보이게 하고 동시에 몸을 가늘어 보이게 하기 위한 수단으로 가장 많이 활용되는 것은?

① 세로선에 의해서 분할된 면에 의한 착시현상
② 가로선에 의해서 분할된 면에 의한 착시현상
③ 사선에 의해서 분할된 면에 의한 착시현상
④ 선의 길이에 의한 착시현상

49. 다음 중 한 색상의 명도와 채도를 변화시킨 배색으로 하늘색, 코발트블루, 남색의 조합 등 무난한 느낌의 배색은?

① 콘트라스트(contrast) 배색
② 톤 인 톤(tone in tone) 배색
③ 포 카마이외(faux camaieu) 배색
④ 톤 온 톤(tone on tone) 배색

해설 동일 색상에 명도와 채도가 다른 배색이다.

50. 리듬의 종류 중 한 점을 중심으로 각 방향으로 뻗어나가는 것으로서 생동감이나 문에 강한 시선을 집중시키는 효과가 있는 것은?

① 반복 리듬
② 점진적 리듬
③ 방사상 리듬
④ 교대 반복 리듬

해설 ①은 한 종류의 선, 형, 색채 또는 재질이 규칙적으로 동일하게 반복될 때에 형성되는 리듬이고, ②는 반복의 단위가 점차 강해지거나 약해지는 경우, 단위 사이의 거리가 점차 멀어지거나 가까워지는 경우, 또는 두 가지가 동시에 일어나는 경우에 형성되는 리듬이다. ④는 두 가지 다른 특성의 요소가 번갈아 교대로 반복되는 것이다.

51. 다음 직물의 종류 중에서 실로부터 제작하지 않고 섬유로부터 화학적 결합을 시키거나 접착시켜 만든 천은?

① 직물
② 부직포
③ 편성물
④ 레이스

52. 다음 중 평직에 해당하는 직물은?

① 포플린
② 서지
③ 개버딘
④ 데님

해설 능직 – 개버딘(gabardine), 서지, 트위드, 플란넬, 데님 등

53. 다음 중 직물의 조직과 직물명을 바르게 연결한 것은?

① 평직–공단
② 능직–서지
③ 수자직–포플린
④ 양면사문직–개버딘

해설 공단은 수자직이고, 포플린은 평직이다.

54. 주자 조직의 특징을 설명한 것은?

① 날실과 씨실의 굴곡이 가장 많으며 직축률이

가장 크다.

② 구김이 잘 생기고 광택은 비교적 불량한 편이다.

③ 직물의 밀도를 크게 증가시켜 제직할 수 없다.

④ 날실과 씨실이 각각 5올 이상으로 구성되어 있고 광택이 우수하다.

55. 다음 중 나일론 섬유의 염소계 산화 표백제로 가장 적합한 것은?

① 차아염소산 나트륨　② 아염소산 나트륨

③ 하이드로설파이트　④ 유기 염소 표백제

해설 ①은 염소계 산화 표백제로 하이포아염소산나트륨, 셀룰로오스 섬유에 사용된다. ③은 환원계 표백제이고, ④는 염소계 산화 표백제이다.

56. 중성 또는 약알칼리성의 중성염 수용액에서는 셀룰로오스 섬유에 직접 염색되며, 산성 하에서 단백질 섬유와 나일론에도 염착되는 염료는?

① 직접 염료　　　② 염기성 염료

③ 산성 염료　　　④ 배트 염료

해설 산성 염료는 단백질 섬유의 염색에 사용된다. 면과 마는 직접 염료, 반응성 염료를 사용하고, 아크릴은 염기성 염료로 염색이 잘 된다.

57. 견섬유의 성질을 살리고, 자외선에 취화되는 것을 막는 방법으로 처리하는 것은?

① 알칼리 처리　　② 탄닌산 처리

③ 실켓화 처리　　④ 염소 처리

해설 ①과 ③은 면의 머서화 가공, ④는 양모의 스케일 제거 가공이다.

58. 폴리에스테르 직물을 수산화나트륨 용액으로 처리하여 중량을 감소시킴으로써 견섬유에 가까운 특성을 지니게 하는 가공은?

① 알칼리 감량 가공

② 듀어러블 프레스 가공

③ 런던 슈렁크 가공

④ 머서화 가공

59. 다음 중에서 안감으로서 갖추어야 할 기본적인 조건이 아닌 것은?

① 조형 면에서 실루엣을 살릴 수 있도록 적당한 강성을 가져야 한다.

② 겉감과 잘 어울리고, 심미적인 면에서 아름다운 색으로 염색되어야 한다.

③ 마찰성이 좋고, 염색 견뢰도가 높아야 한다.

④ 내구성이 좋고, 젖었을 때 수축성이 커야 한다.

해설 젖었을 때 수축성이 크면 겉감보다 안감이 작아져 옷의 형태가 망가진다.

60. 다음 중 직물의 드레이프 계수가 가장 큰 것은?

① 서지(양모)　　② 브로드(면)

③ 부직포(건식)　　④ 크레이프드신(견)

해설 드레이프 계수는 옷감이 부드럽게 늘어뜨려지는 정도를 나타내며, 수치가 작을수록 드레이프성이 우수하다.

직물의 드레이프 계수 크기: 부직포(건식) 0.82 > 브로드(면) 0.61 > 서지(양모) 0.5 > 드리코(나일론) 0.29 > 크레이프드신(견) 0.22

정답 55. ②　56. ①　57. ②　58. ①　59. ④　60. ③

제5회 CBT 실전문제

자격종목		수험번호	성 명
양장기능사	문제 수 60문제		

1. 10대 소녀들에게 많은 체형으로 항상 바른 자세를 유지하는 이들에게서 볼 수 있으며 나이가 많은 사람도 이런 체형일 경우에는 보다 젊어 보인다. 상체가 곧고 가슴이 높게 솟아 있으며 엉덩이는 풍만하고 배가 평편한 자세인 체형은?

① 후경체   ② 굴신체
③ 편평체   ④ 변신체

2. 인체를 몸통과 사지로 구분할 때 몸통에 해당하지 않는 것은?

① 머리   ② 가슴
③ 목   ④ 팔

> **해설** 체간부 – 4체부(머리, 목, 가슴, 배)
> 체지부 – 2체부(팔, 다리)

3. 계측 방법의 설명 중 틀린 것은?

① 유두 길이 – 목옆점을 지나 유두까지를 잰다.
② 허리둘레 – 허리의 가장 가는 부위를 돌려서 잰다.
③ 엉덩이 둘레 – 엉덩이의 가장 두드러진 부위를 수평으로 돌려서 잰다.
④ 등 길이 – 목 뒷점부터 엉덩이선보다 약간 위쪽까지 잰다.

> **해설** 등 길이는 목 뒷점부터 허리둘레선까지 길이를 측정한다.

4. 단촌식 제도법의 특징이 아닌 것은?

① 인체의 많은 부위를 계측하여 제도한다.
② 체형 특징에 맞는 원형을 얻을 수 있다.
③ 인체의 각 부위를 세밀하게 계측해 제도한다.
④ 초보자에게 바람직한 제도법이다.

> **해설** ④는 장촌식 제도법이다.

5. 의복 제도 부호 중 오그림 표시에 해당되는 것은?

① ⌒   ② ⌒⌒⌒
③ ∿∿∿   ④ ∿∿∿∿∿

> **해설** ②는 늘림이다.

6. 다음 중 제도 시 여유 분량이 필요 없는 것은?

① 가슴둘레   ② 허리둘레
③ 등 길이   ④ 소매산 높이

> **해설** ③은 세로 기초선이다.

7. 소매산의 높이가 높을 때의 설명으로 옳은 것은?

① 소매너비는 좁아진다.
② 활동성이 좋아진다.
③ 소매너비는 넓어진다.
④ 소매너비가 넓어지다가 좁아진다.

> **해설** 소매산 높이가 낮을수록 소매너비가 넓어 활동성이 좋아진다.

정답   1. ④   2. ④   3. ④   4. ④   5. ③   6. ③   7. ①

8. 스커트 다트에 대한 설명 중 틀린 것은?

① 다트의 수는 허리둘레와 엉덩이 둘레의 차이가 클수록 많아진다.

② 허리둘레와 엉덩이둘레의 차이로 생기는 앞, 뒤의 공간을 다트로 처리한다.

③ 일반적으로 스커트 다트는 엉덩이 둘레선의 위치와 형태 때문에 앞보다 뒤가 더 길다.

④ 디자인에 상관없이 정해진 다트의 너비를 등분하여 조절한다.

해설 다트 수는 디자인에 따라 다트의 너비를 등분하여 조절한다.

9. 다음 그림과 같이 선을 따라 절개시키고 기본 다트를 M.P하는 다트에 해당되는 것은?

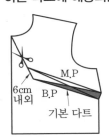

① 숄더 다트(shoulder dart)

② 언더 암 다트(under arm dart)

③ 센터 프런트 넥 다트(center front neck dart)

④ 웨이스트 다트(waist dart)

10. 프렌치 소매의 설명으로 옳은 것은?

① 소매붙임선이 목둘레선으로부터 A.H 아래로 연결되어 이루어진 소매

② A.H선을 크게 판 소매

③ 기모노 소매의 일종으로 일반적으로 길이가 짧은 소매

④ 요크와 소매가 연결된 소매

해설 ①은 래글런 소매, ②는 A.H선을 내려 겨드랑 부분을 매우 넓게 하는 돌먼 소매이다.

11. 스커트의 명칭 중 실루엣에 따른 명칭과 형태에 따른 명칭이 동일하지 않은 것은?

① 서큘러스커트   ② 타이트스커트

③ 큐롯 스커트   ④ 트럼펫 스커트

해설 큐롯은 슬랙스의 구성 방법과 같은 원리로 제도하는 스커트이다.

12. 칼라의 종류 중 테일러드 칼라(tailored collar) 그룹에 해당되지 않는 것은?

① 윙칼라(wing collar)

② 셔츠 칼라(shirt collar)

③ 솔 칼라(shawl collar)

④ 오픈칼라(open collar)

해설 ②는 칼라와 스탠드분이 분리된 형태의 칼라이다.

13. 옷감의 패턴 배치 방법 중 틀린 것은?

① 패턴 배치를 할 때 식서 방향으로 맞추는 것이 중요하다.

② 무늬 모양이 전부 한쪽 방향으로 되어 있는 옷감은 보통 옷감의 필요 치수보다 5~10% 옷감이 적게 필요하다.

③ 첨모직물은 패턴 전체를 같은 방향으로 배치하여 재단하여야 한다.

④ 큰 무늬가 있는 옷감의 경우에는 무늬가 한쪽에 몰리지 않도록 유의하여야 한다.

해설 무늬 모양이 전부 한쪽 방향으로 되어 있는 옷감은 무늬를 맞추어야 하므로 보통 옷감의 필요 치수보다 5~10% 옷감이 더 필요하다.

14. 스커트 안감은 겉감과 같은 시접 분량을 넣지만, 길이의 시접 분량으로 가장 옳은 것은?

① 겉감보다 3cm 짧게 한다.

② 겉감보다 3cm 길게 한다.

③ 시접은 3cm로 한다.

정답 8. ④   9. ③   10. ③   11. ③   12. ②   13. ②   14. ①

④ 겉감과 같은 시접 분량을 넣는다.

(해설) 일반적으로 안감의 단 시접은 겉감의 단 분량의 반 정도이다. 스커트의 안감 시접은 겉감과 동일하나 길이를 3cm 짧게 한다.

15. 모심지에 대한 설명으로 틀린 것은?

① 신축성이 작고 단단하다.
② 적당한 드레이프(drape)성이 있다.
③ 방추성이 우수하다.
④ 형태 안정이 우수하다.

(해설) 심지의 사용 목적은 겉감의 형태를 안정하게 하고, 봉제가 다소 용이하며, 옷의 형태 변형을 방지한다.

16. 반소매 원피스의 옷감 필요량 계산법으로 옳은 것은?

① 너비 110cm: (옷 길이×1.2)+소매길이+시접(10~15cm)
② 너비 110cm: (옷 길이×3)+시접(12~16cm)
③ 너비 150cm: (옷 길이×1.2)+소매길이+시접(20~30cm)
④ 너비 150cm: 옷 길이+(소매길이×2)+시접(20~30cm)

17. 재단할 때의 주의사항으로 옳은 것은?

① 한 겹옷일 경우에는 안단을 따로 재단한다.
② 안단의 시접은 칼라의 형태에 관계없이 모두 같게 잡는다.
③ 바이어스 테이프를 장식으로 댈 때는 시접을 반드시 넣는다.
④ 무늬 있는 옷감은 위의 한 장을 자른 후에 아래의 무늬를 확인하면서 자른다.

(해설) 블라우스 등의 홑겹옷은 안단을 붙여서 재단하고, 바이어스 테이프를 장식으로 달 때는 시접을 넣지 않는다.

18. 다음 중 가봉 방법 설명으로 틀린 것은?

① 가봉 방법은 의복의 종류에 따라 다르다.
② 실은 견사를 사용하여 얇은 감은 한 올로 하고, 두꺼운 감은 두 올로 한다.
③ 칼라, 주머니, 커프스는 광목이나 다른 옷감을 사용하는 것이 좋다.
④ 단추는 같은 크기로 종이나 옷감을 잘라서 일정한 위치에 붙인다.

(해설) 가봉용 실은 면사를 사용한다.

19. 보정 방법에 대한 설명 중 틀린 것은?

① 목둘레선이 들뜨는 것은 목둘레가 커서 생기는 현상으로 목둘레선을 높여서 앞, 뒤판을 맞춘다.
② 앞, 뒤 어깨선에 타이트한 주름이 생길 경우(어깨가 솟은 경우)에는 어깨선을 올려 보정하고 그 분량만큼 진동 밑부분을 올려준다.
③ 가슴 부위가 당길 때는 B.P를 지나 다트의 중간과 어깨 부위에 선을 넣어 늘어지는 부분이 없어지도록 접어준 다음에 다트를 다시 잡아준다.
④ 진동둘레가 너무 좁은 경우에는 가위집을 넣은 후 새로운 진동선을 그린다.

(해설) 가슴 부위가 당길 때는 B.P를 지나는 가슴 다트 가운데 부분과 어깨에서 허리 다트 부분까지 각각 절개하여 벌린다.

20. 소매 앞, 뒤에 주름이 생길 때 보정 방법으로 가장 적합한 것은?

① 소매산을 낮추어 준다.
② 소매산을 높여준다.
③ 소매산 중심점을 뒤 소매쪽으로 옮기고, 소매산 둘레의 곡선을 수정한다.
④ 소매산 중심점을 앞 소매쪽으로 옮기고, 소매산 둘레의 곡선을 수정한다.

(정답) 15. ② 16. ① 17. ④ 18. ② 19. ③ 20. ②

해설 소매산이 낮은 경우 소매 앞, 뒤에 주름이 생긴다.

21. 스커트에서 앞허리 밑에 가로로 군주름이 생기는 이유로 가장 옳은 것은?

① 허리 밑의 넓이가 너무 좁아 꽉 낄 때 생긴다.
② 허리 밑의 넓이가 너무 헐렁할 때 생긴다.
③ 배가 없거나 마른 체형에 생긴다.
④ 배가 많이 나온 체형에 생긴다.

22. 재봉 방식에 따른 본봉 재봉기의 표시 기호에 해당하는 것은?

① C　　　　　　② E
③ F　　　　　　④ L

해설 C-단환봉, D-이중 환봉, F-편평봉, L-본봉, M-복합봉, S-특수봉, E-주변 감침봉, W-용착

23. 다음 중 재봉사로 가장 많이 사용하는 실은?

① 2합 연합사　　　② 3합 연합사
③ 4합 연합사　　　④ 5합 연합사

해설 재봉사는 3합 연합사를 많이 쓰며 손바느질은 2합사를 많이 쓴다.

24. 다음 중 가름솔의 종류에 해당되지 않는 것은?

① 휘갑치기 가름솔　　② 눌러박기 가름솔
③ 지그재그 가름솔　　④ 오버로크 가름솔

해설 ①은 위사 방향으로 올이 풀리는 것을 방지하는 방법이고, ②는 단처리 방법이다. ③은 시접 부분을 지그재그로 봉제하는 것이며, 니트, 가죽 등의 솔기 처리법이고, ④는 오버로크 재봉기로 박아 시접을 가른다.

25. 코트 단 및 원피스 단을 정리할 때의 설명으로 옳은 것은?

① 겉단을 접어 새발감침으로 고정시킨다.
② 안감은 겉단보다 5~7cm 짧게 하여 박아준다.
③ 겉단은 안감의 길이와 똑같이 하여 양 옆 솔기 끝에 3cm 길이의 실 루프로 고정시킨다.
④ 겉단 끝에 안감으로 바이어스 처리 후 공그르기를 하며 안감을 겉단보다 2~3cm 정도 짧게 한다.

26. 라펠, 칼라, 다트 등과 같이 옷감을 곡면으로 정형(定型)할 때 사용하는 다림질 보조 용구는?

① 소매 다림질대　　② 둥근 다림질대
③ 솔기 다림질대　　④ 니들 보드

27. 다음의 바느질법 중에서 새발뜨기에 대한 설명은?

① 두꺼운 옷감의 단 부분이나 뒤트임 부분에 많이 사용되는 바느질이고, 쉽게 뜯어지는 것을 방지하는 튼튼한 바느질법이며 장식적인 효과도 있다.
② 스커트, 슬랙스, 소매 등의 밑단 부분에 많이 쓰이는 바느질이고 단을 접어서 다린 후에 겉감으로는 바늘땀이 거의 나타나지 않게 하여야 하고 접힌 단 쪽으로 길게 떠준다.
③ 밑단 부분이나 안감을 겉감에 고정시킬 때, 지퍼 부분에서 안감을 겉감 부분에 고정시킬 때 많이 사용하고 옷의 안쪽 부분에 사선의 감치기한 실이 나타나고 겉쪽으로는 실땀이 보이지 않도록 한다.
④ 올이 풀리지 않도록 시접의 끝을 꺾어 다린 후 단 분량을 접어 재봉기로 박아주며 면이나 청바짓단 처리에 쓰인다.

정답 21. ① 　22. ④ 　23. ② 　24. ② 　25. ④ 　26. ② 　27. ①

해설 ②는 공그르기, ③은 감침질, ④는 접어박기에 대한 설명이다.

28. 봉비(skip)의 원인이 아닌 것은?

① 바늘의 불량이나 바늘 끝 파손
② 꼬임이 강한 실을 사용
③ 노루발의 압력이 강한 경우
④ 바늘과 북 끝의 타이밍 불량

해설 ③의 경우 톱니와 균형이 안 맞으면 옷감이 잘 밀려나지 않아 퍼커링이 생길 수 있다.

29. 다음 중 제조원가 계산법으로 옳은 것은?

① 재료비 + 인건비
② 재료비 + 인건비 + 제조 경비
③ 재료비 + 인건비 + 제조 경비 + 판매 간접비
   + 일반 관리비
④ 재료비 + 인건비 + 제조 경비 + 판매 간접비
   + 일반 관리비 + 이익

해설 ㉠ 판매가격 직접 원가=제조 원가=직접 재료비+직접 노무비+직접 경비
ⓛ 총원가=제조 원가+판매 간접비+일반 관리비
ⓒ 판매가=총원가+적정 이윤
ⓔ 제조 원가=직접 원가+제조 간접비

30. 생산 경비에 영향을 미치는 요인 중 원가에 가장 큰 영향을 미치는 것은?

① 생산 공정
② 생산 계획의 결정
③ 재료 구입 및 준비
④ 디자인의 개발과 결정

해설 제조 원가=직접 원가+제조 간접비=직접 재료비+직접 노무비+직접 경비

31. 면섬유에 좋은 방적성과 탄성을 주는 것은?

① 결절   ② 겉비늘

③ 크림프   ④ 천연 꼬임

해설 ①은 아마 섬유의 마디이고, ②와 ③은 양모 섬유의 특징이다.

32. 5% 수산화 나트륨 용액에 가장 쉽게 용해되는 섬유는?

① 양모   ② 면
③ 아크릴   ④ 저마

해설 단백질은 5% 수산화 나트륨 용액에 쉽게 용해된다.

33. 비스코스 레이온의 특성에 대한 설명으로 틀린 것은?

① 흡습 시 강도가 증가한다.
② 장시간 고온에 방치하면 황변된다.
③ 단면은 불규칙하게 주름이 잡혀 있다.
④ 강알칼리에서는 팽윤되어 강도가 떨어진다.

해설 흡습 시 강도와 초기 탄성률이 크게 떨어진다.

34. 양모 대용으로 스웨터 등의 편성물 또는 모포에 많이 사용하는 섬유는?

① 아세테이트   ② 나일론
③ 아크릴   ④ 폴리에스테르

해설 ③은 보온성이 우수하고 촉감이 부드럽다.

35. 폴리에스테르 섬유의 연소 시험 결과 나타나는 현상이 아닌 것은?

① 검은 재가 남는다.
② 달콤한 냄새가 난다.
③ 불꽃에 접근시키면 녹는다.
④ 천천히 타며 저절로 꺼진다.

정답 28. ③   29. ②   30. ④   31. ④   32. ①   33. ①   34. ③   35. ④

36. 실의 꼬임에 대한 설명 중 틀린 것은?

① 꼬임이 많아지면 실의 광택은 감소한다.

② 꼬임이 적으면 실은 부드럽고 부푼 실이 된다.

③ 꼬임수가 많아짐에 따라 실은 딱딱하고 까슬 까슬해진다.

④ 꼬임이 많아지면 실의 강도는 무한히 증가한 다.

(해설) 꼬임이 많아지면 실의 광택은 감소하고, 어느 한계 이상 많아지면 강도는 약해진다.

37. 섬유가 습윤하였을 때 강도가 더 증가하는 섬유는?

① 비스코스 레이온   ② 양모

③ 면   ④ 아세테이트

38. 섬유의 비중에 대한 설명 중 틀린 것은?

① 비중이 작으면 드레이프성이 좋지 않다.

② 면섬유의 비중은 1.54이다.

③ 섬유 중 비중이 가장 작은 것은 폴리프로필렌 이다.

④ 비중이 작은 섬유는 어망으로 적당하다.

(해설) 비중이 작으면 물에 가라앉지 않아 어망으 로 부적절하다.

39. 축융성 때문에 수축하는 결점이 있어 물세 탁이 어렵고, 드라이클리닝을 하여야 하는 섬 유는?

① 나일론   ② 양모

③ 실크   ④ 폴리에스테르

(해설) 축융성은 물, 알칼리, 마찰 등에 의해 섬유 가 서로 엉키고 줄어드는 성질이다.

40. 다음 중 산(acid)에 가장 약한 섬유는?

① 식물성 섬유   ② 동물성 섬유

③ 재생 섬유   ④ 합성 섬유

(해설) 식물성 섬유는 알칼리에 강하고 산에 약하다.

41. 다음 중 색상에 대한 설명으로 잘못된 것 은?

① H로 표시한다.

② 색상은 유채색에만 있다.

③ 색상환에서 바로 옆에 있는 색을 인근색이라 고 한다.

④ 색상환에서 90° 각도의 위치에 있는 색을 보 색이라고 한다.

(해설) 보색은 색상환에서 180° 각도에 위치한다.

42. 색상환의 두 색상끼리의 각도 중 색상 차가 큰 것은?

① 0~30°   ② 45° 이내

③ 60~90°   ④ 120°

43. 주황색에 흰색을 섞으면 주황색은 어떤 변 화를 보이는가?

① 명도와 채도 모두 높아진다.

② 명도는 높아지고, 채도는 낮아진다.

③ 명도와 채도 모두 낮아진다.

④ 명도는 낮아지고, 채도는 높아진다.

(해설) 순색에 다른 색을 섞으면 채도는 낮아진다.

44. 문-스펜서(P.Moon & D.E. Spencer)의 색 채 조화론 중 색상, 명도, 채도별로 이루어지는 조화가 아닌 것은?

① 동일 조화   ② 유사 조화

③ 대비 조화   ④ 제1부조화

(해설) 부조화에는 제1부조화, 제2부조화, 눈부심 이 있다.

(정답) 36. ④   37. ③   38. ④   39. ②   40. ①   41. ④   42. ④   43. ②   44. ④

45. 어떤 자극이나 색각이 생긴 뒤에 그 자극을 제거해도 흥분이 남아 원자극과 같거나 또는 반대 성질의 상이 보이는 현상은?

① 색음 ② 잔상
③ 동화 ④ 대비

해설 ①은 주위 색의 보색이 중심에 있는 색에 겹쳐져 보이는 현상이고, ③은 혼색 효과, ④는 반대되는 다른 성격이 비교되는 현상이다.

46. 다음 중 흥분을 일으키는 데 가장 적합한 색은?

① 난색 계통으로 채도가 낮은 색
② 난색 계통으로 채도가 높은 색
③ 한색 계통으로 채도가 낮은 색
④ 한색 계통으로 채도가 높은 색

해설 한색이거나 채도가 낮은 색은 차분하고 안정된 느낌을 준다.

47. 한 디자인에서 주황색과 노란색으로 조화를 이루었다면 이에 해당되는 색채 조화는?

① 동일 색상 조화
② 인접 색상 조화
③ 보색 조화
④ 삼각 조화

48. 체형이 큰 사람에게 잘 어울리는 색채는?

① 높은 명도와 높은 채도
② 높은 명도와 낮은 채도
③ 낮은 명도와 낮은 채도
④ 낮은 명도와 높은 채도

해설 큰 체형에는 후퇴색, 수축색이 어울린다.

49. 다음 중 키를 커 보이게 하는 데 가장 효과적인 디자인 방법은?

① 프린세스 라인을 넣는다.
② 허리에 넓은 벨트를 맨다.
③ 스커트 허리 부분에 요크를 댄다.
④ 목둘레를 스퀘어 네크라인으로 만든다.

50. 큰 꽃무늬 원피스를 강조할 수 있는 가장 효과적인 연출 방법은?

① 꽃무늬와 같은 색으로 트리밍 장식을 한다.
② 단색 스카프를 이용하여 문양의 느낌을 강조한다.
③ 꽃 코르사주를 가슴에 단다.
④ 반대색의 꽃무늬 숄을 걸친다.

해설 무늬와 솔리드의 대비 효과를 내는 것이다.

51. 다음 중 위파일 직물에 해당하는 것은?

① 벨베틴(velveteen)
② 플러시(plush)
③ 벨벳(velvet)
④ 아스트라칸(astrakhan)

해설 경파일 직물에는 벨벳, 아스트라칸, 플러시, 벨루어 등이 있고, 위파일 직물에는 우단(벨베틴), 코듀로이 등이 있다.

52. 부직포에 대한 설명 중 틀린 것은?

① 부직포는 섬유의 얇은 층인 웹(web)을 이용하여 제조한다.
② 제조 방법에는 접착제법, 열융착법, 스펀본딩법 등이 있다.
③ 함기량이 많으므로 가볍고, 보온성, 통기성 등은 크나 투습성은 작다.
④ 섬유 상태에서 실을 거치지 아니하므로 짧은 섬유도 이용이 가능하다.

해설 섬유를 축융하거나 시트 상태로 접착하여 만들어 투습성이 크다.

정답 45. ② 46. ② 47. ② 48. ③ 49. ① 50. ② 51. ① 52. ③

53. 여름철 의복으로 입기에 가장 적합한 조직과 직물은?

① 변화 평직 – 도스킨 ② 평직 – 모시
③ 능직 – 개버딘   ④ 주자직 – 데님

해설 ㉠ 평직물 – 광목, 깅엄, 보일, 오건디, 옥스퍼드, 타프타, 옥양목, 포플린 등
㉡ 능직물 – 개버딘, 데님, 버버리, 서지, 진, 타탄, 트위드, 하운드 투스 등
㉢ 수자직물 – 공단, 도스킨 등

54. 능직으로 짜여진 면 또는 면 혼방 직물로서 작업복과 아동복에 많이 쓰이는 직물은?

① 공단   ② 브로드
③ 폴리염화비닐   ④ 데님

해설 ①은 수자직, ②는 평직에 해당된다.

55. 양모의 염소 처리 효과로 가장 옳은 것은?

① 인장강도 증가
② 펠팅 현상 증가
③ 염료 및 약제의 흡수 증가
④ 견뢰도 증가

56. 물에 잘 녹으면서 중성 또는 약산성에서 단백질 섬유에 잘 염착되고 아크릴 섬유에도 염착되는 염료는?

① 분산 염료   ② 직접 염료
③ 산성 염료   ④ 염기성 염료

해설 ④는 천연 섬유의 염색에는 적합하지 않다.

57. 혼방 직물이나 교직물을 염색할 때 섬유의 종류에 따른 염색성의 차이를 이용하여 각각 다른 색으로 염색할 수 있는 방법은?

① 사염색   ② 이색 염색
③ 원료 염색   ④ 톱염색

해설 염색 효과에 따라 단색 염색, 다색 염색, 이색 염색 등으로 구분한다.

58. 직물에 물이 침투할 수 없도록 폴리우레탄 수지 등을 직물의 표면에 코팅한 가공으로 실 사이의 기공이 막혀 통기성이 없는 가공은?

① 방추 가공   ② 방염 가공
③ 방오 가공   ④ 방수 가공

해설 ①은 주름 방지 가공, ②는 불에 잘 타지 않도록 하는 가공, ③은 오염이 쉽게 되지 않도록 하는 가공이다.

59. 다음 중 옷감의 보온성과 가장 관계가 깊은 것은?

① 강도   ② 함기율
③ 흡습성   ④ 내추성

60. 비누의 특성을 설명한 것 중 틀린 것은?

① 가수 분해되어 유리 지방산을 만든다.
② 알칼리성 용액에서 사용할 수 있다.
③ 경수(센물)에 안정하다.
④ 원료의 공급에 제한을 받는다.

해설 경수에서 금속성 이온과 만나 불수용성 찌꺼기를 만들어 세제 역할을 못한다.

정답 53. ② 54. ④ 55. ③ 56. ④ 57. ② 58. ④ 59. ② 60. ③

제6회 CBT 실전문제

자격종목		문제 수	수험번호	성 명
양장기능사		60문제		

1. 체형과 관련된 설명 중 틀린 것은?

① 앞으로 굽은 체형 – 등이 굽은 체형은 앞품이 부족하기 쉽다.

② 어깨가 솟은 체형 – 어깨 경사로 인해 암홀의 길이가 변화한다.

③ 배가 나온 체형 – 스커트의 경우 밑단을 충분히 주어야 들리지 않는다.

④ 목이 굽은 체형 – 앞, 뒤의 목둘레가 변화한다.

해설 굴신체는 등 길이를 늘리고 앞 길이를 줄여야 한다.

2. 가슴둘레의 계측 방법으로 옳은 것은?

① 오른쪽 목 옆점에서 유두를 지나 허리선까지 잰다.

② 유두 아랫부분을 수평으로 잰다.

③ 가슴의 유두점을 지나는 수평 부위를 돌려서 잰다.

④ 목 옆점을 지나 유두까지 잰다.

해설 ①은 앞 길이, ②는 밑가슴둘레, ④는 유두 길이의 계측 방법이다.

3. 의복 구성에 필요한 체형을 계측하는 방법 중 인체 계측 기구를 사용하는 것은?

① 직접법   ② 등고선법

③ 입체 사진법   ④ 실루에터법

해설 ②, ③, ④는 간접 측정법에 해당한다.

4. 기본 원형 제도의 구성 원리로 옳은 것은?

① 원형을 만들 때에는 인체를 계측한 치수에다 동작이 필요한 적당한 여유분을 포함시켜야 한다.

② 한 번 제작된 원형은 그 크기를 조정할 수가 없다.

③ 단촌식 제도법에만 여유분을 포함시킨다.

④ 장촌식 제도법에만 여유분을 포함시킨다.

해설 원형 제작 후 가봉과 보정의 단계에서 착용자 체형에 맞춰 변형할 수 있다.

5. 다음 제도 기호가 바르게 연결된 것은?

① 직각

② 늘림

③ 주름

④ 바이어스

해설 ①은 바이어스, ③은 오그림, ④는 직각에 해당하는 기호이다.

6. 길 원형의 필요 치수 중 가장 중요한 항목은?

① 등 길이   ② 앞 길이

③ 가슴둘레   ④ 어깨너비

7. 외출복의 소매산 높이로 가장 적합한 것은?

① $\dfrac{A.H}{3}+3$

② $\dfrac{A.H}{4}+3$

정답 1. ① 2. ③ 3. ① 4. ① 5. ② 6. ③ 7. ②

③ $\dfrac{A.H}{5}+3$ ④ $\dfrac{A.H}{6}+3$

해설 소매산 높이가 낮을수록 활동성이 좋다. 일반적인 치수는 A.H/4 + 3이다.

8. 다음 중에서 스커트의 원형 제도에 가장 필요가 없는 치수는?

① 엉덩이 길이   ② 밑위길이
③ 허리둘레   ④ 엉덩이 둘레

해설 밑위길이는 팬츠 원형의 제도에 필요한 치수이다.
스커트 원형의 필요 치수 – 허리둘레, 엉덩이 둘레, 엉덩이 길이, 스커트 길이

9. 어깨끝점에서 B.P까지 연결된 다트의 명칭은?

① 숄더 다트(shoulder dart)
② 숄더 포인트 다트(shoulder point dart)
③ 언더 암 다트(under arm dart)
④ 센터 프론트 넥 다트(center front neck dart)

10. 래글런(raglan) 소매의 설명으로 옳은 것은?

① 길과 소매가 연결된 것으로 활동적인 의복에 사용한다.
② 소맷부리를 넓게 하여 주름을 잡아 오그리고 커프스로 처리한 소매이다.
③ 어깨를 감싸는 짧은 소매로 겨드랑이에는 소매가 없는 디자인이다.
④ 소매산이나 소맷부리에 개더 및 플리츠를 넣은 것으로 주름의 위치와 분량에 따라 모양이 달라진다.

해설 ②는 비숍 슬리브, ③은 캡 슬리브, ④는 퍼프 슬리브에 대한 설명이다.

11. 다음 중 팬츠의 구성 방법과 같은 원리로 제도하는 스커트는?

① 티어스커트(tiered skirt)
② 고젯 스커트(gusset skirt)
③ 페그톱 스커트(peg–top skirt)
④ 디바이디드 스커트(divided skirt)

해설 ①은 층층으로 이어진 스커트로 층마다 주름이나 개더로 장식한다. ②는 고젯을 삽입하여 플레어스커트처럼 퍼지게 만드는 스커트이다. ③은 엉덩이 위에서 허리 윗부분 사이를 항아리처럼 실루엣을 만들고 밑단은 좁은 형태를 가진 스커트이다.

12. 네크라인 중 등이나 팔이 드러나며, 드레스(dress)나 비치웨어(beach wear)에 응용하는 것은?

① 하이 네크라인(high neckline)
② 카울 네크라인(cowl neckline)
③ 홀터 네크라인(halter neckline)
④ 스퀘어 네크라인(square neckline)

13. 의복 제작 전 옷감의 수축률에 따른 옷감의 정리 방법 중 틀린 것은?

① 수축률이 4% 이상일 때는 옷감을 물에 담갔다가 약간 축축한 상태까지 말린 후 다린다.
② 수축률이 2~4%일 때는 안으로 물을 뿌려 헝겊에 싸놓았다가 물기가 골고루 스며들게 한 후, 안쪽에서 옷감의 결을 따라 다린다.
③ 수축률이 1~2%일 때는 안쪽에서 옷감의 결을 따라 구김을 펴는 정도로 다린다.
④ 기계적인 후처리로 충분히 축융시켜 만든 수축률이 낮은 옷감은 물에 30분 정도 담갔다가 말린 후 옷감의 결을 따라서 골고루 다린다.

해설 기계적인 후처리로 충분히 축융시켜 만든 수축률이 낮은 옷감은 옷감의 결을 따라서 골고루 다린다.

정답 8. ②   9. ②   10. ①   11. ④   12. ③   13. ④

14. 바느질에 따른 시접 분량 중 가름솔의 시접 분량에 해당하는 것은?

① 0.5cm ② 1.5cm
③ 3cm ④ 5cm

15. 의복을 구성할 때 네크라인, 암홀 등 곡선에 대한 테이프 처리 방법으로 옳은 것은?

① 정바이어스 테이프를 오그려서 사용한다.
② 정바이어스 테이프를 그대로 사용한다.
③ 정바이어스 테이프에 개더를 잡아 사용한다.
④ 정바이어스 테이프를 늘리면서 사용한다.

해설 심지를 사용하는 것은 형태를 안정시키고 봉제를 용이하게 하기 위해서이다.

16. 옷감의 너비가 110cm일 때 옷감의 필요량 계산법으로 옳은 것은?

① 슬랙스＝슬랙스 길이 + 시접
② 플레어스커트＝(스커트 길이×1.5) + 시접
③ 반소매 블라우스＝블라우스 길이 + 소매길이 + 시접
④ 긴소매 수트＝(재킷 길이×2) + 스커트 길이 + 소매길이 + 시접

해설 슬랙스 = (슬랙스 길이+시접)×2
플레어스커트 = (스커트 길이×2.5)+시접
반소매 블라우스 = (블라우스 길이×2)+시접

17. 연단기에 대한 설명 중 틀린 것은?

① 대량 생산을 위하여 여러 장의 원단을 쌓아서 한꺼번에 재단하는 것이다.
② 연단기는 형넣기에 의해서 정해지는 길이로 재단할 장수만큼 원단을 연단대 위에 펼쳐 쌓는 기계이다.
③ 연단기의 종류로는 자동 연단기, 턴테이블 연단기, 적극 송출 연단기 등이 있다.
④ 적극 송출 연단기는 연단 시 최대한의 장력을

부여하여야 한다.

해설 적극 송출 연단기는 장력이 걸리지 않도록 하기 위해 사용한다.

18. 가봉 시 유의 사항으로 옳은 것은?

① 일반적으로 오른손을 누르면서 왼쪽에서 오른쪽으로 시침한다.
② 바느질 방법은 손바느질은 시침질로 한다.
③ 바이어스 감과 직선으로 재단된 옷감을 붙일 때는 직선감을 위로 겹쳐 놓고 바느질한다.
④ 가봉할 옷을 착용하여 전체적인 실루엣을 관찰하면서 보정해 나간다.

해설 일반적으로 왼손을 누르면서 오른쪽에서 왼쪽으로 시침한다.
바이어스 감과 직선으로 재단된 옷감을 붙일 때는 직선감 위에 바이어스 감을 겹쳐 놓고 바느질한다.
가봉할 옷을 착용하여 전체적인 실루엣을 먼저 관찰하고 부분적인 실루엣을 관찰하면서 보정해 나간다.

19. 가슴 다트 위의 진동둘레 부위와 뒤 어깨 밑에 군주름이 생길 때의 보정으로 옳은 것은?

① 어깨를 올려주고 진동둘레 밑부분은 같은 치수로 내려 수정한다.
② 어깨솔기를 터서 군주름 분량만큼 시침 보정하여 어깨를 내려주고 어깨처짐만큼 진동둘레 밑부분도 내려 수정한다.
③ 뒷길의 어깨를 올려주고 진동둘레 밑부분을 서로 다른 치수로 내려준다.
④ 앞길의 어깨를 올려주고 진동둘레 밑부분을 서로 다른 치수로 내려준다.

해설 어깨가 처진 경우는 어깨선 이동량과 진동 높이의 수정하는 양이 동일하다.
군주름 분량만큼 어깨를 내려주고 진동둘레 밑부분도 내린다.

정답 14. ② 15. ② 16. ④ 17. ④ 18. ④ 19. ②

20. 소매 뒤에 군주름이 생긴 경우의 올바른 보정법은?

① 소매 중심점을 뒤쪽으로 옮긴다.
② 소매 중심점을 앞쪽으로 옮긴다.
③ 소매산을 내려서 소매통을 넓혀 준다.
④ 소매산을 올려서 소매통을 좁혀 준다.

해설 군주름은 여유분이 많아 생기는 현상이므로 소매 군주름이 많은 쪽으로 중심점을 이동한다.

21. 원형 보정 시 뒤 허리선을 내려주고, 뒤 다트 길이를 길게 해야 하는 체형은?

① 엉덩이가 나온 체형
② 엉덩이가 처진 체형
③ 하복부가 나온 체형
④ 복부가 들어간 체형

해설 ①은 H.L을 절개하여 뒤를 늘린다. ③은 앞 중심을 올리고, 앞 다트의 분량을 늘여 준다. ④는 앞 중심을 파준다.

22. 본봉 재봉기 다음으로 많이 이용되며, 바늘실과 루퍼실의 두 가닥 재봉실이 천 밑에서 고리를 형성하는 재봉기는?

① 오버로크 재봉기   ② 이중 환봉 재봉기
③ 인터로크 재봉기   ④ 단환봉 재봉기

해설 ②는 북을 사용하지 않고 루퍼를 사용하며 2본침, 3본사 방식이 있는 재봉기이다. ④는 표면의 땀 모양이 본봉과 같고, 윗실 한 올만으로 만들어진다.

23. 바느질 방법에 대한 설명 중 틀린 것은?

① 통솔 - 시접을 겉으로 0.3~5cm로 박는다.
② 쌈솔 - 청바지의 솔기를 튼튼하게 하기 위해 사용하는 바느질이다.
③ 누름 상침 - 이어진 두 원단의 부분이 튼튼하

도록 옷감을 이은 솔기를 가르거나 한쪽으로 하여 한 번 더 박는다.
④ 접어박기 가름솔 - 시접 끝을 0.5cm 정도로 접어서 박아 시접을 가른다.

해설 통솔은 시접을 겉으로 0.3~5cm로 막은 다음 접어서 안으로 0.5~0.7cm로 한 번 더 박는다.

24. 시접 처리에 대한 설명으로 틀린 것은?

① 시접은 부위에 따라 분량을 다르게 재단한다.
② 소매와 슬랙스 같은 단 부분은 시접을 접은 다음 재단한다.
③ 다트는 먼저 접은 다음에 시접을 두고 재단한다.
④ 스커트 안감은 겉감보다 1cm 정도 짧게 한다.

해설 시접은 가능한 넉넉하게 두고 재단하며, 스커트 안감은 겉감보다 3cm 정도 짧게 한다.

25. 의복 제작 시 동작이 심한 부분에 옷감을 늘여 정리하여 바느질하는 방법은?

① 바지의 밑부분   ② 소매 앞부분
③ 허리의 곡선 부분   ④ 스커트 앞부분

해설 동작이 심하고 활동적인 부분을 다림질로 옷감을 늘린 후 재봉하면 바느질이 튼튼해진다. 바지 밑위, 바지 밑아래, 소매 팔꿈치 앞쪽이 해당된다.

26. 모사, 견사, 금·은사 등으로 술 장식을 만들어 천에 달거나, 직물의 올을 풀어서 매듭을 지어 장식하는 것은?

① 개더링(gathering)   ② 루싱(ruching)
③ 프린징(fringing)   ④ 스캘럽(scallop)

정답 20. ①   21. ②   22. ③   23. ①   24. ④   25. ①   26. ③

27. 다음 설명 중 틀린 것은?

① 면사는 실의 번수가 높을수록 실의 굵기는 가늘다.

② 재봉 바늘은 호수가 높을수록 바늘은 굵다.

③ 손바늘은 호수가 높을수록 바늘은 가늘다.

④ 나일론 실은 번수가 높을수록 실의 굵기는 가늘다.

해설 합성 섬유는 번수가 높을수록 실이 굵다.

28. 실표뜨기 방법에 대한 설명으로 틀린 것은?

① 면사 2올로 한다.

② 바늘땀을 3cm 정도로 뜬다.

③ 곡선은 느리게, 직선은 잘게 뜬다.

④ 두 장의 옷감을 겹쳐 시작한다.

해설 실표뜨기는 완성선을 표시하는 바느질로 직선은 간격을 넓게, 곡선은 간격을 좁게 뜬다.

29. 봉제 후 봉제선이 매끄럽지 않고 원하지 않는 작은 주름이 생기는 현상은 무엇인가?

① 퍼커링   ② 스캘럽

③ 셔링   ④ 스모킹

30. 원가 계산 방법의 설명으로 옳은 것은?

① 제조 원가 = 재료비+인건비+판매 간접비

② 제조 원가 = 재료비+인건비+제조 경비

③ 판매가 = 총원가+인건비

④ 판매가 = 제조 원가+이익

31. 면섬유가 수분을 흡수할 때 강도와 신도의 변화로 옳은 것은?

① 강도와 신도는 각각 감소한다.

② 강도와 신도는 모두 증가한다.

③ 강도는 증가하나 신도는 감소한다.

④ 강도는 감소하나 신도는 증가한다.

해설 면은 흡습성이 좋다.

32. 다음 특성 중 모섬유에 해당하는 것은?

① 보온성이 커서 겨울용 정장으로 많이 사용된다.

② 물에 약하며 일광에 황변하기 쉽다.

③ 불연성이고 인체에 해롭다.

④ 풀을 빳빳하게 해야 의류로 사용하기 쉽다.

33. 섬유의 단면이 두 개의 삼각형에 가까운 피브로인 섬유가 세리신으로 접착되어 이루어진 섬유는?

① 면   ② 양모

③ 견   ④ 황마

34. 재생 섬유에 대한 설명 중 틀린 것은?

① 셀룰로오스를 주성분으로 한 인조 섬유를 총칭하여 레이온 또는 인견이라고 한다.

② 비스코스 레이온의 제조 공정에는 침지, 노성, 황화, 숙성 등이 있다.

③ 황산 나트륨과 황산은 셀룰로오스를 재생시키는 역할을 한다.

④ 강력 레이온은 강도는 크나 습윤에 따른 형태 안정성이 좋지 못하다.

해설 황산 나트륨과 황산 아연은 비스코스 레이온을 응고시키고, 황산은 셀룰로오스를 재생시키는 역할을 한다.

35. 폴리비닐 알코올계 섬유는 방사 후에 포름 알데히드로 처리하여 아세탈화시키는데 그 이유는?

① 신도의 증가   ② 내광성의 증가

③ 흡습성의 증가   ④ 내수성의 증가

해설 내수성, 내열성, 탄성이 증가한다.

정답 27. ④   28. ③   29. ①   30. ②   31. ②   32. ①   33. ③   34. ③   35. ④

36. 다음 중 연소될 때 머리카락 타는 냄새가 나는 섬유로만 나열한 것은?

① 양모, 견
② 양모, 아세테이트
③ 견, 폴리에스터
④ 견, 비스코스 레이온

해설 섬유를 불에 태웠을 때 식초 냄새가 나는 것 – 아세테이트
머리카락 타는 냄새 – 견, 양모 등 단백질 섬유
종이 타는 냄새 – 면, 마, 레이온 등 셀룰로오스 섬유
고무 타는 냄새 – 스판덱스, 고무

37. 실의 굵기와 꼬임에 대한 설명 중 틀린 것은?

① 실의 굵기는 방적성, 실의 균제도, 직물의 태에 영향을 미친다.
② 일반적으로 위사보다 경사에 꼬임이 많은 실이 많이 사용된다.
③ 실의 방향 표시 방법으로 좌연을 S꼬임, 우연을 Z꼬임으로 표현한다.
④ 방적사는 일정한 정도까지 꼬임이 많아지면 섬유 간의 마찰이 커서 실의 강도가 향상된다.

해설 일반적으로 경사는 위사보다 꼬임이 많고 강도가 강하다. 꼬임의 방향으로 우연을 S꼬임, 좌연을 Z꼬임이라 한다.

38. 면방적 공정 중 조방에서 얻어지는 실을 적당한 가늘기로 늘려주고 꼬임을 주는 공정은?

① 개면
② 정방
③ 연조
④ 타면

해설 면방적 공정
㉠ 개면과 타면 – 면덩어리를 풀어 부드럽게 하고 불순물을 제거(랩-시트상의 면)하는 과정
㉡ 소면 – 섬유를 빗질하여 평행으로 배열하고 불순물을 제거(코머사)하는 과정
㉢ 정소면 – 짧은 섬유와 넵을 완전히 제거하면서 더욱더 평행 배열(카드사)하는 과정

㉣ 연조 – 몇 개의 슬라이버를 합쳐 잡아 늘려서 하나의 슬라이버로 뽑는 과정
㉤ 조방 – 최소한의 꼬임을 주어 공정을 견딜 강도를 유지하도록 하는 공정
㉥ 정방 – 조사를 필요로 하는 굵기로 늘려주고 필요한 꼬임을 주어 실로 완성하는 과정
㉦ 권사 – 작업과 수송이 편리하도록 적당한 길이로 다시 감는 공정

39. 다음 중 내일광성이 가장 큰 섬유는?

① 비스코스 레이온
② 나일론
③ 폴리에스테르
④ 아크릴

해설 내일광성은 섬유가 일광, 바람, 눈이나 비 등에 오랜 시간 노출될 때 견디는 성질로, 가장 약한 섬유는 견, 나일론이다.

40. 섬유의 내약품성에서 알칼리에 약하지만 산에 강한 섬유는?

① 마
② 양모
③ 나일론
④ 비스코스 레이온

해설 단백질 섬유의 특성이다.

41. 색의 속성에 대한 설명 중 틀린 것은?

① 무채색은 시감 반사율이 높고 낮음에 따라 명도가 달라지지 않는다.
② 색의 3속성을 3차원의 공간 속에 계통적으로 배열한 것을 색입체라고 한다.
③ 어떠한 색상의 순색에 무채색의 포함량이 많을수록 채도가 낮아진다.
④ 보색인 두 색을 혼합하면 무채색이 된다.

해설 무채색은 시감에 영향을 많이 받는다.

42. 색입체의 구조에 대한 설명 중 틀린 것은?

① 색상은 원둘레의 척도이며, 무채색을 중심으로 여러 가지 색상이 배치된다.

② 명도는 무채색 축과 불일치하여 위로 올라가면서 명도가 높아진다.

③ 채도는 중심축에서 수평으로 멀어지는 척도이다.

④ 채도는 가운데에서 밖으로 나올수록 채도가 높아진다.

43. 원색의 배색에 사용되지 않는 색상은?

① 빨강　　　　　② 노랑
③ 파랑　　　　　④ 흰색

해설 원색은 다른 색의 복합으로 만들 수 없는 색이다.
색광 3원색 – 빨강, 초록, 파랑
색료 3원색 – 자주, 노랑, 청록

44. 한국 산업 규격(KS A 0062)으로 제정된 표색계는?

① 먼셀 표색계　　　② 오스트발트 표색계
③ DIN 표색계　　　④ XYZ 표색계

45. 면적을 크게 보이게 하는 설명으로 바른 것은?

① 낮은 채도의 부드러운 대비 효과
② 높은 명도의 밝고 강한 색
③ 무채색 계통의 채도가 낮은 색
④ 한색 계통의 탁한 색

46. 함께 사용되는 색에 따라 온도감이 다른 색상으로 중성색에 해당되는 것은?

① 주황, 보라　　　② 노랑, 초록
③ 연두, 보라　　　④ 주황, 초록

해설 따뜻한 색과 같이 있을 때는 따뜻하게, 차가운 색과 있을 때는 차갑게 느껴지는 색이 중성색이다.

47. 대비 조화 중 보색 조화가 지나치게 강렬한 느낌을 주고 두 색의 관계가 뚜렷하게 나타나기 때문에 이보다 약간 덜 눈에 띄는 미묘한 대비 조화를 이룰 때 사용하는 것은?

① 보색 조화　　　② 분보색 조화
③ 3각 조화　　　④ 중보색 조화

해설 ①은 색상환에서 180° 마주보는 색상과의 배색이고, ③은 색상환에서 120° 떨어진 위치에 있는 색상끼리의 배색이다.

48. 의상을 디자인할 때 뚱뚱하고 키가 큰 체형에게 가장 적합한 색은?

① 진출색, 수축색　　② 진출색, 팽창색
③ 후퇴색, 수축색　　④ 후퇴색, 팽창색

해설 키가 크고 뚱뚱한 체형은 저명도, 저채도, 한색계의 후퇴색과 수축색을 사용하는 것이 적합하다.

49. 다음 중 기능성이 추가되어 있는 장식선은?

① 솔기선　　　　② 핀턱
③ 스모킹　　　　④ 스캘럽

해설 옷의 형태를 완성하는 선이다.

50. 키가 작고 뚱뚱한 체형이 피해야 할 의상은?

① 수직선의 다트와 솔기
② 굵고 넓은 허리 벨트가 있는 의상
③ 색상은 주로 단색이나 어두운 한색 계통
④ 어깨선과 이어지는 프린세스 라인

정답　43. ④　　44. ①　　45. ②　　46. ③　　47. ②　　48. ③　　49. ①　　50. ②

51. 자카드직기를 이용하여 제작된 직물이 아닌 것은?

① 브로케이드　　　② 다마스크
③ 태피스트리　　　④ 진

(해설) 진은 능직물이다. 문직물은 도비직물과 자카드직물로 구분한다.

52. 다음 중 편성물의 하나로 여러 올의 실을 서로 매든가, 꼬든가 또는 엮거나 얽어서 무늬를 짠 공간이 많고 비쳐 보이는 피륙은?

① 브레이드(braid)　　② 레이스(lace)
③ 편성물　　　　　　④ 펠트

(해설) ①은 세 가닥 또는 그 이상의 실 또는 천오라기로 뜷은 피륙이고, ③은 실로 고리를 만들고 이 고리에 실을 걸어서 새 고리를 만드는 것을 되풀이하여 만든 피륙이다. ④는 실을 거치지 않고 섬유에서 직접 만들어진 피륙으로, 모섬유가 축융에 의해 엉켜서 형성된 것이다.

53. 평직의 특징이 아닌 것은?

① 구김이 생기지 않는다.
② 제직이 간단하다.
③ 앞뒤의 구별이 없다.
④ 조직점이 많고 얇으면서 강직하다.

(해설) 조직점이 많아 구김이 잘 생긴다.

54. 다음 중 능직물이 아닌 것은?

① 플란넬　　　　　② 개버딘
③ 데님　　　　　　④ 옥스퍼드

(해설) 능직 – 개버딘(gabardine), 서지, 트위드, 플란넬, 데님 등

55. 능선의 방향을 연속적으로 변화시켜 산과 같은 무늬를 나타낸 조직은?

① 신능직　　　　　② 산형 능직
③ 능형 능직　　　　④ 주야 능직

(해설) ①은 위, 아래로 연장하여 능선각을 변경시킨 조직이다.
③은 산형 능직을 배합하여 다이아몬드 무늬로 표현한 조직이다.
④는 능직의 표면과 이면의 조직을 가로, 세로 방향으로 교대로 배합하여 만든 조직이다.

56. 섬유에 사용하는 표백제의 연결이 옳은 것은?

① 셀룰로오스 섬유 – 치아염소산 나트륨
② 나일론 – 아황산
③ 견 – 아염소산 나트륨
④ 아크릴 – 하이드로설파이트

(해설) ㉠ 치아염소산 나트륨(하이포아염소산 나트륨)
㉡ 산소계 산화 표백제 – 과산화수소, 과탄산나트륨, 과산화나트륨, 과붕산나트륨(양모, 견, 셀룰로오스)
㉢ 염소계 산화 표백제 – 차아염소산 나트륨, 아염소나트륨, 과산화수소(나일론, 폴리에스테르, 아크릴 섬유)
㉣ 환원 표백계 – 하이드로설파이트(양모)

57. 양모의 염소 처리 효과로 가장 옳은 것은?

① 인장강도 증가
② 펠팅 현상 증가
③ 견뢰도 증가
④ 염료 및 약제의 흡수 증가

(해설) 양모를 염소 용액에 처리하면 스케일이 제거되어 축융성이 방지되고, 염료 및 약제의 흡수가 증가한다.

58. 축융 방지 가공 방법에 대한 설명 중 틀린 것은?

① 양모 섬유의 스케일 일부를 약품으로 용해하는 방법이다.

(정답) 51. ④　52. ②　53. ①　54. ④　55. ②　56. ①　57. ④　58. ③

② 양모 섬유의 스케일을 합성수지로 피복하는 방법이다.

③ 염소에 의해 스케일 일부가 흡착되어 축융을 방지하는 방법이다.

④ 수지로 섬유를 접착하여 섬유의 이동을 막아 축융을 방지하는 방법이다.

(해설) 염소화법은 일부를 용해시켜 축융을 방지하는 방법이다.

59. 견섬유에 금속염을 처리하여 중량을 증대시키는 가공은?

① 플록 가공　　　② 기모 가공

③ 캘린더 가공　　④ 증량 가공

(해설) ②는 섬유를 긁거나 뽑아 천의 표면에 보

풀을 만들어서 천의 감촉을 부드럽게 하거나, 천을 두껍게 보이도록 하고, 보온력을 높이기 위한 가공법이다.

③은 적당한 온·습도 하에 매끄러운 롤러의 강한 압력으로 직물에 광택을 주는 가공으로 엠보싱 가공, 슈와레 가공, 글레이즈 가공 등이 있다.

60. 의복 재료가 갖추어야 할 특성 중 관리성과 가장 관계가 있는 것은?

① 드레이프성　　② 내연성

③ 내추성　　　　④ 염색성

(해설) 의복의 관리성 – 내추성, 방추성, 형태 안정성, 리질리언스 등

제7회 CBT 실전문제

자격종목	문제 수	수험번호	성 명
양장기능사	60문제		

1. 인체를 몸통과 사지로 구분할 때 몸통에 해당하지 않는 것은?

① 머리　　② 가슴　　③ 목　　④ 팔

해설 체간부 – 4체부(머리, 목, 가슴, 배)
　　　체지부 – 2체부(팔, 다리)

2. 중년층이나 노년층에 많은 체형으로 몸 전체에 부피감이 없고 목이 앞쪽으로 기울고, 등이 구부정하며 엉덩이와 가슴이 빈약한 체형은?

① 반신체　　　　② 굴신체
③ 비만체　　　　④ 빈약체

해설 앞으로 굽은 체형

3. 반신체형에 대한 설명으로 옳은 것은?

① 등길이가 짧고 앞길이가 길다.
② 등길이가 길고 앞길이가 짧다.
③ 앞품이 등품에 비례 2cm 차이가 있다.
④ 등품이 앞품보다 상대적으로 넓다.

해설 뒤로 젖힌 체형(반신체)
　㉠ 표준보다 몸의 중심이 뒤로 기울어서 뒤가 많이 남는 반면 앞의 길이가 부족하기 쉬운 체형
　㉡ 옷을 입으면 앞이 벌어지며 뜨고, 길이가 부족하다.
　㉢ 뒤에는 B.L보다 위에 주름이 생긴다.

4. 의복구성에 필요한 체형을 계측하는 방법 중 직접법의 특징이 아닌 것은?

① 단시간 내에 사진촬영하므로 피계측자의 자세변화에 의한 오차가 비교적 적다.
② 굴곡있는 체표의 실측길이를 얻을 수 있다.
③ 표준화된 계측기구가 필요하다.
④ 계측을 위하여 넓은 장소와 환경의 정리가 필요하다.

해설 ①은 간접 계측법으로, 모아레법, 입체사진법 등이 있다.

5. 다음 중 소매길이를 재는 데 기준점이 되지 않는 것은?

① 어깨끝점　　　　② 목뒤점
③ 팔꿈치점　　　　④ 손목점

해설 소매길이는 어깨끝점에서 팔꿈치점을 지나 손목점까지의 길이이다.

6. 피계측자가 의자에 앉았을 때 오른쪽 옆의 허리선에서부터 실루엣대로 의자 바닥(座面)의 수직 길이는?

① 바지 길이　　　　② 밑위길이
③ 엉덩이 길이　　　　④ 치마 길이

7. 다음 설명에 해당하는 것은?

> • 인체 각 부위의 치수를 기본으로 하여 제도하고 패턴을 제작하는 공정이다.
> • 플랫패턴(Flat pattern)에 의한 방법과 옷감 위에서 직접 드래프팅(Drafting)하는 방법이 있다.

① 연단   ② 평면 재단
③ 입체 재단   ④ 그레이딩

해설 ①은 생산하려는 양만큼의 원단 등을 재단할 수 있도록 연단대 위에 정리하여 쌓아올리는 작업
③은 인대나 인체 위에 옷감을 직접 대고 디자인에 따라 형태를 만들어 완성선을 표시하고 재단하는 것
④는 옷의 치수별로 패턴의 사이즈를 늘리거나 줄이는 것

8. 단촌식 제도법의 설명으로 옳은 것은?

① 인체계측에 숙련된 기술이 필요없다.
② 인체의 각 부위를 세밀하게 계측하여 제도한다.
③ 가슴둘레를 기준해서 등분한 치수로 구성해 가는 방법이다.
④ 인체 부위 중 대표가 되는 부위치수를 기준으로 제도한다.

해설 ①, ③, ④는 장촌식 제도법이다.

9. 다음에 해당되는 의복 제도에 필요한 부호 의미는?

① 외주름   ② 선의 교차
③ 늘임   ④ 줄임

10. 제도에 필요한 약자의 표현으로 옳은 것은?

① B.L – 허리선   ② F.N.P – 앞 중심선
③ E.L – 엉덩이선   ④ C.B.L – 뒤 중심선

해설 ①은 Bust line 가슴둘레선
②는 Front neck point 앞목점
③은 Elbow line 팔꿈치선
허리선은 Waist line (W.L)
앞 중심선은 Center front line (C.F.L)

11. 길 원형 제도 시 가장 중요한 항목은?

① 등 길이   ② 어깨너비
③ 유두 간격   ④ 가슴둘레

해설 ㉠ 길 원형의 필요 치수 – 가슴둘레, 등 길이, 어깨너비
㉡ 기초선 – 가로는 가슴둘레, 세로는 등 길이

12. 다음 그림과 같이 선을 따라 절개시키고 기본 다트를 M.P하는 다트에 해당되는 것은?

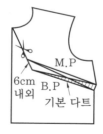

① 숄더 다트(shoulder dart)
② 언더 암 다트(under arm dart)
③ 센터 프런트 넥 다트(center front neck dart)
④ 웨이스트 다트(waist dart)

해설
숄더 다트(Shoulder Dart)
숄더 포인트 다트 (Shoulder Point Dart)
넥 다트(Neck Dart)
암홀 다트 (Armhole Dart)
센터 프런트 넥 다트 (Center Front Neck Dart)
언더 암 다트 (Under arm Dart)
앞 중심 다트 (Center front Dart)
로 암 다트 (Row arm Dart)
웨이스트 다트 (Waist Dart)
앞 중심 허리 다트 (Center Waist Front)

13. 외출복의 소매산 높이로 가장 적합한 것은?

① A.H/3 + 3 　　② A.H/4 + 3

③ A.H/5 + 3 　　④ A.H/6 + 3

해설 ㉠ 소매산 높이가 낮을수록 활동성이 좋다.
㉡ 일반적인 치수는 A.H/4 + 3이다.

14. 세트 인 소매(Set-in sleeve)가 아닌 것은?

① 퍼프 슬리브 　　② 랜턴 슬리브

③ 케이프 슬리브 　　④ 래글런 슬리브

해설 길과 소매가 연결된 형태

길과 소매 절개선이 없이 연결하여 구성된 소매에는 래글런 슬리브, 기모노 슬리브, 프렌치 슬리브(french sleeve), 돌먼 슬리브, 케이프 슬리브가 있다.

15. 다음과 같은 스커트 제작법은?

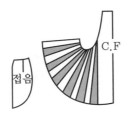

① 고어 스커트

② 개더 스커트

③ 요크를 댄 플리츠 스커트

④ 요크를 댄 플레어 스커트

16. 고어 스커트의 설명으로 옳은 것은?

① 엉덩이 둘레선에서 수직으로 내려오는 스커트

② 스커트의 실루엣을 정하여 폭으로 등분한 후 다트를 잘라 내어 이어서 만든 스커트

③ 원형에 절개선을 넣어 다트를 접어 없애줌으로써 플레어분을 벌려주는 스커트

④ 위에서 아래까지 주름을 잡은 스커트

해설 ①은 스트레이트 타이트 스커트, ③은 플레어 스커트, ④는 플리츠 스커트이다.

17. 모심지에 대한 설명으로 틀린 것은?

① 신축성이 작고 단단하다.

② 형태 안정이 우수하다.

③ 방추성이 우수하다.

④ 적당한 드레이프(drape)성이 있다.

해설 심지의 사용 목적은 겉감이 형태를 안정하게 하고, 봉제가 다소 용이하며, 옷의 형태 변형을 방지한다.

18. 다음 중 가장 효율적인 재단대의 크기는?

① 두께 1~2cm, 길이 100~150cm, 너비 85~90cm

② 두께 3~6cm, 길이 180~200cm, 너비 90~95cm

③ 두께 7~9cm, 길이 250~290cm, 너비 95~120cm

④ 두께 9~12cm, 길이 250~300cm, 너비 130~205cm

19. 110cm 너비의 옷감으로 긴소매 블라우스를 만들 때 필요한 옷감의 소요량은?

① 블라우스 길이+소매길이+시접(10~15cm)

② (블라우스 길이×1.5)+시접(5~7cm)

③ (블라우스 길이×2)+시접(10~15cm)

④ (블라우스 길이×2)+소매길이+시접(10~20cm)

해설

디자인	폭	필요량	계산법
긴소매	90	170~200	(블라우스 길이×2)+소매길이+시접(10~20cm)
	110	125~140	(블라우스 길이×2)+시접(10~15cm)
	150	120~130	블라우스 길이+소매길이+시접(10~15cm)

20. 다음 중 바이어스(bias)로 재단해야 하는 스커트는?

① 플레어 스커트　　② 플리츠 스커트
③ 고어드 스커트　　④ 개더 스커트

21. 다음 중 테일러드 재킷의 가봉에 대한 설명으로 바른 것은?

① 솔기 바느질은 어슷상침을 사용한다.
② 패드나 칼라는 달지 않아도 무방하다.
③ 포켓과 단추의 모양과 위치를 보기 위하여 심지나 광목으로 잘라 붙인다.
④ 정확한 실루엣을 보기 위하여 가윗밥을 많이 주어도 좋다.

해설 정확한 실루엣을 보기 위하여 패드나 칼라는 달고, 가윗밥을 적게 주며 상침바느질을 이용한다.

22. 가봉에 사용하는 실의 소재로 가장 적합한 것은?

① 폴리에스테르　　② 나일론
③ 견　　　　　　　④ 면

해설 가봉용은 면사꼬임이 적은 목면사가 적합하다.

23. 상반신 굴신체의 보정으로 가장 옳은 것은?

① 허리 다트 분량을 줄여 준다.
② 옆선에서 여유분을 늘려 준다.
③ 뒷길이의 부족분을 절개하여 벌려 준다.
④ 어깨 다트에서 늘린 양만큼 어깨 끝점과 등폭을 줄여 준다.

해설 앞으로 굽은 체형으로 등길이를 늘려야 한다.

24. 재봉기의 분류 중 재봉 방식에 따른 분류에 해당되지 않는 재봉기는?

① 본봉 재봉기　　② 단환봉 재봉기
③ 특수봉 재봉기　　④ 장식봉 재봉기

해설 재봉 방식에 따른 대분류는 8종으로 단환봉, 본봉, 이중 환봉, 편평봉, 주변감침봉, 복합봉, 융착, 특수봉이 있다. ④는 용도에 따른 분류(중분류)이다.

25. 다음 중 재봉사로 가장 많이 사용하는 실은?

① 2합 연합사　　② 3합 연합사
③ 4합 연합사　　④ 5합 연합사

해설 손바느질은 2합사, 재봉사는 3합 연합사를 많이 사용한다.

26. 세탁을 자주해야 하는 운동복, 아동복, 와이셔츠 등에 많이 이용되며 겉으로 바늘땀이 두 줄이 나오기 때문에 스포티한 느낌을 주는 바느질법은?

① 평솔(plain seam)
② 통솔(french seam)
③ 쌈솔(flat felled seam)
④ 뉨솔(welt seam)

27. 어떤 제품 공장에서 생산된 옷이 150℃로 다림질이 가능하다면 어느 표시를 하여야 하는가?

① 　　②
③ 　　④

해설 ①은 80~120℃ 온도로 천을 덮고 다림질하기, ②는 140~160℃, ③은 180~210℃로 다림질한다.

정답 20. ①　21. ③　22. ④　23. ③　24. ④　25. ②　26. ③　27. ②

28. 솔기선에 있는 포켓으로서 코트, 원피스, 스커트 등에 이용되는 것은?

① 프런트 힙(front hip) 포켓

② 웰트(welt) 포켓

③ 플랩(flap) 포켓

④ 인심(in-seam) 포켓

해설 ①은 바지 앞 허리 부분에 있는 포켓, ②는 자켓 가슴 부위에 있는 포켓, ③은 자켓이나 코트의 뚜껑이 있는 포켓이다.

29. 솔기의 퍼커링 현상이 일어나는 요소가 아닌 것은?

① 위실과 밑실의 장력에 의한 현상

② 바늘에 의해 올이 밀려 나가서 생기는 현상

③ 바늘의 길이에 의한 현상

④ 톱니와 노루발의 압력에 의한 현상

30. 판매가격을 요약한 것 중 옳은 것은?

① 총원가＝일반 관리비＋판매 간접비

② 제조 원가＝직접 원가＋제조 간접비＋직접 경비

③ 직접 원가＝직접 재료비＋직접 노무비＋직접 경비

④ 제조 간접비＝간접 관리비＋적정 이윤

31. 다음은 면섬유의 중공에 관한 설명이다. 가장 적절하게 설명한 것은?

① 섬유의 탄성을 증대시키며 급격한 파괴에 대하여 견디게 한다.

② 표면의 윤활성을 부여하여 방적에서 엉킴

③ 미성숙한 섬유는 중공이 매우 발달되어 있다.

④ 보온성을 유지하며 전기절연성을 부여한다.

해설 중공 : 면섬유의 가운데가 비어있는 형태

32. 견섬유의 성질에 대한 설명으로 옳은 것은?

① 알칼리에 강하다.

② 내일광성이 좋다.

③ 단면의 형태가 삼각형이다.

④ 단섬유이다.

해설 천연 필라멘트섬유로 알칼리에는 약하나 산에 강하며 빛에 노출되면 강도가 급격히 떨어진다.

33. 다음 중 합성섬유에 속하는 것은?

① 알긴산 섬유　　　② 나일론 6

③ 셀룰로오스 레이온　④ 카세인 섬유

해설 알긴산 섬유는 해조류의 섬유질로 만든 섬유, 셀룰로오스 레이온은 아세테이트, 카세인 섬유는 우유의 단백질로 만든 섬유이다.

34. 축합 중합체로 된 섬유가 아닌 것은?

① 나일론　　　　　② 스판덱스

③ 폴리에스테르　　④ 폴리프로필렌

해설 ④는 부가중합체 섬유이다.

35. 다음 그림은 현미경으로 본 섬유의 단면과 측면이다. 섬유명은?

① 아마　② 양모　③ 레이온　④ 나일론

해설 마디와 작은 중공은 마섬유의 특징이다.

36. 나일론 실에 있어서 100데니어(Denier)와 50데니어의 나일론 실을 비교 설명한 것으로 옳은 것은?

① 50데니어가 100데니어보다 실의 길이가 길다.

② 100데니어가 50데니어보다 실의 길이가 길다.

③ 50데니어가 100데니어보다 실의 굵기가 가늘다.

④ 100데니어가 50데니어보다 실의 굵기가 가늘다.

해설 1데니어는 실 9000m의 무게를 1g 수로 표시하며, 데니어 번수는 숫자가 클수록 굵다.

37. 수분을 흡수하면 강도와 초기탄성률이 크게 줄어드는 섬유는?

① 면 　　　　　② 아마

③ 나일론 　　　④ 비스코스

해설 비스코스는 습윤강도가 나빠서 물에 적시거나 세탁하는 옷감에는 적합하지 않다.

38. 천연섬유 중 유일한 필라멘트 섬유에 해당하는 것은?

① 면 　② 마 　③ 견 　④ 양모

해설 ㉠ 견을 제외한 천연섬유는 스테이플 섬유에 속한다.

㉡ 용융 방사하여 만들어지는 합성섬유 대부분은 필라멘트사이다.

39. 다음 중 연소될 때 머리카락 타는 냄새가 나는 섬유로만 나열한 것은?

① 양모, 아세테이트

② 양모, 견

③ 견, 폴리에스터

④ 견, 비스코스 레이온

해설 ㉠ 섬유를 불에 태웠을 때 식초냄새가 나는 것 – 아세테이트

㉡ 종이 타는 냄새 – 면, 마, 레이온 등 셀룰로오스 섬유

㉢ 고무타는 냄새 – 스판덱스, 고무

40. 다음 중 흡수성이 좋고 열전도성이 우수하여 여름용 옷감으로 가장 적합한 섬유는?

① 아크릴 　　　② 아마

③ 나일론 　　　④ 견

해설 열전도성이 좋은 것은 시원한 감을 준다.

41. 색의 3속성으로 옳은 것은?

① 색상, 보색, 명도 　② 색상, 명도, 채도

③ 자주, 노랑, 청록 　④ 빨강, 녹색, 파랑

42. 디자인의 기본 형태에 해당되지 않는 것은?

① 점 　② 면 　③ 색채 　④ 입체

43. 색료 혼합에 대한 설명으로 틀린 것은?

① 혼합하면 할수록 명도와 채도가 낮아진다.

② 색료 혼합의 3원색은 자주, 노랑, 청록이다.

③ 3원색이 모두 합쳐지면 흰색에 가까워진다.

④ 감법혼색 또는 감산혼합이라고 한다.

해설 빛의 3원색이 모두 합쳐지면 흰색에 가까워진다.

44. 여러 가지 색을 인접하여 배치할 때 조합색의 평균값으로 보이는 혼합은?

① 색광 혼합 　　② 색료 혼합

③ 병치 혼합 　　④ 회전 혼합

해설 병치 혼합은 모자이크, 직물에서 나타난다.

45. 다음 중 우리의 시선을 끄는 힘이 가장 강한 색은?

① 흰색, 검정 　　② 빨강, 노랑

③ 파랑, 보라 　　④ 녹색, 자주

해설 난색에 고명도, 고채도의 색이 시선을 끄는 힘이 강하다.

정답 37. ④ 　38. ③ 　39. ② 　40. ② 　41. ② 　42. ③ 　43. ③ 　44. ③ 　45. ②

46. 같은 크기의 정사각형 빨강과 초록색을 나란히 놓았을 때 경계 부근에서 빨강은 더욱 선명하고 깨끗하게 보이며 경계면에서 먼 쪽은 탁해 보이는 현상은?

① 명도 대비　　② 채도 대비
③ 면적 대비　　④ 연변 대비

47. 다음 중 후퇴색이 아닌 것은?

① 고명도의 색　　② 저명도의 색
③ 저채도의 색　　④ 차가운 느낌의 색

해설 고명도, 고채도, 난색계는 진출색이다.

48. 고상함, 외로움, 슬픔, 예술감, 신앙심을 자아내며 우아한 색으로 환 피부에 잘어울리는 색은?

① 빨강　　② 청색
③ 회색　　④ 보라

해설 ① – 위험, 정열, 열정, 흥분, 애정, 경고
② – 서늘함, 우울, 소극적, 고독, 젊음, 신뢰, 깨끗함
③ – 안정감과 보수적, 지적이며 차분한 인상, 세련된 이미지

49. 다음 중 비대칭 균형에서 느낄 수 없는 것은?

① 부드러움　　② 단조로움
③ 운동감　　④ 유연성

해설 대칭 균형은 단순함, 명확함, 안정감 등을 느끼게 한다.

50. 다음 중 키를 커 보이게 하는 데 가장 효과적인 디자인 방법은?

① 프린세스 라인을 넣는다.
② 허리에 넓은 벨트를 맨다.

③ 스커트 허리 부분에 요크를 댄다.
④ 목둘레를 스퀘어 네크라인으로 만든다.

51. 직물에서 경사(날실) 방향이라고 추측할 수 있는 폭은?

① 강도는 약하지만 신축성이 큰 쪽
② 세탁시 수축이 많이 되는 쪽
③ 제직시 장력을 적게 받은 쪽
④ 실의 밀도가 적은 쪽

해설 경사(날실) : 강도가 강하고 밀도가 높으며 장력을 많이 받고, 신축성이 거의 없다.

52. 한 올 또는 여러 올의 실을 바늘로 고리를 형성하여 얽어만든 피륙은?

① 브레이드　　② 부직포
③ 직물　　④ 편성물

해설 ①은 셋 이상 가닥형태의 실이나 천을 엮은 직물
②는 섬유를 얇은 시트 상태로 만들어 접착시켜 만든 피륙
③은 경사와 위사를 직각으로 교차하여 만든 옷감

53. 다음 직물의 조직 중 치밀하고 광택이 많은 것은?

① 평직　　② 능직
③ 수자직　　④ 변화능직

54. 정련만으로 제거되지 않는 색소를 화학약품을 사용해서 분해, 제거하는 공정은?

① 발호　　② 호발
③ 표백　　④ 탈색

해설 ①과 ②는 전처리 작업으로 가호 과정에서 처리된 경사에 있는 풀을 제거하는 작업이다.

정답 46. ④　47. ①　48. ④　49. ②　50. ①　51. ②　52. ④　53. ③　54. ③

55. 샌포라이즈의 주된 목적으로 옳은 것은?

① 방축 ② 방추
③ 방오 ④ 방수

해설 방축 : 면직물에 미리 일정한 수축을 주어 길이와 폭을 고정시켜 이후의 수축을 방지하는 가공

56. 의복을 착용 중 발생하는 정전기를 방지하기 위한 가공법은?

① 의마 가공 ② 방화 가공
③ 대전방지 가공 ④ 방축 가공

해설 ①은 마섬유의 광택과 촉감을 부여하는 가공, ②는 불에 잘 타지 않도록 하는 가공, ④는 줄어드는 것을 방지하는 가공이다.

57. 의복재료가 갖추어야 할 특성 중 관리성과 가장 관계가 있는 것은?

① 드레이프성 ② 내추성
③ 내연성 ④ 염색성

해설 의복의 관리성 : 내추성, 방추성, 형태 안정성, 리질리언스 등

58. 여러 세탁 방법들에서 세척률을 바르게 나타낸 것은?

① 비벼 빨기>두드려 빨기>주물러 빨기>흔들어 빨기
② 비벼 빨기>두드려 빨기>흔들어 빨기>주물러 빨기
③ 두드려 빨기>비벼 빨기>주물러 빨기>흔들어 빨기
④ 두드려 빨기>비벼 빨기>흔들어 빨기>주물러 빨기

59. 다음 중 입술연지(립스틱)로 인한 얼룩을 제거하는 방법으로 가장 옳은 것은?

① 수산으로 닦아내고 오래된 것은 암모니아수, 세제액, 물을 사용하여 씻는다.
② 세제액을 칫솔에 묻혀 가볍게 문지른다.
③ 아세톤으로 녹여낸다.
④ 지우개로 문질러 내거나 벤젠으로 처리하고 세제액으로 씻는다.

해설 립스틱에는 색소 외에 안료나 향료 등이 포함되어 있어 지우개로 고체 안료를 제거하고 아세톤으로 처리한 후 세제를 사용해 세탁한다.

60. 비누의 특성을 설명한 것 중 틀린 것은?

① 가수 분해되어 유리 지방산을 만든다.
② 알칼리성 용액에서 사용할 수 있다.
③ 경수(센물)에 안정하다.
④ 원료의 공급에 제한을 받는다.

해설 경수에서 금속성 이온과 만나 불수용성 찌꺼기를 만들어 세제 역할을 못한다.

정답 55. ① 56. ③ 57. ② 58. ③ 59. ④ 60. ③

제8회 CBT 실전문제

		수험번호	성 명
자격종목	문제 수		
양장기능사	60문제		

1. 가슴둘레의 계측 방법으로 가장 옳은 것은?

① 가슴의 유두점 바로 밑부분을 수평으로 잰다. 이때 편안한 상태에서 당기지 말고 그대로 잰다.
② 가슴의 유두점을 지나는 수평 부위를 돌려서 잰다. 이때 편안한 상태에서 당기지 말고 그대로 잰다.
③ 가슴의 유두점 바로 윗부분을 수평으로 재며, 줄자는 당겨 꼭 맞게 잰다.
④ 가슴의 유두점을 지나는 수평 둘레를 재며, 줄자는 당겨 꼭 맞게 잰다.

> 해설 유두점을 지나는 수평 둘레를 재며, 줄자를 너무 꼭 잡아당기지 않도록 주의한다.

2. 인체 계측방법 중 직접법의 특징이 아닌 것은?

① 굴곡있는 체표의 실측길이를 얻을 수 있다.
② 표준화된 계측기구가 필요하다.
③ 계측을 위해 넓은 장소와 환경의 정리는 필요 없다.
④ 계측 시 피계측자의 협력이 요구된다.

> 해설 직접법은 계측기구를 사용하여 직접 계측하는 방법으로 충분한 장소와 환경이 필요하다.

3. 의복 구성상 인체를 구분하는 경계선으로만 나열한 것은?

① 가슴둘레선, 진동 둘레선, 허리둘레선
② 가슴둘레선, 엉덩이 둘레선, 허리둘레선
③ 목밑 둘레선, 진동 둘레선, 허리둘레선
④ 가슴둘레선, 목밑 둘레선, 진동 둘레선

> 해설 ㉠ 체간부 – 4체부(머리, 목, 가슴, 배)
> ㉡ 체지부 – 2체부(팔, 다리)
> ㉢ 목과 가슴의 구분 – 목둘레선
> ㉣ 팔과 몸통의 구분 – 겨드랑 둘레선(구 진동 둘레선)
> ㉤ 몸통과 다리의 구분 – 엉덩이와 앞엉덩이 위치에 있는 부위
> ㉥ 앞과 뒤의 구분 – 어깨선

4. 중년층이나 노년층에 많은 체형으로 몸 전체에 부피감이 없고 목이 앞쪽으로 기울고, 등이 구부정하며 엉덩이와 가슴이 빈약한 체형은?

① 반신체　　② 후견체
③ 후신체　　④ 굴신체

> 해설 ①은 젖힌 체형
> ②는 어깨가 뒤로 젖혀진 체형
> ③은 어린이 체형

5. 성인에 비해서 일반적인 아동의 체형으로 옳은 것은?

① 앞부분이 굴신체이다.
② 앞과 뒤가 후신체이다.
③ 전체적으로 수신체이다.
④ 뒤허리의 경사가 완곡한 체형이다.

6. 의복 원형 제도법 중 장촌식 제도 방법에서 가장 중요한 치수는?

① 허리둘레　　② 가슴둘레
③ 신장　　④ 엉덩이 둘레

해설 장촌식은 대표가 되는 부위의 치수만으로도 제도가 가능하며 바디스 제도 시 가슴둘레가 중요하다. 필요 치수는 가슴둘레, 등 길이, 어깨너비이다.

7. 다음 제도 기호의 표시에 해당되는 것은?

① 늘림 ② 줄임 ③ 주름 ④ 맞춤

8. 다음 중 제도에 필요한 약자의 설명이 틀린 것은?

① B.P(Bust Point)
② N.P(Neck Point)
③ S.L(Shoulder Line)
④ C. B. L(Center Back Line)

해설 S.L은 side line으로 옆선을 나타낸다.

9. 길 원형을 제도할 때 일반적인 가로선의 기초선 치수는?

① B/2−(1~2cm) ② B/2+(4~5cm)
③ B/4+(4~5cm) ④ B/6−(4~5cm)

10. 다음 소매산 중에서 가장 편한 형태는?

① A.H/3 ② A.H/4
③ A.H/3−4 ④ A.H/6

해설 소매산 높이가 낮을수록 활동성이 좋다.

11. 다트 머니퓰레이션(manipulation)의 정의로 옳은 것은?

① 다트의 위치를 이동시켜 새로운 원형을 만드는 과정

② 소매산 부근을 많이 부풀려 디자인을 변화시키는 과정
③ 이상체형의 변화를 원형에서 수정하는 작업
④ 활동에 불편이 없도록 원형을 변화시키는 작업

해설 다트 머니퓰레이션은 다른 기본다트를 접고 다른 위치를 절개함으로써 새로운 모양을 만들어 디자인하는 것이다.

12. 래글런(raglan) 소매의 설명으로 옳은 것은?

① 길과 소매가 연결된 것으로 활동적인 의복에 사용한다.
② 소매부리를 넓게 하여 주름을 잡아 오그리고 커프스로 처리한 소매이다.
③ 어깨를 감싸는 짧은 소매로 겨드랑이에는 소매가 없는 디자인이다.
④ 소매산이나 소매부리에 개더 및 플리츠를 넣은 주름의 위치와 분량에 따라 모양이 달라진다.

해설 ②는 비숍 슬리브, ③은 캡 슬리브, ④는 퍼프 슬리브에 대한 설명이다.

13. 스커트 원형을 그대로 이용하며, 기능성을 주기 위해 스커트 뒷중심에 킥 플리츠(kick pleats)를 넣는 스커트는?

① 서큘러 스커트 ② 타이트 스커트
③ 큐롯 스커트 ④ 트럼펫 스커트

14. 패턴 배치의 설명으로 옳은 것은?

① 패턴은 큰 것부터 배치한다.
② 옷감의 겉쪽에 패턴을 배치한다.
③ 짧은 털이 있는 옷감은 톨의 결 방향을 밑으로 배치한다.
④ 무늬가 있는 옷감은 편한대로 배치한다.

해설 ㉠ 옷감의 안쪽에 패턴을 배치한다.
  ㉡ 짧은 털이 있는 옷감은 톨의 결 방향을 위로 배치한다.

정답 7. ④ 8. ③ 9. ③ 10. ④ 11. ① 12. ① 13. ② 14. ①

ⓒ 무늬가 있는 옷감은 무늬나 결 방향을 고려하여 배치한다.

15. 길이가 100cm인 슬랙스를 만들려고 한다. 90cm 너비의 옷감을 이용할 경우 가장 적정한 겉감의 필요치수는?

① 100cm ② 155cm ③ 220cm ④ 255cm

해설

폭	필요량	계산법
90	200~220	{슬랙스 길이+시접(8~10cm)}×2
110	150~220	{슬랙스 길이+시접(8~10cm)}×2
150	100~110	슬랙스 길이+시접(8~10cm)

16. 재단작업 요령에 대한 설명으로 틀린 것은?

① 연단대 위에 마킹 종이가 움직이지 않도록 클립으로 고정시킨다.
② 앞판을 절단할 경우에는 언제나 깃을 달아야 하는 부위부터 절단한다.
③ 앞판의 중앙 부분의 줄무늬보다는 옆솔기의 줄무늬가 틀어지지 않도록 주의하여야 한다.
④ 기계는 무리하게 밀지 않아야 하며, 얇은 천일수록 속도를 천천히 한다.

해설 앞판의 중앙 부분의 줄무늬가 틀어지지 않도록 주의하여야 한다.

17. 부직포 심지의 특징에 대한 설명 중 틀린 것은?

① 가볍고 값이 싸다.
② 탄력성과 구김 회복성이 우수하다.
③ 절단된 가장자리가 잘 풀리지 않는다.
④ 세탁 시 수축률이 크고 형태 안정성이 적다.

해설 부직포 심지 : 여러 종류의 섬유를 얇게 펴

서 접착제를 사용하여 접착시킨 심지로, 가볍고 올이 풀리지 않으며 올의 방향이 없어 사용하기 간편하다.

18. 시침바느질이 끝난 후 겉옷에 맞추어 속옷을 정리하고 바르게 착용한 후 관찰하는 방법으로 틀린 것은?

① 허리선, 밑단선이 수직으로 놓였는지를 확인한다.
② 옷감의 올이 바로 놓였으며 앞, 뒤, 옆의 옷 길이가 적당한가 확인한다.
③ 전체적인 실루엣이 디자인에 알맞은가 확인한다.
④ 가슴둘레, 허리둘레, 엉덩이 둘레의 여유분이 적당한지를 확인한다.

해설 허리선, 밑단선이 수평으로 놓였는지를 확인한다.

19. 다음 중 가봉 방법 설명으로 틀린 것은?

① 가봉 방법은 의복의 종류에 따라 다르다.
② 실은 견사로 하되 얇은 감은 한 올로 하고, 두꺼운 감은 두 올로 한다.
③ 칼라, 주머니, 커프스는 광목이나 다른 옷감을 사용하는 것이 좋다.
④ 단추는 같은 크기로 종이나 옷감을 잘라서 일정한 위치에 붙인다.

해설 가봉용 실은 면사를 사용한다.

20. 솟은 어깨의 체형은 앞, 뒤 어깨가 당겨져서 어깨를 향해 수평으로 당기는 주름이 생기는데 이에 대한 보정 방법으로 가장 옳은 것은?

① 앞, 뒤 어깨 끝점을 위로 올려준다.
② 앞, 뒤 어깨 끝점을 아래로 내려준다.
③ 앞, 뒤 어깨 끝점을 위로 올려주고, 같은 양으로 진동둘레 밑에서도 같은 치수로 올려준다.

정답 15. ③ 16. ③ 17. ④ 18. ① 19. ② 20. ③

④ 앞, 뒤 어깨 끝점을 아래로 내린 양과 같은 양으로 진동둘레도 내려준다.

(해설) 어깨선 수정 시 동일한 분량으로 진동 높이를 고친다.

21. 원형 보정 시 뒤 허리선을 내려주고, 뒤 다트 길이를 길게 해야 하는 체형은?

① 엉덩이가 나온 체형
② 엉덩이가 처진 체형
③ 하복부가 나온 체형
④ 복부가 들어간 체형

(해설) ①은 H.L을 절개하여 뒤를 늘린다.
③은 앞 중심을 올리고, 앞 다트의 분량을 늘려 준다.
④는 앞 중심을 파준다.

22. 재봉기의 용도에 따른 분류에 해당되지 않는 것은?

① 단환봉
② 직선봉
③ 자수봉
④ 장식봉

(해설) ①은 재봉 방식에 의한 분류로 본봉, 이중 환봉, 편평봉, 주변감침봉, 복합봉, 융착, 특수봉이 있다.

23. 다음 재봉기 바늘 중 가장 굵은 것은?

① 9번
② 11번
③ 12번
④ 14번

(해설) 재봉기 바늘은 번호가 커질수록 굵어진다.

24. 여름용 홑겹 슈트의 솔기 처리법으로 적합한 것은?

① 핑킹가위 자르기
② 지그재그 박기
③ 끝접어 박기
④ 바이어스 바인딩

(해설) ①은 올이 잘 풀리지 않는 옷감, ②는 니트 등에 적합하다.

25. 면이나 마섬유의 적당한 다림질 온도는?

① 100~110℃
② 110~120℃
③ 130~170℃
④ 180~220℃

(해설) ㉠ 면, 마 – 180~200℃
㉡ 모 – 150~160℃
㉢ 레이온 – 140~150℃
㉣ 견 – 130~140℃
㉤ 나일론, 폴리에스테르 – 120~130℃
㉥ 폴리우레탄 – 130℃ 이하
㉦ 아세테이트, 트리아세테이트, 아크릴 – 120℃ 이하

26. 얇은 천을 박을 때 재봉기의 조절방법으로 가장 적절한 것은?

① 톱니를 올려준다.
② 노루발의 압력을 약하게 한다.
③ 톱니를 내려준다.
④ 노루발의 압력을 강하게 한다.

27. 다음 중 인사이드 포켓에 해당되지 않는 것은?

① flap pocket
② in-seam pocket
③ patch pocket
④ welt pocket

(해설) ③은 아웃사이드 포켓 형태이다.

28. 단을 꿰맬 때 주로 쓰이며 겉으로는 실땀이 나타나지 않게 잘게 뜨고 안으로는 단을 접어 길어 떠서 고정시키는 손바느질은?

① 휘갑치기
② 공그르기
③ 실표뜨기
④ 심뜨기

29. 퍼커링의 발생 요인과 가장 관계가 적은 것은?

① 옷감의 염색 방법
② 재봉틀의 기구적 요인

③ 봉사의 종류

④ 옷감의 특성

해설 소재의 방향, 실의 장력, 노루발 압력, 봉사에 따라 퍼커링이 발생한다.

30. 직접 원가에 제조 간접비를 합친 것은?

① 제조 원가   ② 간접 원가

③ 판매 원가   ④ 총원가

31. 다음 중 동물성 섬유로서 크림프와 스케일이 잘 발달된 섬유는?

① 양모   ② 면

③ 마   ④ 나일론

32. 견섬유 관리 시 주의해야 할 사항으로 틀린 것은?

① 낮은 온도에서 다림질한다.

② 세탁에는 연수를 사용한다.

③ 건조 시 직사광선을 피한다.

④ 표백할 때에는 염소계 표백제를 사용한다.

해설 견은 알칼리에 약하고 산에 강하다

33. 다음 중 합성섬유에 해당되지 않는 것은?

① 나일론   ② 아크릴

③ 아세테이트   ④ 비닐론

해설 ③은 셀룰로오스로 만드는 반합성섬유이다.

34. 부가중합체이며 양모 대용으로 스웨터 등의 편성물 또는 모포에 많이 사용하는 섬유는?

① 아크릴   ② 나일론

③ 폴리에스테르   ④ 아세테이트

해설 아크릴은 보온성이 우수하고 촉감이 부드럽다.

35. 섬유의 단면에 대한 설명으로 틀린 것은?

① 섬유의 단면이 원형에 가까우면 촉감이 부드럽다.

② 섬유의 단면은 옷감의 필링과도 관련이 있다.

③ 면섬유의 단면은 날카롭다.

④ 아세테이트는 단면이 주름 잡혀 있다.

해설 면은 찌그러진 타원형에 가운데는 중공이 있다.

36. 실의 굵기를 항장식으로 나타내는 것은?

① 면사   ② 모사

③ 마사   ④ 견사

해설 항장식은 길이를 기준으로 실의 굵기를 나타내는 것으로 필라멘트사에 주로 사용된다.

37. 면섬유가 수분을 흡수할 때 강도와 신도의 변화로 옳은 것은?

① 강도와 신도는 각각 증가한다.

② 강도와 신도는 각각 저하한다.

③ 강도는 증가하나 신도는 저하된다.

④ 강도는 저하하나 신도는 증가된다.

38. 다음 중 비중이 가장 작은 섬유는?

① 목화   ② 생명주

③ 폴리에스테르   ④ 나일론

해설 비중은 물을 1이라고 했을 때 섬유의 밀도로 비중이 작을수록 가볍다.

39. 무명을 가열 시 갈색으로 변하는 온도는?

① 150℃   ② 200℃

③ 250℃   ④ 300℃

해설 무명은 180~210℃로 다림질한다.

정답 30. ①   31. ①   32. ④   33. ③   34. ①   35. ③   36. ④   37. ①   38. ④   39. ③

40. 다음중 정전기가 가장 많이 발생하는 섬유는?

① 아크릴　② 양모　③ 견　④ 면

해설 흡습성이 낮은 합성섬유가 정전기 발생이 높다.

41. 색의 3속성에서 눈에 가장 민감하게 작용하는 것은?

① 색상　② 명도　③ 채도　④ 순도

해설 명도는 색의 3속성 중에서 우리 인간에게 가장 민감하게 반응하는 속성이다.

42. 다음의 설명 중 잘못된 것은?

① 어떠한 색상의 순색에 무채색의 포함량이 많을수록 채도가 높아진다.
② 색의 3속성을 3차원의 공간 속에 계통적으로 배열한 것을 색입체라고 한다.
③ 무채색은 시감 반사율이 높고 낮음에 따라 명도가 달라진다.
④ 보색인 두 색을 혼합하면 무채색이 된다.

해설 채도가 높은 색이란 가장 맑은 색으로, 순색을 의미한다.

43. 색의 혼합에 대한 설명으로 틀린 것은?

① 색광의 3원색을 혼합하면 모든 색광을 만들 수 있다.
② 색광의 3원색이 모두 합쳐지면 흰색이 된다.
③ 색료 혼합은 혼합할수록 명도와 채도가 낮아진다.
④ 색료 혼합을 가산 혼합이라 한다.

해설 빛을 가하여 색을 혼합하는 것을 가산혼합이라 한다.

44. 한국산업규격(KS A 0062)으로 제정된 표색계는?

① 먼셀 표색계　② 오스트발트 표색계
③ DIN 표색계　④ XYZ 표색계

45. 색채의 연상 작용에 관한 내용이 아닌 것은?

① 색을 보는 사람의 경험과 기억, 지식 등에 영향을 받는다.
② 색을 보는 사람의 민족성이나 나이, 성별에 따라 다르다.
③ 인간의 마음을 흔드는 심리적 반응과 사회적 규범을 나타내는 사회적 반응이 있다.
④ 색채의 연상에는 구체적 연상과 추상적 연상이 있다.

해설 연상 작용은 개인적이고 심리적이다.

46. 남색의 의복이 노랑을 배경으로 했을 때 서로의 영향으로 인하여 각각의 채도가 더 높게 보이는 현상은?

① 보색대비　② 면적대비
③ 명도대비　④ 색상대비

해설 보색을 옆에 두면 각각의 채도가 높아 보인다.

47. 다음 중 명도의 동화 현상에 의해 회색이 밝아 보이는 것은?

① 회색 배경에 가는 하얀 선이 일정한 간격으로 반복되어 그려진 경우
② 회색 배경에 가는 검정 선이 일정한 간격으로 반복되어 그려진 경우
③ 회색 배경에 굵은 하얀 선 색이 일정한 간격으로 반복되어 그려진 경우
④ 회색 배경에 굵은 점선이 일정한 간격으로 반복되어 그려진 경우

해설 ②는 검정색과 동화되어 어두운 회색으로 보인다.

정답 40. ①　41. ②　42. ①　43. ④　44. ①　45. ③　46. ①　47. ①

48. 다음 중 고명도, 고채도, 난색계의 시각적 효과는?

① 후퇴 + 팽창
② 후퇴 + 수축
③ 진출 + 팽창
④ 진출 + 수축

49. 색의 경연감에 대한 설명이 잘못된 것은?

① 채도와 명도가 낮은 색은 부드러워 보인다.
② 따뜻한 색 계통은 부드러워 보인다.
③ 차가운 색 계통은 굳어있는 듯한 느낌을 준다.
④ 분홍색, 달걀색, 살색, 연두색 등의 색에 흰색을 많이 섞으면 부드러운 느낌을 준다

해설 채도가 낮고 명도가 높은 색은 부드러워 보이고, 채도와 명도가 낮은 색은 딱딱해 보인다.

50. 다음 배색에서 가벼운 느낌이 가장 큰 것은?

①		②	
흰색		흰색	
빨강		녹색	

③		④	
흰색		흰색	
청록		연두	

해설 명도가 높을수록, 흰색이 많이 섞일수록 가볍다.

51. 경사와 위사에 관한 설명 중 옳은 것은?

① 경사는 위사에 비해 꼬임이 적고 가늘다.
② 수축 현상은 위사 방향에서 현저하게 나타난다.
③ 경사 방향에 비해 위사 방향이 신축성이 크다.
④ 경사에 비해 위사는 강직하다.

해설 ㉠ 경사는 위사보다 꼬임이 많고 강한 실을 사용하며 강직하다.
㉡ 위사는 경사 방향에 비해 강도가 약하고 신축성이 크다.

52. 편성물의 특성에 대한 설명으로 틀린 것은?

① 구김이 잘 생겨 세탁 후에 다려야 한다.
② 가장자리가 휘말리는 컬업이 있다.
③ 일반 직물보다 높은 함기율을 가진다.
④ 필링이 생기기 쉬우며 마찰에 의해 표면의 형태가 변화되기 쉽다.

해설 신축성이 뛰어나 구김이 거의 없다.

53. 섬유에 사용하는 표백제의 연결이 옳은 것은?

① 셀룰로오스 섬유 – 치아염소산 나트륨
② 나일론 – 아황산
③ 견 – 아염소산 나트륨
④ 아크릴 – 하이드로설파이트

해설 ㉠ 산소계 산화 표백제 – 과산화 수소, 과탄산 나트륨, 과산화 나트륨, 과붕산 나트륨으로 양모, 견, 셀룰로오스에 사용한다.
㉡ 염소계 산화 표백제 – 차아염소산 나트륨(하이포아염소산 나트륨), 아염소 나트륨으로 나일론, 폴리에스테르, 아크릴계 섬유 등에 사용한다.
㉢ 환원계 표백제 – 하이드로설파이트로 양모에 사용한다.

54. 샌퍼라이징 가공에 대한 설명으로 옳은 것은?

① 직물에 수지를 처리하는 것으로 듀어러블 프레스라고도 불린다.
② 의복이 완성된 후 세척 등으로 외관에 변화를 주는 가공이다.
③ 직물에 수분, 열과 압력을 가하여 물리적으로 수축시켜 더 이상 수축되지 않도록 하는 가공이다.
④ 면섬유에 수산화 나트륨을 처리하는 가공이다.

해설 ㉠ 샌퍼라이징 가공은 방축 가공이며, 양모 가공으로는 런던 슈렁크 가공이 있다.
㉡ 듀어러블 프레스는 옷을 완성한 후 열처리를 통해 형태를 고정하는 가공이다.

정답 48. ③　49. ①　50. ④　51. ③　52. ①　53. ①　54. ③

55. 직물의 가공법 중에서 Wash and Wear (W&W) 가공의 주된 목적은?

① 직물의 강도를 증가시킨다.
② 직물이 더러움을 덜 타게 한다.
③ 합성직물의 정전기 발생을 막는다.
④ 직물에 구김이 덜 가게 한다.

해설 직물의 구김 발생을 방지하는 방추 가공이다.

56. 다음은 피복의 성능을 관계되는 것끼리 짝을 맞춰 놓은 것이다. 거리가 먼 것은?

① 감각적 성능 – 촉감
② 위생적 성능 – 형태 안정성
③ 실용성 성능 – 강도와 신도
④ 관리적 성능 – 충해

해설 형태 안정성은 실용성, 위생성은 흡습성·통기성·보온성·흡수성과 관련이 있다.

57. 열전도성이 큰 섬유를 사용하는 것이 가장 적합한 계절은?

① 봄   ② 여름
③ 가을   ④ 겨울

해설 열전도성이 크면 시원한 느낌이 들고, 열전도성이 작으면 보온성이 높다.

58. 의복 변형의 원인과 관계가 가장 적은 것은?

① 수축과 신장   ② 변색과 퇴색
③ 탄성과 리질리언스   ④ 찢어짐과 터짐

해설 탄성이 좋으면 구김이 잘 생기지 않고, 리질리언스가 좋으면 원형 보존력이 뛰어나다.

59. 의류의 세탁에 대한 설명으로 알맞지 않는 것은?

① 세탁온도는 일반적으로 약 35~40℃가 적당하다.
② 경수에서는 섬유의 종류에 관계없이 비누보다는 합성세제를 사용하는 것이 좋다.
③ 합성세제는 양모나 견에서는 알칼리성 세제, 면이나 마에서는 중성 세제를 사용한다.
④ 세제는 약 0.2~0.3%의 농도에서 최대의 세탁 효과를 나타낸다.

해설 양모나 견에서는 중성 세제, 면이나 마에서는 알칼리성 세제를 사용한다.

60. 다음 중 얼룩과 얼룩빼기 약제의 연결이 틀린 것은?

① 땀 – 아세톤   ② 립스틱 – 휘발유
③ 쇠녹 – 옥살산   ④ 볼펜잉크 – 벤젠

해설 땀은 빠른 시간 내에 세제나 연한 암모니아수로 제거하여야 한다.

제9회 CBT 실전문제

		수험번호	성 명
자격종목	문제 수		
양장기능사	60문제		

1. 팔둘레의 위치가 아래쪽에 있고, 어깨경사각도가 큰 체형은?

① 처진 어깨   ② 솟은 어깨
③ 반신 어깨   ④ 굴신 어깨

> **해설** ②는 팔둘레가 위쪽에 있고, 어깨경사가 작다.
> ③은 뒤로 젖힌 체형으로 어깨가 뒤로 넘어간다.
> ④는 앞으로 굽은 체형으로 어깨가 앞으로 넘어간다.

2. 인체의 기준선 중 어깨 관절의 위치로 앞면에 상완골 머리의 중앙을 지나며 후면에 있어서 어깨점을 따라서 겨드랑이로 내려오는 선은?

① 진동둘레선   ② 허리둘레선
③ 가슴둘레선   ④ 목둘레선

3. 인체계측 항목 중 둘레나 길이 항목 측정에 가장 적합한 계측기는?

① 줄자
② 신장계
③ 간상계
④ 활동계

> **해설** ①은 둘레 측정, ②는 높이 측정, ③은 너비와 두께 측정, ④는 간상계보다 짧은 길이와 투영길이 측정

4. 가슴둘레의 계측방법으로 옳은 것은?

① 오른쪽 목 옆점에서 유두를 지나 허리선까지 잰다.

② 유두 아랫부분을 수평으로 잰다.
③ 목 옆점을 지나 유두까지 잰다.
④ 가슴의 유두점을 지나는 수평부위를 돌려서 잰다.

> **해설** ①은 앞길이, ②는 밑가슴둘레, ③은 유두길이를 계측하는 방법이다.

5. 다음 중 밑위길이의 계측방법으로 옳은 것은?

① 옆 허리선부터 무릎점까지 길이를 잰다(오른쪽 뒤에서).
② 오른쪽 옆 허리선에서부터 엉덩이 둘레선까지의 길이를 잰다(오른쪽 뒤에서).
③ 의자에 앉아 옆 허리선부터 실루엣을 따라 의자 바닥까지의 길이를 잰다(뒤에서).
④ 목뒤점부터 허리둘레선까지의 길이를 잰다(왼쪽 뒤에서).

> **해설** ①은 치마길이, ②는 엉덩이길이, ④는 등길이 계측 방법이다.

6. 다음 중 패턴에 표시하지 않아도 되는 것은?

① 중심선
② 안단선
③ 단추의 모양
④ 포켓

> **해설** ③은 위치, 옷본에 표시할 사항으로는 앞중심(C.F.), 식서 방향, 노치(notch), 안단선, 단추 위치, 다트 등이 있다.

7. 여성 의복 원형의 3가지 기본 요소는?

정답   1. ①   2. ①   3. ②   4. ④   5. ③   6. ③   7. ①

① 길, 소매, 스커트
② 길, 칼라, 슬랙스
③ 재킷, 바지, 스커트
④ 뒤판, 스커트, 슬랙스

해설 여성복의 기본 원형: 길 원형, 소매 원형, 스커트 원형

8. 원형 제도 방법 중 장촌식 제도법에 해당되는 것은?

① 인체의 각 부위를 세밀하게 측정한다.
② 체형 특징에 잘 맞는 원형을 얻을 수 있다.
③ 인체 부위 중 가장 대표적인 부위만 측정한다.
④ 계측이 서투른 초보자에게는 바람직하지 못하다.

해설 ①, ②, ④는 단촌식 제도법

9. 제도에 사용하는 약자 중 C.B.L의 의미는?

① 앞중심선
② 뒷중심선
③ 가슴둘레선
④ 허리둘레선

해설 ①은 C.F.L(center frot line), ③은 B.L(bust line), ④는 W.L(waist line)

10. 다음 중 제도에 필요한 약자의 설명이 틀린 것은?

① B.P (bust point)
② N.P (neck point)
③ S.L (shoulder line)
④ C.B.L (center back line)

해설 S.L : 옆선(side line)

11. 제도에 필요한 부호 중 '오그림'에 해당하는 것은?

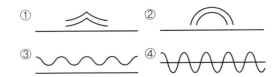

해설 ①은 늘림, ②는 줄임, ④는 개더의 부호이다.

12. 길 원형의 필요 치수 중 원형제도 시 가장 기본이 되는 항목은?

① 등길이
② 목둘레
③ 어깨너비
④ 가슴둘레

해설 길 원형의 필요 치수: 가슴둘레, 등길이, 어깨너비

13. 다음 중 소매원형의 제도에 사용하는 약자가 아닌 것은?

① A.H
② C.L
③ B.P
④ S.B.P

해설 ①은 진동둘레선(armhole), ②는 중심선(center line), ③은 가슴둘레선(burst line), ④는 소매폭선(sleeve biceps line)의 약자

14. 활동이 가장 자유롭게 제도된 소매산의 높이는?

① $\dfrac{A.H}{6}$
② $\dfrac{A.H}{5}$
③ $\dfrac{A.H}{6}+2$
④ $\dfrac{A.H}{5}+2$

해설 소매산 높이가 낮을수록 활동성이 좋다.

15. 스커트 다트에 대한 설명 중 틀린 것은?

① 다트 수는 디자인에 따라 다트의 너비를 등분하여 조절한다.
② 허리둘레와 엉덩이둘레의 차이로 생기는 아

래, 뒤의 공간을 다트로 처리한다.

③ 일반적으로 스커트 다트는 엉덩이 둘레선의 위치와 형태 때문에 앞보다 뒤가 더 길다.

④ 다트의 수는 허리둘레와 엉덩이 둘레의 차이가 클수록 적어진다.

해설 허리둘레와 엉덩이 둘레의 차이가 클수록 남는 분량을 다트로 처리해야 하므로 다트 수가 늘어난다.

16. 프린세스 라인(princess line)의 설명으로 가장 옳은 것은?

① 어깨의 숄더 다트를 높여 자른 선
② 암홀에서 N.P를 통과한 선
③ 보디스(bodice)에서 웨이스트 다트를 높여 옆으로 자른 선
④ 어깨의 숄더 다트와 웨이스트 다트를 연결한 선

17. 다음 중 세트 인 슬리브 형태에 해당하는 것은?

① 기모노 슬리브(kimono sleeve)
② 래글런 슬리브(raglan sleeve)
③ 랜턴 슬리브(lantern sleeve)
④ 돌먼 슬리브(dolman sleeve)

해설 ㉠ 세트 인 슬리브(set-in sleeve)는 길의 진동둘레에 소매를 연결하는 형태
㉡ 기모노, 래글런, 돌먼 슬리브는 길과 소매가 분리되지 않고 한번에 이어진 형태

18. 슬랙스의 구성 방법과 같은 원리로 제도하는 스커트는?

① 티어 스커트　　② 고젯 스커트
③ 디바이디드 스커트　④ 페그 스커트

해설 일명 큐롯 스커트라고도 한다.

19. 옷감의 패턴 배치방법 중 틀린 것은?

① 패턴 배치를 할 때 식서 방향으로 맞추는 것이 중요하다.
② 무늬 모양이 전부 한쪽 방향으로 되어 있는 옷감은 보통 옷감의 필요치수보다 5~10% 옷감이 적게 필요하다.
③ 첨모직물은 패턴 전체를 같은 방향으로 배치하여 재단하여야 한다.
④ 큰 무늬가 있는 옷감의 경우에는 무늬가 한쪽에 몰리지 않도록 유의하여야 한다.

해설 무늬 모양이 전부 한쪽 방향으로 되어 있는 옷감은 무늬를 맞추어야 하므로 보통 옷감의 필요치수보다 5~10% 옷감이 더 필요하다.

20. 시접 분량이 가장 적은 것은?

① 목둘레　　　② 옆선
③ 어깨　　　　④ 스커트단

해설 ㉠ 시접을 가장 적게 해야 할 곳-목둘레, 겨드랑 둘레, 칼라: 1cm
㉡ 소매단, 블라우스단: 3~4cm
㉢ 스커트단, 재킷의 단: 4~5cm
㉣ 어깨와 옆선: 2cm

21. 심감이 갖추어야 할 성질이 아닌 것은?

① 부착이 간편해야 한다.
② 형태 안정성이 커야 한다.
③ 빳빳하면서 탄력성이 커야 한다.
④ 두께는 겉감과 부조화가 되어야 한다.

해설 두께, 색상, 강도 등은 겉감과 조화를 이루어야 한다.

22. 너비 150cm의 옷감으로 긴 소매 원피스를 만들 때 옷감의 필요량 계산법으로 옳은 것은?

① (옷길이×2)+소매길이+시접

② (옷길이×2)+시접
③ (옷길이+시접)×2
④ 옷길이+소매길이+시접

23. 시침실을 사용하며 두 장의 직물에 패턴의 완성선을 표시할 때 사용되는 손바느질 방법은?

① 휘감치기   ② 실표뜨기
③ 홈질   ④ 어슷시침

24. 재단할 때의 주의점으로 틀린 것은?

① 슈트, 투피스 등의 겹옷은 안단을 붙여서 재단한다.
② 소매, 바지 등의 단 부분이 좁아서 경사가 많으면 밑단시접을 접은 다음 재단한다.
③ 다트나 주름이 있는 경우에는 다트를 접거나 주름을 접은 다음에 시접을 넣어 재단한다.
④ 칼라의 라펠부분이 넓은 스포츠 칼라일 경우에는 안단을 따로 재단한다.

(해설) 블라우스 등의 홑겹옷은 안단을 붙여서 재단한다.

25. 다음 중 가봉 요령에 관련된 사항으로 옳은 것은?

① 가봉 시 면사를 사용하고 손바느질로 상침 시침한다.
② 가봉 시 잘못된 점이 있으면 눈대중으로 파악하여 수정한다.
③ 가봉 시 주머니, 단추 등은 생략한다.
④ 겉·안감을 동시에 재단하여 가봉 후 보정이 필요한 부분을 수정한다.

(해설) 가봉은 겉감만 재단하여 시착한다.

26. 상반신 반신체의 보정방법 중 틀린 것은?

① 뒷판의 여유를 접어서 주름을 없앤다.
② 뒷다트 분량을 줄인다.
③ 다트 분량을 줄인 만큼 뒷옆선에서 늘려준다.
④ 앞길 옆선을 늘리고 그 분량만큼 앞허리 다트를 늘린다.

(해설) ㉠ 뒤로 젖혀진 체형으로 앞은 늘리고 뒤는 줄여야 한다.
ㄴ 뒤로 젖힌 체형으로 앞길이가 짧다.
ㄷ 앞중심에서 절개선을 넣어 부족분을 늘린다.

27. 스커트에 대한 설명으로 가장 옳은 것은?

① 복부 반신의 경우 배가 나오면 앞 스커트 단은 올라간다.
② 복부 굴신의 경우 체격이 앞으로 굽으면 앞길이가 짧아진다.
③ 엉덩이선이 처진 경우 엉덩이 부분에 살이 많아서 뒤에는 세로로 주름이 생긴다.
④ 호리호리한 허리는 허리로부터 엉덩이에 가로로 주름이 생긴다.

(해설) 하반신이 뒤로 젖혀지면 배가 나와 앞 스커트 단은 올라간다.

28. 위와 아래의 박혀진 모양이 같은 것이 특징으로 모든 재봉기의 기본이 되는 재봉기는?

① 단환봉 재봉기   ② 본봉 재봉기
③ 이중환봉 재봉기   ④ 지그재그 재봉기

29. 오건디와 같은 얇은 옷감에 가장 적합한 재봉기 바늘은?

① 7호   ② 9호
③ 11호   ④ 16호

(해설) ㉠ 얇은 옷감은 재봉바늘 9호, 손바늘 8호

정답 23. ②   24. ①   25. ①   26. ③   27. ①   28. ②   29. ②

ⓒ 두꺼운 옷감일수록 재봉바늘은 숫자가 커지고, 손바늘은 호수가 작아진다.

30. 봉비(skip)의 원인이 아닌 것은?

① 바늘의 불량이나 바늘 끝 파손
② 꼬임이 강한 실을 사용
③ 노루발의 압력이 강한 경우
④ 바늘과 북 끝의 타이밍 불량

해설 ③의 경우 톱니와 균형이 안 맞으면 옷감이 잘 밀려나지 않아 퍼커링이 생길 수 있다.

31. 날실과 씨실에 방모사를 사용하고 제직 후 축융, 털 세우기를 하여 셔츠, 의복지로 사용하는 직물은?

① 알파카(alpaca)　② 융(flannel)
③ 머슬린(muslin)　④ 포럴(poral)

해설 ①은 동물성 수모섬유, ③은 면직물, ④는 가는 심지실과 굵은 장식실을 강한 꼬임으로 하나로 만든 실을 사용하여 평직으로 짠 모직물이다.

32. 안감으로 사용하기에 가장 적합한 섬유는?

① 면
② 마
③ 비스코스 레이온
④ 나일론

해설 안감용은 가볍고 마찰성, 착용감, 내구성, 염색 견뢰도가 좋아야 한다.

33. 주로 견, 레이온, 합성섬유 등의 필라멘트사의 굵기를 표시하는 데 사용하는 것은?

① 얀
② 리어
③ 코드

④ 데니어

해설 1 데니어는 실 9000m의 무게를 1g 수로 표시한다.

34. 실의 꼬임에 대한 설명 중 틀린 것은?

① 꼬임이 적으면 부푼 실이 된다.
② 꼬임이 많아지면 실의 광택은 줄어든다.
③ 꼬임 수가 많아지면 실이 부드러워진다.
④ 꼬임의 방향으로 우연을 S꼬임, 좌연을 Z꼬임이라 한다.

해설 꼬임 수가 많아지면 실이 까슬해진다.

35. 섬유의 번수 측정에 가장 적합한 표준상태의 온도와 습도는?

① 20±5℃, RH 65±5%
② 20±2℃, RH 65±2%
③ 25±5℃, RH 70±2%
④ 25±2℃, RH 70±2%

36. 실의 굵기를 표시하는 방법 중 항장식 번수에 의해서 굵기를 표시하는 섬유는?

① 면사　　　　② 마사
③ 모사　　　　④ 견사

37. 면섬유가 수분을 흡수할 때 강도와 신도의 변화로 옳은 것은?

① 강도와 신도는 각각 증가한다.
② 강도와 신도는 각각 저하한다.
③ 강도는 증가하나 신도는 저하된다.
④ 강도는 저하하나 신도는 증가된다.

38. 다음 중 방적사에 비해 필라멘트사의 특성에 해당하는 것은?

정답 30. ③　31. ②　32. ③　33. ④　34. ③　35. ②　36. ④　37. ①　38. ②

① 흡습성이 좋다.

② 열가소성이 풍부하다.

③ 인장강도와 신도가 약하다.

④ 함기량이 많아 보온성이 좋다.

(해설) 필라멘트사는 길이가 긴 섬유로 대부분 화학섬유이며, ①, ③, ④는 방적사의 특성이다.

39. 합성섬유로 만든 옷이 피부와 접촉하는 내의에 적합하지 못한 제일 큰 이유는?

① 통기성이 크기 때문에

② 열전도율이 크기 때문에

③ 흡수성이 적기 때문에

④ 정전기 발생이 적기 때문에

40. 섬유가 외부 힘의 작용으로 변형받았다가 그 힘이 사라졌을 때 원상으로 되돌아가는 능력에 해당하는 것은?

① 탄성

② 강도

③ 방적성

④ 리질리언스

(해설) ①은 섬유가 외부의 힘을 받아 늘어났다가 이 힘이 사라지면 본래의 길이로 되돌아가려는 성질이다. ②는 인장강도, ③은 섬유에서 실을 뽑아낼 수 있는 성질이다.

41. 하나의 색상에 검정색의 포함량이 많아질 때 나타나는 변화로 옳은 것은?

① 고명도, 저채도가 된다.

② 저명도, 저채도가 된다.

③ 저명도, 고채도가 된다.

④ 명도와 채도의 변화가 없다.

42. 색입체에 대한 설명 중 틀린 것은?

① 색상은 원으로, 명도는 직선으로, 채도는 방

사선으로 나타낸다.

② 무채색 축을 중심으로 수직으로 자르면 보색 관계의 두 가지 색상면이 나타난다.

③ 색상의 명도는 위로 올라갈수록 고명도, 아래로 내려갈수록 저명도가 된다.

④ 채도는 중심축으로 들어가면 고채도, 바깥둘레로 나오면 저채도이다.

(해설) 채도는 밖으로 나올수록 높아진다.

43. 원색에 대한 설명 중 틀린 것은?

① 색의 근원이 되는 으뜸이 되는 색이다.

② 원색들은 혼합해서 다른 색상을 만들 수 있다.

③ 다른 색상들을 혼합해서 원색을 만들 수 있다.

④ 색광의 3원색은 빨강, 초록, 파랑이다.

(해설) 원색은 다른 색을 혼합하여 만들 수 없는 색이다.

44. 먼셀 색체계에서 5R 4/14 로 표기할 때 채도에 해당하는 것은?

① 5

② 5R

③ 4

④ 14

(해설) HV/C(색상, 명도/채도)

45. 남색의 의복이 노랑을 배경으로 했을 때 서로의 영향으로 인하여 각각의 채도가 더 높게 보이는 현상은?

① 보색 대비　　　　② 면적 대비

③ 명도 대비　　　　④ 색상 대비

46. 어떤 자극이나 색각이 생긴 뒤에 그 자극을 제거해도 흥분이 남아 원자극과 같거나 또는 반대 성질의 상이 보이는 현상은?

① 색음   ② 잔상
③ 동화   ④ 대비

> **해설** ①은 주위색의 보색이 중심에 있는 색에 겹쳐져 보이는 현상, ③은 혼색 효과, ④는 반대되는 다른 성격이 비교되는 것이다.

47. 의상을 디자인할 때 뚱뚱하고 키가 큰 체형에게 가장 적합한 색은?

① 진출색, 수축색   ② 진출색, 팽창색
③ 후퇴색, 수축색   ④ 후퇴색, 팽창색

> **해설** 키가 크고 뚱뚱한 체형은 저명도, 저채도, 한색계의 후퇴색과 수축색을 사용한다.

48. 다음 중 한 색상의 명도와 채도를 변화시킨 배색으로 하늘색, 코발트블루, 남색의 조합 등 무난한 느낌의 배색은?

① 콘트라스트(contrast) 배색
② 톤 인 톤(tone in tone) 배색
③ 포 카마이유(faux camaieu) 배색
④ 톤 온 톤(tone on tone) 배색

> **해설** 톤 온 톤은 동일 색상에 명도와 채도가 다른 배색을 말한다.

49. 색채 관리의 효과에 대한 설명 중 틀린 것은?

① 색채 관리는 상품 색채의 통합적인 관리를 말하는 것이다.
② 사실을 정확하게 파악할 수 있는 조사나 자료의 정보가 있어야 제대로 된 색채 관리의 효과를 얻을 수 있다.
③ 색채 조절은 색이 가지고 있는 독특한 기능이 발휘되도록 조절하는 것이다.
④ 색채 조절은 단순히 개인적인 선호에 의해서 색을 거물, 설비 등에 사용하는 것이다.

> **해설** 색채에 대한 관념을 감각적인 것에서 기능적으로 방향을 바꾸며, 객관적이고 과학적인 연구 자세를 가지도록 해야 한다.

50. 다음 중 가장 좋은 디자인은?

① 아름다움보다 실용성에 치중한 디자인
② 유행에 민감한 디자인
③ 기능보다 미적인 면을 중요시한 디자인
④ 기능과 미가 결합된 독창적인 디자인

51. 경파일 조직으로 짧고 부드러운 솜털이 있는 소재는?

① 우단(velveteen)   ② 색스니(saxony)
③ 벨벳(velvet)   ④ 코듀로이(corduroy)

52. 편물로 된 의류가 바람 부는 곳에서 추위를 느끼는 주된 이유는?

① 함기도가 높기 때문이다.
② 흡습성이 크기 때문이다.
③ 통기성이 크기 때문이다.
④ 열전도도가 적기 때문이다.

> **해설** 실로 고리를 만들어 가는 형태로 옷감이 만들어지므로 틈이 많이 생긴다.

53. 평직의 특징이 아닌 것은?

① 구김이 생기지 않는다.
② 제직이 간단하다.
③ 앞뒤의 구별이 없다.
④ 조직점이 많고 얇으면서 강직하다.

> **해설** 조직점이 많아 구김이 잘 생긴다.

54. 합성섬유에 일반적으로 많이 적용되는 표백제는 어느 것인가?

① 아염소산나트륨

② 표백분
③ 과탄산나트륨
④ 하이드로설파이트

해설 ㉠ 합성섬유는 내약품성을 가지므로 60~70
에서 아염소산나트륨으로 표백
㉡ 산화 표백제는 아염소산나트륨, 과산화수
소, 표백분, 유기염소 표백제, 과붕산나트
륨 등
㉢ 하이드로설파이트는 양모에 사용되는 환원
계 표백제

55. 다음 중 나일론 섬유의 염소계 산화 표백제
로 가장 적합한 것은?
① 차아염소산나트륨
② 아염소산나트륨
③ 하이드로설파이트
④ 유기 염소 표백제

해설 ①은 염소계 산화 표백제로 하이포아염소
산나트륨, 셀룰로오스 섬유에 사용되며, ③은
환원계 표백제, ④는 염소계 산화 표백제이
다.

56. 머서화 가공(mercerization)으로 얻어지는
효과가 아닌 것은?
① 흡습성의 증가
② 염색성의 증가
③ 광택의 증가
④ 내연성의 증가

해설 머서화 가공은 면직물에 광택을 주는 가공
방법으로 흡습성, 염색성이 증가하고, 실켓
가공으로 면섬유의 광택이 증가하는 효과가
있다.

57. 다음은 피복의 성능을 관계되는 것끼리 짝
을 맞춰 놓은 것이다. 거리가 먼 것은?
① 감각적 성능 - 촉감

② 위생적 성능 - 형태 안정성
③ 실용성 성능 - 강도와 신도
④ 관리적 성능 - 충해

해설 형태 안정성은 실용성, 위생성은 투습성 ·
통기성 · 보온성과 관련이 있다.

58. 기성복의 구입에 있어서 성별, 연령별 치수
를 과학적으로 분석하여 치수를 설정, 알맞은
등급으로 분류한 것은?
① 국제규격방식   ② 레이블
③ 한국산업표준   ④ 한국 체형 분류표

59. 의류의 세탁방법에 대한 설명 중 틀린 것
은?
① 아세테이트 섬유는 80℃ 정도의 세탁에서는
변형이 없다.
② 비스코스 레이온 섬유는 강알칼리성 세제에
의해 손상이 된다.
③ 셀룰로오스 섬유는 내알칼리성이 좋다.
④ 경수 또는 철분이 함유된 세탁용수는 피한다.

해설 아세테이트 섬유는 세탁에 의한 구김이 잘
생기지 않는다.

60. 다음 섬유제품 취급표시의 그림을 보고 양
모 제품에 표시하는 기호 중 잘못된 것은?

①
약 30
중성

②

③

④
뉘어서

해설 양모는 드라이를 하는 것이 낫다.

제10회 CBT 실전문제

	수험번호	성 명
자격종목 **양장기능사** / 문제 수 **60문제**		

1. 의복 제작 과정의 순서로 옳은 것은?

① 의복 설계 → 치수 설정 → 재단 → 패턴 설계 → 봉제
② 치수 설정 → 패턴 제작 → 의복 설계 → 재단 → 봉제
③ 치수 설정 → 의복 설계 → 패턴 제작 → 재단 → 봉제
④ 의복 설계 → 치수 설정 → 패턴 제작 → 봉제 → 재단

2. 체형과 관련된 설명 중 틀린 것은?

① 앞으로 굽은 체형 – 등이 굽어진 체형은 앞품이 부족하기 쉽다.
② 어깨가 솟은 체형 – 어깨의 경사로 인해 암홀의 길이가 변화한다.
③ 배가 나온 체형 – 스커트의 경우 밑단을 충분히 주어야 들리지 않는다.
④ 목이 굽은 체형 – 앞, 뒤의 목둘레가 변화한다.

해설 굴신체는 등길이가 길어지고 앞길이를 줄여야 한다.

3. 인체 각 부분의 치수를 정확하게 직접 측정하는 방법으로 국제적 표준이 되는 것은?

① 실루에터법
② 마틴식 계측법
③ 모아레 사진촬영법
④ 슬라이딩 게이지법

해설 ①, ③, ④는 간접법이다.

4. 다음 중 의복의 기본 원형에 해당되지 않는 것은?

① 팬츠   ② 스커트
③ 소매   ④ 길

5. 원형의 제도법에 대한 설명 중 옳은 것은?

① 단촌식 제도법은 초보자에게 적당한 방법이다.
② 단촌식 제도법은 각자의 치수를 정확하게 계측하여야만 몸에 잘 맞는 원형이 구성된다.
③ 장촌식 제도법은 계측항목이 많다.
④ 장촌식 제도법은 신체 각 부위의 치수를 섬세하게 계측한다.

해설 ①은 장촌식 제도, ③, ④는 단촌식 제도법에 대한 설명이다.

6. 의복 종류에 따른 제도 시 길 원형에 사용하는 약자가 아닌 것은?

① W.L   ② B.L
③ H.L   ④ C.L

해설 ①은 허리선(waist line)
②는 젖가슴둘레선(bust line)
③은 엉덩이둘레선(hip line)
④는 중심선(center line)의 약자이다.

7. 길 원형의 제도에서 앞길의 기초선을 그릴 때 가로선의 계산에서 B/4+4cm가 뜻하는 것은?

① 앞, 뒤의 차   ② 앞처짐분

정답 1. ③   2. ①   3. ②   4. ①   5. ②   6. ③   7. ④

③ 다트 폭   ④ 여유분

해설 가로선은 품을 의미하므로 가슴둘레(B)의 여유분을 포함한 식이다.

8. 소매제도에 사용되는 부호와 약자의 연결이 틀린 것은?

① S.C.H − sleeve cap height

② S.B.L − sleeve back line

③ C.L − center line

④ E.L − elbow line

해설 S.B.L는 sleeve biceps line으로 소매 폭선을 의미한다.

9. 하체 중 최대 치수 부위로, 스커트 원형 제도 시 가장 중요한 항목은?

① 허리둘레   ② 엉덩이 둘레

③ 스커트 길이   ④ 엉덩이 길이

해설 스커트 원형을 제도할 때 필요 치수 항목: 스커트 길이, 허리둘레, 엉덩이 길이, 엉덩이 둘레

10. 다음 중 박스형의 재킷이나 드레스 또는 베스트에 많이 활용하는 다트는?

① 암홀 다트   ② 어깨 다트

③ 목 다트   ④ 허리 다트

해설 암홀 다트는 바스트를 중심으로 한 가슴 다트의 하나로 박스형 재킷이나 드레스 또는 베스트에 많이 활용된다.

11. 디자인에 의한 명칭으로 부르는 소매의 설명으로 틀린 것은?

① 벨 슬리브 − 소매 입구를 말아 올려 입는 소매

② 레그 오브 머튼 슬리브 − 소매산에는 개더를 넣어 퍼프 소매처럼 하고, 소매부리로 갈수록 좁아지게 한 소매

③ 랜턴 슬리브 − 반소매인데 등초롱과 같은 형태로 부풀린 소매

④ 비숍 슬리브 − 소매부리만 개더를 잡은 퍼프 소매

해설 벨 슬리브는 소매 입구가 넓게 퍼지는 디자인을 의미한다.

12. 플레어 너비를 디자인에 따라 정하는 형이며 각도를 다양하게 구성하는 방법으로, 먼저 플레어의 각도를 정하고 절개선을 끝까지 절개하여 기본 다트를 자르고 각도에 맞게 허리둘레선을 정하고 밑단을 정리하는 스커트는?

① A라인 플레어 스커트

② 벨 플레어 스커트

③ 세미 서큘러 플레어 스커트

④ 요크를 댄 플레어 스커트

해설 360° 펼쳐지는 플레어 스커트의 일종으로 플레어 분량이 적은 180°, 270° 스커트가 있다.

13. 칼라의 종류가 다른 것은?

① 세일러 칼라   ② 피터팬 칼라

③ 롤 칼라   ④ 수티앵 칼라

해설 롤 칼라는 플랫 칼라와 스탠드 칼라이다.

14. 의복 제작 전 옷감의 수축률에 따른 옷감의 정리 방법 중 틀린 것은?

① 수축률이 4% 이상일 때는 옷감을 물에 담갔다가 약간 축축한 상태까지 말린 후 다린다.

② 수축률이 2~4%일 때는 안으로 물을 뿌려 헝겊에 싸놓았다가 물기가 골고루 스며들게 한 후, 안쪽에서 옷감의 결을 따라 다린다.

③ 수축률이 1~2%일 때는 안쪽에서 옷감의 결을 따라 구김을 펴는 정도로 다린다.

④ 기계적인 후처리로 충분히 축융시켜 만든 수축률이 낮은 옷감은 물에 30분 정도 담갔다가 말린 후 옷감의 결을 따라서 골고루 다린다.

정답 8. ② 　 9. ② 　 10. ① 　 11. ① 　 12. ③ 　 13. ③ 　 14. ④

해설 기계적인 후처리로 충분히 축융시켜 만든 수축률이 낮은 옷감은 옷감의 결을 따라서 골고루 다린다.

15. 다음 중 겉감의 시접 분량으로 가장 옳은 것은?

① 어깨와 옆선 : 5cm

② 목둘레선 : 1cm

③ 허리선 : 3cm

④ 스커트의 단 : 2cm

해설 ㉠ 어깨와 옆선: 2cm

㉡ 겨드랑이 둘레, 칼라, 허리선: 1cm

㉢ 재킷의 단: 4~5cm

16. 접착에 필요한 조건이 온도, 압력 그리고 프레스 시간이며, 옷감의 안정을 높여주기 때문에 봉제 공정을 쉽게 할 수 있게 해 주어 작업자의 능률이 향상되는 심지는?

① 부직포 심지　　　② 접착 심지

③ 면 심지　　　　　④ 마 심지

17. 다음 〈보기〉와 같은 180° 플레어 스커트 옷감의 필요량 계산법에 해당하는 옷감의 너비는?

〈보기〉

(스커트 길이×1.5) + 시접

① 90cm　　　　　② 110cm

③ 130cm　　　　　④ 150cm

18. 옷감의 완성선 표시 방법 중 옷감의 색에 따라 잘 나타나는 색을 선택하여 패턴을 옷감 위에 놓고 완성선 밑 시접선을 긋는 데 주로 사용하는 것은?

① 실표뜨기

② 룰렛으로 표시하기

③ 송곳 사용하기

④ 초크로 표시하기

해설 ㉠ 실표뜨기 – 바느질할 선을 따라 크게 바늘땀으로 시침질

㉡ 룰렛 – 천에 재단선을 표시할 때 바퀴 자국을 남겨 선을 표시

㉢ 송곳 – 겉감의 완성선을 안감에 옮길 때, 다트, 포켓 위치 표시

19. 가봉 시 주의할 점 중 틀린 것은?

① 바느질 방법은 의복의 종류에 관계없이 손바느질의 상침시침으로 한다.

② 바늘은 옷감에 직각으로 꽂아 옷감이 울지 않게 한다.

③ 실은 면사로 하되 얇은 옷감은 한 올로 하고, 두꺼운 옷감은 두 올로 한다.

④ 재봉대 위에 펴놓고 일반적으로 오른손으로 누르면서 왼쪽에서 오른쪽으로 시침한다.

해설 일반적으로 오른손으로 누르면서 오른쪽에서 왼쪽으로 시침한다.

20. 슬랙스의 허벅지 부위가 너무 타이트할 경우에 가장 적합한 보정 방법은?

① 옆선을 넓혀 준다.

② 옆선을 좁혀 준다.

③ 다트를 넓혀 준다.

④ 허리선을 올려 준다.

해설 ②, ③은 마른 체형의 경우이고, ④는 배가 나온 경우이다.

21. 본봉 재봉기 다음으로 많이 이용되며, 바늘실과 루퍼실의 두 가닥의 재봉실이 천 밑에서 고리를 형성하는 재봉기는?

① 인터로크 재봉기

정답 15. ②　16. ②　17. ④　18. ④　19. ④　20. ①　21. ①

② 이중 환봉 재봉기
③ 오버로크 재봉기
④ 단환봉 재봉기

(해설) ②는 북을 사용하지 않고 루퍼를 사용하며 2본침, 3본사 방식이 있는 재봉기이다. ④는 표면의 땀 모양은 본봉과 같고, 윗실 한 올만으로 만들어진다.

22. 바느질 방법에 따른 강도에 관한 설명으로 틀린 것은?

① 바느질 방법의 종류에 따라 그 강도가 달라진다.
② 의복의 바느질 강도에 있어서는 디자인보다 기능적인 면을 생각해야 한다.
③ 바느질 방법에 따른 절단 강도는 통솔보다는 쌈솔이 크다.
④ 바느질에서는 여러 번 박을수록 옷의 실루엣이 곱게 표현되기가 쉽다.

(해설) 바느질에서는 여러 번 박을수록 튼튼해지나 투박해진다.

23. 바느질 방법에 대한 설명 중 틀린 것은?

① 통솔 – 시접을 겉으로 0.3~0.5cm로 박은 다음 접어서 안으로 0.5~0.7cm로 한 번 더 박는다.
② 쌈솔 – 청바지의 솔기를 튼튼하게 하기 위해 사용하는 바느질이다.
③ 누름 상침 – 소매를 진동둘레에 달 때 사용하는 바느질이다.
④ 접어박기 가름솔 – 시접 끝을 0.5cm 정도로 접어서 박아 시접을 가른다.

(해설) 누름 상침: 이어진 두 원단의 부분이 튼튼하도록 옷감을 이은 솔기를 가르거나 한쪽으로 하여 한 번 더 박는다.

24. 세미 타이트 스커트의 안감박기에 대한 설

명 중 가장 적합하지 않은 것은?

① 안감은 완성선보다 0.2cm 정도 시접 쪽으로 나가서 박는다.
② 다트를 박아 시접을 겉감과 같은 쪽으로 접는다.
③ 왼쪽 옆 솔기를 박아 시접을 앞쪽으로 꺾는다.
④ 올이 풀리기 쉬운 옷감은 시접 끝을 한 번 접어 박는다.

(해설) 다트는 겉감 시접과 반대방향으로 꺾는다.

25. 다음 중 다림질할 때 온도가 높은 것부터 낮은 순으로 되어 있는 것은?

① 레이온 – 아세테이트 – 면, 마 – 양모
② 면, 마 – 아세테이트 – 양모 – 레이온
③ 면, 마 – 레이온 – 양모 – 아세테이트
④ 아세테이트 – 면, 마 – 양모 – 레이온

26. 의복 제작 시 동작이 심한 부분에 옷감을 늘려 정리하여 바느질하는 방법은?

① 바지의 밑부분
② 소매 앞부분
③ 허리의 곡선 부분
④ 스커트 앞부분

(해설) 다림질로 늘리기: 동작이 심한 부분을 다림질로 옷감을 늘린 후 제봉하면 바느질이 튼튼해진다(바지 밑위, 바지 밑아래, 소매 팔꿈치 앞쪽).

27. 단추 구멍의 크기를 정할 때 적용치수는?

① 단추의 지름＋단추 두께
② 단추의 지름
③ 단추의 반지름×3
④ 단추의 반지름＋0.3cm

(해설) ㉠ 단추의 지름＋단추 두께
㉡ 단추의 지름＋0.3cm

(정답) 22. ④ 23. ③ 24. ② 25. ③ 26. ① 27. ①

28. 바이어스테이프를 만들어 도안에 따라 얽어 매면서 배치한 후 무늬를 나타내는 장식봉은?

① 스모킹
② 패거팅
③ 루싱
④ 러플링

> **해설** ①은 일정한 간격으로 주름을 잡은 뒤에 그 위에 장식 스티치로 주름을 고정
> ③은 재봉기술로 천의 가운데를 박아 재봉실을 잡아당겨 주름 잡는 것
> ④는 러플−프릴보다 넓은 너비의 주름잡은 장식

29. 밑실이나 윗실이 끊어질 때의 처리법 중 가장 거리가 먼 것은?

① 밑실이나 윗실이 바르게 끼어졌는지 확인한다.
② 옷감에 맞는 바늘과 실을 사용하였는지 확인한다.
③ 실안내걸이 노루발, 바늘판, 북집, 바늘 끝에 흠이 없는지 점검한다.
④ 노루발의 압력이 강한지 약한지를 점검하고 약하면 조여 준다.

> **해설** 톱니와 노루발의 압력에 의한 현상은 재봉된 천에 실이 끊기거나 밑실이 올라오게 되어 박음질이 불량하게 되고, 봉축 심 퍼커링 현상이다.

30. 생산경비에 영향을 미치는 요인 중 원가에 가장 큰 영향을 미치는 것은?

① 생산공정
② 생산계획의 결정
③ 재료구입 및 준비
④ 디자인의 개발과 결정

> **해설** 제조원가=직접원가+제조간접비
> =직접재료비+직접노무비+직접경비

31. 아마 섬유가 가지고 있는 특성은?

① 가방성을 주는 천연 꼬임이 있다.
② 가방성을 주는 마디가 있다.
③ 가방성을 주는 크림프가 있다.
④ 가방성을 주는 겉비늘이 있다.

> **해설** 가방성은 실로 만들 수 있는 성질을 말하며, ①은 면섬유, ③, ④는 양모섬유의 특성이다.

32. 아크릴 섬유의 장점에 해당되는 성질이 아닌 것은?

① 내열성
② 내약품성
③ 내균성
④ 흡습성

> **해설** 흡습성이 나빠 정전기가 발생한다.

33. 다음 중 연소될 때 머리카락 타는 냄새가 나는 섬유로만 나열한 것은?

① 양모, 견
② 양모, 아세테이트
③ 견, 폴리에스터
④ 견, 비스코스 레이온

> **해설** ㉠ 섬유를 불에 태웠을 때 식초냄새가 나는 것 − 아세테이트
> ㉡ 머리카락 타는 냄새 − 견, 양모 등 단백질 섬유
> ㉢ 종이 타는 냄새 − 면, 마, 레이온 등 셀룰로오스 섬유
> ㉣ 고무 타는 냄새 − 스판덱스, 고무

34. 나일론 실에 있어서 100데니어(Denier)와 50데니어의 나일론 실을 비교 설명한 것으로 옳은 것은?

① 50데니어가 100데니어보다 실의 굵기가 가늘다.

---

② 100데니어가 50데니어보다 실의 굵기가 가늘다.

③ 50데니어가 100데니어보다 실의 길이가 길다.

④ 100데니어가 50데니어보다 실의 길이가 길다.

> (해설) ㉠ 데니어: 1데니어는 실 9000m의 무게를 1g 수로 표시한다.
> ㉡ 데니어 번수는 숫자가 클수록 굵다.

35. 섬유가 물에 젖어도 약해지지 않고 건조 시와 거의 비슷한 강도를 가지는 섬유는?

① 면

② 아세테이트

③ 양모

④ 폴리에스테르

> (해설) 흡습성이 낮은 대부분의 합성섬유들은 물에 젖어도 강도에 큰 변화가 없다.

36. 스테이플 파이버(staple fiber)와 비교하여 필라멘트 파이버(filament fiber)로 만든 옷감이 우수한 것은?

① 통기성

② 보온성

③ 투습성

④ 광택

> (해설) ①, ②, ③은 방적사의 특징이다.

37. 다음 중 일광에 대한 취화가 가장 큰 합성섬유는?

① 아크릴

② 나일론

③ 폴리에스테르

④ 스판덱스

> (해설) 취화란 자외선에 섬유가 약해지는 것을 의미하며, ①은 내일광성이 좋다.

38. 다음 중 중심에 심이 되는 심사(心絲) 그 주위에 특수 외관을 가지도록 감은 것은?

① 방적사

② 식사

③ 자주사

④ 접결사

> (해설) 중심사(기본사, 심사), 연결사(접결사), 효과사(식사, 장식 효과를 나타내도록 감은 실)

39. 다음 중 섬유 내에서 결정 부분이 발달되어 있으면 향상되는 성질은?

① 신도

② 강도

③ 염색성

④ 흡습성

> (해설) ㉠ 결정: 섬유 안 분자들이 규칙적으로 배열되어 있는 상태
> ㉡ 비결정 부분이 많으면 염색성, 흡수성이 향상된다.

40. 견섬유를 가장 손쉽게 손상시키는 약품은?

① 암모니아수

② 비누

③ 붕사

④ 수산화나트륨

> (해설) 견은 알칼리에 약하고 산에 강하다.

41. 다음 중 색상에 대한 설명으로 잘못된 것은?

① H로 표시한다.

② 색상은 유채색에만 있다.

③ 색상환에서 바로 옆에 있는 색을 인근색이라고 한다.

④ 색상환에서 90° 각도의 위치에 있는 색을 보색이라고 한다.

> (해설) 보색은 색상환에서 180도, 정반대에 위치한다.

(정답) 35. ④ 36. ④ 37. ② 38. ② 39. ② 40. ④ 41. ④

42. 색료 혼합에 대한 설명으로 틀린 것은?

① 혼합하면 할수록 명도와 채도가 낮아진다.

② 색료 혼합의 3원색은 자주, 노랑, 청록이다.

③ 감법혼색 또는 감산혼합이라고 한다.

④ 3원색이 모두 합쳐지면 흰색에 가까워진다.

해설 빛의 3원색이 모두 합쳐지면 흰색에 가까워진다.

43. 색채의 연상작용에 관한 내용이 아닌 것은?

① 색을 보는 사람의 경험과 기억, 지식 등에 영향을 받는다.

② 색을 보는 사람의 민족성이나 나이, 성별에 따라 다르다.

③ 인간의 마음을 흔드는 심리적 반응과 사회적 규범을 나타내는 사회적 반응이 있다.

④ 색채의 연상에는 구체적 연상과 추상적 연상이 있다.

해설 연상작용은 개인적이고 심리적이다.

44. 색의 대비에 대한 설명으로 옳은 것은?

① 어떤 색이 주변의 역할을 받아서 실제와 다르게 보이는 것이다.

② 강하고 짧은 자극 후에도 원자극이 잠시 선명하게 보이는 것이다.

③ 사라진 원자극의 정반대 상이 잠시 지속되는 것이다.

④ 색이 우리의 시선을 끄는 힘이다.

해설 ㉠ 색의 대비는 동시 대비와 계시 대비로 구분한다.
㉡ 동시 대비에는 명도 대비, 색상 대비, 보색 대비가 있다.

45. 색의 진출과 후퇴에 대한 설명으로 옳은 것은?

① 색의 면적이 실제보다 크게, 작게 느껴지는 심리 현상을 색의 팽창색과 수축성이라 한다.

② 고명도, 고채도, 한색계의 색은 진출 팽창되어 보인다.

③ 난색계의 파랑은 후퇴, 축소되어 보인다.

④ 어두운 색이 밝은 색보다 크게 보인다.

해설 ② 고명도, 고채도, 난색계의 색은 진출 팽창되어 보인다.
③ 한색계의 파랑은 후퇴, 축소되어 보인다.
④ 어두운 색이 밝은 색보다 작게 보인다.

46. 색의 중량감에 대한 설명이 잘못된 것은?

① 높은 명도의 색은 가볍고, 낮은 명도의 색은 무겁게 느껴진다.

② 배색에 있어 높은 명도의 것은 상부에, 낮은 명도의 것은 하부에 배치하여 안정감을 준다.

③ 흰 구름, 흰 솜, 흰 종이 등의 명도가 낮은 색은 가벼움을 느끼게 한다.

④ 난색 계통의 색은 가볍게, 한색 계통의 색은 무겁게 느껴진다.

해설 명도가 높은 색은 가벼움을 느끼게 한다.

47. 의복의 배색조화에 대한 설명 중 틀린 것은?

① 저채도인 색의 면적을 넓게 하고 고채도의 색을 좁게 하면 균형이 맞고 수수한 느낌이 든다.

② 고채도인 색의 면적을 넓게 하고 저채도의 색을 좁게 하면 매우 화려한 배색이 된다.

③ 고명도의 색을 좁게 하고 저명도의 색을 넓게 하면 명시도가 낮아 보인다.

④ 한색계의 색을 넓게 하고 난색계의 색을 좁게 하면 약간 침울하고 가라앉은 듯한 느낌이 든다.

해설 고명도의 색을 좁게 하고 저명도의 색을 넓게 하면 명시도가 높아 보인다.

정답 42. ④ 43. ③ 44. ① 45. ① 46. ③ 47. ③

48. 체형이 큰 사람에게 잘 어울리는 색채는?

① 높은 명도와 높은 채도
② 높은 명도와 낮은 채도
③ 낮은 명도와 높은 채도
④ 낮은 명도와 낮은 채도

해설 큰 체형에는 후퇴색, 수축색이 어울린다.

49. 복식의 조화에서 항상 쓰임의 조건을 전제로 한 것이어야 하는데, 목적에 적합한 기능성을 만족시키게 되는 조화는?

① 선의 조화
② 대비의 조화
③ 재질의 조화
④ 색채의 조화

50. 무늬의 배열 중 90° 또는 45° 변환의 경사, 위사 두 방향에서 같은 무늬의 효과를 지니는 것은?

① 전체(all-over) 배열
② 사방(four-way) 배열
③ 두 방향(two-way) 배열
④ 한 방향(one-way) 배열

해설 상하좌우 방향으로 무늬가 연속되는 배열이다.

51. 직물의 경사를 2조로 나누어 장력 차이를 두고 경사 방향에 요철무늬를 갖는 직물은?

① 트로피컬(tropical)
② 스트라이프(stripe)
③ 배러시어(barathea)
④ 시어서커(seersucker)

해설 ①은 꼬임 있는 가는 소모사로 성글게 제직, ②는 줄무늬, ③은 이랑무늬 직물에서 유도한 조직으로 날실에 견, 씨실에 소모사를 사용한 직물이다.

52. 편성물과 직물의 성능 비교 시 편성물이 더 우위성을 갖는 것은?

① 내마모성
② 방추성
③ 인장강도
④ 내마찰성

해설 신축성이 좋아 구김이 거의 생기지 않는다.

53. 주자직의 특징을 설명한 것 중 옳은 것은?

① 직물의 광택이 우수하다.
② 직물에 능선이 나타난다.
③ 경사, 위사의 교착점이 가장 많다.
④ 직물의 마찰강도가 강하다.

해설 주자직은 조직점이 적으며, ③, ④는 평직이다.

54. 정련만으로 제거되지 않는 색소를 화학약품을 사용해서 분해, 제거하는 공정은?

① 발호
② 표백
③ 호발
④ 탈색

해설 ①과 ③은 전처리 작업으로 가호 과정에서 처리된 경사에 있는 풀을 제거한다.

55. 염색에 관한 설명 중 옳지 않은 것은?

① 식물성 섬유는 직접 염료로 염색이 잘 된다.
② 동물성 섬유는 분산 염료로 염색이 잘 된다.
③ 나일론 섬유는 산성 염료로 염색이 잘 된다.
④ 아크릴은 염기성 염료로 염색이 잘 된다.

해설 동물성 섬유는 산성 염료이며, 폴리에스테르는 분산 염료로 염색이 잘 된다.

56. 축융방지 가공 방법에 대한 설명 중 틀린 것은?

정답 48. ④ 49. ③ 50. ② 51. ④ 52. ② 53. ① 54. ② 55. ② 56. ③

① 양모섬유의 스케일 일부를 약품으로 용해하는 방법이다.

② 양모섬유의 스케일을 합성수지로 피복하는 방법이다.

③ 염소에 의해 스케일 일부가 흡착되어 축융을 방지하는 방법이다.

④ 수지로 섬유를 접착하여 섬유의 이동을 막아 축융을 방지하는 방법이다.

해설 염소화법은 염소에 의해 스케일 일부를 용해시켜 축융을 방지하는 방법이다.

57. 다음 중에서 안감으로써 갖추어야 할 기본적인 조건이 아닌 것은?

① 조형 면에서 실루엣을 살릴 수 있도록 적당한 강성을 가져야 한다.

② 겉감과 잘 어울리고, 심미적인 면에서 아름다운 색으로 염색되어야 한다.

③ 마찰성이 좋고, 염색 견뢰도가 높아야 한다.

④ 내구성이 좋고, 젖었을 때 수축성이 커야 한다.

해설 젖었을 때 수축성이 크면 안 된다.

58. 세척 효율이 최대일 경우 세제 농도는?

① 0〜0.1%

② 0.2〜0.3%

③ 0.4〜0.5%

④ 0.6〜0.7%

해설 세척 효율은 물의 양이 세탁물보다 5〜10배 많고, 온도가 35〜40℃일 때 최대를 나타낸다.

59. 다음 중 얼룩을 제거하는 방법으로 옳지 않은 것은?

① 땀 - 암모니아수

② 립스틱 - 효소액

③ 먹물 - 세제액

④ 볼펜잉크 - 벤젠

해설 립스틱은 유기용제로 1차 제거 후 암모니아 용액이나 알코올로 닦는다.

60. 의복의 보관에 대한 설명 중 거리가 먼 것은?

① 정돈한 의복은 한 벌씩 따로 종이에 싼다.

② 먼지를 막기 위해 비닐 옷보자기에 싸서 오랫동안 둔다.

③ 해충으로부터 의복을 보호하기 위해서는 보관할 때에 방충제를 함께 넣어 보관한다.

④ 양복은 옷걸이에 걸고 옷덮개를 사용하는 것이 바람직하다.

해설 통풍이 유지되어야 곰팡이가 안 생기고, 냄새가 덜 난다.

Best 양장기능사 필기

2017년 7월 10일 1판1쇄
2023년 4월 10일 1판5쇄

저자 : 이승아
펴낸이 : 이정일

펴낸곳 : 도서출판 **일진사**
www.iljinsa.com

04317 서울시 용산구 효창원로 64길 6
대표전화 : 704-1616, 팩스 : 715-3536
이메일 : webmaster@iljinsa.com
등록번호 : 제1979-000009호(1979.4.2)

값 22,000원

ISBN : 978-89-429-1520-0